深入淺出 Go

假如這個世界上可以有這樣一本 **Go** 的書，只專注在你**需要**知道的內容上，那真是太美好了。可惜我知道我只是在做夢而已…

Jay McGavren

潘國成　編譯

O'REILLY®

獻給最包容我的 Christine。

深入淺出 Go 的作者

Jay McGavren

Jay McGavren 同時是《深入淺出 *Ruby*》以及《深入淺出 *Go*》的作者,兩本書都是由歐萊禮出版的。他也在 Treehouse 教授軟體開發。

他與親愛的太太,為數眾多的孩子與狗兒們一同住在鳳凰城的郊區。

你也可以造訪 Jay 的個人網站 *http://jay.mcgavren.com*。

目錄（精要版）

目錄（詳實版）

序

你的大腦之於 Go。 你即將在這裡學到不少東西，同時你的大腦也會幫助你確保學習不會停滯。你的大腦正在想著：「最好保留點空間給更重要的事情；譬如該躲開哪些可怕的動物，或者脫光光滑雪是不是很丟臉。」所以你該如何欺騙你的大腦思考，學會如何寫編寫 Go 對你的人生是很重要的事情？

讓我們起步 Go 吧

基本語法（syntax）

1

準備好對你的軟體渦輪加速了嗎？ 想要有個簡單又**快速編譯**的程式語言嗎？
不只**執行得很快**，還**易於發布**你的作品給使用者？那麼你已經**準備好 Go** 啦！

Go 是一種專注於**簡單**與**速度**的程式語言。它比其他程式語言都來得簡單所以很好學習。
而且它也讓你可以直接運用最流行的多核心處理功能，來加速你的程式。這一章會走過
所有讓你的**開發人生更簡單**的 Go 的功能，也讓你的**使用者更開心**。

```
package main

import "fmt"

func main() {
    fmt.Println(          )
}
```

"Hello, Go!" ← 輸出

Hello, Go!

1 + 2

3

4 < 6

true

'※'

1174

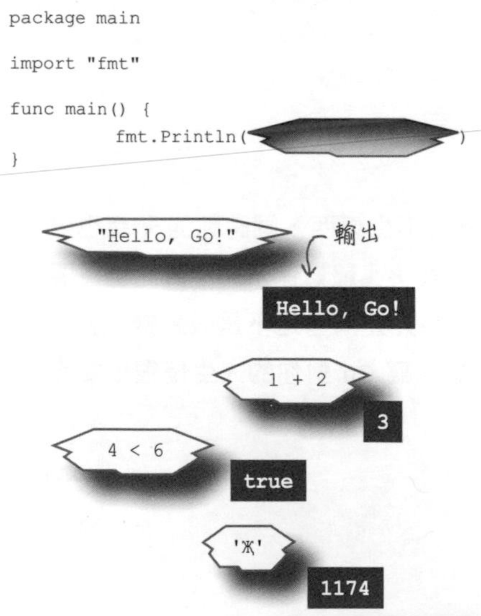

接下來是什麼程式？

2

條件式（conditionals）與迴圈（loops）

任何程式都會有在特定情境下只執行部分的區塊。「這段程式碼只能在發生錯誤時執行。否則就得執行其他程式碼片段。」幾乎所有的程式都會擁有只能在特定情境為真時才能執行的程式碼片段。於是幾乎所有的程式語言都提供**條件陳述句**（**conditional statements**）讓你可以判斷何時執行程式碼區塊。Go 當然沒有例外。

你可能也需要重複地執行部分的程式碼。Go 跟其他程式語言一樣，也提供**迴圈**（**loops**）來執行不只一次的程式碼區塊。我們會在這章學會如何使用條件式及迴圈！

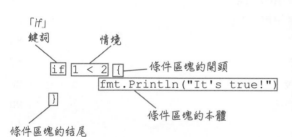

調用我吧

函式（functions）

你是不是錯過了什麼？ 雖然你學會了像個專家一樣調用函式，但是恐怕你只會調用 Go 已經為你定義好的函式。現在換你囉。我們即將告訴你如何建立屬於自己的函式。你將會學到如何宣告有參數以及沒有參數的函式。我們可宣告的，不只是回傳單一值的函式，連多值的回傳都可以辦到，如此一來就可以找出何處發生錯誤。你在這一章也將會學到**指標**，它讓你在調用函式時更加節省記憶體空間。

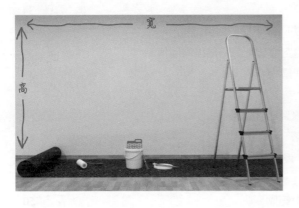

打包程式碼

套件（packages）

4

是時候讓一切更有條不紊了。 到目前為止，我們已經把所有的程式碼都丟在同一份檔案內。當我們的程式越長越大也越來越複雜，這一切很快就會變成災難。

在這一章我們會告訴你如何建立屬於自己的**套件**，來協助把相關的程式碼歸納在同一處。而套件的優點不僅僅於組織你的程式碼，它讓你很方便地在不同的程式中共用程式碼，同樣也讓你易於與其他開發者分享你的程式碼。

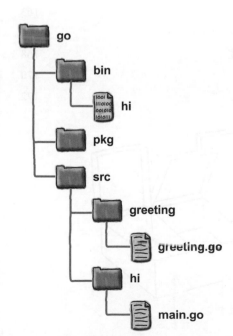

排排站

5 陣列（arrays）

大部分的程式都能夠處理一系列的事物。一系列的地址、一系列的電話號碼、一系列的產品等等。Go 有兩種內建的方式儲存清單。這一章即將介紹第一種：**陣列（arrays）**。你將學會如何建立陣列、如何在陣列儲存資料以及如何從陣列中取得資料。接著你會學到如何一系列地處理陣列中所有的元件，首先透過 for 迴圈這種比較艱澀的方法，再來是比較簡單的 for...range 迴圈方法。

陣列會儲存
元素的數量

陣列會儲存
元素的型別

```
var myArray [4]string
```

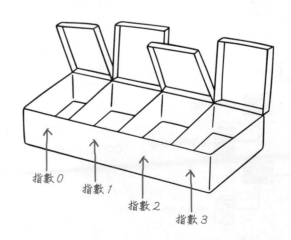

指數 0
指數 1
指數 2
指數 3

關於附加

6

切片（slices）

我們已經知道無法在陣列中添加任何新的元素。 對我們的程式來說這還真是困擾，因為我們無法提早知道在檔案儲存的資料到底有多少。這就是 Go 切片（**slices**）存在的原因。切片是一種可以擴充到存放額外項目的集合，正是幫我們修正目前程式的好東西！我們也會學到使用者如何使用切片來提供資料到所有的程式中，甚至是讓你寫出更容易調用的函式。

切片

底層陣列

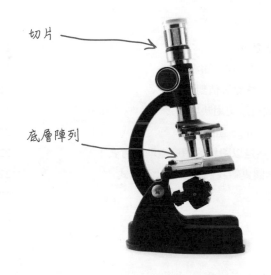

切片 1

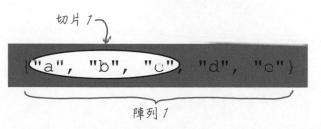

陣列 1

標籤化資料

映射表（maps）

把東西統統堆在一起其實沒什麼，直到你想要從中找個東西才是麻煩的開始。 你已經學會如何透過陣列與切片建立一系列的資料。你也學會如何對陣列或者切片的每一個值執行一樣的指令。但是假如你需要使用一個特定的值呢？為了找到它，你得從陣列或切片的頭開始找，並且探索每一個值。

假如有一種可以讓每一個值都有特定標籤的集合呢？你可以迅速地找到你想要的值！在這一章我們會學習可以實現這一切的**映射表**。

鍵值讓你快速地再次
找到資料！

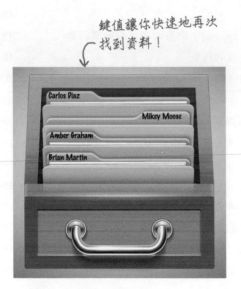

建立儲存

8 結構（structs）

有時候你需要儲存不只一種型別。 我們學過切片，它可以儲存一系列的值。接著我們學會映射表，它可以對照一系列的鍵詞至一系列的值。然而這些資料結構儲存的型別只能有一種。有時候你會需要把不同型別的值存放在一起。就像是帳單收據，你必須整合項目名稱（字串）以及數量（整數）。或者像是學生紀錄，你需要混合學生的姓名（字串）以及平均成績（浮點數）。你無法在切片或者映射表混合不同的資料型別。然而你可以透過另一種叫做**結構**（struct）的型別。我們將會在這一章學會結構！

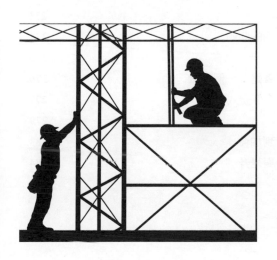

我就喜歡你這型

自定型別（type）

9

關於自定型別還有很多可以學的呢。 在上一章我們告訴你如何基於底層結構的型別自定一個型別。而我們還沒告訴你的是，你可以把任何一種型別當作底層的型別。

你還記得方法（methods）嗎？那個可以連結到某個特定型別的函式？我們已經在本書中各式各樣的值調用過方法，但我們還沒告訴你如何定義自己的方法。在這一章我們會搞定這一切。馬上開始吧！

Steve 覺得他買了多少！ →

10 加侖

而 Steve 事實上買了多少！ →

10 公升

你自己留著用吧

10 封裝（encapsulation）與 嵌入（embedding）

出包了。你的程式有時候會從使用者的輸入接收到無效的資料，像是讀取的檔案或者其他類型。在這一章你將會學到**封裝**（encapsulation）：一種在這樣無效資料的情境下，保護你的結構型別欄位的方法。這樣一來，你就可以放心地處理欄位資料！

我們也會告訴你如何在你的結構型別上**嵌入**（embed）其他的型別。假如你的結構型別需要已經在其他型別上存在的方法，你不需要把那段方法的程式碼複製貼上。你可以在自己的結構型別上嵌入其他的型別，並且可以如同自己定義的方法般直接使用這個嵌入的型別方法！

當使用者用到你自己的 **setter** 方法時，若有提供驗證就太好了。但我們並不會讓使用者直接改變結構的欄位，而他們依然是輸入無效的資料！

你還能做什麼？

介面（interfaces）

11

有時候你並不需要知道某個值的特定型別。它是什麼對你來說並不重要。你只需要知道它能做什麼事。這樣一來你就可以對它調用恰當的方法。你不需要留意到底手上有的是一支原子筆（Pen）還是鉛筆（Pencil），你只需要它們可以使用畫（Draw）這方法。你不需要知道擁有的是汽車（Car）還是船（Boat），你只需要它們可以執行駕駛（Steer）這方法。

這正是 Go 的**介面**（**interfaces**）所要實現的。它們讓你定義可擁有任何型別的變數與函式參數，只要這個型別有定義對應的方法。

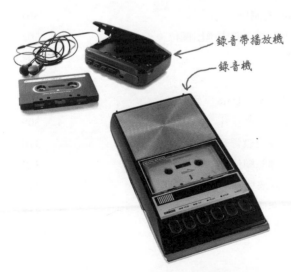

錄音帶播放機

錄音機

回到原點

從錯誤恢復

每個程式都會遇到錯誤，你必須做好準備。

有時候處理錯誤很簡單，你只需要回報它並且終止該程式。但是有些錯誤可能會需要額外的動作。你可能需要關閉已經開啟的檔案或者網路連線，甚至是其他的清理動作，讓你的程式不會留下屁股給別人擦。在這一章，我們會告訴你如何**延遲**（**defer**）清理動作，這樣一來它們甚至可以在錯誤產生時產生作用。你也將學會如何製作屬於自己的程式 **panic**（**恐慌**）在那些（罕見）的適合情境，然後接著如何在之後 **recover**（**恢復**）。

無法轉換成
float64！

```
20.25
hello
10.5
```

bad-data.txt

分擔工作

goroutines 與通道（channels）

13

一次只做一件事情並不全然是完成工作最有效率的方法。有些較大的問題是可以拆分成比較小的任務。**goroutines** 讓你的程式可以同時執行不同的工作。goroutines 可以利用**通道**（**channels**）調配它手上的工作，讓它們彼此可以傳遞資料並且同步，如此一來某一個 goroutine 並不會跟其他的進度差距太遠。你完全可以透過 goroutines 獲得多核心處理器的電腦的支援，如此一來你的程式可以跑得更快！

接收端 *goroutine* 會等著另一個 *goroutine* 傳遞資料給他。

確保程式品質

自動化測試

14

你確定你的軟體現在運作一切順利？你保證？在把新的版本遞交給你的使用者之前，你盡可能地測試新功能以確保它們運作一切順暢。然而你是否也測試過舊的功能有沒有因此被破壞呢？全部舊的功能都測過了嗎？假如這個問題困擾著你，你的程式要的是**自動化測試**。自動化測試可確保你的程式碼元件會正確地運作，縱使你改過了程式碼。**Go** 的 testing 套件以及 go test 工具讓編寫自動化測試變得更簡單，快運用你剛學到的技巧吧！

通過。

✓ 針對 []string{"apple", "orange", "pear"}，JoinWithCommas 應該要回傳 "apple, orange, and pear"。

失敗！

☒ 針對 []string{"apple", "orange"}，JoinWithCommas 應該要回傳 "apple and orange".

回應請求

網際網路應用程式（web apps）

15

現在是 21 世紀了。使用者要的是網路應用程式。 Go 已經幫你搞定啦。Go 的標準函式庫涵蓋了能夠協助你架設自己的網際網路應用程式的套件，並且所有網頁伺服器資源都可以支援。於是我們會透過本書的最後兩章來告訴你如何建立網路應用程式。

你的 web app 最基本的技能，是能夠在一個網頁瀏覽器傳送它的請求（request）時，給予回應（respond）。在這一章，我們將學會運用 net/http 套件來實現。

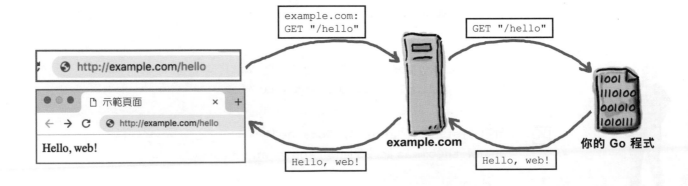

追隨模板

16 HTML 模板

你的網路應用程式得用 HTML 語法回應而不是純文字。 純文字很適合電子郵件以及社群網路的貼文。但是你的頁面是有既定格式的。這些頁面需要有標題以及段落。這些頁面需要表單讓你的使用者可以遞交資料到你的應用程式。為了達到以上任一功能，你需要 HTML 程式碼。

此外，你終究得把資料輸入到這些 HTML 碼。這也正是為什麼 Go 提供了 `html/template` 套件，它是一種用來把資料存到你的應用程式 HTML 回應的好方法。模板讓你建立更大更好的網路應用程式，而在這一章我們會告訴你如何善用它！

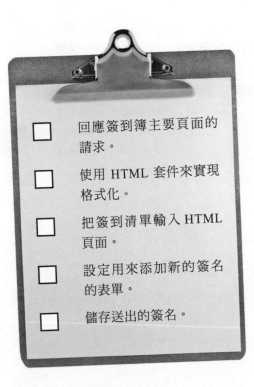

回應簽到簿主要頁面的請求。

使用 HTML 套件來實現格式化。

把簽到清單輸入 HTML 頁面。

設定用來添加新的簽名的表單。

儲存送出的簽名。

了解 os.OpenFile

開啓檔案

有些程式需要把資料寫進檔案,而不只是讀取資料。 綜觀整本書,當我們需要處理檔案時,你得在文字編輯器中建立它們供你的程式閱讀。不過有些程式可以產生資料,甚至在產生之後程式需要能夠把資料寫進檔案。

在本書稍早的部分,我們使用 os.OpenFile 函式開啟檔案來寫入資料。但是那時我們並沒有足夠的空間,詳細解釋這是如何運作的。為了讓你能更有效地使用 os.openFile,你可以在本章學到所有必要的知識喔!

這次新的文字附加到了檔案中。

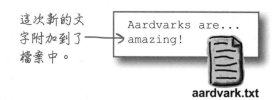

aardvark.txt

六件我們還沒提到的事情

還有呢

B

本書已經涵蓋了 Go 的很多面向，而你也快要讀完這本書了。

我們會想念你的，但是在你離開之前，如果沒有再給你多一點點準備就這樣放生你，我們會過意不去的。在這一章附錄中，我們為你準備了六件相當重要的主題。

初始化陳述句　　　　　　　　　　　　　　條件

```
if count := 5; count > 4 {
    fmt.Println("count is", count)
}
```

任何的字元都是可以被印出來的。

在緩衝區滿了的時候傳遞值會造成傳遞 goroutine 到區塊。

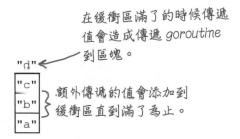

額外傳遞的值會添加到緩衝區直到滿了為止。

如何使用本書

序

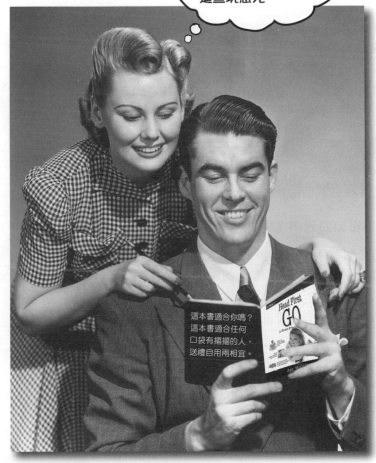

在本章，我們要回答一個頗為棘手的問題：
「為什麼把這樣的內容放進這本 Go 的書籍裡？」

誰適合閱讀這本書？

如果下列問題的答案**都**是「肯定」的：

1 你曾經透過文字編輯器存取電腦嗎？

2 你打算學習一種讓你的開發更加**快速**與**高效**的程式語言嗎？

3 你有把**晚餐聚會聊天模擬**成**又乾、又無趣的學術課程**的嗜好嗎？

這本書就是為你量身打造的。

誰或許應該遠離這本書？

如果你對下列任何**一個**問題的答案是「肯定」的：

1 **你完全是電腦新手嗎？**

（你不必是個高手，但你至少得知道什麼是目錄與檔案，如何開啟終端機，以及如何使用簡單的文字編輯器。）

2 你是個程式高手，且只是在找一本**參考用書**嗎？

3 **你害怕嘗試新的事物**嗎？寧可做根管治療也不要穿奇裝異服讓大家指指點點？你從不相信一本技術用書可以嚴肅又充滿爛梗嗎？

看來這本書並不適合你。

「編輯碎碎念：這本書最適合有
張好刷信用卡的人了。」

我們知道你在想什麼

「這怎麼可能是一本正經的 Go 開發用書？」

「這一堆圖是來亂的嗎？」

「這樣真的會讓我學到東西嗎？」

我們也知道你的大腦在想什麼

你的大腦渴望新的事物，它總是在搜尋、掃描及等待不尋常的事物。你的大腦生來如此，正因這樣的特質才能幫助你平安度過每一天並生存下去。

既然如此，那麼那些你每天面對、一成不變、平淡無奇的事物，你的大腦又作何反應？它會盡量阻止這些事物去干擾真正的工作：記住真正要緊的事。它不會費心去儲存那些無聊事；它們絕對無法通過「這顯然不重要」的過濾機制。

你的大腦究竟怎麼知道什麼才是重要的事情？假設你去爬山，突然有一隻老虎跳到你面前，你的大腦和身體會怎麼反應？

你的神經被挑起，並且提高警覺。起了化學反應。

這正是你的大腦所知的…

這非常重要，不要忘記喔！

然而，想像你在家裡或圖書館，燈光好、氣氛佳，而且沒有老虎環伺。你正在用功、準備考試，或者研究某個技術難題，而你的老闆認為需要一週或者頂多十天就能夠完成。

唯獨一個問題，你的大腦正嘗試著幫助你，它試圖確保這件顯然不重要的事情，不會弄亂你的有限資源。畢竟資源最好利用來儲存真正的大事，像是吃人老虎、失火很危險。或者像是你不可以把有些派對的照片在未經同意前，在 Facebook 朋友圈分享。而且也不會有什麼簡單的方法，可以輕易告訴你的大腦：「嘿，大腦哥，我是很感謝你啦，但是不管這本書有多無聊，不管我現在的情緒多低落，我真的很希望你能夠專注在這件事情上。」

你大腦察覺這非常重要！

好極了！「只」剩下 530 多頁枯燥、無聊且乏味的內容… Orz。

你的大腦認為「這」不值得儲存下來。

我們將「Head First」的讀者視為<u>學習者</u>

那麼,要怎麼學習呢?首先,你必須理解它,然後確定不會忘記它。我們不會用填鴨的方式對待你,認知科學、神經生物學、教育心理學的最新研究顯示,學習過程需要的絕對不是只有書頁上的文字。我們知道如何幫助你的大腦「開機」。

Head First 學習守則:

視覺化。圖像遠比文字容易記憶,讓學習更有效率(在知識的回想與轉換上,有高達 89% 的提升)。圖像也能讓事情更容易理解,**將文字放進或靠近相關聯的圖像**,而不是把文字放在頁腳或下一頁,可讓學習者解決相關問題的可能性翻倍。

使用對話式與擬人化的風格。最新的研究發現,以第一人稱的角度、談話式的風格,直接與讀者對話,相較於一般正經八百的敘述方式,學員們課後測驗的成績可提升達 40%。以故事代替論述;以輕鬆的口語取代正式的演說。別太嚴肅,想想看,究竟是晚宴伴侶的耳邊細語,還是課堂上的死板演說,哪個比較能夠吸引你的注意?

讓學習者更深入地思考。換句話說,除非你主動刺激你的神經,不然大腦就不會有所作為。讀者必須被刺激、必須參與、產生好奇、接受啟發,以便解決問題,做出結論,並且形成新知識。為了達到這個目的,你需要可以挑戰、練習、以及刺激思考的問題與活動,同時運用左右腦,充分利用多重感知。

引起 —— 並保持 —— 讀者的注意力。我們都有這樣的經驗:「我真的很想學會這個東西,但是還沒翻過第一頁,就已經昏昏欲睡了」。你的大腦只會注意特殊、有趣、怪異、引人注目、以及超乎預期的東西。新穎、困難、技術性的主題,不一定要用乏味的方式來呈現,如果你不覺得無聊,大腦的學習效率就可以大幅提昇。

觸動心弦。我們已經知道,記憶的效率大大仰賴情感與情緒。你會記得你在乎的事,當你心有所感時,你就會記住。不!我不是在說靈犬萊西與小主人之間心有靈犀的故事,而是在說,當你解開謎題、學會別人覺得困難的東西、或者發現自己比工程部當紅炸子雞小明懂更多時,所產生的驚訝、好奇、有趣、「哇靠…」以及「我好棒!」,這類的情緒與感覺。

後設認知：想想如何思考

如果你真的想要學習，想要學得更快甚至更深入，那麼請注意你是如何「注意」的，「想想」如何思考，並且「學習」如何學習。

大多數人在成長過程中，都沒有修過後設認知或者學習理論的課程。我們在眾人的期待下學習，卻沒有人真正教導我們如何去學習。

如果你手中正捧著這本書，我們就假設你真心想要學習如何編寫 Go 程式。你恐怕也不打算花太多時間在上面。假如你想要充分運用從本書所讀到的東西，就必須牢牢記住你所學過的東西。為此目的，你必須充分理解它。想要從本書，或者任何書籍與學習經驗得到最多利益，你得讓你的大腦負責任，讓它好好注意這些內容。

祕訣在於：讓你的大腦認為你正在學習新知識確實很重要，攸關你的生死存亡，就像吃人的老虎一樣。否則，你會不斷陷入苦戰：拼命想要記住那些知識，卻老是記不住。

那麼，要如何讓大腦將程式設計當作一隻飢餓的大老虎？

當然，有又慢又囉唆的方法，也有又快又有效率的撇步囉。慢的方法就是多讀幾次，你很清楚，勤能補拙。只要重複的次數夠多，再乏味的知識，也能夠學會且記住，你的大腦會說：「雖然這感覺上不重要，但他卻一而再、再而三地苦讀這個部分，所以我想這應該是很重要的吧！」

較快的方法則是做**任何增進大腦活動的事情**，特別是不同類型的大腦活動。上一頁所提到的事情是解決辦法的重要關鍵，業經證實對你的大腦運作相當有幫助。比方說，研究顯示將文字放在它所描述的圖像內（而不是置於頁面上的其他地方，像是圖像標註或內文），可以幫助大腦嘗試將兩者鏈結在一起，也觸發更多神經元。一旦更多神經元被觸發就等同於給大腦更多機會，將此內容視為值得關注的資訊，並且盡可能將它記下來。

除此之外，對話式風格的陳述也相當有幫助，因為人們傾向在意識到自身處在對話之中時，會更加投入。這歸因於人們需要豎起耳朵，全程關注對話的進行直到結束為止。神奇的是，你的大腦根本沒發現這是一場你與書本之間的「對話」！另一方面，如果寫作風格既正式又枯燥，你的大腦會視為如同在聽一場演講，自己只不過是一個被動的觀眾，連保持清醒都不必要。

然而，圖像與對話式的風格，只是開胃菜呢！

我們的做法是

我們使用**圖像**，因為你的大腦對視覺效果比較有感受，而不是文字。對你的大腦來說，一圖值「千」字。當文字與圖像一同運作時，我們將文字嵌入圖像內，因為你的大腦在文字位於它所指涉的圖像裡頭時（而不是在圖像標註或者埋沒在內文某處），會運作得比較順暢。

我們**重複**呈現相同內容，以不同的表現方式、不同的媒介、多重的感知，敘述相同的事物。這是為了增加機會，將內容烙印在大腦的不同區域。

我們以**超乎預期**的速度，使用概念和圖像，讓你的大腦覺得新鮮有趣。我們使用多少具有一點**情緒性**內容的圖像與想法，讓你的大腦覺得感同身受。讓你有感覺的事物自然比較容易被記住，即使那些感覺不外乎**好笑**、**驚訝**以及**有趣**等等。

我們使用擬人化以及**對話式的風格**，只因為大腦相信你正身處於一個對話之中，而不是被動地聆聽演講，會付出更多關注，即使你的交談對象是一本書，也就是說縱使你是在閱讀，大腦還是會這麼做。

我們涵蓋了不少**活動**，當你在**做**事情，而不是在讀東西的時候，大腦會學得更多，記得更多。我們也讓習題與活動維持在具有挑戰性又不會太困難的程度，因為這是大部分人願意買單的。

我們使用**多元的學習風格**，因為你可能比較喜歡一步一步照著做，但也有人偏好先了解整體概括，還有人比較喜歡直接看範例。無論如何，不管你是哪種人，都可以從這本書不同的學習方式有所收穫。

本書的設計同時考慮到**你的左右腦**，因為越多的腦細胞參與，就越可能學習並記住，而且可以讓你維持更久的專注力。由於當使用一半的大腦時，往往意味著另一半大腦有機會可以喘口氣，你便可以學習得更久，更有效率。

我們也運用**故事**以及練習來呈現**不同角度的觀點**。因為當大腦被迫進行評估與判斷時，會學習更深入。

本書經由提供習題、以及沒有標準答案的**問題**，來讓讀者感覺充滿**挑戰**，因為我們的用意是讓你的大腦深涉其中，學得更多、記得更牢。想想看—你無法只是光看別人上健身房，就讓自己達到塑身的效果。但是我們會盡力確保你的努力會花在正確的事情上。**你不會花費額外的腦力**去處理難以理解的範例，或是難以剖析、充滿行話、咬文嚼字的論述。

我們運用**人物**。在故事、圖像與範例中，處處是人物，因為你也是人！因此你的大腦會對人物比事物更有興趣。

讓大腦順從你的方法

好吧！該做的我們都做了，剩下就靠你了。這裡介紹一些技巧，但只是一個開端，你應該傾聽大腦的聲音，看看哪些技巧對你的大腦有效，哪些無效，試試看。

沿虛線剪下，然後用磁鐵貼在你的冰箱門上。

- -

①　放慢腳步，理解越多，強記越少。

不要光是讀過去，記得停下來好好地思考。當本書問你問題時，不要完全不思考就直接看答案。想像有人正面對著你問問題，若能迫使大腦思考得更深入，你就有機會學習並且記住更多知識。

②　勤作練習，寫下心得。

我們在書中安排習題，如果你光看不做，就好像只是看別人去健身房運動，而自己卻不動一樣，那樣是不會有效果的。**使用鉛筆作答**。大量證據顯示，學習過程中的實體會增加學習的效果。

③　認真閱讀「沒有蠢問題」的單元。

如題所說，那可不是無關緊要的說明，而是**核心內容的一部分**！千萬別略過。

④　將閱讀本書作為睡前最後一件事，或者至少當作睡前最後一件最具挑戰性的事。

學習的一部分（特別是把知識轉化為長期記憶的過程更是如此）發生在放下書本之後。你的大腦需要自己的時間，進行更多的處理。如果你在這個處理期間，胡亂塞進新知識，某些剛學過的東西將會被遺漏。

⑤　談論它，並且大聲的說。

說話驅使大腦的不同部位，如果你需要理解某項事物，或者增加記憶，就大聲說出來。大聲解釋給別人聽，效果更好。你會學得更快，甚至觸發許多新想法，這是光憑閱讀做不到的。

⑥　喝水，多喝水。

你的大腦需要浸泡在豐沛的液體中，才能夠運作良好。反之脫水（往往發生在感覺口渴之前）會減緩認知功能。

⑦　傾聽你的大腦。

注意你的大腦是否過載了，當你發現自己開始漫不經心，或者過目即忘，該休息了！當你錯過某些重點時，放慢腳步，否則你會失去更多。

⑧　用心感受！

必須讓大腦知道這一切都很重要，你可以讓自己融入故事裡，為圖片加上你自己的說明。即使抱怨笑話太冷，都比冷漠無感來得好。

⑨　大量地寫程式！

學習 Go 程式語言的不二法則：**大量地寫程式**。而這也正是你在閱讀本書時會做的事情。編寫程式是一門技巧，而你需要的是熟能生巧。我們提供你大量的練習機會：每一章都會有需要你解決問題的練習。別跳過它們，當你解決這些練習時你也學到了東西。每一個習題都會有解答，當你卡關時**看看解答**不是什麼大不了的事（有時候困在一些小地方是很正常的）！不過請盡量在看解答前嘗試解決看看。並且在你翻頁之前，確實地完成每一個練習。

讀我

這是一段學習體驗，而不是一本參考書。所有阻礙學習的東西，都已經被我們刻意排除掉了。第一次閱讀時，你必須從頭開始，因為本書對讀者的知識背景做了一些假設。

假如你已會其他程式語言會很有幫助

大部分的開發人員是在學習其他程式語言之後得知 Go（通常是在他們逃離其他語言時找來這裡）。對於初學者我們會提供足夠的基礎知識，但我們也不會對像什麼是變數，或是 if 陳述句怎麼運作這樣的細節贅述太多。假如你稍微懂一點程式皮毛，在這裡你不會花太多時間的。

我們不會把重心放在每一種型別、函式以及套件的細節

它們當然都很有意思，然而就算本書有現在兩倍厚度，我們依然無法一一介紹。我們的重心會放在核心的型別以及真正對像你這樣的初學者有用的函式。我們會確保你能確實地深入了解，並且有信心知道在何時且如何善用它們。無論如何，一旦你完成《深入淺出 Go》這本書，你可以隨時拿起任何一本參考用書，並且很快地對任何我們沒有介紹過的套件上手。

我們所有的練習以及活動都不該被跳過

所有的習題以及活動都不應被視為額外附加的；它們都是本書的核心內容。有些幫助你記憶，有些幫助你理解，更有些協助你如何將所學應用。**千萬別錯過這些習題。**

我們是故意很囉唆的而且這非常重要

深入淺出系列用書最大的與眾不同是我們希望你真的能夠掌握所學。我們更希望你在完成本書之後依然記得學到了什麼。大部分的參考用書並不會特別提醒或者重複所學，但是我們的目的是如何學習，所以你會發現有些觀念在本書中不只一次地出現。

我們的程式碼習題精益求精

要讓你從兩百行的程式碼中，找到兩行應該被理解的程式碼真的讓人很抓狂。本書中大部分的範例都已經最精簡化了，於是你所要學習的部分會相當地簡潔。所以也不要期待書中提供的程式碼會有多完整。那是在完成本書之後你的回家作業。這本書是寫來讓你學習用的，並不是全能的用書。

我們已經把完整的範例檔案放到網路上供你自行下載。你可以在 *http://headfirstgo.com* 找到。

致謝

給系列創辦人：

非常感謝深入淺出系列的創辦人們，**Kathy Sierra** 以及 **Bert Bates**。在十年前接觸這個系列時，我就非常喜愛它們，真的從來沒想到我竟然也可以為此付出。非常感激你們創造了這麼一種不可思議的學習方式！

給歐萊禮：

謝謝讓這一切成真的歐萊禮的所有成員，尤其是編輯 **Jeff Bleiel** 以及 **Kristen Brown** 與 **Rachel Monaghan**，還有產品團隊所有成員。

給技術審查團隊：

每個人都難免有錯，但是我很幸運地擁有技術審查團隊 **Tim Heckman**、**Edward Yue Shung Wong** 以及 **Stefan Pochmann** 來幫我把關這些錯誤。你絕對不敢相信他們找到多少錯誤，因為我都把證據湮滅了。而他們的協助以及回報是至關重要的，我永遠感激他們。

更多地感謝：

感謝 **Leo Richardson** 額外地再幫我審核過一次。

恐怕是最重要地，感謝 **Christine**、**Courtney**、**Bryan**、**Lenny** 以及 **Jeremy** 的耐心協助（已經第二本書了）！

歐萊禮的線上學習資源

歐萊禮近 40 年來提供了科技與商業訓練的知識，還有讓企業邁向成功的智慧。

我們獨特的專家以及創新者網路透過書籍、文章、會議還有我們的線上學習平台分享他們的智慧與經驗。歐萊禮的線上學習平台涵蓋了歐萊禮以及超過兩百間出版商，隨時提供你存取線上訓練課程、深入學習流程、互動式編寫程式環境以及大量的文字與影音系列。若想知道更多資訊，請造訪 *http://oreilly.com*。

基本語法（syntax）

> 來看看這些我們用 Go 編寫出的程式吧！編譯以及執行它們竟然可以這麼快…這語言真的是太棒了！

準備好對你的軟體渦輪加速了嗎？ 想要有個**簡單**又**快速編譯**的程式語言嗎？不只**執行**得很快，還**易於發布**你的作品給使用者？那麼你已經**準備好 Go** 啦！

Go 是一種專注於**簡單**與**速度**的程式語言。它比其他程式語言都來得簡單所以很好學習。而且它也讓你可以直接運用最流行的多核心處理功能，來加速你的程式。這一章會走過所有讓**你的開發人生更簡單**的 Go 的功能，也讓你的**使用者更開心**。

預備備、就定位、Go！

時間回到 2007 年，Google 的搜尋引擎遇到了個麻煩。他們得維護擁有上百萬行原始碼的程式。在他們嘗試新的改變之前，得先把原始碼編譯成可執行的狀態，而運氣好的話可能至少得花上一個小時。不得不說，這對開發人員的產能是很糟糕的。

於是 Google 的工程師 Robert Griesemer、Rob Pike 以及 Ken Thompson 規劃出一個新的程式語言需要達到的目標：

- 快速編譯

- 更少繁瑣的程式碼

- 自動釋放閒置的記憶體空間（垃圾回收）

- 輕鬆寫出可以同步執行不同工作的軟體（並發）

- 對多核心處理器支援度高

經過多年的努力，Google 終於發明了 Go：一個可以快速編寫、快速編譯以及執行的程式語言。這個專案爾後在 2009 年轉授權為開放原始碼。現在大家都可以免費取用，而你正應該使用它！Go 很快地因為它的易於上手以及強大變得知名。

假如你編寫的是命令列工具，Go 可以從同一個程式碼，建立成 Windows、macOS 以及 Linux 可用的執行檔。假如你編寫的是網路伺服器，它可以幫助你搞定多使用者同時連線。除此之外，無論你寫什麼，它會幫你確認你的程式碼是否更加地易於維護以及成長。

等不及要開始了嗎？讓我們 Go 吧！

Go 的遊樂場

嘗試 Go 的最簡單方法是透過你的網頁瀏覽器造訪 *https://play.golang.org*。Go 團隊在這裡已經建立好簡單的編輯器環境讓你可以輸入 Go 程式碼，並且在他們的伺服器上執行。結果會直接呈現在你的瀏覽器上。

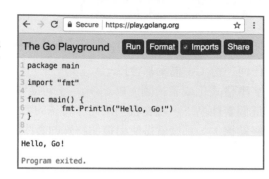

（當然只有在你網路順暢時才行得通。假如事與願違，前往第 25 頁學習如何在你的電腦上下載以及執行 Go 編譯器。接著透過你剛安裝好的編譯器執行下方的範例。）

讓我們現在就來試試看！

動手做！

1️⃣ 在你的瀏覽器上打開 *https://play.golang.org* 網址。（如果你看到的結果跟我們的截圖看起來不太一樣，別太擔心；這應該只是因為它們的網站在我們出版本書之後又更進步了！）

2️⃣ 刪除在編輯區的所有程式碼，並且輸入如下：

```
package main

import "fmt"

func main() {
    fmt.Println("Hello, Go!")
}
```

別擔心，我們晚點會在下一頁解釋這些是什麼意思！

3️⃣ 點擊 Format 按鈕，它會根據 Go 的語法慣例，自動重新格式化你的程式碼。

4️⃣ 點擊 Run 按鈕。

你應該會在螢幕的底部看到「Hello, Go!」。恭喜你，你第一次成功地執行了 Go 程式囉！

請翻到下一頁，我們即將解釋剛剛到底做了什麼…

輸出 ⟶ `Hello, Go!`

這代表什麼意思？

你剛完成了你的第一個 Go 程式！現在讓我們仔細來看看程式碼並且搞清楚它們真正的涵義…

任何一份 Go 檔案都會以 package 子句作為開始。**套件**是做類似事情的程式碼的集合，比如說字串格式化或者繪圖。Package 子句提供了該套件一個名字，整份文件中的程式碼都會歸屬在這個套件名下。現在我們使用了特殊的套件名稱 main，假如程式碼需要被直接執行（通常是在終端機），那麼就得使用這個特殊的套件名稱。

接下來 Go 通常都會有至少一個 import 陳述句。每個檔案在使用其他套件擁有的程式碼之前，必須**匯入（import）**這些套件。同時讀取電腦內所有的 Go 程式碼會產生一個笨重又緩慢的程式，不如只針對特定你所需要的套件引入即可。

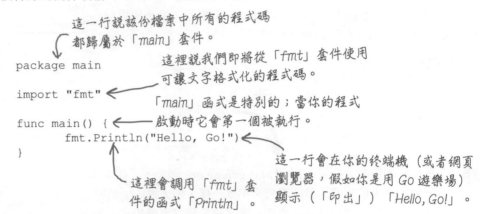

這一行說該份檔案中所有的程式碼都歸屬於「*main*」套件。

```
package main

import "fmt"

func main() {
    fmt.Println("Hello, Go!")
}
```

這裡說我們即將從「*fmt*」套件使用可讓文字格式化的程式碼。

「*main*」函式是特別的；當你的程式啟動時它會第一個被執行。

這一行會在你的終端機（或者網頁瀏覽器，假如你是用 Go 遊樂場）顯示（「印出」）「*Hello, Go!*」。

這裡會調用「*fmt*」套件的函式「*Println*」。

在 Go 檔案中的最後才是主要的程式碼，通常會分成好幾個函式（function）。**函式（function）**是一至多行程式碼的組合，你可以在你的程式中任何一處**調用（call）**（執行）它們。Go 的程式在開始執行時，會先尋找名為 main 的函式並且第一個執行它，這也正是為何我們要把這段函式命名為 main。

Fun 輕鬆

當你還無法馬上參透一切，別擔心！

我們馬上會在下面幾頁講得更詳細些。

典型的 Go 檔案佈局

你很快就會習慣在大部分碰到的 Go 檔案中，看到以下三個段落的排列方式：

1. 套件子句
2. 任何 import 陳述句
3. 主要的程式碼

套件子句 { `package main`

匯入段落 { `import "fmt"`

主要程式碼 {
```
func main() {
    fmt.Println("Hello, Go!")
}
```

有句話是這麼說的：「當所有東西都好好歸位，那麼整潔就是件自然而然的事情」。Go 是一個相當一致的程式語言。這是個相當好的習慣：當你拿到一份 Go 的程式碼，你自然會知道要如何在整個專案中找到你要的。

問：我其他的程式語言需要在每一行的陳述句最後加上分號。為何 Go 不用？

答：你當然可以在 Go 使用分號來分別每一個陳述句，但不受強制（事實上，通常是不允許的）。

問：Format 按鈕是做什麼用的？為何我們要在執行程式碼之前按下它呢？

答：Go 編譯器有一個叫做 go fmt 的標準格式化工具。這個 Format 按鈕就是網頁版的 go fmt。

無論你何時分享程式碼，其他的 Go 開發者會預期你的程式碼是遵循標準 Go 格式的。像是縮排以及空格會被格式化成標準的結果，來讓所有人都能輕鬆的閱讀。在其他的語言都倚靠使用者，手動地重新格式化他們的程式碼來符合風格規範時，你在 Go 只需要執行 go fmt 自動地達到這個目標。

本書中我們所建立的所有範例都已經執行過這個格式化工具，而你也應該讓你自己的程式碼做到這件事！

假如發生錯誤呢？

Go 程式需要遵守特定的規則來避免讓編譯器困惑。假如我們破壞了任何其中一條規則，錯誤訊息就會隨之而來。

假設我們忘記在第六行調用 Println 時加上括號。

假如我們打算執行這個版本的程式，就會得到錯誤：

假設我們忘了這邊該要有的括號…

```
行數 1  package main
     2
     3  import "fmt"
     4
     5  func main() {
     6          fmt.Println "Hello, Go!"
     7  }
```

Go 遊樂場所使用的檔案名稱

發生錯誤的行數

錯誤的解釋

```
prog.go:6:14: syntax error: unexpected literal "Hello, Go!" at end of statement
```

發生錯誤時的行數以及字元數

Go 會告訴我們需要到程式碼檔案中的第幾行來修正問題（Go 遊樂場會在執行之前，把你的程式碼先存到一個叫做 *prog.go* 的暫時檔）。接著會告訴你這個錯誤的描述。在這個案例，由於我們刪除了括號，Go 無從得知我們是否真的要調用 Println 這個函式，於是它無法理解為何我們要把 "Hello, Go" 放在第六行的最後面。

調用函式

拆解東西真的是很有教育性！

透過不同的方法拆解程式，可以讓我們對於 Go 程式的規則有更深一層的了解。以這個程式碼例子為基礎，嘗試用下方任一種方法改變內容後並執行看看。然後恢復你做過的改變，接著嘗試下一組。看看會發生什麼事情！

```
package main

import "fmt"

func main() {
        fmt.Println("Hello, Go!")
}
```

嘗試拆解程式碼範例並看看
會發生什麼事！

假如你這麼做…	…它會因為…而發生錯誤
刪除套件子句 ~~package main~~	每個 Go 檔案必須以套件子句作為開頭。
刪除 import 陳述句… ~~import "fmt"~~	每個 Go 檔案必須透過匯入的方式引用套件。
匯入第二個（沒用到的）套件… `import "fmt"` `import "strings"`	Go 必須只匯入有在程式碼當中引用的套件（這讓你的程式碼編譯得更快！）
重新命名為 main 函式… func ~~main~~hello	Go 會優先執行名為 main 的函式。
把 Println 改為小寫後調用… fmt.~~P~~println("Hello, Go!")	Go 是有區分大小寫的，縱使 fmt.Println 可用，並不代表 fmt.println 也可行。
把 Println 之前的套件名稱刪除…. ~~fmt.~~Println("Hello, Go!")	Println 函式並不是 main 套件的一部分，於是 Go 調用該函式時需要它的套件名稱。

讓我們先試試看第一個範例…

刪除 package
子句…

```
import "fmt"

func main() {
        fmt.Println("Hello, Go!")
}
```

你會得到
這樣的錯誤！

```
can't load package: package main:
prog.go:1:1: expected 'package', found 'import'
```

調用函式

我們的範例中調用了 `fmt` 的 `Println` 函式。為了調用函式，首先輸入函式名稱（在這個案例是 `Println`），接著是一對括號。

```
package main

import "fmt"

func main() {
    fmt.Println("Hello, Go!")
}
```

調用 *Println* 函式

我們很快就會解釋這塊！

函式名稱

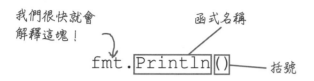

括號

像不少函式一樣，`Println` 可以擁有一至多個**引數**：你打算在函式內使用的值。引數會出現在函式名稱後面的括號內。

括號內有一至多個引數，以逗號分開。

```
fmt.Println("First argument", "Second argument")
```

輸出 ⟶ `First argument Second argument`

`Println` 在調用時可以不需要引數，也可以有很多引數。當我們在之後遇到更多函式，我們會發現大部分的情境是調用固定數量的引數。假如你調用了太少或太多，你會得到錯誤訊息，說預期要有幾個引數，而你必須去解決這個問題。

Println 函式

在你打算知道你的程式在做什麼時可以使用 `Println` 函式。任何你傳遞的引數都會在終端機畫面，以一個逗號以及空格的間隔印出來（顯示出來）。

在印出所有的引數之後，`Println` 會在終端機畫面跳到下一行（這正是為什麼這個函式最後以「ln」作為結尾）。

```
fmt.Println("First argument", "Second argument")
fmt.Println("Another line")
```

輸出 ⟶ `First argument Second argument`
`Another line`

從其他套件（packages）使用函式

在我們的第一個程式當中，所有程式碼都是 main 套件的一部分，然而 Println 卻是屬於 fmt 套件（fmt 是「format」的意思）。為了能夠調用 Println 函式，我們得先匯入擁有該函式的套件。

```
package main

import "fmt"

func main() {
    fmt.Println("Hello, Go!")
}
```

在可以存取 Println 之前，我們得引入「fmt」套件。

這裡指出我們調用的函式是屬於「fmt」套件。

一旦我們匯入了該套件，我們可以存取該套件中任何函式，只要輸入套件的名稱、接著是一個句點、最後才是我們要使用的函式名稱。

套件名稱　　　　　　函式名稱

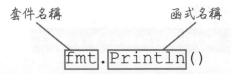

fmt.Println()

以下是我們如果要從其他套件調用函式的程式碼範例。由於我們需要匯入多個套件，我們改用另一種 import 陳述句的語法，來讓你可以透過括號，以及一個套件名稱一行的方式匯入多個套件。

```
package main

import (
    "math"
    "strings"
)

func main() {
    math.Floor(2.75)
    strings.Title("head first go")
}
```

另一種「import」陳述句的語法，讓你可以一次匯入多個套件。

匯入「math」套件，讓我們可以使用 math.Floor。

匯入「strings」套件，讓我們可以使用 strings.Title。

從「math」套件調用 Floor 函式。

從「strings」套件調用 Title函式。

這個程式並沒有輸出。（我們很快就會解釋為什麼！）

一旦我們匯入了 math 以及 strings 套件，我們就可以透過 math.Floor 存取 math 套件的 Floor 函式，以及透過 strings.Title 存取 strings 套件的 Title 函式。

你可能已經發現在這個程式碼中，除了調用了兩次函式之外，這個範例並沒有輸出任何結果。接著我們會看看如何修正。

函式回傳值

在上一頁的程式碼範例，我們嘗試調用 math.Floor 以及 strings.Title 函式，然而它們並不會產生任何輸出：

```
package main

import (
        "math"
        "strings"
)

func main() {
        math.Floor(2.75)
        strings.Title("head first go")
}
```

這個程式沒有輸出結果。

當我們調用 fmt.Println 函式，我們不需要額外地在事後多做溝通。我們會傳遞一至多個值給予 Println 來印出，並且相信會確實印出結果。然而有時候程式會需要在調用函式之後可以獲得回傳的值。因此大部分程式語言的函式擁有**回傳值**：一種調用的函式運算完之後回傳給調用者的值。

math.Floor 以及 strings.Title 函式都可作為函式回傳值的範例。math.Floor 在取得浮點數之後，向下捨去小數後取得最接近的整數，並且回傳這個整數的結果。而 strings.Title 函式取得一個字串後，將每一個單字的首字大寫（也就是轉換成「首字大寫格式」），接著回傳這個首字大寫化後的字串。

若要實地看看這些函式調用後的結果，我們需要把這些回傳值傳遞給 fmt.Println：

```
package main

import (
        "fmt"      ← 一樣匯入「fmt」套件。
        "math"
        "strings"
)

func main() {
        fmt.Println(math.Floor(2.75))
        fmt.Println(strings.Title("head first go"))
}
```

把 math.Floor 回傳的結果透過調用 fmt.Println 印出來。

把 strings.Title 回傳的結果透過調用 fmt.Println 印出來。

取得數字，無條件捨去後接著回傳該結果。

取得字串，並且回傳已經將每個單字的首字大寫處理過的新字串。

輸出

```
2
Head First Go
```

修改後的結果會回傳，並且印出來，於是我們就可以直接看到結果。

池畔風光

你的**工作**是把游泳池內的程式碼片段，放到上方程式碼中空白的地方。同一個程式碼片段**不能**使用超過一次，而且也不需要把游泳池內所有的片段都用完。你的**目標**是讓這整段程式碼可以正常運作，並且產生所列出的輸出結果。

我們已幫你完成了這塊！

```
package  main  ←
import (
    _____
)

_____ main() {
    fmt.Println(_____)
}
```

←輸出

```
Cannonball!!!!
```

注意：游泳池內的每一個片段只能使用一次！

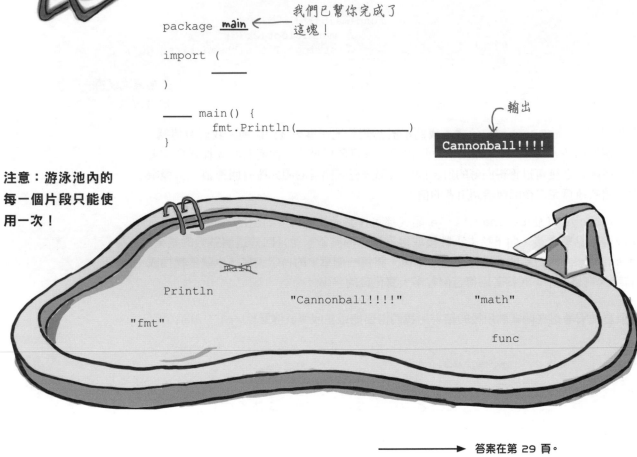

main
Println
"Cannonball!!!!"   "math"
"fmt"
func

答案在第 29 頁。

Go 程式樣板

在這邊的程式碼片段，想像一下把它們放進完整的 Go 程式內：

如果可以的話，把整段程式先輸入到 Go 遊樂場，並且輸入你自己的片段，看看會發生什麼結果。

```go
package main

import "fmt"

func main() {
    fmt.Println(            )
}
```

在這裡輸入你的程式碼！

字串（strings）

我們已經把**字串**（**strings**）當作引數傳遞給 Println。字串是一系列代表著字元的位元組。你可以使用**字串字面量**（**string literals**）的方式來直接定義字串：也就是在雙引號之間擺放文字，Go 就會視為字串。

輸出

雙引號開頭 —— "Hello, Go!" —— 雙引號結尾

```
Hello, Go!
```

透過字串，像是換行、跳位（tab）或者其他不易在程式碼中引用的字元，可以透過**跳脫序列**（**escape sequences**）來呈現：也就是反斜線後面接著代表其他字元的特殊字元。

在字串內換行　　　　　輸出

```
"Hello,\nGo!"
```
```
Hello,
Go!
```

```
"Hello,\tGo!"
```
```
Hello,  Go!
```

```
"Quotes: \"\""
```
```
Quotes: ""
```

```
"Backslash: \\"
```
```
Backslash: \
```

跳脫序列	值
\n	換行字元
\t	跳位字元
\"	雙引號
\\	反斜線

符文（runes）

當字串通常用來呈現完整的字元序列時，Go 的**符文**（runes）卻是被用作呈現單一字元。

字串字面量用雙引號（"）圍繞來編寫，而**符文字面量**（runes literals）卻是用單引號（'）來編寫。

Go 程式幾乎可以使用世界上任何語言的任何字元，因為 Go 使用萬國碼（Unicode）標準來儲存符文。符文被當作數值而不是字元本身來儲存，假如你傳遞一組符文給 fmt.Println，你會在輸出看見數值而不是原始的字元。

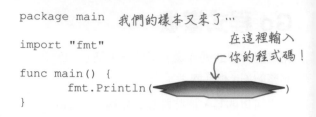

```
package main

import "fmt"

func main() {
    fmt.Println(          )
}
```

我們的樣本又來了⋯

在這裡輸入你的程式碼！

'A' 65 ← 輸出

輸出萬國碼字元

'B' 66

'水' 1174

就像是字串字面量，跳脫序列也可以在字符字面量用來呈現難以在程式碼中引用的字元。

'\t' 9

'\n' 10

'\\' 92

布林值（Booleans）

布林（Boolean）值只有兩種值：true 或者 false。特別是在條件陳述句中相當實用，會讓條件為真或假時，只讓部分程式碼被執行（我們會在下一章的條件式中解釋）。

true **true**

false **false**

數值（numbers）

你也可以直接用程式碼定義數值，而這比字串
字面量還要簡單：只需要輸入數字即可。

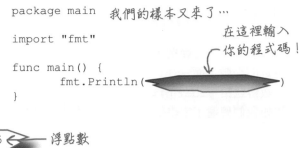

```
package main
import "fmt"
func main() {
        fmt.Println(          )
}
```

我們的樣本又來了…

在這裡輸入
你的程式碼！

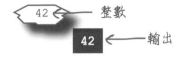

整數

輸出

浮點數

我們很快地帶過， Go 把整數以及浮點數視為不同的型別，所以
記住小數點可作為識別整數以及浮點數的方法。

數學運算以及比較

Go 的基本數學運算與其他大部分程式語言一樣。+ 符號作為加
法，- 作為減法，* 作為乘法，而 / 作為除法。

你可以使用 < 以及 > 來比較兩個數值的大小。你也可以使用 ==（這是兩個等
號）來看兩個值是否相等，而 !=（這是驚嘆號以及等號，念成「不等於」）來
看看兩個值是否不相等。<= 測試是否第一個值小於或等於第二個值，而 >= 測
試是否第一個值大於或等於第二個值。

比較的結果是一個布林值，也就是 true 或者 false。

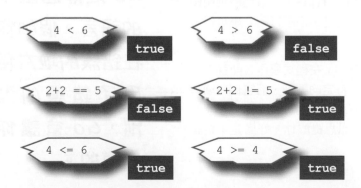

型別（types）

在剛剛的程式碼範例，我們看到了 `math.Floor` 函式把浮點數無條件捨去到最接近的整數，而 `strings.Title` 函式轉換字串為首字大寫的格式。把數值作為引數傳遞給 `Floor` 函式，以及把字串作為引數傳遞給 `Title` 是很合理的。但是假如我們傳遞了字串給 `Floor`、而數值傳遞給 `Title`，會發生什麼事呢？

```go
package main

import (
        "fmt"
        "math"
        "strings"
)

func main() {
        fmt.Println(math.Floor("head first go"))
        fmt.Println(strings.Title(2.75))
}
```

通常得使用浮點數！

通常得使用字串！

錯誤

```
cannot use "head first go" (type string) as type float64 in argument to math.Floor
cannot use 2.75 (type float64) as type string in argument to strings.Title
```

Go 針對各自的函式調用，印出了兩個錯誤訊息，而程式根本沒有執行！

這個世界上在你周遭的環境中，事物通常可以依據它們的用途，定義出不同的型別：你不會吃一台車或卡車當早餐（因為它們是車輛），而你也不會駕駛歐姆蛋或是一碗燕麥片去上班（因為它們是早餐）。

同樣地，Go 的值全部都已經被定義為不同的**型別**（**types**），這些型別明確地定義出數值的用途。整數可被用作數值運算，但是字串不行。字串可以被大寫化，但是數值無法，諸如此類。

Go 屬於**靜態型別**（**statically typed**），意味著 Go 在程式運作之前就清楚知道你使用的值的型別。函式預期它們的引數是特定的型別，而它們所回傳的值也擁有型別（可能與引數的型別相同，也有可能不同）。假如你不小心在錯誤的地方用了錯誤的型別，Go 會透過錯誤訊息提醒你。好處是：這讓你在使用之前就能夠找到問題所在！

GO 是靜態型別的語言。假如你在錯誤的地方使用了錯誤的型別，GO 會讓你知道的。

型別（types）（續）

你可以透過傳遞值給 reflect 套件的 TypeOf 函式來得知它們的
型別。讓我們來看看我們之前看過的值的型別吧：

```go
package main

import (
        "fmt"
        "reflect"
)

func main() {
        fmt.Println(reflect.TypeOf(42))
        fmt.Println(reflect.TypeOf(3.1415))
        fmt.Println(reflect.TypeOf(true))
        fmt.Println(reflect.TypeOf("Hello, Go!"))
}
```

匯入「*reflect*」套件
這樣我們才可使用
TypeOf 函式。

回傳引數的型別

輸出

```
int
float64
bool
string
```

這裡是以上的型別的用途：

型別	描述
int	也就是 integer，擁有的是整數。
float64	也就是 floating-point 數（浮點數），即有小數點的數值（之所以 64 會在型別名稱中，是因為 64 位元的資料都用作儲存這個數值。也就是說 float64 的值可以相當地、卻不是無限地精準到最後一位）。
bool	布林值。只能是 true 或者 false。
string	字串。用來呈現 一系列字元的資料結構。

連連看，把每一個程式碼片段連到對應的型別。有些型別會有
不只一個程式碼片段對應到它們。

```
reflect.TypeOf(25)                          int
reflect.TypeOf(true)
reflect.TypeOf(5.2)                         float64
reflect.TypeOf(1)
reflect.TypeOf(false)                       bool
reflect.TypeOf(1.0)
reflect.TypeOf("hello")                     string
```

答案在第 29 頁。

宣告變數（variables）

變數在 Go 是一種儲存值的方式。你可以透過**宣告變數**（**variable declaration**）給予變數一個名稱。只要使用 var 鍵詞接著是你預期的變數名稱即可。

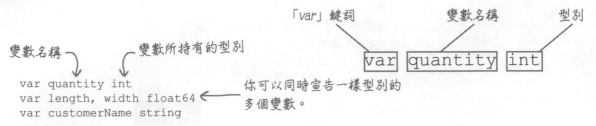

變數名稱 → 變數所持有的型別

```
var quantity int
var length, width float64
var customerName string
```
← 你可以同時宣告一樣型別的多個變數。

「var」鍵詞　　變數名稱　　型別

```
var quantity int
```

當你宣告了一個變數，你可以透過 =（只有一個等號）指派該型別的任何值給予這個變數：

```
quantity = 2
customerName = "Damon Cole"
```

你可以在同一個陳述句宣告一樣的值給多個變數。只要把多個變數名稱放在 = 的左邊，而同樣數量的值放在右邊，並且以逗號區隔即可。

```
length, width = 1.2, 2.4
```
← 同時指派多個變數。

一旦你給變數指派值了，你可以在程式碼內的任何一處，當你想要使用原始那個值的時候使用該變數：

```
package main

import "fmt"

func main() {
    var quantity int
    var length, width float64
    var customerName string

    quantity = 4
    length, width = 1.2, 2.4
    customerName = "Damon Cole"

    fmt.Println(customerName)
    fmt.Println("has ordered", quantity, "sheets")
    fmt.Println("each with an area of")
    fmt.Println(length*width, "square meters")
}
```

宣告變數 { var quantity int / var length, width float64 / var customerName string

指派值給變數 { quantity = 4 / length, width = 1.2, 2.4 / customerName = "Damon Cole"

使用變數 { fmt.Println(customerName) / fmt.Println("has ordered", quantity, "sheets") / fmt.Println("each with an area of") / fmt.Println(length*width, "square meters")

```
Damon Cole
has ordered 4 sheets
each with an area of
2.88 square meters
```

宣告變數（variables）（續）

假如你早就知道變數的值是什麼，你可以在同一行定義變數以及指派它們的值：

只需要在最後面加上指派。

宣告以及指派變數
```
var quantity int = 4
var length, width float64 = 1.2, 2.4
var customerName string = "Damon Cole"
```

假如你宣告了多個變數，也需要提供同樣數量的值。

你可以指派新的值給予現存的變數，不過它們得是同樣的型別。Go 的靜態型別保證你不會不小心指派錯誤型別的值給變數。

指派型別與宣告型別不同時
```
quantity = "Damon Cole"
customerName = 4
```
錯誤

```
cannot use "Damon Cole" (type string) as type int in assignment
cannot use 4 (type int) as type string in assignment
```

假如同時在宣告時指派了值給變數，你通常可以在宣告的部分省略變數型別的宣告。指派值的型別即會成為該變數的型別。

省略變數型別

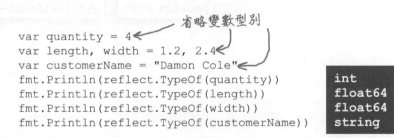

```
var quantity = 4
var length, width = 1.2, 2.4
var customerName = "Damon Cole"
fmt.Println(reflect.TypeOf(quantity))
fmt.Println(reflect.TypeOf(length))
fmt.Println(reflect.TypeOf(width))
fmt.Println(reflect.TypeOf(customerName))
```

```
int
float64
float64
string
```

零值

假如你在宣告變數時沒有指派值，變數就會持有這個型別的**零值**（**zero value**）。數值型別的零值是 0：

```
var myInt int
var myFloat float64
fmt.Println(myInt, myFloat)
```

「*int*」型別的零值是 0。 → `0 0` ← 「*float64*」型別的零值是 0。

然而對其他型別來說，0 這個值是不可行的，所以其他型別的零值就會是不同的東西。比如說 string 的零值是空字串，而 bool 的零值為 false。

```
var myString string
var myBool bool
fmt.Println(myString, myBool)
```

「*string*」的零值是空字串。 → `false` ← 「*bool*」的零值是 false。

程式碼磁貼

有個 Go 程式在冰箱上被搞得亂七八糟。
你是否可以重組程式碼磁貼來製作一個可
執行的程式,以產生所求的輸出嗎?

輸出

```
I started with 10 apples.
Some jerk ate 4 apples.
There are 6 apples left.
```

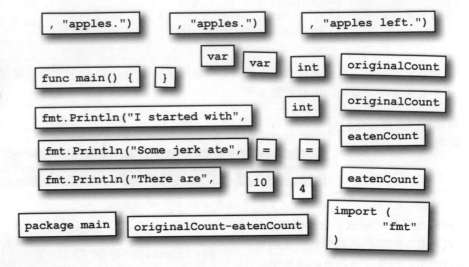

| `, "apples.")` | `, "apples.")` | `, "apples left.")` |

| `var` | `var` | `int` | `originalCount` |

| `func main() {` | `}` |

| `fmt.Println("I started with",` | | `int` | `originalCount` |

| `fmt.Println("Some jerk ate",` | `=` | `=` | `eatenCount` |

| `fmt.Println("There are",` | `10` | `4` | `eatenCount` |

| `package main` | `originalCount-eatenCount` |

```
import (
        "fmt"
)
```

答案在第 30 頁。

短變數宣告（short variable declarations）

我們有說過你可以在同一行宣告以及指派值變數。

只需要在宣告的最後面進行指派。

宣告以及指派值
給變數
```
var quantity int = 4
var length, width float64 = 1.2, 2.4
var customerName string = "Damon Cole"
```

假如你宣告了多個變數，就得
提供一樣數量的指派值。

然而當某個變數要被宣告，而你假如早就知道它該被指派的值時，
我們通常比較會使用**短變數宣告**（**short variable declaration**）。
與其明確地定義變數的型別以及後面透過 = 指派值，你可以透過
:= 一次達成。

讓我們來使用短變數宣告更新之前的範例吧：

```
package main

import "fmt"

func main() {
        quantity := 4
        length, width := 1.2, 2.4
        customerName := "Damon Cole"

        fmt.Println(customerName)
        fmt.Println("has ordered", quantity, "sheets")
        fmt.Println("each with an area of")
        fmt.Println(length*width, "square meters")
}
```

宣告以及指派值
給變數

```
Damon Cole
has ordered 4 sheets
each with an area of
2.88 square meters
```

我們並不需要明確地宣告變數的型別；指派給變數的型別馬上就
會變成變數自己的型別。

由於短變數宣告實在是相當地方便與簡潔，比起正規的宣告變數
它們更常被廣泛地使用。你仍然會偶爾看見兩種不同的宣告方式，
所以對兩種做法都駕輕就熟是相當重要的。

拆解東西真的是很有教育性！

看到下面這個使用變數的程式，嘗試用下方任一種方法改變內容後並執行看看。然後恢復你做過的改變，接著嘗試下一組。看看會發生什麼事情！

```go
package main

import "fmt"

func main() {
    quantity := 4
    length, width := 1.2, 2.4
    customerName := "Damon Cole"

    fmt.Println(customerName)
    fmt.Println("has ordered", quantity, "sheets")
    fmt.Println("each with an area of")
    fmt.Println(length*width, "square meters")
}
```

```
Damon Cole
has ordered 4 sheets
each with an area of
2.88 square meters
```

假如你這麼做…	…它會因為…而發生錯誤
對同一個變數進行第二次宣告。 `quantity := 4` `quantity := 4`	同一個變數只能宣告一次（縱使你可以隨時指派新的值給它，你也可以在別的範圍宣告同一個變數名稱。我們會在下一章學到什麼是範圍）。
刪除短變數宣告的： `quantity = 4`	假如你忘了：，它會被當作指派而不是宣告，而你不能對還沒宣告的變數指派值。
把 string 的值指派給 int 的變數 `quantity := 4` `quantity = "a"`	變數只能指派同一個型別的值。
變數與值的數量不同 `length, width := 1.2`	你得提供每一個變數相對應的值，反過來說每一個值都得對應到一個變數。
移除有用到變數的程式碼 `fmt.Println(customerName)`	所有的變數都應該在你的程式中被使用到。假如你移除了用到變數的程式碼，你也得移除該變數的宣告。

命名規則

Go 有個針對變數、函式以及型別很簡單的命名規則清單：

- 名稱的開頭必須得是字母，後面的字母或者數字的數量不限。

- 假如該變數、函式或者型別的名稱開頭的字母是大寫，代表它是**會被匯出（exported）**的，也就是可以在除了這個套件之外的地方使用（這就是為什麼 `fmt.Println` 的 P 是大寫：於是它就可以在 `main` 或者其他套件使用）。假如一個變數、函式或者型別的名稱第一個字是小寫，這會被視為**未匯出（unexported）**，並且只能在當下的套件內被使用。

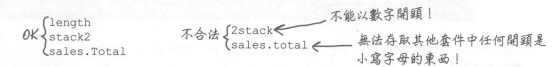

以上是這個語言強制的規則。不過 Go 社群也遵守了一些額外的慣例：

- 假如一個名稱是由多個單字組成，第一個字之後的單字必須首字大寫，而且彼此不能有任何間隔，比如說：`topPrice`、`RetryConnection` 等等（只有在你打算要將該名稱的物件匯出到這個套件之外，才會把最開始的字大寫）。這個風格通常被稱作駝峰式大小寫（*camel case*），因為大寫後的字母看起來很像駱駝的駝峰。

- 當該名稱的意義顯然地代表內容，Go 社群通常會用縮寫的方式：像是用 `i` 而不是 `index`，用 `max` 而不是 `maximum` 等等（不過在深入淺出的世界，在你學習新的語言時，我們相信沒有什麼是理所當然的。所以在這本書中我們不會遵照這個規則）。

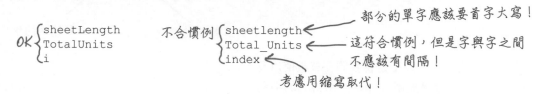

只有變數、函式或套件的名稱為首字大寫才會被考慮匯出：也就是可以從當下套件之外的地方被存取的意思。

轉換

Go 的數學以及比較運算只能在同樣型別的當中操作。假如在不同型別的
情況下嘗試執行，你會得到錯誤回報。

宣告一個 *float64* 型別的變數。

宣告一個 *int* 型別的變數。

假如我們把這兩個 *float64*
以及 *int* 的變數放進同一
個數學運算…

或者比較…

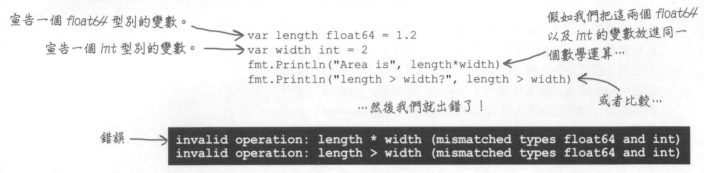

```
var length float64 = 1.2
var width int = 2
fmt.Println("Area is", length*width)
fmt.Println("length > width?", length > width)
```

…然後我們就出錯了！

錯誤

```
invalid operation: length * width (mismatched types float64 and int)
invalid operation: length > width (mismatched types float64 and int)
```

指派變數新的值時也有一樣的情境。假如要被指派的值與該變數被宣告的型
別不同，你也會得到錯誤回報。

宣告一個 *float64* 的變數。

宣告一個 *int* 的變數。

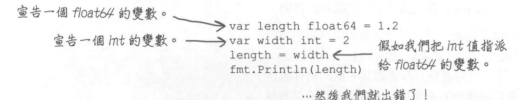

```
var length float64 = 1.2
var width int = 2
length = width
fmt.Println(length)
```

假如我們把 *int* 值指派
給 *float64* 的變數。

…然後我們就出錯了！

錯誤

```
cannot use width (type int) as type float64 in assignment
```

解法就是使用**轉換**（**conversion**），轉換可以讓你把某個
型別的值轉換到其他型別。你只需要提供打算轉換的型別，
以及接著把需要被轉換的值放在後方的括號內即可。

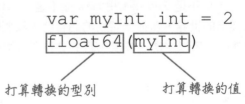

```
var myInt int = 2
float64(myInt)
```

打算轉換的型別　　　　　打算轉換的值

你會得到目標型別值的結果。以下是當我們在整數值以及
轉換到 float64 之後，透過調用 TypeOf 所得到的型別
結果輸出。

轉換之前…

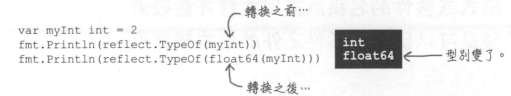

```
var myInt int = 2
fmt.Println(reflect.TypeOf(myInt))
fmt.Println(reflect.TypeOf(float64(myInt)))
```

```
int
float64
```

型別變了。

轉換之後…

轉換（續）

讓我們來更新一下上一頁出錯的程式碼，在進行任何數學或者比較運算之前，把 int 轉換到 float64 之後來與其他 float64 的值進行運算。

```
var length float64 = 1.2
var width int = 2
fmt.Println("Area is", length*float64(width))
fmt.Println("length > width?", length > float64(width))
```

在與其他 float64 數值進行乘法之前，把 int 轉換到 float64。

在與其他 float64 數值比較之前，把 int 轉換到 float64。

```
Area is 2.4
length > width? false
```

數學以及比較運算看來進行得很順利！

接著嘗試在指派值給 float64 的變數之前，把要指派的 int 值先轉換成 float64 型別：

```
var length float64 = 1.2
var width int = 2
length = float64(width)
fmt.Println(length)
```

在指派給 float64 變數之前，把 int 轉換到 float64。

2

再一次地透過轉換之後，順利地指派了。

在進行轉換時，必須注意結果的值造成的改變。舉例來說，float64 會儲存小數值，但是 int 無法。當你把 float64 轉換至 int 後，小數點後的值就會直接被捨棄了！這會對你所有用到這個值的運作造成影響。

```
var length float64 = 3.75
var width int = 5
width = int(length)
fmt.Println(width)
```

這個轉換讓小數點後的值被捨棄了！

3 *結果值比原本少了 0.75！*

只要你小心謹慎，你會發現轉換對運用 Go 的重要性。它們容許否則不兼容的型別放在一起運作。

我們已經先編寫了以下的 Go 程式碼來計算含稅總價，並且評估我們是否擁有足夠的資金來進行採購。但我們把這個功能納入完整程式之後發生了錯誤！

```go
var price int = 100
fmt.Println("Price is", price, "dollars.")

var taxRate float64 = 0.08
var tax float64 = price * taxRate
fmt.Println("Tax is", tax, "dollars.")

var total float64 = price + tax
fmt.Println("Total cost is", total, "dollars.")

var availableFunds int = 120
fmt.Println(availableFunds, "dollars available.")
fmt.Println("Within budget?", total <= availableFunds)
```

錯誤

```
invalid operation: price * taxRate (mismatched types int and float64)
invalid operation: price + tax (mismatched types int and float64)
invalid operation: total <= availableFunds (mismatched types float64 and int)
```

填入以下的空格以更新程式碼。修正錯誤來產生預期的結果（提示：在進行數學或者比較運算之前，你得透過轉換來讓運算的型別是匹配的）。

```go
var price int = 100
fmt.Println("Price is", price, "dollars.")

var taxRate float64 = 0.08
var tax float64 = _____
fmt.Println("Tax is", tax, "dollars.")

var total float64 = _____
fmt.Println("Total cost is", total, "dollars.")

var availableFunds int = 120
fmt.Println(availableFunds, "dollars available.")
fmt.Println("Within budget?", _____)
```

預期的輸出結果

```
Price is 100 dollars.
Tax is 8 dollars.
Total cost is 108 dollars.
120 dollars available.
Within budget? true
```

答案在第 30 頁。

在你的電腦安裝 Go

Go 的遊樂場是一種嘗試新的語言很棒的方式。但是它的實用性有限。舉例來說，你無法透過它來與檔案協作。而且它也沒辦法從 terminal 取得使用者的輸入，我們會在後面的程式中使用到。

在結束這章之前，讓我們把 Go 下載到電腦裡並且進行安裝。別擔心，Go 團隊打造了相當簡單的流程！在大部分的作業系統，你只需要執行安裝程式就一切大功告成。

動手做！

① 在你的網頁瀏覽器造訪 *https://golang.org*。

② 點擊「Download Go」的連結。

③ 選擇屬於你的作業系統（operation system）的安裝套件。應該會自動下載的。

④ 造訪屬於你的作業系統的安裝指南頁（你應該會在下載之後自動被帶往該頁面），並且遵照上面的指示。

⑤ 打開一個新的終端機或者命令提示字元。

⑥ 透過在命令列輸入 **go version** 以及按下 Return 或者 Enter 按鈕來確認 Go 是否安裝完成。你應該會看見 Go 所安裝的版本訊息。

照過來！

網站總是在更新。

golang.org 的網站甚至是 Go 的安裝套件，都很有可能在本書出版之後進行更新。而且它們各自的流程通常不會完全正確。如果是這樣，可以造訪 *http://headfirstgo.com* 來獲得協助或者排除錯誤的小祕訣！

編譯 Go 程式碼

我們使用 Go 遊樂場的目的是把程式碼輸入之後,神不知鬼不覺地就可以執行了。
現在我們已經將 Go 安裝到你的電腦,是時候深入了解背後的運作囉。

電腦事實上並不能直接執行 Go 程式碼。在讓這一切成真之前,我們需要**編譯**原
始碼檔案:也就是把這個檔案轉換成 CPU 可以執行的二進制檔案。

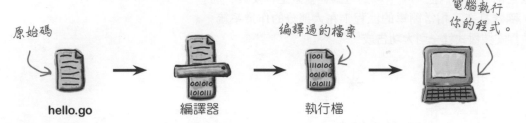

原始碼 → hello.go → 編譯器 → 編譯過的檔案 → 執行檔 → 電腦執行你的程式。

讓我們試著透過剛安裝好的 Go 來編譯以及執行稍
早的「Hello, Go!」範例吧。

動手做!

儲存到檔案。

```go
package main

import "fmt"

func main() {
        fmt.Println("Hello, Go!")
}
```

hello.go

① 使用你最愛的文字編輯器,儲存我們稍早的
「Hello, Go!」程式碼到純文字檔並且命名為
hello.go。

② 開啟一個新的終端機命令提示字元。

③ 在終端機哩,切換到儲存 *hello.go* 的資料夾。

④ 執行 **go fmt hello.go**,來整理程式碼的格式
(這並非必要的步驟,不過仍然建議這麼做)。

⑤ 執行 **go build hello.go** 來編譯原始碼。這
會在同一目錄下建立一個執行檔。在 macOS 或
者 Linux,執行檔會直接被命名為 *hello*。而
Windows 會被命名為 *hello.exe*。

⑥ 執行這個執行檔。在 macOS 或者 Linux,透過
./hello 來執行(代表著「在當下資料夾執行名
為 hello 的程式」)。在 Windows 只需要輸入
hello.exe 即可。

切換到你儲存
hello.go 的目錄。

格式化程式碼。

編譯程式碼。

執行該執行檔。

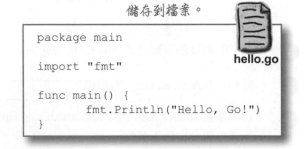

在 macOS 或者 Linux 環境
編譯以及執行 *hello.go*

切換到你儲存
hello.go 的目錄。

格式化程式碼。

編譯程式碼。

執行該執行檔。

在 Windows 環境編譯
以及執行 *hello.go*

Go 工具

當你安裝 Go 時，名為 *go* 的執行檔會加入到你的命令提示列。*go* 執行檔提供你存取不同的指令包含如下：

指令	描述
`go build`	編譯原始碼成二進制檔案。
`go run`	編譯以及執行程式而不儲存執行檔。
`go fmt`	格式化原始碼為 Go 標準格式。
`go version`	顯示當下 Go 的版本。

我們已經試用過 `go fmt` 指令，該指令重塑了你的程式碼為標準的 Go 格式。這與 Go 遊樂場上的 Format 按鈕是一樣的功能。我們相當建議你對所有建立的 go 檔案執行 `go fmt` 指令。

你也可以透過 `go build` 指令來把原始碼編譯成執行檔。像這樣的執行檔可以直接提供給其他使用者，讓他們可以在不用安裝 Go 的環境下也可以執行這個執行檔。

不過我們還沒試過 `go run` 指令，現在來做吧。

> 大部分的編輯器可以設置成當你儲存檔案時自動執行 *go fmt*！造訪 *https://blog.golang.org/go-fmt-your-code*。

快速地透過「go run」試試程式碼

`go run` 跳過儲存一個執行檔到當下的目錄，直接指令編譯以及執行原始碼。快速地試試看簡單的程式也不錯。讓我們在 *hello.go* 上執行看看吧。

```
package main

import "fmt"

func main() {
        fmt.Println("Hello, Go!")
}
```
hello.go

1 開啟一個新的終端機或者命令提示字元。

2 在終端機切換到你儲存 *hello.go* 的目錄。

3 輸入 **go run hello.go** 並且按下 Enter 或 Return 鍵（這個指令在所有的作業系統都適用）。

你會很快地看到程式的輸出。假如你修改了原始碼，你不需要分別地還得經過編譯的步驟，只需要繼續在你的程式碼執行 `go run`，你就可以直接看到結果。當你執行的程式還不大時，`go run` 相當方便！

切換到你儲存 *hello.go* 的目錄。

執行原始碼。

```
Shell Edit View Window Help
$ cd try_go
$ go run hello.go
Hello, Go!
$
```

透過 `go run` **執行** *hello.go*
（**所有作業系統通用**）

你的 Go 百寶箱

這就是第 1 章的全部了！你已經把調用函式以及型別加到你的百寶箱囉！

調用函式

函式就是一大塊程式碼，這組程式碼你可以在程式中任何一處調用它。

調用函式的時候，你可以使用引數來提供函式資料。

型別

值在 Go 的世界被分類為好幾種型別，這些型別定義了這些值怎麼被使用。

在不同型別之間的數學運算或者比較是不被允許的，不過如果需要，你可以在不同的型別之間進行值的轉換。

Go 變數只能儲存所定義的型別的值。

重點提示

- **套件**是一群相關的函式以及其他程式碼的組合。

- 當你想要在一份 Go 檔案中使用其他套件的函式時，你需要**匯入**（**import**）那份套件。

- string 是一系列用來呈現字元的位元組。

- rune 用來代表一個單字元。

- Go 最常見的數值型別是用來存放整數的 int，以及用來存放浮點數的 float64。

- bool 型別儲存只有 true 以及 false 的布林值。

- **變數**（**variable**）是一種可以持有特定型別的存放空間。

- 假如一個變數並沒有被指派任何值，它即持有該型別的**零值**（**zero value**）。型別的零值譬如 int 以及 float64 的 0，或者 string 的 ""。

- 你可以使用 :=，也就是**短變數宣告**（**short variable declaration**）的方式，來同時宣告變數，並且賦值給變數。

- 變數、函式或者型別只能在它的名稱首個字母大寫時，才可以在其他套件的程式碼內被引用。

- go fmt 指令能自動格式化原始碼為 Go 的標準格式。假如你打算分享 Go 程式碼給其他人，你應該先執行過 go fmt。

- go build 指令**編譯**（**compile**）Go 的原始碼為電腦可以直接執行的二進制格式檔案。

- go run 直接指令編譯以及執行程式，而不需要在同一個目錄下建立一份執行檔。

池畔風光解答

```
package main

import (
        "fmt"
)

func main() {
        fmt.Println("Cannonball!!!!")
}
```

← 輸出

```
Cannonball!!!!
```

連連看，把每一個程式碼片段連到對應的型別。有些型別會有
不只一個程式碼片段對應到它們。

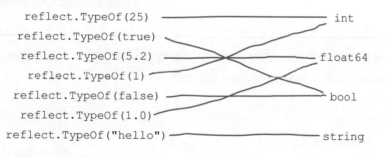

程式碼磁貼解答

```
package main
```

```
import (
        "fmt"
)
```

```
func main() {
```

```
var  originalCount  int  =  10
```

```
fmt.Println("I started with",  originalCount  , "apples.")
```

```
var  eatenCount  int  =  4
```

```
fmt.Println("Some jerk ate",  eatenCount  , "apples.")
```

```
fmt.Println("There are",  originalcount-eatenCount  , "apples left.")
```

輸出

```
I started with 10 apples.
Some jerk ate 4 apples.
There are 6 apples left.
```

```
}
```

填入以下的空格以更新程式碼。修正錯誤來產生預期的結果（提示：在進行數學或者比較運算之前，你得透過轉換來讓運算的型別是匹配的）。

習題
解答

```
var price int = 100
fmt.Println("Price is", price, "dollars.")

var taxRate float64 = 0.08
var tax float64 = _____float64(price) * taxRate_____
fmt.Println("Tax is", tax, "dollars.")

var total float64 = _____float64(price) + tax_____
fmt.Println("Total cost is", total, "dollars.")

var availableFunds int = 120
fmt.Println(availableFunds, "dollars available.")
fmt.Println("Within budget?", _____total <= float64(availableFunds)_____ )
```

預期的輸出結果

```
Price is 100 dollars.
Tax is 8 dollars.
Total cost is 108 dollars.
120 dollars available.
Within budget? true
```

2　接下來是什麼程式？

條件式（conditionals）與迴圈（loops）

如果我再拿到一個對子，我就梭哈了。**不然**，我會繼續蓋牌。我在想我還剩下幾回合可用呢？

任何程式都會有在特定情境下只執行部分的區塊。「這段程式碼只能在發生錯誤時執行。否則就得執行其他程式碼片段。」幾乎所有的程式都會擁有只能在特定情境為真時才能執行的程式碼片段。於是幾乎所有的程式語言都提供**條件陳述句**（**conditional statements**）讓你可以判斷何時執行程式碼區塊。Go 當然沒有例外。

你可能也需要重複地執行部分的程式碼。Go 跟其他程式語言一樣，也提供**迴圈**（**loops**）來執行不只一次的程式碼區塊。我們會在這章學會如何使用條件式以及迴圈！

調用方法

我們可以在 Go 定義**方法**（**methods**）：也就是一個特定型別的值所關聯的函式。Go 的方法就像是你曾在其他語言中看過，「物件」所附屬的方法，不過更為簡單。

第 9 章會有更詳細解釋方法的運作。不過我們在這一章先舉一些方法的例子，讓我們來看看一些簡單的調用方法的範例吧！

time 套件擁有 Time 的型別來呈現日期（年月日）以及時間（時分秒等等）。每一個 time.Time 的值擁有 Year 這樣的方法來回傳年的值。以下的程式碼透過這個方來印出現在的年份。

```go
package main

import (
        "fmt"
        "time"
)

func main() {
        var now time.Time = time.Now()
        var year int = now.Year()
        fmt.Println(year)
}
```

我們得匯入「*time*」套件才能使用 *time.Time* 型別。

time.Now 回傳 *time.Time* 的值以顯示當下的日期與時間。

time.Time 值擁有 *Year* 的方法以回傳年份。

`2019`　（或者你電腦內時鐘所設定的年份。）

time.Now 函式回傳一個新的 Time 值代表當下的日期與時間，我們把這個值存在 now 變數。接著針對 now 變數調用 Year 方法：

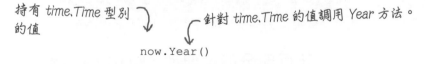

持有 *time.Time* 型別的值

針對 *time.Time* 的值調用 *Year* 方法。

`now.Year()`

Year 方法回傳一個整數型別的值代表年份，然後印出。

方法就是屬於特定型別值可使用的函式。

調用方法（續）

strings 套件擁有 Replacer 型別，這個型別可以搜尋字串中特定的子字串，並且只要遇到符合的子字串就置換成另外的字串。以下的程式碼把字串中每一個 # 符號置換成字母 o：

```
package main

import (
        "fmt"
        "strings"
)

func main() {
        broken := "G# r#cks!"
        replacer := strings.NewReplacer("#", "o")
        fixed := replacer.Replace(broken)
        fmt.Println(fixed)
}
```

匯入會在「main」函式中使用的套件。

這裡回傳了 *strings.Replacer*，它會把所有的「#」置換為「o」。

在 *strings.Replacer* 調用 Replace 方法，並且傳遞一個字串給它進行置換行為。

印出從 Replace 方法回傳的字串。

Go rocks!

strings.NewReplacer 函式的引數先取得一個要被置換的字串（"#"）以及一個要置換過去的字串（"o"），並且回傳一個 strings.Replacer。當我們傳遞字串到 Replacer 值的 Replace 的方法時，它會回傳置換行為之後得到的結果。

> 調用方法的語法非常像是在調用其他套件的函式的語法。這兩者有關聯嗎？

點符號代表著在點符號右邊的事物，屬於點符號左邊的事物。

若我們之前看到的函式屬於套件，而方法即為屬於特定的值。於是值就會出現在點符號的左邊。

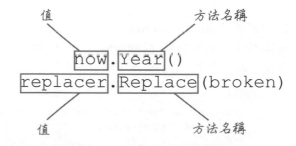

值   方法名稱

```
now.Year()
replacer.Replace(broken)
```

值   方法名稱

記錄成績

在這一章，我們會探討 Go 的條件式功能，這功能可讓你決定是否執行特定的程式碼。我們先來看看一個可能會需要這個能力的情境…

我們需要編寫一個可以讓學生輸入他自己百分比分數的程式，這個程式會告訴學生他是否及格。按照一個相當簡單的規則來決定是否及格：超過 60% 為及格，否則就是不及格。於是我們的程式會需要在使用者輸入超過 60 分時提供一種回應，以及若沒超過時有另一種回應。

註解（comments）

先建立一個新的叫做 *pass_fail.go* 的檔案來儲存我們的程式。我們得相當小心之前的程式忽略的細節，並且在程式碼的最上面描述這個程式的用途。

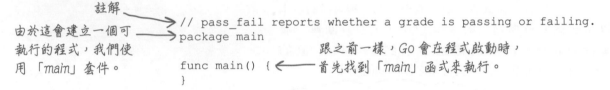

註解

由於這會建立一個可執行的程式，我們使用「*main*」套件。

```
// pass_fail reports whether a grade is passing or failing.
package main

func main() {
}
```

跟之前一樣，GO 會在程式啟動時，首先找到「*main*」函式來執行。

大部分的 Go 程式在程式碼內描述它的用途，目的是讓維護這個程式的人來閱讀。編譯器會忽略這些**註解**。

雙斜線（//）作為開頭是最常用的註解格式。在這雙斜線之後同一行的所有內容被視為註解的一部分。// 的註解可以獨立一行，或者在程式碼的後面呈現。

```
// The total number of widgets in the system.
var TotalCount int // Can only be a whole number.
```

註解區塊（**block comments**）是另一種比較少見的註解格式，可以延伸不只一行的註解。註解區塊以 /* 作為起頭，並且以 */ 結束。所有在這兩個符號之間的東西（包含空白行）都屬於這個註解區塊。

```
/*
Package widget includes all the functions used
for processing widgets.
*/
```

從使用者取得分數

現在讓我們在 *pass_fail.go* 內加點程式碼吧。第一件要做的事是讓使用者可以輸入分數。我們希望他們可以鍵入數字並且按下 Enter，接著我們可以在變數中儲存這個數值。讓我們添加點可以處理這個的程式碼吧。（注意：以下看到的程式碼並不會直接被編譯；我們會在註解中解釋原因！）

```go
// pass_fail reports whether a grade is passing or failing.
package main

import (
        "bufio"
        "fmt"
        "os"
)

func main() {
        fmt.Print("Enter a grade: ")
        reader := bufio.NewReader(os.Stdin)
        input := reader.ReadString('\n')
        fmt.Println(input)
}
```

匯入「main」函式用得到的套件。

提示使用者輸入分數

設置一個「緩衝讀取器 (buffered reader)」來從鍵盤取得字串。

回傳使用者輸入的任何內容，直到他們按下 Enter 鍵。

印出使用者輸入的內容。

首先我們需要讓使用者知道可以輸入東西，於是我們使用 fmt.Print 函式來顯示提示（與 Println 不同的是，Print 不會在終端機印出訊息之後跳行，這樣會讓提示與使用者輸入的內容，可顯示在同一行）。

接著我們需要可以從程式的標準輸入，也就是涵蓋了所有鍵盤的輸入，讀取（接收並且儲存）輸入的方法。reader := bufio.NewReadeR(os.Stdin) 這一行把 bufio.Reader 存進了 reader 變數以供我們運用。

回傳一個新的 *bufio.Reader*

```
reader := bufio.NewReader(os.Stdin)
```

Reader 會讀取標準輸入（鍵盤輸入）。

為了確實取得使用者的輸入，我們調用了 Reader 的 ReadString 方法。ReadString 方法需要一個符文（字元）的引數來標註輸入的結尾。我們希望能夠讀取使用者輸入的所有內容，直到按下了 Enter，所以我們提供給 ReadString 一個換行符文。

回傳使用者鍵入的內容為字串

```
input := reader.ReadString('\n')
```

任何事物除了換行符文都會被讀取。

一旦取得了使用者的輸入，我們就立即印出來。

這是大概的方向，然而當我們打算編譯並且執行程式時，卻發生錯誤了。

錯誤 ⟶
```
multiple-value
reader.ReadString()
in single-value context
```

Fun 輕鬆

別太擔心 *bufio.Reader* 是如何運作的。

此時此刻，你只需要知道這讓我們可以讀取鍵盤輸入的所有內容。

從函式或方法回傳不只一個值

我們嘗試從使用者的鍵盤讀取輸入，但是我們遭遇到一個錯誤。
編譯器在以下這行回報了錯誤：

```
input := reader.ReadString('\n')
```
錯誤 ⟶ `multiple-value reader.ReadString() in single-value context`

問題在於 ReadString 方法嘗試回傳兩個值，而我們只提供了一
個變數供指派用。

大部分的程式語言中，函式以及方法只能有一個回傳值，然而在
Go 它們可以回傳任意數量的值。在 Go 最常用於回傳多重值的時
候是用於另外回傳錯誤值，可用來找出一旦在函式或者方法運作
時，任何地方出錯時的依據。提供幾個範例如下：

假如字串無法轉換為布林值，
回傳錯誤

```
bool, err := strconv.ParseBool("true")
file, err := os.Open("myfile.txt")
response, err := http.Get("http://golang.org")
```
假如檔案無法被開啟則回傳錯誤

假如頁面無法被取得
則回傳錯誤

這件事很重要嗎？只是增加
一個額外的變數來儲存錯誤，
很快就會忘記它了！

Go 並不允許我們宣告不使用的變數。

Go 要求所有在程式內被宣告
的變數都應該被使用過。假如
我們添加一個 err 變數，然
後不去理會它，我們的程式碼
就不會編譯。未被使用的變數
通常帶來錯誤，於是 Go 是在
協助你來找出並且修正錯誤！

```
// pass_fail reports whether a grade is...
package main

import (
        "bufio"
        "fmt"
        "os"
)

func main() {
        fmt.Print("Enter a grade: ")
        reader := bufio.NewReader(os.Stdin)
        input, err := reader.ReadString('\n')
        fmt.Println(input)
}
```

假如我們宣告了變數而
不使用⋯

⋯那我們就會得到錯誤！

錯誤 ⟶ `err declared and not used`

選項 1：透過空白標記忽略錯誤的回傳

ReadString 方法除了回傳使用者的輸入外，也回傳了第二個值，而我們需要對這第二個值做點事情。我們嘗試忽略第二個值，然而程式碼依然無法編譯。

```
input, err := reader.ReadString('\n')    錯誤 ──────▶ err declared and not used
```

當有個平時會被指派給值的變數，而我們並不打算用它時，我們可以使用 Go 的**空白標記**（**blank identifier**）。把值指派給一個空白標記基本上就是把它拋棄了（而且也讓其他人在閱讀你的程式碼時，知道你的目的）。使用空白標記的方法很簡單，只要在指派陳述句中，把於原本變數放置的位置改輸入一個底線（_）即可。

試看看在原本 err 變數的位置使用空白標記：

```go
// pass_fail reports whether a grade is passing or failing.
package main

import (
        "bufio"
        "fmt"
        "os"
)

func main() {
        fmt.Print("Enter a grade: ")
        reader := bufio.NewReader(os.Stdin)
        input, _ := reader.ReadString('\n')
        fmt.Println(input)
}
```

在錯誤值的位置使用空白標記。

現在試看看這個改變。到終端機切換到你存放 *pass_fail.go* 的目錄後，執行以下指令：

```
go run pass_fail.go
```

執行 *pass_fail.go*
輸入數值，然後按下 *Enter*
你的數值會作為回應輸出

當你在命令列輸入一個分數（或者任何其他的字串）並且按下 Enter，你的輸入會回傳給你。我們的程式開始運作了！

選項 2：處理錯誤

我不太懂…忽略錯誤是不是看起來有點…打混？

沒錯。假如錯誤真的發生了，程式就不會告訴我們了！

假如我們從 ReadString 取得一個錯誤，空白標記只會讓錯誤發生然後忽略它，程式可能會帶著一個無效的值繼續執行下去。

忽略任何回傳的錯誤！

```go
func main() {
        fmt.Print("Enter a grade: ")
        reader := bufio.NewReader(os.Stdin)
        input, _ := reader.ReadString('\n')
        fmt.Println(input)
}
```

印出的值可能是無效的！

在這個情況下，在錯誤發生時，警示使用者並且停止程式可能是更恰當的做法。

log 套件擁有 Fatal 函式，這個函式讓我們可以同時進行兩件事：把訊息記錄到終端機並且終止程式（「致命（Fatal）」在這個情境下意味著回報會「消滅」你的程式的錯誤）。

避免使用空白標記並且用 err 變數取代，這樣我們又再度記錄了錯誤。接著使用 Fatal 函式來記錄這個錯誤並且終止程式。

```go
// pass_fail reports whether a grade is passing or failing.
package main

import (
        "bufio"
        "fmt"
        "log"        ← 添加「log」套件
        "os"
)

func main() {
        fmt.Print("Enter a grade: ")
        reader := bufio.NewReader(os.Stdin)
        input, err := reader.ReadString('\n')
        log.Fatal(err)        ← 回報錯誤並且停止程式。
        fmt.Println(input)
}
```

回頭記錄錯誤到這個變數。

但是當我們打算執行這個更新的程式，又遇到新的錯誤了…

條件式

假如程式遭遇到從鍵盤讀取輸入的問題，我們已經設置好回報錯誤並且終止。然而它現在連正常運作都會把程式停止！

儲存回傳的錯誤值到變數。

```
input, err := reader.ReadString('\n')
log.Fatal(err)  ← 把回傳的錯誤值記錄。
```

縱使正常運作，依然把錯誤記錄下來了！ →

```
Shell Edit View Window Help
$ go run pass_fail.go
Enter a grade: 100
2018/03/11 18:27:08 <nil>
exit status 1
$
```

← 錯誤值是「nil」。

像是 ReadString 這樣的函式與方法回傳值為 **nil** 的錯誤，基本上就代表著「不存在」。也就是說，假如 err 是 nil，就代表著錯誤不存在。然而我們的程式只是簡單地回報這個值為 nil 的錯誤！我們應該做的是只在 err 值為 nil 之外的其他值時，才關閉程式。

我們可以透過**條件式**（conditionals）來實現：它是一段陳述句，會導致只在某個條件達成時，才執行的程式碼區塊（以大括號 {} 圍繞的一至多行陳述句）。

「if」鍵詞　　　　　條件式

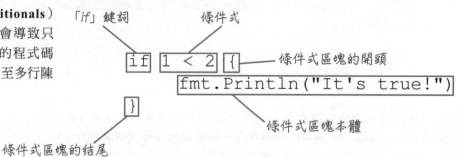

條件式區塊的開頭

條件式區塊本體

條件式區塊的結尾

條件式會求得一段表達式的值，假如結果是 true，該條件式區塊的本體就會被執行。假如為 false，這塊條件式區塊就會被跳過。

```
if true {
        fmt.Println("I'll be printed!")
}
```

```
if false {
        fmt.Println("I won't!")
}
```

Go 與大部分的其他語言雷同，也支援多重分支的條件式。陳述句語法為 if...else if...else。

```
if grade == 100 {
        fmt.Println("Perfect!")
} else if grade >= 60 {
        fmt.Println("You pass.")
} else {
        fmt.Println("You fail!")
}
```

條件式（續）

條件式仰賴布林表達式（一種只會求得 true 或 false 的陳述句），
來決定持有的程式碼區塊是否該被執行。

```
if 1 == 1 {
    fmt.Println("I'll be printed!")
}
```

```
if 1 >= 2 {
    fmt.Println("I won't!")
}
```

```
if 1 > 2 {
    fmt.Println("I won't!")
}
```

```
if 2 <= 2 {
    fmt.Println("I'll be printed!")
}
```

```
if 1 < 2 {
    fmt.Println("I'll be printed!")
}
```

```
if 2 != 2 {
    fmt.Println("I won't!")
}
```

當你需要執行情境必須為 *false* 的程式碼區塊時，你可以使用 !，它是
布林反相運算子，可讓你把 true 值轉為 false 值，或者把原本為
false 的值反轉為 true。

```
if !true {
    fmt.Println("I won't be printed!")
}
```

```
if !false {
    fmt.Println("I will!")
}
```

假如你打算在只有兩個條件都為 true 的情況下才執行某些程式碼，你
可以使用 &&（「and」）運算子。假如你打算在兩個條件式只要其中一
個值為 true 的情況下執行程式碼，你可以使用 ||（「or」）運算子。

```
if true && true {
    fmt.Println("I'll be printed!")
}
```

```
if false || true {
    fmt.Println("I'll be printed!")
}
```

```
if true && false {
    fmt.Println("I won't!")
}
```

```
if false || false {
    fmt.Println("I won't!")
}
```

問：我在其他的程式語言要求 `if` 陳述句必須被小括號包起來，
Go 不需要嗎？

答：不需要的，事實上 go fmt 會把所有你額外加上的括號
移除，除非你的用途是指定運算子的先後順序。

由於以下的 Println 都被包在條件式區塊內了，只有部分的 Println 會被調用。
把應該發生的輸出寫下來。

（我們已經為您示範了第一行。）

```
if true {
        fmt.Println("true")
}
if false {
        fmt.Println("false")
}
if !false {
        fmt.Println("!false")
}
if true {
        fmt.Println("if true")
} else {
        fmt.Println("else")
}
if false {
        fmt.Println("if false")
} else if true {
        fmt.Println("else if true")
}
if 12 == 12 {
        fmt.Println("12 == 12")
}
if 12 != 12 {
        fmt.Println("12 != 12")
}
if 12 > 12 {
        fmt.Println("12 > 12")
}
if 12 >= 12 {
        fmt.Println("12 >= 12")
}
if 12 == 12 && 5.9 == 5.9 {
        fmt.Println("12 == 12 && 5.9 == 5.9")
}
if 12 == 12 && 5.9 == 6.4 {
        fmt.Println("12 == 12 && 5.9 == 6.4")
}
if 12 == 12 || 5.9 == 6.4 {
        fmt.Println("12 == 12 || 5.9 == 6.4")
}
```

輸出

true

!false

答案在第 75 頁。

有條件地記錄致命性錯誤

我們的分數程式就算鍵盤正確地取得了輸入，還是
會回報錯誤並且終止。

儲存回傳的錯誤到變數。

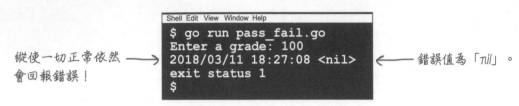

```
input, err := reader.ReadString('\n')
log.Fatal(err)    ← 回報回傳的錯誤值。
```

縱使一切正常依然 →
會回報錯誤！

```
Shell Edit View Window Help
$ go run pass_fail.go
Enter a grade: 100
2018/03/11 18:27:08 <nil>      ← 錯誤值為「nil」。
exit status 1
$
```

我們知道如果 err 值是 nil，代表著從鍵盤讀取輸入很順利。我們現在
已經具備 if 陳述句的知識，來試試看更新程式碼，讓它能夠只在 err 值
不為 nil 時才記錄錯誤以及終止程式。

```
// pass_fail reports whether a grade is passing or failing.
package main

import (
        "bufio"
        "fmt"
        "log"
        "os"
)

func main() {
        fmt.Print("Enter a grade: ")
        reader := bufio.NewReader(os.Stdin)
        input, err := reader.ReadString('\n')
        if err != nil {
                log.Fatal(err)
        }
        fmt.Println(input)
}
```

假如「錯誤」 → if err != nil {
不是 nil…

log.Fatal(err) ← 回報錯誤並且停止程式。

如果我們重新執行程式，會看到它又正常運作了。而且現在假如
從讀取使用者輸入端取得任何錯誤，我們也可以看到它們！

執行 pass_fail.go。 →

```
Shell Edit View Window Help
$ go run pass_fail.go
Enter a grade: 100
100

$
```

數值會在回應被印出來。

程式碼磁貼

貼在冰箱上的是一個用來印出檔案大小的 Go 程式。它調用了 os.Stat 函式,這函式會回傳一個 os.FileInfo 的值,以及一個可能存在的錯誤值。接著會在 FileInfo 這個值調用 Size 這個方法以取得檔案的大小。

然而原始的程式使用了 _ 空白標記來忽略從 os.Stat 得到的錯誤。假如發生錯誤(像是檔案並不存在),這個程式可能會無法執行。

請重組額外的程式碼片段,讓這個程式既能夠如常運作,也可以檢查從 os.Stat 得到的錯誤。假如從 os.Stat 得到的錯誤不為 nil,該錯誤得被回報,並且終止程式。捨棄與 _ 空白標記有關的磁貼;在完成的程式中不會被採用。

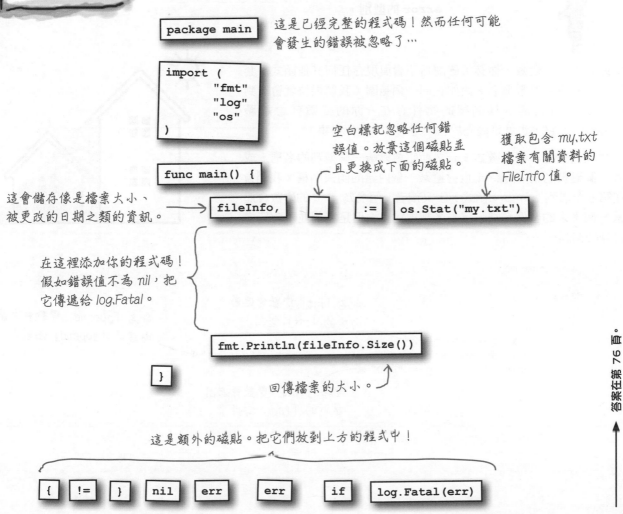

```
package main
```
這是已經完整的程式碼!然而任何可能會發生的錯誤被忽略了…

```
import (
        "fmt"
        "log"
        "os"
)
```

```
func main() {
```

空白標記忽略任何錯誤值。放棄這個磁貼並且更換成下面的磁貼。

獲取包含 my.txt 檔案有關資料的 FileInfo 值。

這會儲存像是檔案大小、被更改的日期之類的資訊。

```
fileInfo,    _    :=    os.Stat("my.txt")
```

在這裡添加你的程式碼!假如錯誤值不為 nil,把它傳遞給 log.Fatal。

```
fmt.Println(fileInfo.Size())
```

```
}
```

回傳檔案的大小。

這是額外的磁貼。把它們放到上方的程式中!

```
{    !=    }    nil    err    err    if    log.Fatal(err)
```

答案在第 76 頁。

避免名稱遮蔽

有些東西讓我很困擾。你之前說過在本書中會盡量避免縮寫。然而這邊你卻命名了變數為 err 而不是 error！

```
fmt.Print("Enter a grade: ")
reader := bufio.NewReader(os.Stdin)
input, err := reader.ReadString('\n')
if err != nil {
        log.Fatal(err)
}
```

把變數命名為 error 不是個好主意，因為這可能會<u>遮蔽</u>其他名為 error 的型別。

當你宣告一個變數，你必須確認這不會與現存任何其他函式、套件、型別或者變數撞名。假如在同一個範圍（我們很快就會談到範圍）內有其他一樣名稱的物件存在，你的變數就會**遮蔽**（**shadow**）它，也就是優先於它。這通常不是件好事。

這裡我們宣告一個變數為 int，而它會遮蔽一個型別的名稱，或者一個變數名為 append 也會遮蔽一個內建的函式名稱（我們會在第 6 章看到 append 函式），又或者一個名為 fmt 的變數會遮蔽一個匯入的套件名稱。這些名稱很詭異，但是它們並不會造成自身的錯誤……

```
package main

import "fmt"

func main() {
        var int int = 12
        var append string = "minutes of bonus footage"
        var fmt string = "DVD"
}
```

命名「int」變數會遮蔽內建的「int」型別！

命名「append」變數會遮蔽內建的「append」函式！

命名「fmt」變數會遮蔽匯入的「fmt」套件！

避免名稱遮蔽（續）

…但是假如我們打算存取這些被變數遮蔽的型別、函式、或者套件時，我們卻會取得這個變數的值。在這個例子中，會導致編譯錯誤：

```go
func main() {
    var int int = 12
    var append string = "minutes of bonus footage"
    var fmt string = "DVD"
    var count int          ← 現在「int」關聯到稍早宣告的變數，而不是數值型別！
    var languages = append([]string{}, "Español") ←
    fmt.Println(int, append, "on", fmt, languages)
}
```

現在「append」關聯到稍早宣告的變數，而不是函式！

現在「fmt」關聯到稍早宣告的變數，而不是套件！

編譯錯誤 →
```
imported and not used: "fmt"
int is not a type
cannot call non-function append (type string), declared at prog.go:7:6
fmt.Println undefined (type string has no field or method Println)
```

為了避免讓你自己以及其他開發者混淆，你應該盡量避免任何可能發生的名稱遮蔽。在這個例子中，很簡單地透過把變數改成其他不會衝突的名稱，來修正這個錯誤。

```go
func main() {
    var count int = 12      ← 重新命名「int」變數。
    var suffix string = "minutes of bonus footage" ← 重新命名「append」變數。
    var format string = "DVD"   ← 重新命名「fmt」變數。
    var languages = append([]string{}, "Español")
    fmt.Println(count, suffix, "on", format, languages)
}
```

```
12 minutes of bonus footage on DVD [Español]
```

我們會在第 3 章看到 Go 有個內建的型別名稱 error。這就是為什麼當我們宣告用來存放錯誤的變數時，我們改用 err 而不是 error 了。我們希望 error 型別的名稱不要被變數遮蔽。

是「err」不是「error」！ →

```go
fmt.Print("Enter a grade: ")
reader := bufio.NewReader(os.Stdin)
input, err := reader.ReadString('\n')
if err != nil {
    log.Fatal(err)
}
```

假如你真的把變數命名為 error，你的程式碼可能還是可以運作。直到你忘記了 error 型別名稱已經被遮蔽了，當你打算使用這個型別時卻會得到這變數的值。別讓這件事情有機會發生，使用 err 作為你的錯誤變數吧！

從字串轉換到數值

條件陳述句也可以用來判斷輸入的分數。讓我們加入 if/else
陳述句來判斷分數是否及格吧。如果輸入的分數大於等於 60 分，
我們會把狀態設定為 "passing"，否則就是 "failing"。

```go
// package and import statements omitted
func main() {
        fmt.Print("Enter a grade: ")
        reader := bufio.NewReader(os.Stdin)
        input, err := reader.ReadString('\n')
        if err != nil {
                log.Fatal(err)
        }

        if input >= 60 {
                status := "passing"
        } else {
                status := "failing"
        }
}
```

然而在目前的格式中，會得到編譯錯誤。

錯誤 ⟶
```
cannot convert 60 to type string
invalid operation: input >= 60 (mismatched types string and int)
```

問題在於：鍵盤輸入取得的是字串。Go 只能比對兩個不同的數值；我
們不能把一個數字與字串進行比較。而且也沒有一個可以直接把
string 轉為數值的型別：

```go
float64("2.6")
```

錯誤 ⟶
```
cannot convert "2.6" (type string) to type float64
```

這裡面對了兩個問題：

- input 字串的最後依然有個從使用者按下 Enter 鍵所取得的
  換行字元。我們必須把它移除。

- 剩下的字串必須可以轉換成浮點數。

從字串轉換到數值（續）

從 input 字串的結尾移除換行字元相當簡單。strings 套件擁有 TrimSpace 函式，它可以從頭到尾移除字串的所有空白字元（換行、縮排以及一般的空白）。

```
s := "\t formerly surrounded by space \n"
fmt.Println(strings.TrimSpace(s))
```

```
formerly surrounded by space
```

於是我們可以把 input 傳遞給 TrimSpace 來移除換行，並且把回傳值指派給 input 變數。

```
input = strings.TrimSpace(input)
```

現在 input 應該只有使用者輸入的數值留下來了。我們可以透過 strconv 套件的 ParseFloat 函式把它轉換成 float64 值。

引數是你打算轉換的字串… ⌐⌐ …以及結果的精準度位元數。

```
grade, err := strconv.ParseFloat(input, 64)
```

回傳值為 float64… ⌐⌐ …以及可能存在的錯。

你把一個想要轉換成數值的字串，以及結果應該要有的精準度的位元數，傳遞給 ParseFloat。由於我們要轉換的目標是 float64，我們給的數值是 64（除了 float64 之外，Go 也提供較為不精準的 float32 型別，但除非你有很好的理由不然不需要用到它）。

ParseFloat 把字串轉換成數值，並且回傳 float64 的值。它也跟 ReadString 一樣有第二個回傳值，也就是一個錯誤值，除非在轉換字串時發生了錯誤，不然這個值會是 nil（舉例來說，某個無法轉換成數值的字串。我們無法知道 "hello" 會等於多少…）。

Fun
輕鬆

這個「精準度位元」目前還不重要。

基本上這代表著電腦需要使用多少記憶體來儲存這個浮點數。因為你知道你要的是 float64，所以你應該傳遞給 ParseFloat 的第二個引數是 64 就好了。

從字串轉換到數值（續）

讓我們透過調用 TrimSpace 以及 ParseFloat 更新 *pass_fail.go* 吧。

```go
// pass_fail reports whether a grade is passing or failing.
package main

import (
        "bufio"
        "fmt"
        "log"
        "os"
        "strconv"
        "strings"
)

func main() {
        fmt.Print("Enter a grade: ")
        reader := bufio.NewReader(os.Stdin)
        input, err := reader.ReadString('\n')
        if err != nil {
                log.Fatal(err)
        }

        input = strings.TrimSpace(input)
        grade, err := strconv.ParseFloat(input, 64)
        if err != nil {
                log.Fatal(err)
        }

        if grade >= 60 {
                status := "passing"
        } else {
                status := "failing"
        }
}
```

添加「strconv」這樣我們可以使用 ParseFloat。

添加「strings」這樣我們可以使用 TrimSpace 函式。

從 input 字串剪除換行字元。

轉換字串到 float64 的值。

跟 ReadString 一樣在轉換時可回傳任何錯誤。

比較 float64 的「grade」而不是字串的「input」。

首先我們添加所需要的套件到 import 區塊。我們添加了用來從 input 字串移除換行字元的程式碼。接著傳遞 input 到 ParseFloat，並且把 float64 值的結果儲存到新的名為 grade 的變數。

如同 ReadString 一樣，我們也透過回傳 ParseFloat 錯誤值來監控是否有錯誤。假如發生了就回報該錯誤並且終止程式。

我們終於更新了條件陳述句以測試數值的 grande，而不是字串的 input。這樣應該修正了比對字串與數值所造成的錯誤。

錯誤

```
status declared
and not used
status declared
and not used
```

假如我們打算執行更新過的程式，我們不會再得到 mismatched types string and int 這樣的錯誤。看起來我們修正了這個問題。但是我們仍然有其他錯誤等著在之後處理。

區塊

我們已經轉換了使用者的分數輸入為 `float64` 型別的值，並且把它放到條件式以判定是否及格。但是我們還有其他編譯的錯誤。

```
if grade >= 60 {
        status := "passing"
} else {
        status := "failing"
}
```

錯誤

```
status declared
and not used
status declared
and not used
```

如之前所見，宣告像是 `status` 的變數而沒有使用它，在 Go 之中會成為錯誤。在程式碼中出現了兩次一樣的錯誤有點詭異，我們來把這個問題解決吧。我們會透過調用 `Println` 來把取得的分數以及 `status` 的值印出。

```
func main() {
        // Omitting code up here...
        if grade >= 60 {
                status := "passing"
        } else {
                status := "failing"
        }
        fmt.Println("A grade of", grade, "is", status)
}
```

印出 *status* 變數

錯誤

```
undefined: status
```

但是我們又遇到新的錯誤了，它說我們打算在 `Println` 陳述句裡使用還沒有宣告過的 `status` 變數！發生什麼問題了？

Go 的程式碼可以被分作不同的**區塊**（**blocks**），也就是程式碼的片段。區塊通常以大括號（`{}`）包圍，不過程式碼檔案以及套件層級也都算是區塊。區塊可以巢狀地附屬於其他區塊。

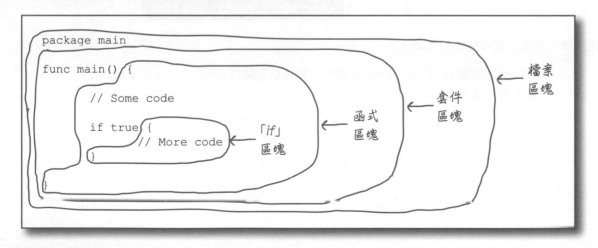

函式的本體以及條件式都是區塊。了解這個觀念成為解決我們的 `status` 變數問題的關鍵⋯

區塊以及變數範圍

任何一個你宣告的變數都有自己的**範圍**（**scope**）：你的程式碼可以「見到」的區域。一個宣告的變數可以在這個範圍內被存取，然而假如你打算在這個範圍之外存取，就會發生錯誤。

變數的範圍包含它被定義的區塊以及所屬的區塊。

```go
package main

import "fmt"

var packageVar = "package"

func main() {
    var functionVar = "function"
    if true {
        var conditionalVar = "conditional"
        fmt.Println(packageVar)        ← 還在範圍內
        fmt.Println(functionVar)       ← 還在範圍內
        fmt.Println(conditionalVar)    ← 還在範圍內
    }
    fmt.Println(packageVar)        ← 還在範圍內
    fmt.Println(functionVar)       ← 還在範圍內
    fmt.Println(conditionalVar)    ← 未定義：在範圍外
}
```

conditionalVar
範圍

functionVar
範圍

packageVar
範圍

錯誤 ⟶ `undefined: conditionalVar`

這裡描述上方程式碼中變數的範圍：

- `packageVar` 的範圍涵蓋了完整 `main` 套件。你可以在這個套件內任何你定義的函式中存取 `packageVar`。

- `functionVar` 的範圍在它所被定義的函式內，包含了所屬的 `if` 區塊。

- `conditionalVar` 的範圍只限定於 `if` 區塊內。當我們打算在 `if` 區塊的結束 `}` 括號之後存取 `conditionalVar`，我們會得到 `conditionalVar` 並未定義的錯誤！

區塊以及變數範圍（續）

現在我們理解了變數範圍，這可以解釋為何我們的 status 變數在成績程式中未被定義。我們把 status 定義在條件區塊中（事實上，因為一共有兩個截然不同的區塊，我們定義了兩次。這也正是為什麼我們得到了兩個 status declared and not used 錯誤）。然而當我們打算在這些區塊之外存取 status，它們卻不屬於這個範圍。

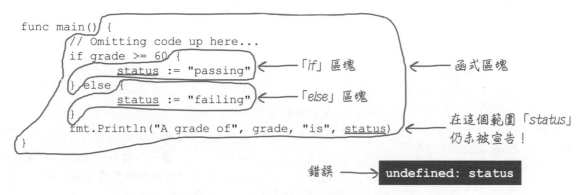

```
func main() {
    // Omitting code up here...
    if grade >= 60 {
        status := "passing"          ←── 「if」區塊        ←── 函式區塊
    } else {
        status := "failing"          ←── 「else」區塊
    }
    fmt.Println("A grade of", grade, "is", status)    ←── 在這個範圍「status」
}                                                          仍未被宣告！
```

錯誤 ──→ **undefined: status**

解法是把 status 的宣告搬到條件區塊之外，並且放在函式區塊的階層。完成之後，status 變數就會存在這個範圍以及所屬的條件區塊，以及程式碼區塊的最後。

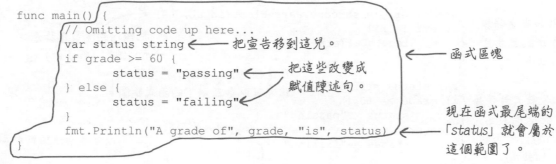

```
func main() {
    // Omitting code up here...
    var status string          ←── 把宣告移到這兒。
    if grade >= 60 {                                        ←── 函式區塊
        status = "passing"     ←── 把這些改變成
    } else {                        賦值陳述句。
        status = "failing"
    }
    fmt.Println("A grade of", grade, "is", status)    ←── 現在函式最尾端的
}                                                          「status」就會屬於
                                                           這個範圍了。
```

別忘了把所屬區塊內的短變數宣告改變成賦值陳述句！

照過來！

假如你並沒有把兩個 := 改變成 =，你會不小心在所屬條件區塊內，產生了兩個全新的叫做 status 的變數，而這兩個變數是不屬於在最後的函式範圍內的！

成績程式完成了！

就是它了！我們的 *pass_fail.go* 程式已經準備好了！來仔細看看
完整的程式碼：

```go
// pass_fail reports whether a grade is passing or failing.
package main

import (
        "bufio"
        "fmt"
        "log"
        "os"
        "strings"
        "strconv"
)

func main() {
        fmt.Print("Enter a grade: ")
        reader := bufio.NewReader(os.Stdin)
        input, err := reader.ReadString('\n')
        if err != nil {
                log.Fatal(err)
        }

        input = strings.TrimSpace(input)
        grade, err := strconv.ParseFloat(input, 64)
        if err != nil {
                log.Fatal(err)
        }

        var status string
        if grade >= 60 {
                status = "passing"
        } else {
                status = "failing"
        }
        fmt.Println("A grade of", grade, "is", status)
}
```

「*main*」會在啟動整個
程式時被調用。

提示使用者輸入百分比分數。

建立一個 *bufio.Reader*，讓我們
可以從鍵盤讀取輸入。

假如產生錯誤，
印出訊息並且
終止。

讀取使用者的輸入直到他們
按下 *Enter*。

從輸入移除換行字元。

假如產生錯誤，
印出訊息並且
終止。

把輸入的字串轉換為
float64（數值的）值。

在這裡宣告「*status*」變數，
讓它可以存在以下的函式範圍。

假如分數大於等於
60，把狀態設為
「*passing*」，否則
設為「*failing*」。

印出輸入的分數…

…以及是否通過的狀態。

你想要執行這完成的程式多少次都可以。輸入分數低於 60，它就
會回報不及格的狀態。輸入分數超過 60，它就會回報及格。看來一
切運作順利！

```
Shell Edit View Window Help
$ go run pass_fail.go
Enter a grade: 56
A grade of 56 is failing
$ go run pass_fail.go
Enter a grade: 84.5
A grade of 84.5 is passing
$
```

以下程式碼中的幾行會造成編譯錯誤，由於它們引用了不屬於該範圍的變數。
把會產生錯誤的那幾行圈出來。

```go
package main

import (
        "fmt"
)

var a = "a"

func main() {
        a = "a"
        b := "b"
        if true {
                c := "c"
                if true {
                        d := "d"
                        fmt.Println(a)
                        fmt.Println(b)
                        fmt.Println(c)
                        fmt.Println(d)
                }
                fmt.Println(a)
                fmt.Println(b)
                fmt.Println(c)
                fmt.Println(d)
        }
        fmt.Println(a)
        fmt.Println(b)
        fmt.Println(c)
        fmt.Println(d)
}
```

➤ 答案在第 77 頁。

短變數宣告中只有一個變數需要是新的

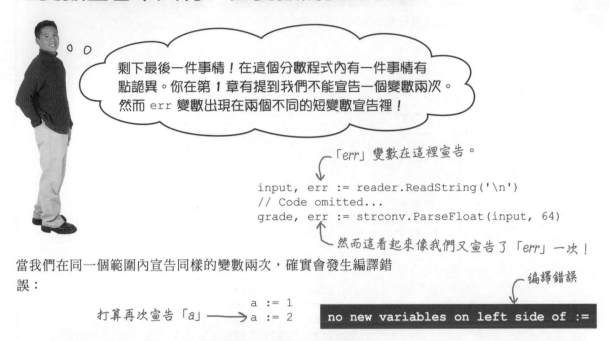

剩下最後一件事情！在這個分數程式內有一件事情有點詭異。你在第 1 章有提到我們不能宣告一個變數兩次。然而 `err` 變數出現在兩個不同的短變數宣告裡！

「err」變數在這裡宣告。

```
input, err := reader.ReadString('\n')
// Code omitted...
grade, err := strconv.ParseFloat(input, 64)
```

然而這看起來像我們又宣告了「err」一次！

當我們在同一個範圍內宣告同樣的變數兩次，確實會發生編譯錯誤：

編譯錯誤

打算再次宣告「a」 ⟶
```
a := 1
a := 2
```

```
no new variables on left side of :=
```

然而只要短變數宣告中至少有一個變數是新的，這樣就會合法。
新的變數會被視為宣告，而現存的變數則會被視為賦值。

宣告「a」。

宣告「b」並且給「a」賦值。

```
a := 1
b, a := 2, 3
a, c := 4, 5
fmt.Println(a, b, c)
```

賦值給「a」並且宣告「c」。

```
4 2 5
```

以下是這特殊處理的原因：不少 Go 的函式回傳多重值。假如你
只打算再利用之中的一個值，卻需要把每個值都宣告一遍，這會
造成不小的困擾。

宣告每一個變數當然行
得通，但是還好我們並
<u>不</u>需要這麼做…

```
var a, b float64
var err error
a, err = strconv.ParseFloat("1.23", 64)
b, err = strconv.ParseFloat("4.56", 64)
```

取而代之的是，Go 容許你對所有的變數進行短變數宣告，縱使其
中一個變數其實是進行賦值。

宣告「a」以及「err」。

…我們只需要對所有的變數
進行短變數宣告。

```
a, err := strconv.ParseFloat("1.23", 64)
b, err := strconv.ParseFloat("4.56", 64)
fmt.Println(a, b, err)
```

宣告「b」以及給「err」賦值。

```
1.23 4.56 <nil>
```

來打造一款遊戲

我們打算透過打造一款簡單的遊戲來結束這一章。如果這讓你覺得這太困難了吧，別擔心；你已經學會了大部分需要用到的技能喔！接下來我們將學會 *loops*，這讓玩家可以重玩好幾次。

這個範例首次在《深入淺出 Ruby》亮相過（另一本你可以考慮購買的好書！）。這範例太經典了以致於我們又重複利用。

來看看我們需要完成的所有項目：

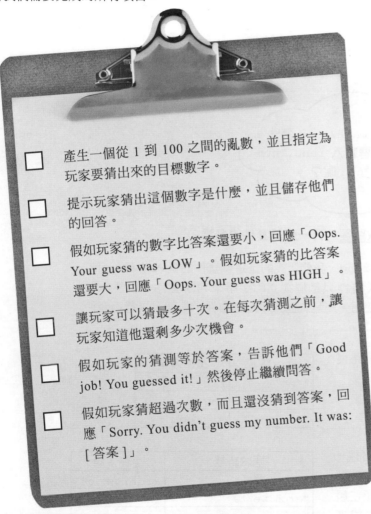

- [ ] 產生一個從 1 到 100 之間的亂數，並且指定為玩家要猜出來的目標數字。

- [ ] 提示玩家猜出這個數字是什麼，並且儲存他們的回答。

- [ ] 假如玩家猜的數字比答案還要小，回應「Oops. Your guess was LOW」。假如玩家猜的比答案還要大，回應「Oops. Your guess was HIGH」。

- [ ] 讓玩家可以猜最多十次。在每次猜測之前，讓玩家知道他還剩多少次機會。

- [ ] 假如玩家的猜測等於答案，告訴他們「Good job! You guessed it!」然後停止繼續問答。

- [ ] 假如玩家猜超過次數，而且還沒猜到答案，回應「Sorry. You didn't guess my number. It was: [答案]」。

我已經幫你準備好了必要項目。你可以搞定它嗎？

Gary Richardott
遊戲設計師

我們來建立一個新的叫做 *guess.go* 的原始碼檔案。

看來我們第一個需求是要產生一個亂數。來開始吧！

套件名稱與匯入路徑

math/rand 套件有個叫做 Intn 的函式，它可以為我們產生亂數，於是我們得匯入 math/rand。接著會調用 rand.Intn 來產生這個亂數。

```go
package main

import (
        "fmt"
        "math/rand"    ← ——— 匯入「math/rand」套件。
)
                              調用 rand.Intn 來產生亂數。
func main() {           ↓
        target := rand.Intn(100) + 1
        fmt.Println(target)
}
```

等等！你說 Intn 從 math/rand 套件來。為什麼我們只需要輸入 rand.Intn 而不是 math/rand.Intn 呢？

一個是套件的<u>匯入路徑</u>，另一個是套件的<u>名稱</u>。

當我們提到 math/rand，我們所說的是這個套件的匯入路徑，而不是它的名稱。**匯入路徑**只是個獨立的字串來判斷套件，以及你在 import 陳述句中使用。一旦你匯入了這個套件，你就可以透過套件的名稱來引用它。

針對我們到目前為止所用過的套件，匯入路徑與套件名稱是一樣的。舉例來說：

匯入路徑	套件名稱
"fmt"	fmt
"log"	log
"strings"	strings

然而並不是所有的套件名稱都跟匯入路徑一致。不少 Go 套件放在類似的類別內，像是壓縮或者複雜的數學套件。所以它們被歸類在類似的匯入路徑前綴，像是 "archive/" 或者 "math/"（把它們想像成在你的電腦硬碟中類似的東西會放在同樣的目錄內）。

匯入路徑	套件名稱
"archive"	archive
"archive/tar"	tar
"archive/zip"	zip
"math"	math
"math/cmplx"	cmplx
"math/rand"	rand

套件名稱與匯入路徑（續）

Go 語言並不需要匯入路徑與套件名稱有一定關聯。不過慣例來說，匯入路徑最後面（或者唯一）那段通常會與套件名稱一致。假如匯入路徑是 "archive"，套件名稱就會是 archive，若匯入路徑是 "archive/zip"，套件名稱就是 zip。

匯入路徑	套件名稱
"archive"	archive
"archive/tar"	tar
"archive/zip"	zip
"math"	math
"math/cmplx"	cmplx
"math/rand"	rand

這就是為何我們的 import 陳述句使用了 "archive/rand" 的路徑，但是 main 函式只需要使用套件名稱：rand。

```go
package main

import (
        "fmt"
        "math/rand"
)

func main() {
        target := rand.Intn(100) + 1
        fmt.Println(target)
}
```

使用完整的匯入路徑「*math/rand*」。

使用套件名稱：「*rand*」。

產生亂數

把一個數值放進 rand.Intn，它會回傳從 0 到你提供數字之間的亂數。換言之如果我們傳遞 100 為引數，我們會得到一個介於 0 到 99 之間的亂數。由於我們需要的是 1 到 100 之間的數值，我們只需要把得到的任何亂數結果加上 1 即可。我們把這個結果儲存在變數 target。往後會有更多跟 target 相關的內容，不過現在只需要印出它即可。

```go
package main

import (
        "fmt"
        "math/rand"
)

func main() {
        target := rand.Intn(100) + 1
        fmt.Println(target)
}
```

產生從 0 到 99 之間的整數。

加上 1 讓它成為 1 到 100 之間的整數。

假如現在嘗試跑看看我們的程式，會得到一組亂數。然而我們每次都會得到一模一樣的亂數！問題在於電腦所產生的亂數並不是真的亂數。不過當然有辦法可以提升它的隨機能力…

每次執行程式都會得到一模一樣的亂數！

```
Shell  Edit  View  Window  Help
$ go run guess.go
82
$ go run guess.go
82
$ go run guess.go
82
$
```

產生亂數（續）

為了取得不同的亂數，我們得傳遞值給 rand.Seed 函式。這將會對亂數
產生器「播種」：也就是說這個值會用來產生其他的隨機數值。假如我
們提供了一樣的種子（seed）值，它就會提供一樣的亂數結果，我們就會
回到原點。

稍早看到的 time.Now 函式會給予我們 Time 的值代表現在的日期與時
間。我們可以用來在每一次執行程式時，取得不同的種子值。

```go
package main

import (
        "fmt"
        "math/rand"
        "time"          ← 匯入「time」套件。
)

func main() {                                    取得以整數表示的
        seconds := time.Now().Unix()  ←        現在日期與時間。
        rand.Seed(seconds)   ← 對亂數產生器播種。
        target := rand.Intn(100) + 1
        fmt.Println("I've chosen a random number between 1 and 100.")
        fmt.Println("Can you guess it?")
        fmt.Println(target)
}
```

現在每一次產生的數值
都會不一樣了！

讓玩家知道我們已經
決定了數值。

rand.Seed 函式需要一個整數作為引數，所以我們不能直接傳遞 Time 的值。不
過我們可以調用 Time 的 Unix 方法，因為它會把時間轉換成整數（精確地說，
它會轉換成 Unix 時間格式，這是一個從 1970 年 1 月 1 號開始到目前總共經過的
秒數。但你其實並不需要記得這件事情）。我們傳遞這個整數給 rand.Seed。

我們也添加一些 Println 調用來讓使用者知道，我們已經決定了一個亂數。但
除此之外程式碼的其他部分，包含 rand.Intn 都可以維持不變。對亂數產生器
播種是唯一我們有變動的部分。

現在當我們每次執行程式，就可以看到
訊息中的亂數。看起來我們的更新發揮
功效了！

每次執行程式都會出現
不同的數值！

```
Shell  Edit  View  Window  Help
$ go run guess.go
I've chosen a random number between 1 and 100.
Can you guess it?
73
$ go run guess.go
I've chosen a random number between 1 and 100.
Can you guess it?
18
$
```

從鍵盤取得整數

我們完成了第一個需求！接著我們需要透過鍵盤取得使用者的猜測。

這應該會跟我們之前的分數程式中，透過鍵盤讀取分數的做法一樣。

唯一的差別是：不是把輸入轉換成 float64，我們要做的是轉換成 int（由於我們的猜數字遊戲只需要整數）。所以我們得把從鍵盤讀取的字串傳遞給 strconv 套件的 Atoi（字串到整數）函式，而不是它的 ParseFloat 函式。Atoi 會回傳給我們整數（就像是 ParseFloat，Atoi 也可能會因為無法轉換成字串而丟錯誤給我們。如果發生了，我們也會報錯並且關閉）。

☑ 產生一個從 1 到 100 之間的亂數，並且指定為玩家要猜出來的目標數字。

☐ 提示玩家猜出這個數字是什麼，並且儲存他們的回答。

```go
package main

import (
        "bufio"       ← 匯入這些額外的套件。
        "fmt"            （我們也在分數程式中
        "log"    ←       用過這些！）
        "math/rand"
        "os"     ←
        "strconv" ←
        "strings" ←
        "time"
)

func main() {
        seconds := time.Now().Unix()
        rand.Seed(seconds)
        target := rand.Intn(100) + 1
        fmt.Println("I've chosen a random number between 1 and 100.")
        fmt.Println("Can you guess it?")
        fmt.Println(target)

        reader := bufio.NewReader(os.Stdin)   ← 建立 bufio.Reader，這會
                                                 協助我們讀取鍵盤輸入。

        fmt.Print("Make a guess: ")   ← 詢問數字。
        input, err := reader.ReadString('\n')
        if err != nil {               ↑ 讀取使用者輸入，直到他們
                log.Fatal(err)          按下 Enter。
        }
        input = strings.TrimSpace(input)   ← 移除換行。
        guess, err := strconv.Atoi(input)  ←
        if err != nil {                       轉換輸入字串為整數。
                log.Fatal(err)
        }
}
```

假如發生錯誤，印出訊息並且結束。

假如發生錯誤，印出訊息並且結束。

比較猜謎與答案

又完成一個需求。而下一個會相當簡單…
我們只需要把使用者的猜測與隨機變數作
比較,並且告訴他們比較高或低。

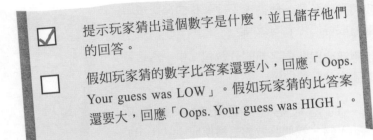

假如 guess 比 target 小,我們需要印出訊息提示猜得小。除此之外,
假如 guess 比 target 大,我們需要印出訊息提示猜得大。看來我們
需要 if...else if 陳述句,把它們添加在 main 函式中低於其他程式
碼處。

```go
// No changes to package and import statements; omitting

func main() {
    // No changes to previous code; omitting

    if guess < target {
        fmt.Println("Oops. Your guess was LOW.")
    } else if guess > target {
        fmt.Println("Oops. Your guess was HIGH.")
    }
}
```

假如玩家猜得太小,
我們就這麼說。

假如玩家猜得太大,
我們就這麼說。

現在試著從終端機跑看看我們更新過的程式。這依然會每次都印出
target,這對除錯很有用。只需要輸入比 target 小的數值,你應該
會被告知猜太小了。假如你重跑一次這個程
式,你會得到新的 target 的值。輸入一個
比它大的數值,然後你會被告知猜太大了。

```
Shell Edit View Window Help
$ go run guess.go
81
I've chosen a random number between 1 and 100.
Can you guess it?
Make a guess: 1
Oops. Your guess was LOW.
$ go run guess.go
54
I've chosen a random number between 1 and 100.
Can you guess it?
Make a guess: 100
Oops. Your guess was HIGH.
$
```

迴圈

又一個需求完成了！讓我們看看下一個。

就現在而言，玩家只能猜一次，但是我們需要讓他們可以猜到 10 次。

猜測用的程式碼已經完成了。我們只需要讓它可以運作不只一次。我們可以使用**迴圈**（**loop**）來對某個區塊的程式碼重複執行。假如你有其他程式語言的經驗，你已經看過迴圈了。當你需要一或多個陳述句能夠一再地執行，把它們放進迴圈內。

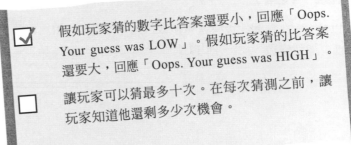

迴圈總是以 for 作為開頭。以常見的迴圈來說，for 會以下面三段程式碼來控制迴圈：

* 一個初始化陳述句用來初始化一個變數
* 一個條件表示式用來判斷是否要終止這個迴圈
* 一個後陳述句用來在每次迴圈結束後運作

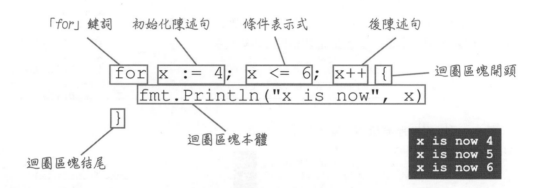

通常初始化陳述句用來初始一個變數，條件表示式會保持迴圈運作直到這個變數達到一個指定的值，而後陳述句用來更新這個變數的值。舉例來說，在這個程式碼區塊，變數 t 被初始化為 3，條件式在 t > 0 前提下保持迴圈運作，而後陳述句會在每次迴圈運作完後從 t 扣掉 1。t 終究會抵達 0 而迴圈結束了。

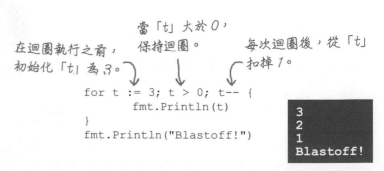

迴圈（續）

++ 以及 -- 在迴圈的後陳述句裡很常見。每當它們被運作時，++ 會把 1 加到變數，而 -- 扣掉 1。

```
x := 0
x++
fmt.Println(x)
x++
fmt.Println(x)
x--
fmt.Println(x)
```

```
1
2
1
```

在迴圈使用時，++ 以及 -- 對於計數或者倒數都很方便。

```
for x := 1; x <= 3; x++ {
        fmt.Println(x)
}
```

```
1
2
3
```

```
for x := 3; x >= 1; x-- {
        fmt.Println(x)
}
```

```
3
2
1
```

Go 也可以使用 += 與 -= 運算子。它們會把變數的值先保留，並且增加或減少另一個值，並且把這個結果回傳給變數。

```
x := 0
x += 2
fmt.Println(x)
x += 5
fmt.Println(x)
x -= 3
fmt.Println(x)
```

```
2
7
4
```

+= 與 -= 可以用在迴圈以增加除了 1 之外的值。

```
for x := 1; x <= 5; x += 2 {
        fmt.Println(x)
}
```

```
1
3
5
```

```
for x := 15; x >= 5; x -= 5 {
        fmt.Println(x)
}
```

```
15
10
5
```

當迴圈結束，程式會繼續執行在迴圈區塊下方的程式碼。然而只要條件表示式依然得到 true 的值，迴圈就會一直運作。這種錯用是很有可能會發生的；以下展現了迴圈是如何永遠運作，以及永遠不會運作的迴圈的範例。

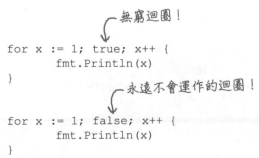

無窮迴圈！

```
for x := 1; true; x++ {
        fmt.Println(x)
}
```

永遠不會運作的迴圈！

```
for x := 1; false; x++ {
        fmt.Println(x)
}
```

照過來！

迴圈可能會永不停止，這樣一來你的程式將永遠不會自己結束。

假如發生了，如果是透過終端機啟動，按住 Control 鍵並且按下 C 來中斷這個程式。

初始（init）與後（post）陳述句是非必要的

其實在 for 迴圈也不一定需要使用初始以及後陳述句，只留下條件表示式（不過你仍然需要確保條件終究會得到 false，不然你又會親手打造一個無限迴圈了）。

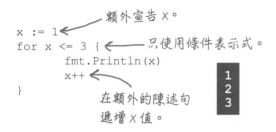
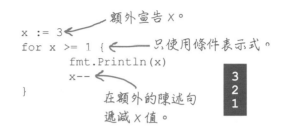

迴圈與範圍

跟條件式一樣，在迴圈區塊內宣告的任何變數的範圍也僅限於區塊內（縱使初始陳述句、條件表示式以及後陳述句也可被視為區塊的一部分）。

```
for x := 1; x <= 3; x++ {
    y := x + 1
    fmt.Println(y)  ←——— 仍然在範圍內…
}
fmt.Println(y)  ←——— 錯誤：在範圍外。
```

`undefined: y` ←——— 錯誤

```
for x := 1; x <= 3; x++ {
    fmt.Println(x)  ←——— 仍然在範圍內…
}
fmt.Println(x)  ←——— 錯誤：在範圍外。
```

`undefined: x` ←——— 錯誤

另一個跟條件式一樣的是，在迴圈之前宣告的變數在迴圈的範圍內也依然存在，當然也會在結束迴圈之後續存。

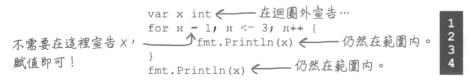

拆解東西真的是很有教育性！

這裡使用了個迴圈來數到 3。嘗試用下方任一種方法改變內容後並執行看看。然後復原你做過的改變，接著嘗試下一組。看看會發生什麼事情！

```
package main

import "fmt"

func main() {
        for x := 1; x <= 3; x++ {
                fmt.Println(x)
        }
}
```

```
1
2
3
```

假如你這麼做…	…它會因為…而終止
在 for 鍵詞之後加上括號 　　　for (x := 1; x <= 3; x++)	有些程式語言需要在 for 迴圈的控制陳述句外加上小括號，但 Go 不只是不需要它們，它也不容許。
從初始陳述句移除 :　　　　　　　x = 1	除非你賦予值的變數已經在外層的範圍被宣告了（你通常不會這麼做），初始陳述句需要的是宣告，而不是賦值。
移除條件表示式中的 =　　　　　　x < 3	表示式 x < 3 會在 x 抵達 3 之前終止（因為 x <= 3 的情境下依然是 true）。於是迴圈只會算到 2。
反轉條件表示式中的比較　　　　x >= 3	由於條件在迴圈開始之前就為 false（x 初始化為 1，這早就小於 3 了），迴圈連動都不動。
把後陳述句從 x++ 改成 x--　　　　x--	變數 x 會開始從 1 倒數（1、0、-1、-2，以此類推），由於條件永遠不會大於 3，迴圈永遠不會停。
把 fmt.Println(x) 移到迴圈區塊外	在初始陳述句或者迴圈區塊內宣告的變數，只有在迴圈區塊內的範圍存在。

仔細看每個迴圈的初始陳述句、條件表示式以及後陳述句。

接著寫下你認為的輸出結果。

（我們已經幫你完成了第一組。）

```
for x := 1; x <= 3; x++ {
      fmt.Print(x)
}
```
123

```
for x := 3; x >= 1; x-- {
      fmt.Print(x)
}
```

```
for x := 2; x <= 3; x++ {
      fmt.Print(x)
}
```

```
for x := 1; x < 3; x++ {
      fmt.Print(x)
}
```

```
for x := 1; x <= 3; x+= 2 {
      fmt.Print(x)
}
```

```
for x := 1; x >= 3; x++ {
      fmt.Print(x)
}
```

⟶ 答案在第 78 頁。

在我們的猜謎遊戲使用迴圈

我們的遊戲依然只會提示使用者猜一次。讓我們把迴圈加入程式碼內，讓它可以提示使用者猜數字，並且在結果過大或過小時提示它們，如此一來使用者可以進行十次猜測。

我們會使用一個叫做 guesses 的 int 變數來記錄玩家到目前為止的猜測次數。在迴圈的初始陳述句，我們初始化 guesses 為 0。在每一次的迭代我們會添加 1 給 guesses，並且當 guesses 達到 10 的時候終止迴圈。

我們也在迴圈的最開頭放一個 Println 陳述句，告訴使用者還有幾次可以猜。

```
// No changes to package and import statements; omitting

func main() {
    seconds := time.Now().Unix()
    rand.Seed(seconds)
    target := rand.Intn(100) + 1
    fmt.Println("I've chosen a random number between 1 and 100.")
    fmt.Println("Can you guess it?")
    fmt.Println(target)

    reader := bufio.NewReader(os.Stdin)

    for guesses := 0; guesses < 10; guesses++ {
        fmt.Println("You have", 10-guesses, "guesses left.")

        fmt.Print("Make a guess: ")
        input, err := reader.ReadString('\n')
        if err != nil {
            log.Fatal(err)
        }
        input = strings.TrimSpace(input)
        guess, err := strconv.Atoi(input)
        if err != nil {
            log.Fatal(err)
        }

        if guess < target {
            fmt.Println("Oops. Your guess was LOW.")
        } else if guess > target {
            fmt.Println("Oops. Your guess was HIGH.")
        }
    }
}
```

使用變數「guesses」來記錄到目前為止猜測次數。

從 10 開始遞減猜測次數，以告知使用者還有幾次。

目前會提示使用者進行猜數字，並且告訴他們太大或太小的程式碼會執行十次。

for 迴圈的結尾。

在我們的猜謎遊戲使用迴圈（續）

現在我們的迴圈已經完成了，假如我們再次執行程式，會被問 10
次我們的猜測呢！

我們維持在遊戲一開始
印出目標的數值。

在迴圈內我們會告訴玩家還有
幾次可猜，接著取得玩家的猜
測後告訴他們太大或太小。

現在玩家還不會被告知是否
正確，以及迴圈也不會停止。

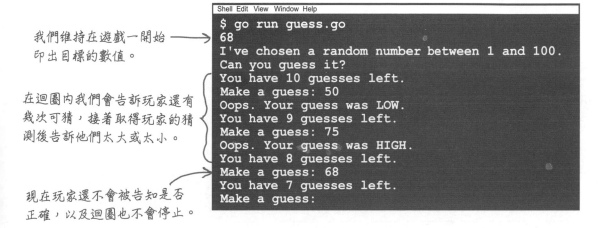

```
Shell  Edit  View  Window  Help
$ go run guess.go
68
I've chosen a random number between 1 and 100.
Can you guess it?
You have 10 guesses left.
Make a guess: 50
Oops. Your guess was LOW.
You have 9 guesses left.
Make a guess: 75
Oops. Your guess was HIGH.
You have 8 guesses left.
Make a guess: 68
You have 7 guesses left.
Make a guess:
```

由於程式碼在迴圈內提示猜測並且告知太大或者太小，它會持續
地執行直到 10 次猜測後，迴圈（以及該遊戲）結束。

然而縱使玩家猜對了，迴圈總是會執行 10 次！修正這個問題會
是我們下個需求。

透過「continue」與「break」跳過部分迴圈

最困難的已經完成了！我們只有一些需求得完成。

現在提示使用者猜測的迴圈總是會跑滿 10 次。縱使玩家猜對了，我們沒有告訴他們這個好消息，也不終止迴圈。我們的下一階段就是要修正這個問題。

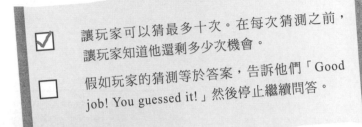

Go 提供兩個用來控制迴圈流程的鍵詞。第一個是 continue，可以跳過這一輪中剩下的程式碼，直接跳到迴圈的下一輪。

直接跳回迴圈的頂部。

```
for x := 1; x <= 3; x++ {
    fmt.Println("before continue")
    continue
    fmt.Println("after continue")
}
```

```
before continue
before continue
before continue
```

在上方的例子中，字串 "after continue" 永遠不會印出來，因為 continue 鍵詞總是會在第二個 Println 被調用之前，跳回迴圈的頂部。

第二個鍵詞是 break，直接從整個迴圈跳出。迴圈區塊中剩下的程式碼都不會被執行，迴圈剩下的回合也不會被執行。下一個執行的程式碼會是迴圈之後接著的第一個陳述句。

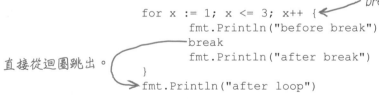

這將會執行三輪迴圈，然而 break 避免這件事發生。

```
for x := 1; x <= 3; x++ {
    fmt.Println("before break")
    break
    fmt.Println("after break")
}
fmt.Println("after loop")
```

直接從迴圈跳出。

```
before break
after loop
```

在迴圈的第一輪迭代，"before break" 字串會被印出，然而 break 陳述句在印出 "after break" 之前，直接把迴圈終止了，而且剩下的迴圈也不會被執行（縱使它通常還有兩輪以上要執行）。程式會直接移到迴圈後的第一個陳述句繼續執行。

break 鍵詞看來是我們目前程式所需要的：我們需要在玩家猜到答案時跳出迴圈。來試試在我們的遊戲中實際應用…

從我們的猜謎迴圈中跳出

我們用了 if...else if 條件式來告訴玩家猜測的結果。假如玩家猜得太大或太小，我們目前只印出提示訊息。

按理說假如猜測沒有太大或太小，那應該是正確的結果。所以我們添加一個 else 分支到條件式，這會在正確答案的情境下執行。在這個 else 區塊內，我們會告訴玩家他猜對了，然後使用 break 陳述句來終止這個猜測迴圈。

```go
// No changes to package and import statements; omitting

func main() {
    // No changes to previous code; omitting

    for guesses := 0; guesses < 10; guesses++ {
        // No changes to previous code; omitting

        if guess < target {
            fmt.Println("Oops. Your guess was LOW.")
        } else if guess > target {
            fmt.Println("Oops. Your guess was HIGH.")
        } else {
            fmt.Println("Good job! You guessed it!")
            break
        }
    }
}
```

恭喜玩家 ⟶ `fmt.Println("Good job! You guessed it!")`

`break` ⟵ 跳出迴圈

現在當玩家猜對了，他們會看到恭喜的訊息，並且迴圈會直接跳出，而完整地避免跑完十次迭代。

這是答案；我們可以偷吃步直接做出正確的猜測。 ⟶

被恭喜了，而且迴圈結束！ ⟶

```
Shell  Edit  View  Window  Help
$ go run guess.go
48
I've chosen a random number between 1 and 100.
Can you guess it?
You have 10 guesses left.
Make a guess: 48
Good job! You guessed it!
$
```

又完成一個需求了！

展示答案

我們非常接近了！還有最後一個需求！

假如玩家猜了十次而沒有找到正確答案，迴圈會終止。在這個情境下，我們需要印出訊息告訴他們這個壞消息，並且告訴他們正確答案。

但是我們也會在玩家猜到正確答案時跳出迴圈，我們並不想讓猜對的玩家看到失敗了的訊息！

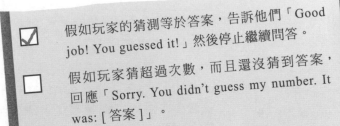

於是在我們的猜測迴圈之前，先定義一個 success 變數來持有 bool 值（我們得在迴圈之前就定義好這個變數，這樣它才會在迴圈結束之後依然在範圍內）。我們先初始化 success 為 false。接著假如玩家猜對了，就讓 success 改為 true，提示我們不需要印出猜錯的訊息。

```
// No changes to package and import statements; omitting

func main() {
    // No changes to previous code; omitting
                          在迴圈之前宣告「success」變數，這樣一來
    success := false  ←   在迴圈結束之後它還在範圍內。
    for guesses := 0; guesses < 10; guesses++ {
        // No changes to previous code; omitting

        if guess < target {
            fmt.Println("Oops. Your guess was LOW.")
        } else if guess > target {
            fmt.Println("Oops. Your guess was HIGH.")
        } else {
            success = true  ← 假如玩家猜對了，提示我們不需要印出失敗訊息。
            fmt.Println("Good job! You guessed it!")
            break
        }
    }      假如玩家並沒成功（假如「success」是錯誤的）…
                                        …印出失敗訊息。
    if !success {
        fmt.Println("Sorry, you didn't guess my number. It was:", target)
    }
}
```

在迴圈之後，我們使用一個 if 區塊來印出失敗訊息。然而 if 區塊只會在條件式為 true 的情境下執行，而我們只需要在 success 為 false 的前提下印出。所以我們使用了布林否定運算子（!）。我們之前有提過，! 會把 true 轉成 false，也把 false 轉為 true。

結果會是假如 success 為 false 時，印出失敗訊息，而不會在 success 為 true 時印出。

最後的畫龍點睛

恭喜你，這是我們最後的需求了！

我們來檢查一下程式碼中一些剩下的問題，並且試試看我們的遊戲吧！

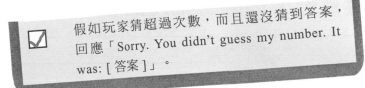

☑ 假如玩家猜超過次數，而且還沒猜到答案，回應「Sorry. You didn't guess my number. It was: [答案]」。

首先我們之前有提到，通常我們會在每個 Go 的程式碼最上方添加註解，來說明這個程式的目的。現在來放上去吧。

```
// guess challenges players to guess a random number.  ← 在套件子句上方添加程式
package main                                               說明的註解。
...
```

我們的程式仍然透過在每次遊戲開始之前，印出解答提供小抄。來把這個小抄的 Println 移除。

```
fmt.Println("I've chosen a random number between 1 and 100.")
fmt.Println("Can you guess it?")
fmt.Println(target)  ← 不要在遊戲一開始就提供小抄。
```

終於準備好來試營運完整的程式囉！

首先我們把所有的猜測次數用完，來確認最後會印出解答…

忽略其他不正確的解答…

假如用完猜測次數，公布正確答案。

```
Shell Edit View Window Help
$ go run guess.go
I've chosen a random number between 1 and 100.
Can you guess it?
You have 10 guesses left.
Make a guess: 10
Oops. Your guess was LOW.
You have 9 guesses left.
Make a guess: 20
Oops. Your guess was LOW.
...
You have 1 guesses left.
Make a guess: 62
Oops. Your guess was LOW.
Sorry, you didn't guess my number. It was: 63
```

接著我們嘗試猜到正確答案。

我們的程式運作非常地好！

假如我們猜對了，會得到勝利訊息！

```
Shell Edit View Window Help Cheats
$ go run guess.go
I've chosen a random number between 1 and 100.
Can you guess it?
You have 10 guesses left.
Make a guess: 50
Oops. Your guess was HIGH.
You have 9 guesses left.
Make a guess: 40
Oops. Your guess was LOW.
You have 8 guesses left.
Make a guess: 45
Good job! You guessed it!
```

恭喜你,你的遊戲完工了!

你實作了我們需要的所有功能!
我們的玩家會喜歡它的!

透過條件式以及迴圈,你用 Go 完成了這個遊戲!為自己倒杯飲
料吧:你成功了!

```go
// guess challenges players to guess a random number.
package main

import (
        "bufio"
        "fmt"
        "log"
        "math/rand"
        "os"
        "strconv"
        "strings"
        "time"
)

func main() {
        seconds := time.Now().Unix()
        rand.Seed(seconds)
        target := rand.Intn(100) + 1
        fmt.Println("I've chosen a random number between 1 and 100.")
        fmt.Println("Can you guess it?")

        reader := bufio.NewReader(os.Stdin)
        success := false
        for guesses := 0; guesses < 10; guesses++ {
                fmt.Println("You have", 10-guesses, "guesses left.")
                fmt.Print("Make a guess: ")
                input, err := reader.ReadString('\n')
                if err != nil {
                        log.Fatal(err)
                }
                input = strings.TrimSpace(input)
                guess, err := strconv.Atoi(input)
                if err != nil {
                        log.Fatal(err)
                }

                if guess < target {
                        fmt.Println("Oops. Your guess was LOW.")
                } else if guess > target {
                        fmt.Println("Oops. Your guess was HIGH.")
                } else {
                        success = true
                        fmt.Println("Good job! You guessed it!")
                        break
                }
        }

        if !success {
                fmt.Println("Sorry, you didn't guess my number. It was:", target)
        }
}
```

這裡是完整的
guess.go 程式碼

匯入以下的程式碼中
會用到的所有套件。

取得當下的日期與時間
存成整數。

對亂數產生器播種。

產生 1 到 100 之間的亂數。

建立 bufio.Reader，讓我們可以
從鍵盤讀取輸入。

預設會印出失敗訊息。

要求輸入數值。

假如發生錯誤，
印出錯誤訊息並
且結束。

讀取使用者鍵入的內容直到
按下 Enter。

移除換行。

假如發生錯誤，
印出錯誤訊息並
且結束。

將輸入轉換成整數。

告知假如猜得太小。

告知假如猜得太大。

不然，那就是猜對了…

避免會印出失敗訊息。

終止迴圈。

假如「success」為 false，告訴玩家答案應該是什麼。

你的 Go 百寶箱

這就是第 2 章的全部了！你已經把條件式以及迴圈加到你的百寶箱囉！

函式

型別

條件式

條件式可以達到只有條件符合的時候，才會被執行的程式碼區塊。

會先求出一個表示式的值，假如結果為 true，在條件式區塊本體內的程式碼就會執行。

Go 支援多重分支的條件式。陳述句的語法如下 if...else if...else。

迴圈

迴圈可造成重複地執行一個區塊的程式碼。

常見的迴圈會以「for」關鍵字作為開頭，接著是初始陳述句先初始化一個變數值，再來條件表示式會判斷跳出迴圈的條件式，最後一個後陳述句會在每一次迴圈回合結束後執行。

重點提示

- **方法**是一種歸屬於給定型別的值的函式。

- Go 會把 // 後面直到行尾的內容視為**註解**，並且會在編譯時忽略。

- 多行的註解會以 /* 並且以 */ 作為結尾。任何夾在中間內容包含換行，都會在編譯時被忽略。

- 慣例上會在每一個程式碼的開頭，編寫這個程式用途的註解。

- Go 與其他常見程式語言不同的是，它容許從函式或者方法的調用取得**多重回傳值**。

- 常見的多重回傳值會用在除了回傳函式主要結果之外，第二個回傳值會指出是否有錯誤發生。

- 我們使用 _ **空白標記**以忽略一個沒有過的變數值。空白標記可以在任何**陳述句**中的任何變數使用。

- 命名變數時避免與型別、函式或者套件名稱撞名；這會導致該變數以同樣的名稱**遮蔽**（重載）原本的物件。

- 函式、條件式以及迴圈的程式碼**區塊**存在大括號 {} 裡面。

- 文件與套件也擁有區塊，雖然它們並沒有在 {} 括號內。

- 變數的**範圍**受限於被定義的區塊，以及所屬的區塊內。

- 套件在匯入時，除了名稱之外，**匯入路徑**也是需要的。

- continue 鍵詞會跳過迴圈的當下回合。

- break 鍵詞會直接跳出整個迴圈。

習題
解答

由於以下的 Println 都被包在條件式區塊內了，只有部分的 Println 會被調用。
把應該發生的輸出寫下來。

「if」區塊會在條件式結果為 true 時執行（或者假如它就是 true）。

```
if true {
        fmt.Println("true")
}
if false {            假如條件式為 false，區塊不會執行。
        fmt.Println("false")
}
if !false {           布林反相運算子會把 false 轉換成 true。
        fmt.Println("!false")
}
if true {             「if」分支執行…
        fmt.Println("if true")
} else {              …於是「else」分支不會執行。
        fmt.Println("else")
}
if false {            「if」分支不會執行…
        fmt.Println("if false")
} else if true {      …於是「else if」分支可能會執行。
        fmt.Println("else if true")
}
if 12 == 12 {         12 == 12 為 true。
        fmt.Println("12 == 12")
}
if 12 != 12 {         兩者相等，所以這裡是 false。
        fmt.Println("12 != 12")
}
if 12 > 12 {          12 並不會大於自己…
        fmt.Println("12 > 12")
}
if 12 >= 12 {         …但是 12 會等於自己。
        fmt.Println("12 >= 12")
}
if 12 == 12 && 5.9 == 5.9 {    假如兩者結果都為 true，&& 會求得 true。
        fmt.Println("12 == 12 && 5.9 == 5.9")
}
if 12 == 12 && 5.9 == 6.4 {    其中一個表示式為 false。
        fmt.Println("12 == 12 && 5.9 == 6.4")
}
if 12 == 12 || 5.9 == 6.4 {    假如其中一個結果為 true，|| 會求得 true。
        fmt.Println("12 == 12 || 5.9 == 6.4")
}
```

輸出：

true

!false

if true

else if true

12 == 12

12 >= 12

12 == 12 && 5.9 == 5.9

12 == 12 || 5.9 == 6.4

程式碼磁貼解答

貼在冰箱上的是一個用來印出檔案大小的 **Go** 程式。它調用了 os.Stat 函式,這函式會回傳一個 os.FileInfo 的值,以及一個可能存在的錯誤值。接著會在 FileInfo 這個值調用 Size 這個方法以取得檔案的大小。

然而原始的程式使用了 _ 空白標記來忽略從 os.Stat 得到的錯誤。假如發生錯誤(像是檔案並不存在),這個程式可能會無法執行。

請重組額外的程式碼片段,讓這個程式既能夠如常運作,也可以檢查從 os.Stat 得到的錯誤。假如從 os.Stat 得到的錯誤不為 nil,該錯誤得被回報,並且終止程式。

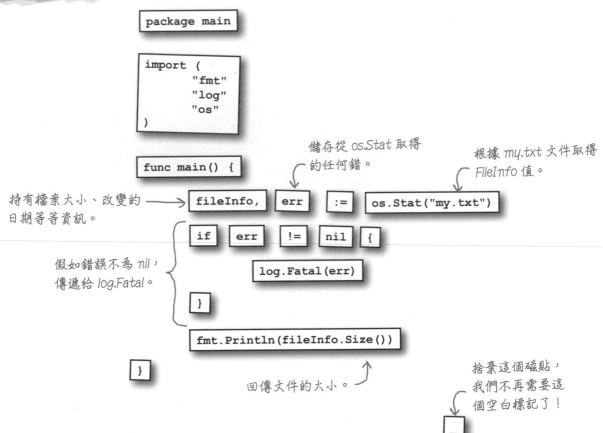

```
package main

import (
        "fmt"
        "log"
        "os"
)

func main() {
```

儲存從 os.Stat 取得的任何錯。

根據 my.txt 文件取得 FileInfo 值。

持有檔案大小、改變的日期等等資訊。

```
    fileInfo,  err  :=  os.Stat("my.txt")
```

假如錯誤不為 nil,傳遞給 log.Fatal。

```
    if  err  !=  nil  {
        log.Fatal(err)
    }

    fmt.Println(fileInfo.Size())
}
```

回傳文件的大小。

捨棄這個磁貼,我們不再需要這個空白標記了!

```
    _
```

以下程式碼中的幾行會造成編譯錯誤，由於它們引用了不屬於該範圍的變數。把會產生錯誤的那幾行圈出來。

```go
package main

import (
        "fmt"
)

var a = "a"

func main() {
        a = "a"
        b := "b"
        if true {
                c := "c"
                if true {
                        d := "d"
                        fmt.Println(a)
                        fmt.Println(b)
                        fmt.Println(c)
                        fmt.Println(d)
                }
                fmt.Println(a)
                fmt.Println(b)
                fmt.Println(c)
                fmt.Println(d)
        }
        fmt.Println(a)
        fmt.Println(b)
        fmt.Println(c)
        fmt.Println(d)
}
```

仔細看每個迴圈的初始陳述句、條件表示式以及後陳述句。接著寫下你認為的輸出結果。

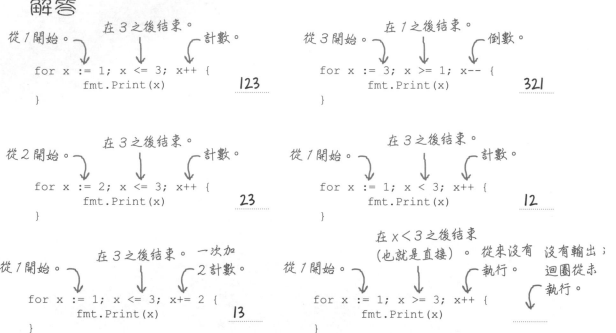

從 1 開始。　在 3 之後結束。　計數。

```
for x := 1; x <= 3; x++ {
    fmt.Print(x)
}
```
123

從 3 開始。　在 1 之後結束。　倒數。

```
for x := 3; x >= 1; x-- {
    fmt.Print(x)
}
```
321

從 2 開始。　在 3 之後結束。　計數。

```
for x := 2; x <= 3; x++ {
    fmt.Print(x)
}
```
23

從 1 開始。　在 3 之後結束。　計數。

```
for x := 1; x < 3; x++ {
    fmt.Print(x)
}
```
12

從 1 開始。　在 3 之後結束。　一次加 2 計數。

```
for x := 1; x <= 3; x+= 2 {
    fmt.Print(x)
}
```
13

從 1 開始。　在 x < 3 之後結束（也就是直接）。　從來沒有執行。　沒有輸出；迴圈從未執行。

```
for x := 1; x >= 3; x++ {
    fmt.Print(x)
}
```

3　調用我吧

函式（functions）

是的，史密斯先生，我們確實收到你的稅單。但是我很遺憾您的珠寶**或者**遊艇並無法扣稅。

你是不是錯過了什麼？ 雖然你學會了像個專家一樣調用函式，但是恐怕你只會調用 Go 已經為你定義好的函式。現在換你囉。我們即將告訴你如何建立屬於自己的函式。你將會學到如何宣告有參數以及沒有參數的函式。我們可宣告的，不只是回傳單一值的函式，連多值的回傳都可以辦到，如此一來就可以找出何處發生錯誤。你在這一章也將會學到**指標**，它讓你在調用函式時更加節省記憶體空間。

那些不斷重複的程式碼

假設我們得計算涵蓋一些牆壁所需的油漆量。製造商說每公升油漆可以塗十平方公尺。所以我們需要把每面牆的寬度（以公尺計算）乘上高度來得到它們的面積，接著除以 10 以得到我們所需要的油漆量。

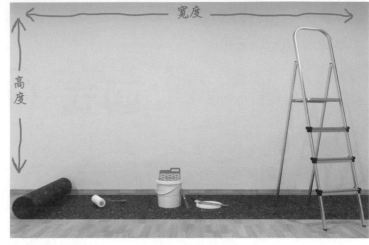

```
// package and imports omitted
func main() {
        var width, height, area float64
        width = 4.2
        height = 3.0
        area = width * height
        fmt.Println(area/10.0, "liters needed")
        width = 5.2
        height = 3.5
        area = width * height
        fmt.Println(area/10.0, "liters needed")
}
```

計算第一面牆的油漆用量。

得到牆的面積。

計算這塊面積需要多少油漆。

對第二面牆做一樣的事情。

得到牆的面積。

計算這塊面積需要多少油漆。

```
1.2600000000000002 liters needed
1.8199999999999998 liters needed
```

這樣當然可行，但是會衍生一些問題：

- 計算的結果似乎差了一點點，而且印出來精準的浮點數值有點怪怪的。我們其實只需要印出部分的浮點數。

- 縱使是現在，重複的程式碼依然佔了不小的量。當我們需要處理更多面牆時情況會更嚴重。

兩項都需要一點時間來解釋，所以我們先從第一個問題開始…

計算的結果會有點不準是因為在電腦上的普通浮點數運算會有一些誤差（通常是千兆分之幾）。在這裡解釋有點複雜，不過不只是 Go 才有這個問題。

不過一旦我們把這個數值，在顯示之前四捨五入到一個合理的精準度，其實是恰當的。讓我們稍微繞點路來看看函式會怎麼樣協助我們達成這個目標。

繞點路

繞點路

透過 Printf 與 Sprintf 格式化輸出

在 Go 的浮點數以高精準度保存。然而在你打算顯示出來時會有
點困擾。

```
fmt.Println("About one-third:", 1.0/3.0)
```

> `About one-third: 0.3333333333333333` ← 小數點佔據
> 很多空間！

為了解決這種格式化問題，`fmt` 套件提供了 `Printf` 函式。`Printf`
意味著「以格式化（**formating**）**印出**（**print**）」。它讀取一個字串，
並且插入一至多個值，然後以特定的方式來格式化，並且印出產生
的字串結果。

```
fmt.Printf("About one-third: %0.2f\n", 1.0/3.0)
```

> `About one-third: 0.33` ← 更好閱讀了！

`Sprintf` 函式（也是 `fmt` 套件的一員）運作很像 `Printf`，除了它
會回傳已經格式化好的字串，而不是直接印出來。

```
resultString := fmt.Sprintf("About one-third: %0.2f\n", 1.0/3.0)
fmt.Printf(resultString)
```

> `About one-third: 0.33`

看來 `Printf` 以及 `Sprintf` 可以協助我們限制印出來值的位置數。
問題是：怎麼辦到的？首先為了更有效地使用 `Printf` 函式，我們
得學會它的兩個主要功能：

- 格式化動詞（在上方字串中的 `%0.2f` 是一個動詞）
- 值的寬度（也就是在該動詞中的 `0.2`）

Fun
輕鬆

> **我們會在往後幾頁解釋 `Printf` 的
> 那些參數是什麼。**
>
> 我們知道在上面調用的函式看起來有點詭
> 異。我們會用大量的例子讓你的困惑一掃
> 而空。

格式化動詞

繞點路

Printf 的第一個引數是個用來格式化輸出的字串。這個字串中大部分的內容格式化後的結果會長得跟原本一樣。然而任何百分比符號（%）都會被視為**格式化動詞**的開頭，這個部分的字串會被置換為某種特定格式的值。後方剩下的引數就會是用來置換這些動詞的值。

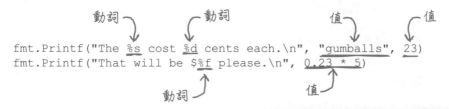

```
fmt.Printf("The %s cost %d cents each.\n", "gumballs", 23)
fmt.Printf("That will be $%f please.\n", 0.23 * 5)
```

```
The gumballs cost 23 cents each.
That will be $1.150000 please.
```

我們等等就會告訴你如何修正這個問題。

在百分比符號後方的字母提示了會用什麼樣的動詞。最常使用的動詞如下：

動詞	輸出
%f	浮點數
%d	整數
%s	字串
%t	布林值（true 或者 false）
%v	任何值（根據提供值的型別來判斷最合適的格式）
%#v	任何值，格式化為 Go。程式語言會顯示的值
%T	所提供值的型別（int、string 等等）
%%	百分比符號

```
fmt.Printf("A float: %f\n", 3.1415)
fmt.Printf("An integer: %d\n", 15)
fmt.Printf("A string: %s\n", "hello")
fmt.Printf("A boolean: %t\n", false)
fmt.Printf("Values: %v %v %v\n", 1.2, "\t", true)
fmt.Printf("Values: %#v %#v %#v\n", 1.2, "\t", true)
fmt.Printf("Types: %T %T %T\n", 1.2, "\t", true)
fmt.Printf("Percent sign: %%\n")
```

```
A float: 3.141500
An integer: 15
A string: hello
A boolean: false
Values: 1.2        true
Values: 1.2 "\t" true
Types: float64 string bool
Percent sign: %
```

對了，注意到我們會在每一個格式化字串的最後用上 \n 跳脫字元作為換行。這是因為 Printf 不像 Println 一樣可以自動為我們在最後面加上換行符號。

格式化動詞（續）

我們打算特別把 `%#v` 格式化動詞拿出來討論。由於它會印出在 Go 程式碼內會顯示的樣子，而不是它平常會顯示的樣式，`%#v` 可以展現有些本來會在你的輸出被隱藏的值。舉例來說，在這段程式碼 `%#v` 呈現了空的字串、一個 tab 字元以及一個換行符號，這些值若透過 `%v` 是會被隱藏的。我們在本書的後面會對 `%#v` 有更多應用！

```
fmt.Printf("%v %v %v", "", "\t", "\n")
fmt.Printf("%#v %#v %#v", "", "\t", "\n")
```

`%v` 印出所有的值…

`"" "\t" "\n"`

…然而只有 `%#v` 可以讓你看到真實的樣貌！

格式化值的寬度

所以說 `%f` 格式化動詞適用於浮點數。我們可以在程式中使用 `%f` 來格式化需要的油漆總量。

插入一個浮點數值。

```
fmt.Printf("%f liters needed\n", 1.8199999999999998)
```

其中一個值精確地被我們的程式計算。

`1.820000 liters needed`

雖然四捨五入，但小數還是太多了！

看起來我們的值已經被四捨五入到一個合理的值。然而這結果依然佔了小數點後六位的空間，對我們目前的需求來說仍太多了。

像這樣的情境，格式化動詞讓你可以指定格式化值的寬度。

假設我們需要用表格來格式化某些資料。我們得確保格式化的值會塞得進最小量的空間，來讓每一欄可以好好對齊。

你可以對格式化動詞指定小數點後的寬度。假如引數符合該動詞並且比最小寬度還小，它就會把剩下的空間對齊以補滿最小寬度。

第一段有 12 個字元的最小寬度。

這裡沒有最小寬度。

印出標題欄 ⟶
```
fmt.Printf("%12s | %s\n", "Product", "Cost in Cents")

fmt.Println("----------------------------")
```
印出標題分隔線

最小寬度為 12   最小寬度為 2

```
fmt.Printf("%12s | %2d\n", "Stamps", 50)
fmt.Printf("%12s | %2d\n", "Paper Clips", 5)
fmt.Printf("%12s | %2d\n", "Tape", 99)
```

對齊了！

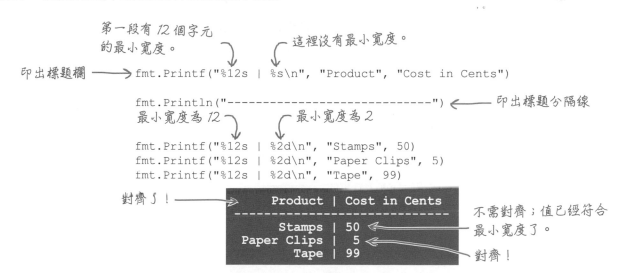

```
     Product | Cost in Cents
----------------------------
      Stamps | 50
 Paper Clips | 5
        Tape | 99
```

不需對齊；值已經符合最小寬度了。

對齊！

格式化小數點值的寬度

繞點路

現在來到了今天任務中最重要的一部分:你可以透過值的寬度來指定浮點數的精準度(也就是數字顯示的多少)。以下是格式:

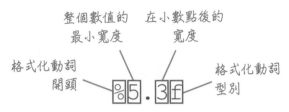

整個數值的最小寬度包含了小數部分以及小數點。假如在包含的情境下,較短的數字會從開始被空格填滿,直到達到此寬度。假如沒有指定這個值,則不會使用任何空格來填滿。

在小數點後的寬度則是代表著可被顯示的小數的寬度。假如提供的是較為精準的小數,則會被四捨五入直到符合的寬度。

以下的範例展示針對不同寬度的值所採取的動作:

並不會顯示任何真實的值;只是展示用了什麼動詞。

這裡展示了真實的值。

```
fmt.Printf("%%7.3f: %7.3f\n", 12.3456)
fmt.Printf("%%7.2f: %7.2f\n", 12.3456)
fmt.Printf("%%7.1f: %7.1f\n", 12.3456)
fmt.Printf("%%.1f: %.1f\n", 12.3456)
fmt.Printf("%%.2f: %.2f\n", 12.3456)
```

```
%7.3f:   12.346
%7.2f:    12.35
%7.1f:     12.3
%.1f: 12.3
%.2f: 12.35
```

← 四捨五入到三位小數
← 四捨五入到兩位小數
← 四捨五入到一位小數
← 四捨五入到一位小數,而且不填補
← 四捨五入到兩位小數,並且不填補

上面最後的格式,"%.2f" 會把任何精準度的浮點數四捨五入到兩位小數(它並不會做多餘的填補)。接著我們試試看在程式中,把油漆量過度精準的值算出來吧。

四捨五入到兩位小數!

```
fmt.Printf("%.2f\n", 1.2600000000000002)
fmt.Printf("%.2f\n", 1.8199999999999998)
```

```
1.26
1.82
```

這樣就更好閱讀了!看來 Printf 函式可以幫我們格式化數值。讓我們回到油漆計算器程式,並且直接應用在剛學到的東西吧!

繞路結束

在油漆計算機使用 Printf

現在我們有 Printf 的動詞，"%.2f" 可以四捨五入浮點數到兩位小數。現在讓我們的油漆計算機計算程式更新成可以使用這個功能。

```
// package and imports omitted
func main() {
        var width, height, area float64
        width = 4.2
        height = 3.0
        area = width * height
        fmt.Printf("%.2f liters needed\n", area/10.0)
        width = 5.2
        height = 3.5
        area = width * height
        fmt.Printf("%.2f liters needed\n", area/10.0)
}
```

格式化這個值並且插進字串。

這裡做一樣的事情！

```
1.26 liters needed
1.82 liters needed
```

四捨五入到小數點後兩位。

我們終於有個像樣的輸出了！浮點數運算造成的細微不精準已經被四捨五入了。

> 不覺得要在程式碼中的兩個地方都更新有點不方便嗎？假如你打算修改，你會記得兩行都修正嗎？甚至如果我們打算增加更多的牆該怎麼辦呢？

說到重點了。Go 容許我們宣告自定義的函式，這樣或許我們應該把這段程式碼放到函式中。

誠如我們在之前第 1 章有提到的，函式就是你可以從程式的其他地方調用的一組一至多行的程式碼。我們的程式有兩組看起來非常像的程式碼：

計算第一面牆的油漆用量。
```
var width, height, area float64
width = 4.2
height = 3.0
area = width * height
fmt.Printf("%.2f liters needed\n", area/10.0)
```

計算第二面牆的油漆用量。
```
width = 5.2
height = 3.5
area = width * height
fmt.Printf("%.2f liters needed\n", area/10.0)
```

來看看是否能夠把這兩段程式碼轉換成一個函式。

宣告函式

簡單的函式宣告應該長得像
這樣：

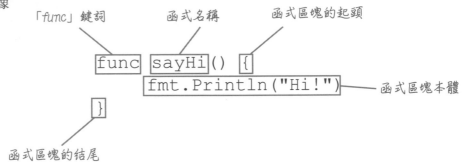

「*func*」鍵詞　函式名稱　函式區塊的起頭

函式區塊本體

函式區塊的結尾

函式的宣告由 func 作為開頭，接著是你預期的函式名稱，以及一組小括號，最後是包含函式本體程式碼的區塊。

在你宣告函式之後，可以在套件中的任何一處，簡單地透過輸入它的名稱以及一組小括號來調用它。一旦這麼做了，函式區塊就會開始執行。

注意到在調用了 sayHi 時，我們並沒有在函式名稱之前，輸入套件的名稱以及句點。當你調用一個在當前套件定義的函式，你不需要特別指明套件的名稱（若輸入 main. sayHi() 可能會造成編譯錯誤）。

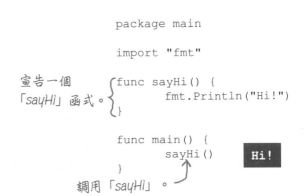

```
package main

import "fmt"

func sayHi() {
    fmt.Println("Hi!")
}

func main() {
    sayHi()
}
```

宣告一個「*sayHi*」函式。

調用「*sayHi*」。

Hi!

函式名稱的語法與變數名稱的語法一樣：

- 名稱必須以字母作為開頭，後面接著任意長度的字母或數字（假如你不照著做就會造成編譯錯誤）。

- 首字大寫的函式名稱會被匯出，也就是可以在當下的套件之外地方使用。假如你只打算在當下套件的內部使用函式，你的函式得以小寫字母作為開頭。

- 多重單字的名稱須遵守 camelCase。

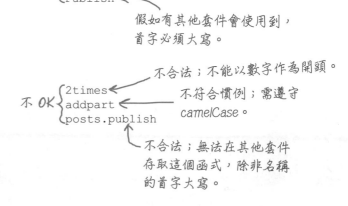

假如有多重單字需使用 *camelCase*。

假如有其他套件會使用到，首字必須大寫。

不合法；不能以數字作為開頭。

不符合慣例；需遵守 *camelCase*。

不合法；無法在其他套件存取這個函式，除非名稱的首字大寫。

宣告函式參數

假如你打算調用有參數的函式，你必須宣告至少一個參數。**參數**
是一種只存在函式內的變數，只有在函式被調用時才指派值。

變數1的名稱　變數1的型別　變數2的名稱　變數2的型別

```
func repeatLine(line string, times int) {
        for i := 0; i < times; i++ {
                fmt.Println(line)
        }
}
```

在宣告函式時，你可以在小括號內宣告至少一個參數，並且以逗
點隔開。就像是變數一樣，你需要在每個參數宣告的後面提供它
的型別（float64、bool 等等）。

假如函式也宣告了參數，你得在調用時傳遞對應的一組引數。一
旦函式被執行了，調用的參數則會複製對應引數的值。這些參數
的值接著會在函式的程式碼區塊內被使用。

參數是在函式內的變數，它們的值在函式被調用時才被指派。

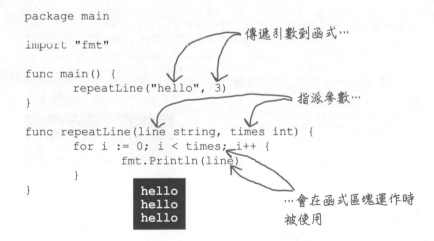

```
package main

import "fmt"

func main() {
        repeatLine("hello", 3)
}

func repeatLine(line string, times int) {
        for i := 0; i < times; i++ {
                fmt.Println(line)
        }
}
```

傳遞引數到函式⋯

指派參數⋯

⋯會在函式區塊運作時
被使用

```
hello
hello
hello
```

在油漆計算機使用函式

現在我們知道如何宣告函式，試試看如何在油漆計算機內避免重複的程式碼。

```
// package and imports omitted
func main() {
        var width, height, area float64
        width = 4.2
        height = 3.0
        area = width * height
        fmt.Printf("%.2f liters needed\n", area/10.0)
        width = 5.2
        height = 3.5
        area = width * height
        fmt.Printf("%.2f liters needed\n", area/10.0)
}
```

重複的程式碼！

重複的程式碼！

```
1.26 liters needed
1.82 liters needed
```

我們會把用來計算油漆總量的程式碼移動到叫做 paintNeeded 的函式內。避免各自散開的 width 以及 height 變數，我們會把它們改變成函式的參數。接著在 main 函式中，在每次我們需要油漆時調用 paintNeeded 函式。

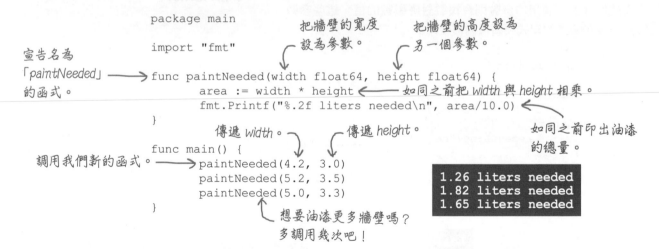

宣告名為「*paintNeeded*」的函式。

把牆壁的寬度設為參數。

把牆壁的高度設為另一個參數。

如同之前把 *width* 與 *height* 相乘。

如同之前印出油漆的總量。

調用我們新的函式。

傳遞 *width*。

傳遞 *height*。

想要油漆更多牆壁嗎？多調用幾次吧！

```
package main

import "fmt"

func paintNeeded(width float64, height float64) {
        area := width * height
        fmt.Printf("%.2f liters needed\n", area/10.0)
}

func main() {
        paintNeeded(4.2, 3.0)
        paintNeeded(5.2, 3.5)
        paintNeeded(5.0, 3.3)
}
```

```
1.26 liters needed
1.82 liters needed
1.65 liters needed
```

不再需要重複的程式碼，甚至假如我們想要油漆更多牆壁，只需要增加調用 paintNeeded 的次數即可。這樣看起來簡潔多了！

下方的程式宣告了不少函式，並且在 main 內調用了它們。
把這個程式可能的輸出寫下來。

（我們已經幫你完成了第一行。）

```go
package main

import "fmt"

func functionA(a int, b int) {
        fmt.Println(a + b)
}
func functionB(a int, b int) {
        fmt.Println(a * b)
}
func functionC(a bool) {
        fmt.Println(!a)
}
func functionD(a string, b int) {
        for i := 0; i < b; i++ {
                fmt.Print(a)
        }
        fmt.Println()
}

func main() {
        functionA(2, 3)
        functionB(2, 3)
        functionC(true)
        functionD("$", 4)
        functionA(5, 6)
        functionB(5, 6)
        functionC(false)
        functionD("ha", 3)
}
```

輸出

5
....

....

....

....

....

....

....

答案在第 111 頁。

函式以及變數範圍

我們的 paintNeeded 函式在函式區塊內宣告了 area 變數：

宣告「*area*」變數。———→

```
func paintNeeded(width float64, height float64) {
    area := width * height
    fmt.Printf("%.2f liters needed\n", area/10.0)
}
```

存取這個變數。

正如同條件式以及迴圈區塊，在函式區塊內宣告變數只有在函式區塊的範圍有效。假如我們打算在 paintNeeded 函式外存取 area 變數，我們會遭遇到編譯錯誤：

```
func paintNeeded(width float64, height float64) {
    area := width * height
    fmt.Printf("%.2f liters needed\n", area/10.0)
}

func main() {
    paintNeeded(4.2, 3.0)
    fmt.Println(area)
}
```

超出範圍！

錯誤 ———→ `undefined: area`

然而，也如同條件式以及迴圈區塊，在函式外宣告的變數在函式範圍內也可以存取。這代表著我們可以在套件層級宣告變數，並且在這個套件內的任何一個函式中取用。

```
package main

import "fmt"

var metersPerLiter float64

func paintNeeded(width, height float64) float64 {
    area := width * height
    return area / metersPerLiter
}

func main() {
    metersPerLiter = 10.0
    fmt.Printf("%.2f", paintNeeded(4.2, 3.0))
}
```

假如我們在套件層級宣告變數…

…依然在範圍內

…依然在範圍內

`1.26`

函式回傳值

假設我們打算加總所有牆上所需要的油漆總量。現階段的 paintNeeded 並無法滿足我們的需求；它只會印出總量並且捨棄！

```
func paintNeeded(width float64, height float64) {
    area := width * height
    fmt.Printf("%.2f liters needed\n", area/10.0)
}
```

印出油漆的總量，然而我們無法拿它做任何事情！

於是我們得修正 paintNeeded 函式來回傳值。接著只要任何人調用這個函式，就可以印出總量，進行額外的計算或者做任何他們想做的事情。

函式回傳的值需要給予指定的型別（而且不能回傳別的型別）。若要宣告函式回傳值的型別，你得把這個回傳的型別，放在函式宣告中參數的後面。接著在函式區塊中使用 return 鍵詞，後面跟著你打算回傳的值。

回傳值的型別

```
func double(number float64) float64 {
    return number * 2
}
```

return 鍵詞

打算回傳的值

函式的調用者可以接著把回傳的值指派給一個變數，並且可以直接傳遞給另一個函式，或者做任何他們想做的事情。

```
package main

import "fmt"

func double(number float64) float64 {
    return number * 2
}

func main() {
    dozen := double(6.0)
    fmt.Println(dozen)
    fmt.Println(double(4.2))
}
```

把回傳值指派給變數。

```
12
8.4
```

傳遞回傳值給另一個函式。

函式回傳值（續）

一旦執行了 return 陳述句，函式會立即終止，而不執行任何剩下的程式碼。假如不再需要執行剩下的程式碼時，你可以合併使用 if 陳述句以在這個情境下終止函式（像是錯誤或者其他情境）。

```go
func status(grade float64) string {      假如分數不及格，
        if grade < 60.0 {                直接回傳。
                return "failing"  ←
        }
        return "passing"  ←              只有在分數大於 60 時執行。
}

func main() {
        fmt.Println(status(60.1))        passing
        fmt.Println(status(59))          failing
}
```

這樣一來代表著，在任何情境下都不會執行的程式碼是可行的，只要你在 if 區塊之外的地方使用了 return 陳述句。這樣相當程度上是程式中的 bug，所以 Go 透過要求每一個擁有回傳型別的型別，都必須以 return 陳述句作為結尾的方式，來協助你偵測這樣的錯誤。以其他任何形式的陳述句作為結尾將導致編譯錯誤。

```go
func double(number float64) float64 {
        return number * 2  ←            函式將會在這裡結束…
        fmt.Println(number * 2)
}
```

這一行永遠不會被執行！

錯誤 ——→ `missing return at end of function`

假如你回傳值的型別並沒有符合宣告的回傳型別，也會遭遇到編譯錯誤。

預期會是個浮點數…

```go
func double(number float64) float64 {
        return int(number * 2)  ←       …結果回傳整數！
}
```

錯誤 ——→ `cannot use int(number * 2) (type int) as type float64 in return argument`

在油漆計算機使用回傳值

現在我們知道如何使用函式回傳值，來看看如何更新我們的油漆程式，除了印出各自牆壁所需要的油漆量之外，也印出總共所需的油漆量。

我們會更新 paintNeeded 函式以回傳所需的油漆量。接著在 main 函式中使用這個回傳值，不只是印出當前牆壁所需的油漆量，也把它加總到 total 變數以追蹤總共所需的油漆量。

```go
package main

import "fmt"

func paintNeeded(width float64, height float64) float64 {        宣告 paintNeeded 會回傳
        area := width * height                                    一個浮點數。
        return area / 10.0        不再印出 area 而是直接回傳。
}

func main() {                              宣告一個用來儲存目前牆壁所需要的量，
        var amount, total float64          並且也宣告所有牆壁所需總量的變數。
        amount = paintNeeded(4.2, 3.0)        調用 paintNeeded，並且儲存回傳值。
        fmt.Printf("%0.2f liters needed\n", amount)        印出當前牆壁的總量。
        total += amount        把當前牆壁的總量 amount 加總到 total。
        amount = paintNeeded(5.2, 3.5)
        fmt.Printf("%0.2f liters needed\n", amount)
        total += amount
        fmt.Printf("Total: %0.2f liters\n", total)        印出所有牆壁的總量 total。
}
```

對第二面牆重複上述的步驟。

```
1.26 liters needed
1.82 liters needed
Total: 3.08 liters
```

看來行得通！回傳值讓我們的 main 函式可以決定如何運用計算出的總量，而不只是讓 paintNeeded 印出來而已。

拆解東西真的是很有教育性！

這是我們更新過會回傳值的 paintNeeded 函式。嘗試用下方任一種方法改變內容後並編譯看看。然後恢復你做過的改變，接著嘗試下一組。看看會發生什麼事情！

```go
func paintNeeded(width float64, height float64) float64 {
    area := width * height
    return area / 10.0
}
```

假如你這麼做…	…它會因為…而終止

移除 return 陳述句：
 	
``go
func paintNeeded(width float64, height float64) float64 {
    area := width * height
    return area / 10.0
}
``
	假如你的函式已經定義了回傳的型別，Go 會要求這個函式擁有 return 陳述句。

在 return 陳述句後面添加一行：
 	
``go
func paintNeeded(width float64, height float64) float64 {
    area := width * height
    return area / 10.0
    fmt.Println(area / 10.0)
}
``
	假如你的函式已經定義了回傳的型別，Go 要求最後一行必須是 return 陳述句。

移除回傳型別的宣告：
 	
``go
func paintNeeded(width float64, height float64) float64 {
    area := width * height
    return area / 10.0
}
``
	Go 不允許你回傳沒有宣告的值。

改變回傳值的型別：
 	
``go
func paintNeeded(width float64, height float64) float64 {
    area := width * height
    return int(area / 10.0)
}
``
	Go 要求回傳值的型別必須與宣告的一致。

paintNeeded 函式得處理錯誤

你的 paintNeeded 函式大多數的時候運作順利。然而我們有一位使用者最近不小心傳遞了一個負值，這樣一來造成它回傳了**負的**油漆量！

假如我們不小心傳遞了一個負值…

```
func main() {
        amount := paintNeeded(4.2, -3.0)
        fmt.Printf("%0.2f liters needed\n", amount)
}

func paintNeeded(width float64, height float64) float64 {
        area := width * height          ← 4.2 * -3.0 是 -12.6!
        return area / 10.0 ←
}
```

-12.6 / 10.0 是 -1.26!

```
-1.26 liters needed
```

看來 paintNeeded 函式還不知道如何面對，當傳遞的引數是無效的情境。它其實是可以運作的，而且對這個無效的引數進行運算，並且回傳了個無效的結果。這就是問題所在：縱使你可能知道哪裡可以買到負值的油漆公升數，你會真的應用在自己的房子上嗎？我們需要可以偵測出無效引數的方法，並且回報錯誤。

在第 2 章，我們已經看過一些不同的函式，它們可以在主要回傳值之外，回傳第二個值來指出是否有錯誤發生。像是 strconv.Atoi 函式的目的是把字串轉換為整數。假如轉換成功，這函式回傳的錯誤值為 nil，意味著我們的程式可以繼續運作下去。假如錯誤值並不是 nil，正代表著字串無法被轉換成數值。就目前而言，我們打算印出錯誤值並且終止程式。

假如錯誤發生，印出訊息並且終止。

```
guess, err := strconv.Atoi(input) ←
if err != nil {
        log.Fatal(err)
}
```

轉換輸入的字串至整數。

假如我們希望在調用 paintNeeded 函式時做一樣的事情，我們需要下列兩件事情：

- 建立值以代表錯誤的能力。

- 從 paintNeeded 回傳額外值的能力。

來開始試試看吧！

錯誤值

在我們能夠從 paintNeeded 函式回傳錯誤之前，我們需要先決定回傳的錯誤值。錯誤值是由名為 Error 方法回傳字串的任意值。建立一個錯誤最簡單的方法就是傳遞字串到 errors 套件的 New 函式，這樣就會得到一個錯誤值。假如你在錯誤值調用了 Error 方法，你會得到當時傳遞給 errors.New 的字串。

```go
package main

import (
        "errors"
        "fmt"
)

func main() {
        err := errors.New("height can't be negative")    ← 建立新的錯誤值
        fmt.Println(err.Error())
}
        回傳錯誤訊息
```

```
height can't be negative
```

假如你打算傳遞錯誤值到 fmt 或者 log 套件的函式，你並不需要調用它們的 Error 方法。在 fmt 以及 log 的函式已經有寫入用來確認傳進去的值是否擁有 Error 方法，假如有的話，印出回傳的 Error 值。

```go
err := errors.New("height can't be negative")
fmt.Println(err)    ← 印出錯誤訊息
log.Fatal(err)
        再次印出錯誤訊息，
        接著終止程式。
```

```
height can't be negative
2018/03/12 19:49:27 height can't be negative
```

假如你需要在錯誤訊息格式化數值或者其他值的用途，你可以使用 fmt.Errorf 函式。這可以把值像是 fmt.Printf 或者 fmt.Sprintf 的方式輸出為格式化後的字串，不過差異是它回傳的不是 string 而是錯誤值。

插入浮點數，四捨五入到小數點後兩位。

```go
回傳錯誤值 ──────→ err := fmt.Errorf("a height of %0.2f is invalid", -2.33333)
印出錯誤訊息 ───→ fmt.Println(err.Error())
                 ──→ fmt.Println(err)
並且也印出錯誤訊息
```

```
a height of -2.33 is invalid
a height of -2.33 is invalid
```

宣告多重回傳值

現在我們需要一種方法來告知我們的 `paintNeeded` 函式，會與所需的油漆總量一併回傳錯誤值。

若要宣告函式的多重回傳值，得在函式的宣告時，於第二組小括號內放置回傳值的型別（在函式參數的小括號後面），並且以逗號隔開（當只有一個回傳值的時候，在回傳值型別周圍的小括號可有可無，然而一旦有超過一個回傳值時，括號就必須保留）。

接著在調用函式時，你需要考慮額外的回傳值，通常把它們指派到額外的變數。

```go
package main

import "fmt"
```
這個函式回傳了整數，布林值以及字串。
```go
func manyReturns() (int, bool, string) {
        return 1, true, "hello"
}

func main() {
        myInt, myBool, myString := manyReturns()
        fmt.Println(myInt, myBool, myString)
}
```
把每個回傳值都各自指派為變數。

`1 true hello`

假如打算清楚地讓回傳值的目的更明確，可以像參數一樣，給予每一個回傳值名稱。給回傳值命名的主要目的，就像是程式碼文件化一樣提供了更好的可讀性。

```go
package main

import (
        "fmt"
        "math"
)
```
為第一個回傳值命名 ↘   為第二個回傳值命名 ↘
```go
func floatParts(number float64) (integerPart int, fractionalPart float64) {
        wholeNumber := math.Floor(number)
        return int(wholeNumber), number - wholeNumber
}

func main() {
        cans, remainder := floatParts(1.26)
        fmt.Println(cans, remainder)
}
```
`1 0.26`

在 paintNeeded 函式使用多重回傳值

如同我們上一頁看到的，我們可以回傳不只一個不同型別的值。然而最常使用在多重回傳值的情境，是在回傳主要回傳值之外，跟著一個額外的值，用來指出這個函式是否發生錯誤。這個額外的值在一切正常時通常被指派為 nil ，或是在錯誤發生時指派為錯誤值。

在 paintNeeded 函式我們也會符合這個慣例。我們會宣告兩個回傳值，float64 以及 error（錯誤值有自己的型別 error）。首先在函式區塊內我們會確認兩個參數是否有效。假如 width 或者 height 比 0 還小，我們回傳油漆總量為 0（其實這沒有意義，然而我們總得回傳東西），接著透過調用 fmt.Errorf 的方式產生錯誤值。假如一開始就有問題，從函式的開頭就確認錯誤值讓我們更快地透過調用 return 的方式跳過剩下的部分。

假如參數並沒有問題，我們接著會像之前一樣計算並且回傳油漆總量。函式程式碼內唯一的不同是我們得指派第二個回傳值為 nil，來告知並沒有錯誤發生。

```go
package main

import "fmt"

func paintNeeded(width float64, height float64) (float64, error) {
        if width < 0 {            ← 假如寬度無效，回傳 0 以及錯誤。
                return 0, fmt.Errorf("a width of %0.2f is invalid", width)
        }
        if height < 0 {           ← 假如高度無效，回傳 0 以及錯誤。
                return 0, fmt.Errorf("a height of %0.2f is invalid", height)
        }
        area := width * height
        return area / 10.0, nil   ← 回傳油漆總量，以及「nil」
}                                    以告知沒有錯誤發生。

func main() {
        amount, err := paintNeeded(4.2, -3.0)   ← 添加第二個值來儲存第二個回傳值。
        fmt.Println(err)          ← 印出錯誤（或者如果沒有錯誤印出「nil」）。
        fmt.Printf("%0.2f liters needed\n", amount)
}
```

這裡是跟之前一樣的回傳油漆總量。

這是第二個回傳值，以告知假如有任何錯誤發生。

```
a height of -3.00 is invalid
0.00 liters needed
```

在 main 函式，我們添加了第二個值來記錄從 paintNeeded 回傳的錯誤。我們印出了錯誤（假如有），並且印出了油漆總量。

假如我們傳遞了無效的引數給 paintNeeded，我們會得到錯誤回傳值，並且印出錯誤。但是我們依然會得到 0 的油漆總量（正如我們說過的，一旦錯誤發生，這個值是沒有意義的，但是我們總得對第一個回傳值做點事情）。所以我們印出了「0.00 liters needed」作為結果！等等會來修正它…

隨時能處理錯誤！

當我們傳遞無效的引數值給 paintNeeded 時，我們獲得錯誤回傳並且提供給使用者印出。
然而我們同樣也獲得了（無效）的油漆總量並且印出來了！

```
                               這裡得到了錯誤值。
            func main() {
得到了 0 值  ──────→ amount, err := paintNeeded(4.2, -3.0)
（一個無效的值）           fmt.Println(err)        印出錯誤值
                      fmt.Printf("%0.2f liters needed\n", amount)
            }
                        a height of -3.00 is invalid   印出無效的值！
                        0.00 liters needed
```

一旦函式回傳了錯誤值，通常主要回傳值也必須被回傳。然而任何跟隨錯誤值回傳的主要值，
都應該被視為無法信任的結果並且忽略它。

當你調用了函式並且回傳錯誤值，在繼續下去之前測試這個值是否為 nil 相當重要。假如它
是除了 nil 之外的值，代表錯誤必須被處理。

如何處理錯誤取決於當下的情境。在 paintNeeded 這函式的情境下，最好的方法可能是只
需要跳過當前的計算並且進入程式後續的部分。

```
func main() {
      amount, err := paintNeeded(4.2, -3.0)
      if err != nil {    假如錯誤值不為 nil，一定有問題…
            fmt.Println(err)       …於是印出錯誤。
      } else {    否則錯誤值應該為 nil…
            fmt.Printf("%0.2f liters needed\n", amount)
      }
      // Additional calculations here...              …所以印出我們得到的油漆
}                                                     總量應該是沒問題的。
      a height of -3.00 is invalid
```

然而由於這只是個小程式，你可以直接調用 log.Fatal 來顯示錯誤訊息並且終止程式。

```
func main() {
      amount, err := paintNeeded(4.2, -3.0)
      if err != nil {    假如錯誤值不為 nil，一定有問題…
            log.Fatal(err)       …印出錯誤值並且終止程式。
      }
      fmt.Printf("%0.2f liters needed\n", amount)
}                                                  假如發生錯誤，這段程式碼
      2018/03/12 19:49:27 a height of -3.00 is invalid   不會被觸及。
```

需要記得的是你應該確認回傳值是否有錯誤產生。此時要如何處理錯誤就是你的決定了！

回傳多重值

拆解東西真的是很有教育性！

這是一個計算數字平方根的程式。不過假如一個負數傳遞給 squareRoot 函式，會回傳錯誤值。嘗試用下方任一種方法改變內容後並編譯看看。然後恢復你做過的改變，接著嘗試下一組。看看會發生什麼事情！

```go
package main

import (
        "fmt"
        "math"
)

func squareRoot(number float64) (float64, error) {
        if number < 0 {
                return 0, fmt.Errorf("can't get square root of negative number")
        }
        return math.Sqrt(number), nil
}

func main() {
        root, err := squareRoot(-9.3)
        if err != nil {
                fmt.Println(err)
        } else {
                fmt.Printf("%0.3f", root)
        }
}
```

假如你這麼做…	…它會因為…而終止
移除 return 的任一個引數： return math.Sqrt(number)~~, nil~~	return 的引數量須永遠符合函式定義的回傳數目。
移除其中一個回傳值所指派的變數： root~~, err~~ := squareRoot(-9.3)	假如你使用了從函式所回傳的值，Go 要求必須使用全部的回傳值。
移除使用回傳值的程式碼： root, err := squareRoot(-9.3) ~~if err != nil {~~ ~~ fmt.Println(err)~~ ~~} else {~~ fmt.Printf("%0.3f", root) ~~}~~	Go 要求任何定義的變數都需要在程式碼內被用到。這個功能事實上非常實用，尤其是在錯誤回傳值，因為這可以提醒你不會一不小心忽略了錯誤。

池畔風光

你的**工作**是把游泳池內的程式碼片段，放到上方程式碼中空白的地方。同一個程式碼片段**不能**使用超過一次，而且也不需要把游泳池內所有的片段都用完。你的**目標**是讓這整段程式碼可以正常運作，並且產生所列出的輸出結果。

```go
package main

import (
        "errors"
        "fmt"
)

func divide(dividend float64, divisor float64) (float64, _____) {
        if divisor == 0.0 {
                return 0, _____.New("can't divide by 0")
        }
        return dividend / divisor, _____
}

func main() {
        _____, _____ := divide(5.6, 0.0)
        if err != nil {
                fmt.Println(err)
        } else {
                fmt.Printf("%0.2f\n", quotient)
        }
}
```

輸出

```
can't divide by 0
```

注意：游泳池內的每個片段只能使用一次！

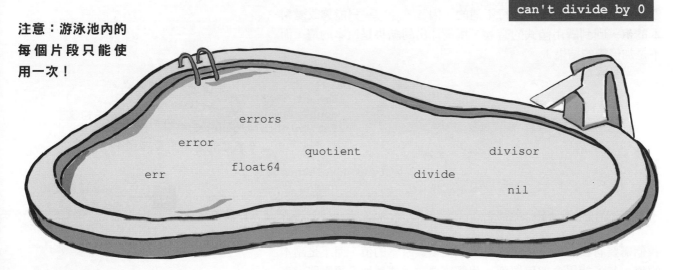

errors

error

quotient

divisor

err

float64

divide

nil

答案在第 112 頁。

函式參數收到引數的副本

如同我們提過的，當你調用一個有宣告參數的函式，你得提供調用所需的引數。每個引數的值都會複製到對應的參數值（程式語言有時候稱這為「傳值（pass-by-value）」）。

在大部分的情況這是沒問題的。然而假如你希望傳遞變數的值到函式，並且讓這個變數的值可以透過某種方式改變，你會遇到麻煩。函式只會改變所複製的參數的值，而不是原本的。於是在函式內所做的任何改變都不會在函式外被看到。

> Go 是一種「pass-by-value」程式語言；函式參數從調用函式時取得引數的<u>副本</u>。

這裡是我們之前看過的 double 函式更新的版本。它把一個數乘以 2，並且印出來結果（它使用了 *= 運算子，運作方式跟 += 雷同，原本是把變數的值加上該值改成乘以該值）。

```go
package main

import "fmt"

func main() {
        amount := 6
        double(amount)    ← 傳遞引數給函式。
}
                        ← 參數被指派為引數的副本。
func double(number int) {
        number *= 2
        fmt.Println(number)    [12] ← 印出倍數的結果。
}
```

假如我們打算從 double 函式，把印出倍數結果的陳述句移動到調用函式的外頭。這樣是行不通的，因為 double 只能夠改變副本的值。回到調用函式的時候，所能印出的結果是原本的值，而不是加倍後的結果！

```go
func main() {
        amount := 6         ← 傳遞引數到函式。
        double(amount)      ← 印出原本的值！
        fmt.Println(amount)
}                           ← 參數被指派為引數的副本。
func double(number int) {
        number *= 2              [6] ← 印出沒改變的結果！
}
        ↑ 改變複製的值而不是原本的！
```

我們需要有種方法來讓函式可以改變變數原本的值，而不是副本的值。為了能學會如何做到，我們需要從函式這裡多繞點路，來先學學什麼是指標（pointers）。

繞點路

指標

你可以透過使用 &(「與」符號) 取得變數的位址，這是 Go 的「位址」運算子。舉例來說以下的程式碼初始化一個變數，印出了它的值並且印出這個變數的位址…

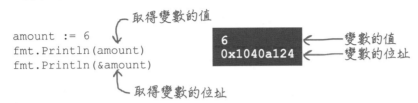

取得變數的值

```
amount := 6
fmt.Println(amount)
fmt.Println(&amount)
```

取得變數的位址

```
6
0x1040a124
```

← 變數的值
← 變數的位址

我們可以取得任何型別變數的位址。

```
var myInt int
fmt.Println(&myInt)
var myFloat float64
fmt.Println(&myFloat)
var myBool bool
fmt.Println(&myBool)
```

```
0x1040a128
0x1040a140
0x1040a148
```

所以到底什麼是「位址」呢？事實上，假如你打算在一個擁擠的城市裡找到一間特定的房子，你會用到它的地址…

2100 W Oak St   2102 W Oak St   2104 W Oak St   2106 W Oak St

就像是在都市內，你的電腦為程式碼保留的空間相當擁擠。之間充滿著變數值：布林值、整數、字串以及更多。就像是房子的地址，假如你擁有變數的位址，你可以把它用來找到該變數所持有的值。

這是位址「0x1040a108」…

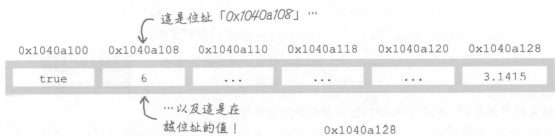

0x1040a100	0x1040a108	0x1040a110	0x1040a118	0x1040a120	0x1040a128
true	6	...	...	...	3.1415

…以及這是在該位址的值！

呈現變數位址的值就是**指標**，因為它們指向變數可以被找到的位置。

0x1040a128

3.1415

指標型別

繞點路

指標的型別以 `*` 符號作為開頭，後方接著指標所要指向的變數的型別。舉例來說，指向一個 `int` 變數的指標型別可以寫作 `*int`（你可以唸作「int 的指標」）。

我們可以使用 `reflect.TypeOf` 函式來告訴我們前一個程式的指標的型別：

```go
package main

import (
        "fmt"
        "reflect"
)

func main() {
        var myInt int
        fmt.Println(reflect.TypeOf(&myInt))
        var myFloat float64
        fmt.Println(reflect.TypeOf(&myFloat))
        var myBool bool
        fmt.Println(reflect.TypeOf(&myBool))
}
```

取得 *myInt* 的指標並且印出這個指標的型別。

取得 *myFloat* 的指標，並且印出這個指標的型別。

取得 *myBool* 的指標，並且印出這個指標的型別。

這邊是指標的型別。

```
*int
*float64
*bool
```

我們可以宣告持有指標的變數。一個指標變數只能持有一個型別變數的指標，於是一個變數值可能只持有 `*int` 指標，或者只有 `*float64` 的指標等等。

```go
var myInt int
var myIntPointer *int
myIntPointer = &myInt
fmt.Println(myIntPointer)

var myFloat float64
var myFloatPointer *float64
myFloatPointer = &myFloat
fmt.Println(myFloatPointer)
```

宣告一個只持有指向 *int* 指標的變數。

指派一個指標到這個變數。

宣告一個只持有指向 *float64* 指標的變數。

指派一個指標到這個變數。

```
0x1040a128
0x1040a140
```

就像是其他型別，假如你直接指派一個變數到指標變數，你也可直接使用短變數宣告。

```go
var myBool bool
myBoolPointer := &myBool
fmt.Println(myBoolPointer)
```

對指標變數使用短變數宣告。

```
0x1040a148
```

取得或者改變指標的值

你可以透過在你程式碼中的指標前面鍵入 * 的方式，從指標取得所指向的變數的值。舉例來說若要取得 myIntPointer 的值，你得輸入 *myIntPoint（目前針對如何唸 * 並沒有一個官方的共識，不過我們打算唸作「在…的值」，於是 *myIntPointer 就唸作「在 myIntPointer 的值」）。

```
myInt := 4
myIntPointer := &myInt
fmt.Println(myIntPointer)        ←─── 印出指標自身。
fmt.Println(*myIntPointer)       ←─── 印出指標的值。

myFloat := 98.6
myFloatPointer := &myFloat
fmt.Println(myFloatPointer)      ←─── 印出指標自身。
fmt.Println(*myFloatPointer)     ←─── 印出指標的值。

myBool := true
myBoolPointer := &myBool
fmt.Println(myBoolPointer)       ←─── 印出指標自身。
fmt.Println(*myBoolPointer)      ←─── 印出指標的值。
```

```
0x1040a124
4
0x1040a140
98.6
0x1040a150
true
```

* 運算子也可用來更新指標的值。

```
myInt := 4
fmt.Println(myInt)
myIntPointer := &myInt          指派新的值到指標所在的
*myIntPointer = 8      ←─       變數（myInt）。
fmt.Println(*myIntPointer)   ←─── 印出在指標變數的值。
fmt.Println(myInt)
```
　　　　　　　└── 直接印出變數的值。

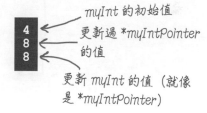

4 ←─── myInt 的初始值
8 ←─── 更新過 *myIntPointer 的值
8 ←─── 更新 myInt 的值（就像是 *myIntPointer）

在上方的程式碼，*myIntPointer = 8 存取 myIntPointer 變數（也就是 myInt 變數）以及指派新的值到這裡。所以更新的不只是 *myIntPointer 的值，myInt 也被更新了。

程式碼磁貼

有個使用指標變數的 Go 程式在冰箱上被搞得亂七八糟。你是否可以重組程式碼磁貼來製作一個運作的程式以產生所求的輸出嗎？

程式需要宣告整數變數 myInt，以及持有整數指標的 myIntPointer 的變數。接著它需要把值指派給 myInt，並且也需要把傳給 myInt 的指標設為 myIntPointer。最後需要印出 myIntPointer 所指向的值。

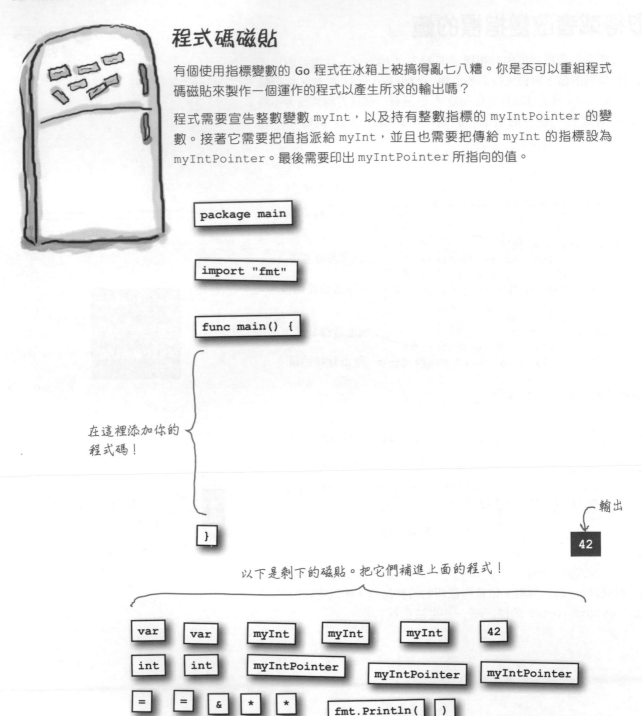

```
package main

import "fmt"

func main() {
```

在這裡添加你的程式碼！

```
}
```

輸出

```
42
```

以下是剩下的磁貼。把它們補進上面的程式！

```
var    var    myInt    myInt    myInt    42

int    int    myIntPointer    myIntPointer    myIntPointer

=    =    &    *    *    fmt.Println(    )
```

答案在第 112 頁。

繞點路

在函式使用指標

從函式回傳指標是可行的；只要把函式的回傳型別宣告為指標即可。

> 宣告回傳型別為 *float64* 的指標。

```go
func createPointer() *float64 {
    var myFloat = 98.5
    return &myFloat      // 回傳指定型別的指標。
}

func main() {
    var myFloatPointer *float64 = createPointer()   // 把回傳的指標
                                                    // 指派給變數。
    fmt.Println(*myFloatPointer)
}                        // 印出在指標的值。
```

`98.5`

（說到這，Go 不像其他程式語言，回傳指向函式區域變數的指標是沒問題的。縱使變數已經不再存在這個範圍，只要你仍擁有指標，Go 會保證你仍可以取用這個值。）

你也可以把指標作為引數傳遞給函式。只要指定一至多個變數的型別需要為指標即可。

> 指定這個變數為指標型別。

```go
func printPointer(myBoolPointer *bool) {
    fmt.Println(*myBoolPointer)   // 印出傳進的指標的值。
}

func main() {
    var myBool bool = true
    printPointer(&myBool)
}
```

`true`

> 傳遞指標到該函式。

假如這個函式已經宣告指標作為參數，確保你只傳遞指標為引數給該函式。假如你嘗試直接傳遞值給本來預期接收指標的函式，等著你的是編譯錯誤。

```go
func main() {
    var myBool bool = true
    printPointer(myBool)
}
```

錯誤 ➡

```
cannot use myBool (type bool)
as type *bool in argument
to printPointer
```

現在你知道在 Go 的指標基本用法。繞路即將結束，然後修正我們的 double 函式！

繞路結束

使用指標修正我們的「double」函式

我們有個接收 int 值並且可以乘以 2 的 double 函式。我們打算能夠傳進一個值並且讓這個值翻倍。然而正如我們所知 Go 是 pass-by-value 的程式語言，意味著函式的參數從任何調用函式那邊取得引數的副本作為參數。我們的函式翻倍的是值的副本，卻讓原本的值不受影響！

```go
func main() {
        amount := 6          傳遞引數到函式。
        double(amount)
        fmt.Println(amount)  印出原本的值！
}
                    參數是引數的副本。
func double(number int) {
        number *= 2
}
        變動的是複製的值          6    印出沒改變的總量！
        而不是原本的！
```

現在我們從繞路中所學到的指標即將派上用場。假如我們傳遞指標到函式，並且調整在指標的值，這些改變依然會在函式外有效的！

我們只需要做點改變就讓這一切可行。在 double 函式中，我們需要更新 number 變數的型別為 *int 而不再是 int。接著我們需要改變函式的程式碼，讓在 number 指標的值可以被更新，而不是直接更新值本身。最後我們只需要在 main 函式更新調用 double 函式的方式為傳遞指標而不是傳遞值。

```go
func main() {
        amount := 6
        double(&amount)      傳遞指標而不是值本身。
        fmt.Println(amount)
}
                    接收指標而不是 int 的值。
func double(number *int) {
        *number *= 2
}
        更新在指標的值。          12    印出倍增後的值。
```

當我們執行這個更新過的程式碼，指向 amount 變數值的指標會被傳進 double 函式。double 函式會取得存在這個指標的值並且把它翻倍，也就是改變在 amount 變數的值。當我們回傳到 main 函式並且印出 amount 變數時，我們終於可以看到倍增後的值！

你已經在本章學到不少如何寫出自己的函式。有些功能的效益可能在現在還不是那麼地明瞭。別擔心：隨著往後篇章我們的程式越來越複雜，我們會讓你妥善運用所有學過的內容！

下方是我們寫好的 negate 函式，它**應該**能夠更新 truth 變數的值為反相（false），並且更新 lies 變數的值為反相（true）。然而當我們在 truth 以及 lies 變數調用 negate 函式並且印出結果時，我們發現它們都沒有被改變！

```go
package main

import "fmt"

func negate(myBoolean bool) bool {
        return !myBoolean
}

func main() {
        truth := true
        negate(truth)
        fmt.Println(truth)
        lies := false
        negate(lies)
        fmt.Println(lies)
}
```

實際輸出

```
true
false
```

把下方的空白處補上，讓 negate 函式可以取用指向布林值的指標而不是直接取用布林值，接著更新在指標的值為反相值。確認你修正了 negate 的方式為傳遞指標而不是傳遞值本身！

```go
package main

import "fmt"

func negate(myBoolean _____) {
        _____ = !_____
}

func main() {
        truth := true
        negate(_____)
        fmt.Println(truth)
        lies := false
        negate(_____)
        fmt.Println(lies)
}
```

我們所要的輸出

```
false
true
```

答案在第 112 頁。

你的 *Go* 百寶箱

這就是第 3 章的全部了！你已經把函式宣告以及指標加到你的百寶箱囉！

重點提示

- fmt.Printf 以及 fmt.Sprintf 函式格式化它們所得到的值。第一個引數是由格式化字串以及值所要被置換的**動詞**（%d、%f 以及 %s 等等）所組成。

- 透過格式化動詞，你可以加入**寬度**：格式化過的值所能涵蓋的最少字元數。舉例來說 %12s 產生一組 12 個字元的字串（以空白縮排），%2d 產生一組兩個字元的整數，以及 %.3f 產生一組四捨五入到小數點後第三位的浮點數。

- 假如你打算調用可以接收引數的函式，你需要在函式宣告一至多組**參數**，並且告知每個參數的型別。引數的數目以及型別必須完全與參數的數目與型別一致，不然會發生編譯錯誤。

- 假如你希望函式回傳一或多組值，你得在函式宣告時定義回傳值的型別。

- 你不能在函式外面存取函式內宣告的變數。然而你可以在函式內存取函式外所宣告的變數（通常是在套件層級）。

- 當函式回傳多重值，最後一個值通常是 error 型別。錯誤值擁有 Error() 方法來回傳描述錯誤的字串。

- 慣例上函式回傳錯誤值為 nil 時代表著沒有錯誤發生。

- 你可以透過在指標的前面加上 * 來存取指標所持有的值：*myPointer。

- 假如函式取得指標參數，並且更新了指標所指向的值，那麼在函式外面也可以看得到這個被更新過的值。

函式
型別
條件式
迴圈

函式宣告

你可以宣告自己的函式，並且在同樣套件中任何一處透過輸入函式名稱來調用它，名稱的後面跟著一組包含著函式所需要的引數（假如有）的小括號。

你也可以宣告該函式得回傳一至多個值給調用者。

指標

你可以在變數名稱之前輸入 Go 的「位址」運算子 (&) 的方式取得變數的指標：&myVariable。

指標型別由 * 以及後方跟著指標所指向的值的型別所組成 (*int、*bool 等等)

習題
解答

下方的程式宣告了不少函式，並且在 main 內調用了它們。把這個程式可能的輸出寫下來。

```go
package main

import "fmt"

func functionA(a int, b int) {
        fmt.Println(a + b)
}
func functionB(a int, b int) {
        fmt.Println(a * b)
}
func functionC(a bool) {
        fmt.Println(!a)
}
func functionD(a string, b int) {
        for i := 0; i < b; i++ {
                fmt.Print(a)
        }
        fmt.Println()
}

func main() {
        functionA(2, 3)
        functionB(2, 3)
        functionC(true)
        functionD("$", 4)
        functionA(5, 6)
        functionB(5, 6)
        functionC(false)
        functionD("ha", 3)
}
```

輸出

5

6

false

$$$$

11

30

true

hahaha

池畔風光解答

```
package main

import (
        "errors"
        "fmt"
)

func divide(dividend float64, divisor float64) (float64, error) {
        if divisor == 0.0 {
                return 0, errors.New("can't divide by 0")
        }
        return dividend / divisor, nil
}

func main() {
        quotient, err := divide(5.6, 0.0)
        if err != nil {
                fmt.Println(err)
        } else {
                fmt.Printf("%0.2f\n", quotient)
        }
}
```

程式碼磁貼解答

package main

import "fmt"

輸出

`42`

func main() {

| var | myInt | int |

| var | myIntPointer | * | int |

| myInt | = | 42 |

| myIntPointer | = | & | myInt |

| fmt.Println(| * | myIntPointer |) |

| } |

```
package main

import "fmt"

func negate(myBoolean *bool) {
        *myBoolean = ! *myBoolean
}

func main() {
        truth := true
        negate(&truth)
        fmt.Println(truth)
        lies := false
        negate(&lies)
        fmt.Println(lies)
}
```

4 打包程式碼

套件（packages）

是時候讓一切更有條不紊了。 到目前為止，我們已經把所有的程式碼都丟在同一份檔案內。當我們的程式越長越大也越來越複雜，這一切很快就會變成災難。

在這一章我們會告訴你如何建立屬於自己的**套件**，來協助把相關的程式碼歸納在同一處。而套件的優點不僅僅於組織你的程式碼，它讓你很方便地**在不同的程式中共用程式碼**，同樣也讓你易於**與其他開發者分享你的程式碼**。

不同程式，一樣的函式

我們已經編寫了兩個程式，兩者都擁有一樣的函式，而這讓我們在維護上有點頭痛…

在這一頁，第 2 章的 *pass_fail.go* 程式有了新的版本。這段可從鍵盤讀取成績的程式碼已經被移動到新的 getFloat 函式。getFloat 會回傳使用者所輸入的浮點數，除非有錯誤才會回傳 0 以及錯誤值。假如錯誤被回傳了，程式會回報錯誤並且終止；否則會像之前那樣回報這個成績是否及格。

```go
// pass_fail reports whether a grade is passing or failing.
package main

import (
        "bufio"
        "fmt"
        "log"
        "os"
        "strconv"
        "strings"
)
```

pass_fail.go

```go
func getFloat() (float64, error) {
        reader := bufio.NewReader(os.Stdin)
        input, err := reader.ReadString('\n')
        if err != nil {
                return 0, err
        }
        input = strings.TrimSpace(input)
        number, err := strconv.ParseFloat(input, 64)
        if err != nil {
                return 0, err
        }
        return number, nil
}
```

跟下一頁的 *getFloat* 函式一樣！

幾乎跟第 2 章的程式碼一樣除了…

…假如從輸入讀取錯誤，我們會從函式回傳。

我們也會回傳所有從 *string* 轉換到 *float64* 的錯誤。

```go
func main() {
        fmt.Print("Enter a grade: ")
        grade, err := getFloat()
        if err != nil {
                log.Fatal(err)
        }

        var status string
        if grade >= 60 {
                status = "passing"
        } else {
                status = "failing"
        }
        fmt.Println("A grade of", grade, "is", status)
}
```

我們調用 *getFloat* 來取得分數…

假如回傳了錯誤，記錄下來並且終止程式。

跟第 2 章一樣的程式碼。

```
Enter a grade: 89.7
A grade of 89.7 is passing
```

不同的程式，一樣的函式（續）

在這一頁，我們取得了新的 *tocelsius.go* 程式來讓使用者輸入華氏
溫度系統，並且可以轉換到攝氏系統。

注意到在 *tocelsius.go* 中的 getFloat 函式與 *pass_fail.go* 的
getFloat 函式其實是一樣的。

```go
// tocelsius converts a temperature from Fahrenheit to Celsius.
package main

import (
        "bufio"
        "fmt"
        "log"
        "os"
        "strconv"
        "strings"
)

func getFloat() (float64, error) {
        reader := bufio.NewReader(os.Stdin)
        input, err := reader.ReadString('\n')
        if err != nil {
                return 0, err
        }

        input = strings.TrimSpace(input)
        number, err := strconv.ParseFloat(input, 64)
        if err != nil {
                return 0, err
        }
        return number, nil
}

func main() {
        fmt.Print("Enter a temperature in Fahrenheit: ")
        fahrenheit, err := getFloat()
        if err != nil {
                log.Fatal(err)
        }
        celsius := (fahrenheit - 32) * 5 / 9
        fmt.Printf("%0.2f degrees Celsius\n", celsius)
}
```

tocelsius.go

跟上一頁的 *getFloat*
函式一樣！

調用 *getFloat* 以取得溫度。

假如回傳錯誤，記錄並且終止。

轉換溫度到攝氏⋯

⋯並且印出小數點
後兩位精準度。

```
Enter a temperature in Fahrenheit: 98.6
37.00 degrees Celsius
```

透過套件在程式之間共用程式碼

更多重複的程式碼了…假如我們在 getFloat 發現 bug，在兩個地方都得修復還真有點痛苦。然而介於兩個不同的程式之間，我想這無法避免…

```go
func getFloat() (float64, error) {
    reader := bufio.NewReader(os.Stdin)
    input, err := reader.ReadString('\n')
    if err != nil {
        return 0, err
    }

    input = strings.TrimSpace(input)
    number, err := strconv.ParseFloat(input, 64)
    if err != nil {
        return 0, err
    }
    return number, nil
}
```

事實上，我們可以做的不少：我們可以把共享的函式移到一個新的套件！

Go 允許我們定義自己的套件。如同我們曾在第 1 章探討過的，套件是一組做類似事情的程式碼。 fmt 套件處理輸出格式化、math 套件處理數值、strings 套件處理字串等等。我們已經在不少程式中使用過這些套件中的函式。

套件存在的主要原因之一，是讓我們可以在不同程式中共享一樣的程式碼。假如你的部分程式碼在多程式中被共享使用，你應該考慮把它們移到套件中。

假如你的部分程式碼在多個程式中被共享使用，你應該考慮把它們移到套件中。

在 Go 工作空間目錄存放套件程式碼

Go 工具會在你電腦中叫做**工作空間**（**workspace**）的特定目錄（資料夾）尋找套件的程式碼。工作空間預設是在使用者家目錄底下叫做 *go* 的目錄。

工作空間目錄主要儲存三個子目錄：

- *bin* 目錄儲存編譯過的程式執行檔（我們會在本章的後面了解更多有關 *bin* 的內容）。

- *pkg* 目錄主要儲存編譯過的套件檔案（我們也會在本章的後面了解更多有關 *pkg* 的內容）。

- *src* 目錄儲存 Go 的原始碼。

在 *src* 中，每個不同套件的原始碼放在各自的子目錄中。慣例上子目錄的名稱應該會與套件名稱一致（所以說 gizmo 套件會放在 *gizmo* 子目錄中）。

每個套件目錄應該存放不只一個程式碼文件。檔名不是那麼重要，不過它們都應該以副檔名 *.go* 作為結尾。

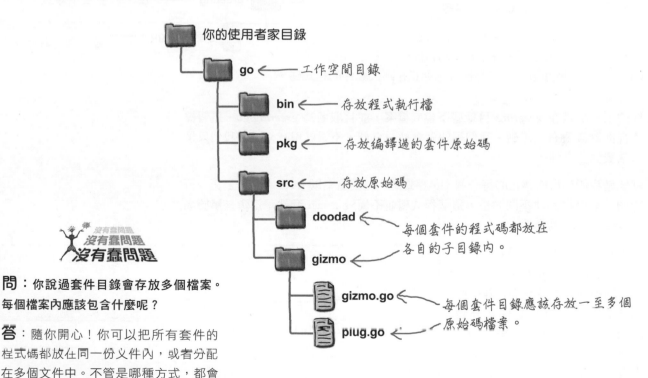

你的使用者家目錄

go ← 工作空間目錄

bin ← 存放程式執行檔

pkg ← 存放編譯過的套件原始碼

src ← 存放原始碼

doodad ←

gizmo ←

每個套件的程式碼都放在各自的子目錄內。

gizmo.go ←

plug.go ←

每個套件目錄應該存放一至多個原始碼檔案。

問：你說過套件目錄會存放多個檔案。每個檔案內應該包含什麼呢？

答：隨你開心！你可以把所有套件的程式碼都放在同一份文件內，或者分配在多個文件中。不管是哪種方式，都會作為同樣一個套件。

建立新的套件

讓我們試著在工作空間中建立屬於自己的套件。我們會建立一個叫做 greeting 的套件，用來印出不同語言的歡迎詞。

Go 安裝時並沒有預設會建立工作空間目錄，所以你得自己來。首先進入你的家目錄（在大部分的 Windows 系統會在 *C:\Users\<yourname>* 路徑，macOS 會在 */Users/<yourname>*，而 Linux 會在 */home/<yourname>* 路徑）。在家目錄內，建立一個叫做 *go* 的目錄：這會是我們新的工作空間目錄。在這個 *go* 目錄底下建立一個叫做 *src* 的目錄。

最後我們需要用來存放套件程式碼的目錄。慣例上套件的目錄應該與套件名稱一致。因為我們的套件即將命名為 greeting，這就是你應該為目錄所取的名字。

我們知道這看起來好像有很多巢狀的目錄（而且事實上我們即將會建立更多巢狀目錄）。但是相信我們，一旦你自己建立一大堆，或者其他來源的套件，這樣的結構會讓你的程式碼更有組織。

更重要的是，這個結構讓 Go 的工具找到程式碼。由於它們都在 *src* 目錄下，Go 工具明確地知道，該去哪裡找到你正在匯入套件的程式碼。

你的下一步是在 *greeting* 目錄底下建立檔案，並且取名為 *greeting.go*。這個檔案裡面應該要有程式碼。我們很快就會探討它們，不過就現在來說，我們只是希望讓你注意到…

就像是我們到目前為止的每一個 Go 程式碼，這個檔案以 package 作為第一行開頭。然而與其他不同的是，這個程式碼並不屬於 main 套件；這會是屬於名為 greeting 的套件。

同樣應該注意到的是兩個函式的定義。這兩者與其他函式並沒有太大的不同。由於我們打算這些函式在 greeting 套件之外也能被存取，注意到打算輸出函式時，函式名稱的第一個字母需要大寫。

```
package greeting ← 套件不是「main」而是「greeting」！

import "fmt"

func Hello() {
    fmt.Println("Hello!")
}

func Hi() {
    fmt.Println("Hi!")
}
```

第一個字大寫讓這個函式可以被匯出。

greeting.go

在程式中匯入套件

現在來嘗試在程式中使用我們新的套件。

在你的工作空間目錄中的 *src*，建立另一個叫做 *hi* 的子目錄（我們並沒有打算在工作空間中儲存程式執行的原始碼，但是這已經很足夠了）。

接著在你新的 *hi* 目錄底下，我們得建立另一個新的原始碼檔案。我們可以對文件取任意的名稱，只要以 *.go* 副檔名作為結尾即可，不過因為這即將成為執行檔的指令，我們命名為 *main.go*。把程式碼存在這份檔案內。

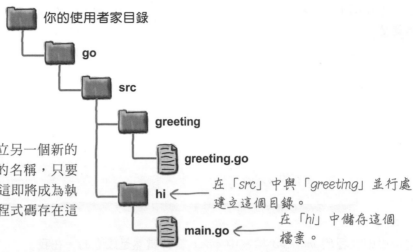

你的使用者家目錄

go

src

greeting

greeting.go

hi ← 在「src」中與「greeting」並行處建立這個目錄。

main.go ← 在「hi」中儲存這個檔案。

就像是所有的 Go 原始碼文件，這份程式碼以 package 作為第一行的開頭。然而由於我們打算讓這份程式碼成為執行檔的指令，我們得使用 main 作為套件的名稱。一般來說，套件名稱應該與存放程式碼的目錄名稱一致，不過 main 套件是被排除在這個規則之外的。

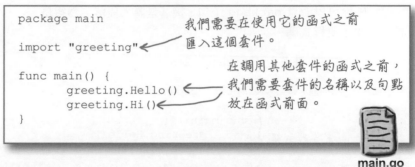

```
package main

import "greeting"

func main() {
    greeting.Hello()
    greeting.Hi()
}
```

我們需要在使用它的函式之前匯入這個套件。

在調用其他套件的函式之前，我們需要套件的名稱以及句點放在函式前面。

main.go

接著我們得匯入 greeting 套件讓我們可以使用它的函式。Go 工具會在工作空間的 *src* 目錄中尋找，子目錄的名稱符合 import 陳述句中所提到的套件的程式碼。為了告訴 Go 去尋找工作空間的 *src/greeting* 目錄，我們使用 import "greeting" 陳述句。

最後由於這個程式碼會編譯成執行檔，我們需要 main 函式在程式運作時被調用。在 main 我們都調用了兩個在 greeting 套件中定義的函式。兩者都以套件名稱以及句點作為前綴進行調用，如此一來 Go 才知道函式是屬於什麼套件。

一切都完成了；讓我們來試著運作程式。在你的終端機或者命令提示視窗，使用 **cd** 指令以切換到在你的工作空間目錄底下的 *src/hi* 目錄（路徑會因你的家目錄的位址有所不同）。接著，使用 **go run main.go** 指令來執行這個程式。

調用了這個套件的函式！

```
Shell  Edit  View  Window  Help
$ cd /Users/jay/go/src/hi
$ go run main.go
Hello!
Hi!
$
```

當它看見了 import "greeting" 這一行，Go 會在你的工作空間中的 *src* 目錄尋找 *greeting* 目錄以找到套件的原始碼。這個程式碼區塊會被編譯並且匯入，然後我們就能夠調用 greeting 套件函式了！

套件使用一樣的檔案佈局

還記得在第 1 章，我們討論過幾乎每個 Go 原始碼都會有三大段落嗎？

你很快就會習慣在大部分的 Go 檔案中，看到以下三個段落的排列方式：

1 套件子句
2 任何 import 陳述句
3 主要的程式碼

套件子句 { `package main`

匯入段落 { `import "fmt"`

主要程式碼 {
```
func main() {
    fmt.Println("Hello, Go!")
}
```

這個規則在我們 *main.go* 檔案中 `main` 套件當然是成立的。在我們的程式碼你可以看見 `package` 子句，接著是匯入段落，然後是我們套件的主要程式碼。

套件子句 { `package main`

匯入段落 { `import "greeting"`

主要程式碼 {
```
func main() {
    greeting.Hello()
    greeting.Hi()
}
```

除了 `main` 之外的套件也符合一樣的規則。你可以看見我們的 *greeting.go* 檔案一樣有套件子句匯入段落，以及最後是主要套件的程式碼。

套件子句 { `package greeting`

匯入段落 { `import "fmt"`

主要程式碼 {
```
func Hello() {
    fmt.Println("Hello!")
}

func Hi() {
    fmt.Println("Hi!")
}
```

拆解東西真的是很有教育性！

使用我們的 greeting 套件程式碼，以及匯入這個套件的程式
碼。嘗試用下方任一種方法改變內容後並執行看看。然後恢復你
做過的改變，接著嘗試下一組。看看會發生什麼事情！

```go
package greeting

import "fmt"

func Hello() {
        fmt.Println("Hello!")
}

func Hi() {
        fmt.Println("Hi!")
}
```

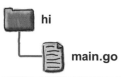

```go
package main

import "greeting"

func main() {
        greeting.Hello()
        greeting.Hi()
}
```

假如你這麼做…	…它會因為…而發生錯誤
改變 *greeting* 目錄的名稱 **greeting** → **salutation**	Go 工具把匯入的路徑作為套件的目錄名稱來讀取套件的程式碼。假如名稱與路徑並不符合，預期的程式碼就不會被存取。
改變 *greeting.go* 檔案中 package 那行的名稱 package salutation	*greeting* 目錄中的內容實際上會被存取成名為 salutation 的套件。然而在 *main.go* 依然會調用 greeting 套件，於是發生錯誤。
改變 *greeting.go* 以及 *main.go* 中的函式名稱都為首字母小寫 func H̶hello() func H̶hi() greeting.H̶hello() greeting.H̶hi()	首字母為小寫的函式名稱是不會被匯出的，也就是說，它們只能在自己的套件內被調用。如果要在不同套件中使用函式，它的名稱應該為首字母大寫才會被匯出。

池畔風光

你的**工作**是把游泳池內的程式碼片段放到上方程式碼中空白的地方。同一個程式碼片段**不能**使用超過一次，而且也不需要把游泳池內所有的程式碼片段都用完。你的**目標**是在 Go 工作空間設置 calc 套件，讓 *main.go* 可以使用 calc 的函式。

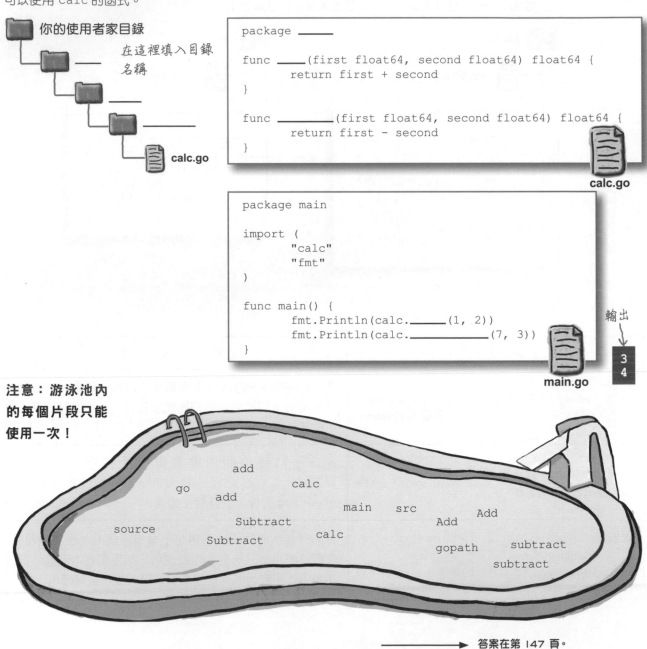

你的使用者家目錄

在這裡填入目錄名稱

calc.go

```
package _____

func _____(first float64, second float64) float64 {
        return first + second
}

func _____(first float64, second float64) float64 {
        return first - second
}
```

calc.go

```
package main

import (
        "calc"
        "fmt"
)

func main() {
        fmt.Println(calc._____(1, 2))
        fmt.Println(calc._____(7, 3))
}
```

main.go

輸出

3
4

注意：游泳池內的每個片段只能使用一次！

add
go
calc
add
main
src
source
Subtract
Subtract
calc
Add
Add
gopath
subtract
subtract

→ 答案在第 147 頁。

套件的命名慣例

開發者每當使用套件的函式調用時，都需要輸入套件的名稱（像是 `fmt.Printf`、`fmt.Println` 以及 `fmt.Print` 等等）。為了減少這個麻煩，需要遵守一些套件名稱的規則：

- 套件的名稱都得是首字母小寫。

- 假如名稱的涵義很顯而易見，命名可以被縮寫（像是 `fmt`）。

- 盡量是一個單字。假如需要兩個單字，不可以用底線分開，並且第二個字不可以首字母大寫（`strconv` 就是個例子）。

- 匯入的套件名稱可能會與區域變數撞名，所以不要把套件取名為一般使用者可能也會常用的名稱（舉例來說假如 `fmt` 被取為 `format` 的名稱，任何人引用了這個套件，只要他們命名了叫做 `format` 的區域變數，就可能會有撞名的風險）。

套件限定符

一旦存取函式、變數或者像是從其他套件匯入的東西，你得在限定所使用的函式或者變數名稱之前輸入套件名稱。一旦你存取當下套件的函式或者變數，你不應該限定套件名稱。

在我們的 *main.go* 檔案，由於程式碼都是在 `main` 套件內，我們得透過輸入 **greeting.Hello** 以及 **greeting.Hi**，限定從 `greeting` 套件的 `Hello` 以及 `Hi` 函式。

```
package main

import "greeting"

func main() {
套件  ⎧ greeting.Hello()
限定符 ⎩ greeting.Hi()
}
```

```
package greeting

import "fmt"

func Hello() {
    fmt.Println("Hello!")
}

func Hi() {
    fmt.Println("Hi!")
}

func AllGreetings() {
不需要 ⎧ Hello()
限定符 ⎩ Hi()
}
```

假設我們在 `greeting` 套件中的其他函式調用 `Hello` 以及 `Hi` 函式。這樣一來我們只需要輸入 `Hello` 以及 `Hi`（不需要套件名稱限定符），因為我們是在同樣的套件內調用它們。

把我們的共用程式碼移到套件

現在我們了解如何在 Go 工作空間新增套件，終於可以把 *pass_fail.go* 以及 *tocelsius.go* 都有用到的 getFloat 函式移到套件裡去了。

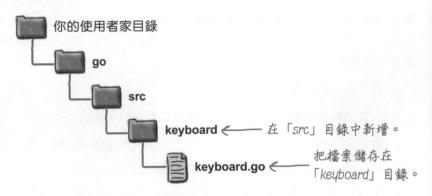

在「*src*」目錄中新增。

把檔案儲存在「*keyboard*」目錄。

我們把套件命名為 keyboard 因為它從鍵盤讀取使用者的輸入。先從工作空間中的 *src* 目錄建立新的名為 *keyboard* 的目錄開始。

接著，在 *keyboard* 目錄中新增原始碼檔案。可以隨意取個檔名，不過我們就直接取與套件一樣的名稱：*keyboard.go*。

在檔案的開頭需要 package 子句以及套件名稱：keyboard。

接著由於這是個獨立的檔案，我們得使用 import 陳述句以匯入在程式碼中有使用到的其他套件：bufio、os、strconv 以及 string（我們依然會保留 fmt 以及 log 套件，因為它們只有在 *pass_fail.go* 以及 *tocelsius.go* 中使用）。

最後我們可以從古老的 getFloat 函式中複製程式碼過來。然而需要確保名稱有修正為 GetFloat，因為首字母若沒有大寫就不會被匯出。

```
package keyboard    ← 新增 package 子句。

import (
    "bufio"
    "os"
    "strconv"
    "strings"
)
              把函式的首字母大寫，否則不會被匯出。
func GetFloat() (float64, error) {
    reader := bufio.NewReader(os.Stdin)
    input, err := reader.ReadString('\n')
    if err != nil {
            return 0, err
    }

    input = strings.TrimSpace(input)
    number, err := strconv.ParseFloat(input, 64)
    if err != nil {
            return 0, err
    }
    return number, nil
}
```

只匯入在這個檔案中使用到的套件。

這段程式碼與原本重複的程式碼一致。

keyboard.go

把我們的共用程式碼移到套件（續）

現在 *pass_fail.go* 程式已經更新成使用新的 keyboard 套件了。

```go
// pass_fail reports whether a grade is passing or failing.
package main

import (
    "fmt"
    "keyboard"
    "log"
)
```

確認匯入我們新的套件。

只匯入在這個檔案有用到的套件。

可以移除原本在這裡的 *getFloat* 函式。

由於我們移除了舊的 getFloat 函式，我們得移除沒用到的 bufio、os、strconv 以及 strings 的匯入。在原本的地方改匯入新的 keyboard 套件。

在 main 函式原本調用 getFloat 的地方，改成調用新的 keyboard.GetFloat 函式。剩下的程式碼沒有改變。

```go
func main() {
    fmt.Print("Enter a grade: ")
    grade, err := keyboard.GetFloat()
    if err != nil {
            log.Fatal(err)
    }

    var status string
    if grade >= 60 {
            status = "passing"
    } else {
            status = "failing"
    }
    fmt.Println("A grade of", grade, "is", status)
}
```

改為調用「*keyboard*」套件的函式。

假如我們執行了更新過的程式，會看到跟之前一樣的輸出結果。

```
Enter a grade: 89.7
A grade of 89.7 is passing
```

我們也可以在 *tocelsius.go* 程式做一樣的更新。

```go
// tocelsius converts a temperature...
package main

import (
    "fmt"
    "keyboard"
    "log"
)
```

確認匯入我們新的套件。

只匯入在這個檔案有用到的套件。

可以移除原本在這裡的 *getFloat* 函式。

我們更新了匯入，移除舊的 getFloat 並且改為調用了 keyboard.GetFloat。

```go
func main() {
    fmt.Print("Enter a temperature in Fahrenheit: ")
    fahrenheit, err := keyboard.GetFloat()
    if err != nil {
            log.Fatal(err)
    }
    celsius := (fahrenheit - 32) * 5 / 9
    fmt.Printf("%0.2f degrees Celsius\n", celsius)
}
```

調用「*keyboard*」套件的函式。

再一次，假如我們執行了更新過的程式，會得到跟之前一樣的輸出結果。但是這次不再是仰賴重複的函式程式碼，我們從新的套件中使用了共享函式！

```
Enter a temperature in Fahrenheit: 98.6
37.00 degrees Celsius
```

常數（constants）

有些套件會匯出**常數**（**constants**）：命名一個不會被改變的值。

常數宣告看起來非常像是變數宣告，有名稱、有型別以及該常數的值。
不過規則有一點不同：

- 用的不是 var 鍵詞而是 const 鍵詞。

- 你應該在宣告常數時一同賦值；不能像變數一樣可以晚點指派值
  給它。

- 變數可以用 := 短變數宣告語法，但是常數不行。

```
const TriangleSides int = 3
```
「const」鍵詞　　常數名稱　　型別　　值

就像是變數宣告，你可以忽略型別，而它就會依據被指派的值判斷型別。

```
const SquareSides = 4
```
我們指派一個整數，所以常數
的型別就會被指派為「int」。

變數的值可以變化，但是常數的值必須維持一致。嘗試為常數賦值將
會造成編譯錯誤。這是一個保護的措施：常數應該被用在那些永遠都不
應該被改變的值。

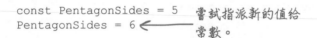

```
const PentagonSides = 5
PentagonSides = 6
```
嘗試指派新的值給
常數。

編譯錯誤

```
cannot assign to PentagonSides
```

假如你的程式包含了「寫死」的字面量，尤其是那些值常在多處使用，
你應該考慮把它們改為常數（縱使這個程式並沒有被分解為多個套件）。
以下是有兩個函式的套件，兩者都具有代表一週內天數為 7 天的整數。

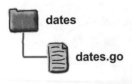
dates

dates.go

```
package dates
                接收週數
func WeeksToDays(weeks int) int {
        return weeks * 7          把該值乘以一週內的天數以得到
}               接收天數                 總共的天數。
func DaysToWeeks(days int) float64 {
        return float64(days) / float64(7)     把該天數除以一週的天數
}                                             以得到總共的週數。
```

常數（constants）（續）

透過置換字面量為常數，DaysInWeek，我們就可以記錄它們的涵義（其他的開發者會看見 DaysInWeek 這個命名，就立即明白我們並不是任意在函式內選擇 7 這個數值）。除此之外，假如我們新增更多函式，我們可以讓這些函式，透過引用 DaysInWeek 來避免不一致。

注意到我們在任一函式外，也就是在套件層級宣告了常數。縱使在函式內宣告常數是行得通的，這將會限制了該常數只能在該函式的範圍內被取用。在套件層級宣告函數是較為常見的做法，這樣一來就能在套件內的所有函式中存取了。

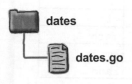

```go
package dates

const DaysInWeek int = 7          // 宣告常數。

func WeeksToDays(weeks int) int {
    return weeks * DaysInWeek     // 在原本的整數字面量處
}                                 // 使用常數。
func DaysToWeeks(days int) float64 {
    return float64(days) / float64(DaysInWeek)   // 在原本的整數字面量處
}                                                // 使用常數。
```

就像是變數與函式一樣，常數的首字母如果大寫就可以被匯出，而我們即可在其他套件，以符合的名稱存取這個常數。以下有一個程式透過匯入 dates 套件以及限定了常數的名稱為 dates.DaysInWeek 的方式，在 main 套件使用了 DaysInWeek 常數。

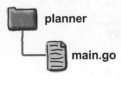

```go
package main

import (
    "dates"        // 匯入了定義常數的套件。
    "fmt"
)

func main() {
    days := 3
    fmt.Println("Your appointment is in", days, "days")
    fmt.Println("with a follow-up in", days + dates.DaysInWeek, "days")
}                                 // 限定套件名稱。   使用從「dates」套件
                                  //                 來的常數。
```

```
Your appointment is in 3 days
with a follow-up in 10 days
```

巢狀套件目錄以及匯入路徑

當你正在處理像是 fmt 以及 strconv 這樣的 Go 的套件,套件名稱與匯入路徑一致(也就是你在 import 陳述句用來匯入套件的字串)。不過我們在第 2 章看過不完全一致的情境⋯

然而並不是所有的套件名稱都跟匯入路徑一致。不少 Go 套件放在類似的類別內,像是壓縮或者複雜的數學套件。所以它們被歸類在類似的匯入路徑前綴,像是 "archive/" 或者 "math/"(把它們想像成是在你的電腦硬碟中類似的東西會放在同樣的目錄內)。

匯入路徑	套件名稱
"archive"	archive
"archive/tar"	tar
"archive/zip"	zip
"math"	math
"math/cmplx"	cmplx
"math/rand"	rand

不少套件組合透過像是 "archive/" 以及 "math/" 這樣的匯入路徑前綴放在一起。我們說過把這些前綴當作像是在硬碟中目錄的路徑⋯這不是巧合。這些匯入路徑前綴是透過路徑建立的!

你可以把類似的套件巢狀地放在 Go 工作空間底下的目錄。這樣的目錄對每個套件來說,會變成匯入路徑的一部分。

舉例來說,假設我們打算新增不同語言的歡迎詞套件。如果我們把它們直接放在 src 目錄底下,很快就會亂成一團。不過假如我們把新的套件都放在 greeting 目錄下,它們都會巢狀地放在一起。

此外把套件們放在 greeting 底下也會影響它們的匯入路徑。假如 dansk 套件直接儲存在 src 目錄下,它的匯入路徑就會是 "dansk"。若是在 greeting 目錄底下,它的匯入路徑就會是 "greeting/dansk"。把 deutsch 套件放在 greeting 目錄底下,這樣匯入路徑就會是 "greeting/deutsch"。原始的 greeting 套件在 "greeting" 匯入路徑依然有效,只要它的原始碼檔案直接儲存在 greeting 目錄底下(而不是在子目錄下)。

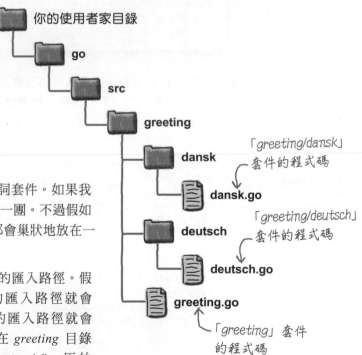

你的使用者家目錄
go
src
greeting
dansk
dansk.go 「greeting/dansk」套件的程式碼
deutsch
deutsch.go 「greeting/deutsch」套件的程式碼
greeting.go 「greeting」套件的程式碼

巢狀套件目錄以及匯入路徑（續）

假設我們的 deutsch 套件巢狀地放在 *greeting* 套件目錄下，而它的程式碼如下：

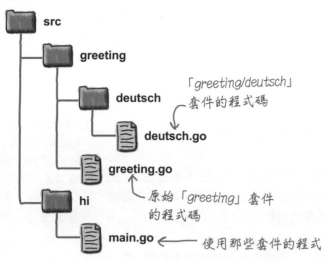

「*greeting/deutsch*」套件的程式碼

原始「*greeting*」套件的程式碼

使用那些套件的程式

```
package deutsch

import "fmt"

func Hallo() {
        fmt.Println("Hallo!")
}

func GutenTag() {
        fmt.Println("Guten Tag!")
}
```

deutsch.go

來更新我們的 *hi/main.go* 程式碼，讓我們也可以使用 deutsch 套件。由於這個套件是巢狀地儲存在 *greeting* 目錄下，我們得使用 "greeting/deutsch" 這樣的匯入路徑。但是一旦匯入了，就可以直接使用引用的名稱：deutsch。

```
package main

import (
        "greeting"
        "greeting/deutsch"
)

func main() {
        greeting.Hello()
        greeting.Hi()
        deutsch.Hallo()
        deutsch.GutenTag()
}
```

像之前匯入「*greeting*」套件。

也匯入「*deutsch*」套件。

添加調用新的套件函式。

main.go

跟之前一樣，使用 **cd** 指令切換到你的工作空間目錄中的 *src/hi* 目錄，來執行我們的程式碼。接著使用 **go run main.go** 指令執行程式。我們會在輸出看見調用 deutsch 套件函式的結果。

這裡是「*deutsch*」套件的輸出結果。

```
Shell Edit View Window Help
$ cd /Users/jay/go/src/hi
$ go run main.go
Hello!
Hi!
Hallo!
Guten Tag!
```

透過「go install」安裝程式執行檔

當我們使用 go run，Go 會在它可以被執行之前，安裝這個程式，以及所有相依的套件。然後在安裝完成之後，把編譯過的程式碼拋棄。

在第 1 章我們示範過 go build 指令，它會編譯並且儲存執行檔（是個不需要透過 Go 安裝也可以執行的檔案）在當前目錄下。然而這樣的做法會帶來太多風險，像是把執行檔散落在你的 Go 工作空間中任意且不方便的地方。

go install 指令也會儲存編譯過的執行檔版本，不過會放在定義好且好找到的位置：在你的 Go 工作空間中 bin 目錄。只需要提供 go install 要編譯為執行檔的程式碼，在 src 中的目錄位置（也就是開頭以 package main 的 .go 檔案）。程式會被編譯，並且執行檔會存在這個標準的目錄。

讓我們來試試安裝 hi/main.go 程式的執行檔吧。跟之前一樣在終端機輸入 **go install**，接著一個空白，以及在我們的 src 中的目錄名稱（**hi**）。一樣地你從哪個目錄執行並不重要，go 工具可以找到在 src 中的那個目錄。

> （確認傳遞給「go install」的目錄名稱有放在「src」目錄中，而不是「.go」的檔名！「go install」預設不會直接處理 .go 的檔案。）

```
Shell Edit View Window Help
$ go install hi
$
```

當 Go 看到了在 hi 目錄下的檔案並且擁有 package main 的定義，它會知道這裡的程式碼是一個可執行的程式。會直接地編譯成執行檔，並且存放在 Go 工作空間中的 bin 目錄中（如果 bin 並不存在則會自動建立）。

與 go build 不同的是，它會用所編譯的 .go 檔名作為執行檔的名稱，go install 會把執行檔命名為包含程式碼的目錄的名稱。因為我們是編譯 hi 目錄下的程式碼，這個執行檔就會被命名為 hi（或者在 Windows 中為 hi.exe）。

現在你可以使用 **cd** 指令來切換到你的 Go 工作空間中的 bin 目錄。一旦你在 bin 中，你可以直接輸入 **./hi** 來執行它（或者在 Windows 中為 **hi.exe**）。

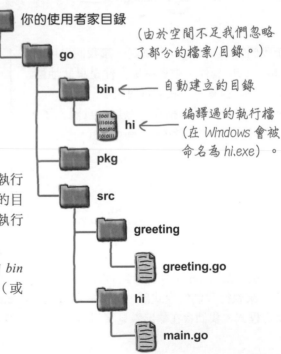

你的使用者家目錄

> （由於空間不足我們忽略了部分的檔案/目錄。）

go

bin ← 自動建立的目錄

hi ← 編譯過的執行檔（在 Windows 會被命名為 hi.exe）。

pkg

src

greeting

greeting.go

hi

main.go

```
Shell Edit View Window Help
$ cd /Users/jay/go/bin
$ ./hi
Hello!
Hi!
Hallo!
Guten Tag!
```

> 你也可以把工作空間的「bin」目錄加到系統的「PATH」環境變數。這樣一來你就可以在系統的任何地方直接執行「bin」目錄中的執行檔囉！最近在 Mac 以及 Windows 的 Go 安裝會幫你更新「PATH」。

透過 GOPATH 環境變數改變工作空間

你可能看過有些開發者在不少網站上討論到 Go 的工作空間時，提過「設定好你的 GOPATH」。GOPATH 是一個 Go 工具用來尋找 Go 的工作空間的環境變數。大部分的 Go 開發者把他們的程式碼放置在單一工作空間，而且也不會改變它的預設位置。然而假如你有需要，可以透過 GOPATH 來移動你的工作空間到不同的目錄位置。

環境變數是一種像是 Go 變數的值，然而它不是由 Go 而是作業系統來維護，跟變數一樣你可以儲存或者取得該值。你可以透過設置環境變數來調整像是 Go 工具的程式。

假設你不打算在家目錄，而是在你的硬碟根目錄底下名為 *code* 的目錄擺放 greeting 套件。現在你打算執行需要依賴 greeting 的 *main.go* 檔案。

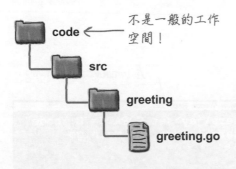

不是一般的工作空間！

```go
package main

import "greeting"

func main() {
    greeting.Hello()
    greeting.Hi()
}
```

main.go

但是你會遇到找不到 greeting 套件的錯誤，因為 go 工具仍然會去你的家目錄底下的 *go* 目錄找套件。

```
Shell  Edit  View  Window  Help
$ go run main.go
command.go:3:8: cannot find package "greeting" in any of:
        /usr/local/go/libexec/src/greeting (from $GOROOT)
        /Users/jay/go/src/greeting (from $GOPATH)
```

設定 GOPATH

假如你的程式碼放在預設目錄以外的地方,你需要設置 go 工具來找到正確的位置。你可以透過設定 GOPATH 環境變數來完成。而這根據你使用的作業系統決定你該怎麼做。

在 macOS 或者 Linux 作業系統:

你可以使用 export 指令來設置環境變數。在終端機提示列輸入:

```
export GOPATH="/code"
```

對於在你硬碟根目錄底下叫做 *code* 的目錄,你應該使用 "/code" 的路徑。假如你的程式碼在其他位置,可以改變不同的名稱。

在 Windows 作業系統:

你可以使用 set 指令來設置環境變數。在命令提示輸入:

```
set GOPATH="C:\code"
```

對於在你硬碟根目錄底下叫做 *code* 的目錄,你應該使用「"C:\code"」這樣的路徑。假如你的程式碼在其他位置,可以改變不同的名稱。

一旦完成後,go run 會立即套用你指定的目錄作為工作空間(其他的 Go 工具也是)。這代表著 greeting 資源庫就會被找到,而程式也可以運作了!

在 macOS/Linux 作業系統

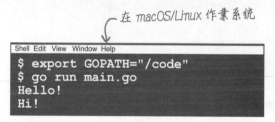

```
Shell Edit View Window Help
$ export GOPATH="/code"
$ go run main.go
Hello!
Hi!
```

在 Windows 作業系統

```
Shell Edit View Window Help
C:\Users\jay>set GOPATH="C:\code"
C:\Users\jay>go run main.go
Hello!
Hi!
```

注意到以上的方法只能在當下的終端機或者命令提示視窗運作。如果你開啟了新的視窗,你得再設置一次。不過如果需要的話,仍然有方法可以永久地設置環境變數。在不同的作業系統底下或有不同,所以我們在這裡就不再多做贅述。假如你在習慣的搜尋引擎,輸入「環境變數」以及你的作業系統名稱,會找到不少有用的答案。

發布套件

我們的 keyboard 套件有很多
好用的地方,如果其他人也可
以發現它很好用就太好了。

```go
package keyboard

import (
        "bufio"
        "os"
        "strconv"
        "strings"
)

func GetFloat() (float64, error) {
        // GetFloat code here...
}
```

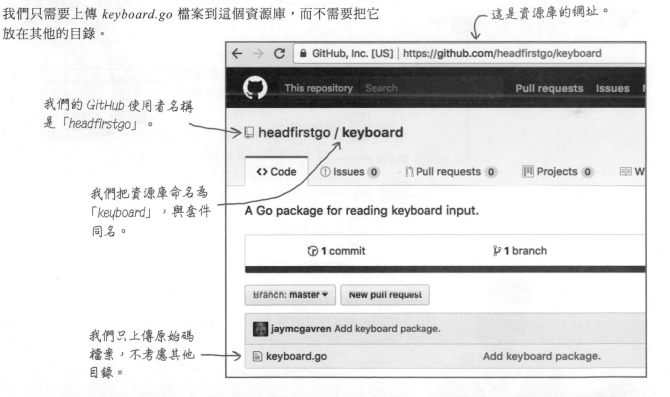

你的使用者家目錄

go

src

keyboard

keyboard.go

讓我們在 GitHub,一個知名的程式碼共享平台,建立一個資源庫
(repository)來儲存你的程式碼吧。這樣一來其他的開發者就可
以下載並且用在他們的專案了!我們的 GitHub 使用者名稱叫做
headfirstgo,接著我們會把這個 repository 命名為 *keyboard*,
所以這個資源庫的網址會是:

https://github.com/headfirstgo/keyboard

我們只需要上傳 *keyboard.go* 檔案到這個資源庫,而不需要把它
放在其他的目錄。

這是資源庫的網址。

我們的 *GitHub* 使用者名稱
是「*headfirstgo*」。

我們把資源庫命名為
「*keyboard*」,與套件
同名。

我們只上傳原始碼
檔案,不考慮其他
目錄。

GitHub, Inc. [US] | https://github.com/headfirstgo/keyboard

This repository   Search   Pull requests   Issues

headfirstgo / keyboard

<> Code   ⓘ Issues 0   ⋔ Pull requests 0   ▥ Projects 0   ▤ W

A Go package for reading keyboard input.

⊕ 1 commit   ⵷ 1 branch

Branch: master ▾   New pull request

jaymcgavren Add keyboard package.

keyboard.go   Add keyboard package.

發布套件（續）

謝謝你！不過我不覺得我們可以使用你的套件。我的音樂商店應用程式已經有個叫做 keyboard 的套件了，假如我安裝了**你的** keyboard 套件，它們會撞名的！

唔⋯這是個實際的考量。在 Go 工作空間的 *src* 目錄只能有一個 *keyboard* 目錄，看來我們只能有一個叫做 keyboard 的套件了！

等等⋯假如我們跟之前一樣把目錄放在其他目錄底下呢？我們可以用一個目錄儲存**我們的** keyboard 套件，而其他的目錄儲存**他們的** keyboard 套件！

src

ours ←——— 建立一個新的目錄⋯

keyboard ←——— ⋯然後移動我們的 *keyboard* 套件到這裡！

keyboard.go

theirs ←——— 建立一個新的目錄⋯

keyboard ←——— ⋯然後移動他們的 *keyboard* 套件到這裡！

keyboard.go

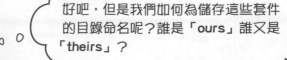

好吧，但是我們如何為儲存這些套件的目錄命名呢？誰是「ours」誰又是「theirs」？

發布套件（續）

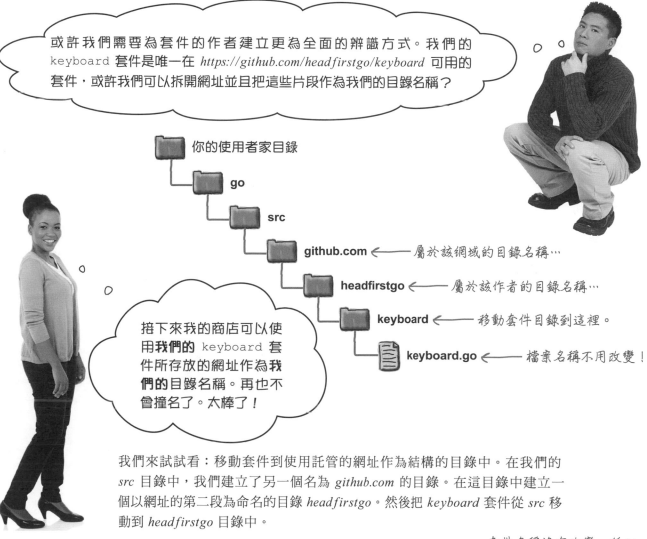

或許我們需要為套件的作者建立更為全面的辨識方式。我們的 `keyboard` 套件是唯一在 *https://github.com/headfirstgo/keyboard* 可用的套件，或許我們可以拆開網址並且把這些片段作為我們的目錄名稱？

你的使用者家目錄

go

src

github.com ← 屬於該網域的目錄名稱…

headfirstgo ← 屬於該作者的目錄名稱…

keyboard ← 移動套件目錄到這裡。

keyboard.go ← 檔案名稱不用改變！

接下來我的商店可以使用**我們的** `keyboard` 套件所存放的網址作為**我們的**目錄名稱。再也不會撞名了。太棒了！

我們來試試看：移動套件到使用託管的網址作為結構的目錄中。在我們的 *src* 目錄中，我們建立了另一個名為 *github.com* 的目錄。在這目錄中建立一個以網址的第二段為命名的目錄 *headfirstgo*。然後把 *keyboard* 套件從 *src* 移動到 *headfirstgo* 目錄中。

雖然把套件移動到新的子目錄中會改變匯入路徑，但是套件的名稱卻不會改變。由於套件本身只引用了名稱，我們不需要對套件的程式碼做任何變動！

套件名稱沒有改變，所以我們不需要改變套件的程式碼。

```
package keyboard

import (
        "bufio"
        "os"
        "strconv"
        "strings"
)

// More keyboard.go code here...
```

keyboard.go

發布套件（續）

我們將會需要更新仰賴我們套件的程式，因為套件的匯入路徑已經
改變了。由於我們把套件所託管的網址後的結構作為子資料夾的命
名，新的匯入路徑會看起來很像那個網址：

`"github.com/headfirstgo/keyboard"`

我們只需要更新每個程式中的
import 陳述句。因為套件名稱維
持一樣，程式碼中引用到套件的
部分都不需要改變。

經過這些修正，所有使用到我們
的 keyboard 套件的程式碼應該
會維持正常運作。

```
// pass_fail reports whether a grade is passing or failing.
package main

import (
        "fmt"
        "github.com/headfirstgo/keyboard"    ← 更新匯入路徑。
        "log"
)

func main() {
        fmt.Print("Enter a grade: ")
        grade, err := keyboard.GetFloat()
        if err != nil {              ← 不需要改變：套件名稱一樣。
                log.Fatal(err)
        }
        // More code here...
}
```

```
Enter a grade: 89.7
A grade of 89.7 is passing
```

```
// tocelsius converts a temperature...
package main

import (
        "fmt"
        "github.com/headfirstgo/keyboard"    ← 更新匯入路徑。
        "log"
)

func main() {
        fmt.Print("Enter a temperature in Fahrenheit: ")
        fahrenheit, err := keyboard.GetFloat()
        if err != nil {              ← 不需要改變：套件名稱一樣。
                log.Fatal(err)
        }
        // More code here...
}
```

對了，我們希望使用網域名稱以及
路徑，以確保套件匯入路徑是唯
一的這個想法有所回報，不過其實
我們並沒有這麼做。Go 社群一開
始就使用這個方式作為套件命名
的標準。而類似的概念已經在像
是 Java 之類的語言行之有年了。

```
Enter a temperature in Fahrenheit: 98.6
37.00 degrees Celsius
```

透過「go get」下載並且安裝套件

使用套件所託管的網址作為匯入路徑有其他的好處。go 工具有另一個子指令叫做 go get，它會自動地為你下載以及安裝套件。

我們已經為 greeting 套件建立了一個 Git 的資源庫，稍早我們有展現給你看，在這個網址：

https://github.com/headfirstgo/greeting

這代表著任何一台有安裝 Go 的電腦，你可以在終端機輸入以下的指令：

```
go get github.com/headfirstgo/greeting
```

go get 後面跟著資源庫的網址，不過「協定（scheme）」部分可以被忽略（「https:// 這部分」）。go 工具會連線到 *github.com*，從 */headfirstgo/greeting* 路徑下載 Git 資源庫，並且儲存在你的 Go 工作空間的 *src* 目錄（注意：假如你的系統沒有安裝 Git，你會在執行 go get 指令時被提示要進行安裝。go get 指令也可以運作在 Subvision、Mercurial 以及 Bazaar 資源庫）。

（注意：「go get」依然有可能在 Git 安裝後找不到它。假如發生了就試著關閉舊的終端機視窗或者命令提示視窗，並且開啟一個新的。）

go get 指令會自動建立所需的子目錄，並且需要設置合適的匯入路徑（*github.com* 目錄、*headfirstgo* 目錄之類的）。儲存在 *src* 目錄的套件會看起來像這樣：

這些儲存在 Go 工作空間的套件已經準備好在程式中被使用。你可以在程式中透過這樣的 import 陳述句以使用 greeting、dansk 以及 deutsch 套件：

```
import (
        "github.com/headfirstgo/greeting"
        "github.com/headfirstgo/greeting/dansk"
        "github.com/headfirstgo/greeting/deutsch"
)
```

go get 指令在其他套件也適用。假如你還沒有我們給你看過的 keyboard 套件，這個指令會安裝它：

```
go get github.com/headfirstgo/keyboard
```

事實上不管作者是誰，go get 指令對任何在託管服務中有完善設置的套件都適用。你只需要做的是執行 go get 指令以及提供套件的匯入路徑。這個工具會尋找該伺服器的位址中的路徑，連線到主機並且從位址中剩下的所在路徑匯入套件。這讓我們很輕易地使用其他開發者的程式碼！

我們已經設定好 Go 的工作空間以及一個簡單的叫做 mypackage 的套件。完成以下的程式以匯入 mypackage，並且調用它的 MyFunction 函式。

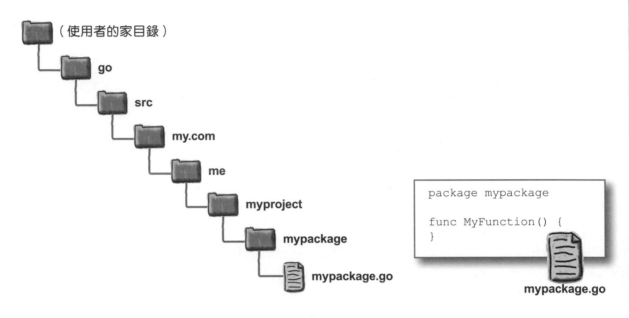

（使用者的家目錄）

go

src

my.com

me

myproject

mypackage

mypackage.go

```
package mypackage

func MyFunction() {
}
```

mypackage.go

你的程式碼在這裡：

```
package main

import _____

func main() {

    _____

}
```

答案在第 147 頁。

透過「go doc」閱讀套件文件

> 我安裝了你的 `keyboard` 套件。但是我不知道怎麼使用它！我該如何得知怎麼使用呢？

可以使用 go doc 指令以顯示每一個套件或者函式的文件。

可以傳遞套件的匯入路徑給 go doc 指令以取得它的文件。舉例來說，我們可以執行 go doc strconv 來取得 strconv 的資訊。

（為了節省空間忽略了部分輸出。）

取得 strconv 的文件

套件名稱以及匯入路徑

套件描述

擁有的函式

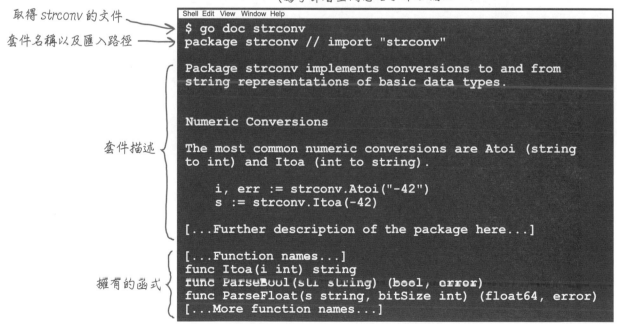

```
Shell Edit View Window Help
$ go doc strconv
package strconv // import "strconv"

Package strconv implements conversions to and from
string representations of basic data types.


Numeric Conversions

The most common numeric conversions are Atoi (string
to int) and Itoa (int to string).

    i, err := strconv.Atoi("-42")
    s := strconv.Itoa(-42)

[...Further description of the package here...]

[...Function names...]
func Itoa(i int) string
func ParseBool(str string) (bool, error)
func ParseFloat(s string, bitSize int) (float64, error)
[...More function names...]
```

輸出結果涵蓋了套件名稱以及匯入路徑（在這個例子兩者一致）、套件的完整描述，以及所有從這個套件匯出的函式清單。

透過「go doc」閱讀套件文件（續）

也可以在使用 go doc 的時候，提供套件以及函式名稱以取得特定函式的資訊。假設我們在 strconv 套件的函式清單，看見 ParseFloat 函式並且我們希望知道更多內容。我們可以透過 go doc strconv ParseFloat 的方式來取得文件。

接著我們會得到函式的描述，以及它可以達到什麼效果：

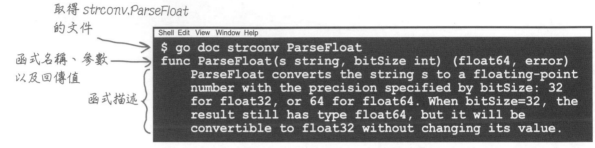

取得 *strconv.ParseFloat* 的文件

函式名稱、參數以及回傳值

函式描述

```
Shell Edit View Window Help
$ go doc strconv ParseFloat
func ParseFloat(s string, bitSize int) (float64, error)
    ParseFloat converts the string s to a floating-point
    number with the precision specified by bitSize: 32
    for float32, or 64 for float64. When bitSize=32, the
    result still has type float64, but it will be
    convertible to float32 without changing its value.
```

第一行看起來像是在程式碼中函式宣告部分會看到的內容。這裡涵蓋了函式的名稱，接著是小括號中有參數的名稱以及型別（如果有參數）。假如函式有任何回傳值，會顯示在參數的後面。

接著是函式更詳細的描述，告訴你這個函式主要的目的，以及開發者在使用時所需要的資訊。

透過提供 go doc 套件的名稱，我們可以用同樣的方式取得 keyboard 套件的文件。來看看是否有什麼可以提供給潛在使用者的內容。在終端機執行如下：

```
go doc github.com/headfirstgo/keyboard
```

go doc 工具會提供基本的資訊，像是套件名稱以及從程式碼中可用的匯入路徑。但是並沒有套件的描述，看來沒有很好用。

從「*keyboard*」套件取得文件

套件名稱以及匯入路徑

沒有套件的描述！

套件函式

```
Shell Edit View Window Help
$ go doc github.com/headfirstgo/keyboard
package keyboard // import "github.com/headfirstgo/keyboard"

func GetFloat() (float64, error)
```

從 GetFloat 函式一樣沒提供什麼描述資訊。

從 *GetFloat* 函式取得文件

沒有函式描述！

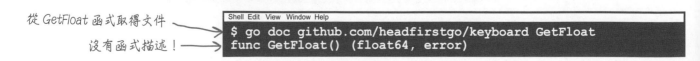

```
Shell Edit View Window Help
$ go doc github.com/headfirstgo/keyboard GetFloat
func GetFloat() (float64, error)
```

透過 doc 註解建立你的套件文件

go doc 努力地檢視程式碼以添加有用的內容到輸出結果。套件名稱以及匯入路徑已經為你準備好了。函式名稱、變數以及回傳值也是。

然而 go doc 不是萬能的。假如你打算你的使用者看見套件或者函式內容的文件,你得自己來。

幸好這並不困難:你只需要添加 **doc 註解**到程式碼即可。在套件子句或者函式宣告之前直接顯示的普通的 Go 註解被視為 doc 註解,並且會顯示在 go doc 的輸出結果。

來試試對 keyboard 套件添加 doc 註解。在 *keyboard.go* 檔案的開頭以及 package 行之前,添加一組描述套件在做什麼的描述。並且在 GetFloat 宣告之前也添加幾行描述函式的註解。

在「*package*」行之前添加一般註解。

```
// Package keyboard reads user input from the keyboard.
package keyboard

import (
        "bufio"
        "os"
        "strconv"
        "strings"
)
```

在函式宣告之前添加一般註解。

```
// GetFloat reads a floating-point number from the keyboard.
// It returns the number read and any error encountered.
func GetFloat() (float64, error) {
        // No changes to GetFloat code
}
```

下次我們執行套件的 go doc 時,我們會看到 package 行上方所編寫的註解,並且轉換為套件的描述。當我們對 GetFloat 函式執行 go doc 時,我們會看見 GetFloat 宣告上方的註解行以描述的形式出現。

```
File  Edit  Window  Help
$ go doc github.com/headfirstgo/keyboard
package keyboard // import "github.com/headfirstgo/keyboard"

Package keyboard reads user input from the keyboard.

func GetFloat() (float64, error)
```

套件描述 ──→

```
File  Edit  Window  Help
$ go doc github.com/headfirstgo/keyboard GetFloat
func GetFloat() (float64, error)
    GetFloat reads a floating-point number from the
    keyboard. It returns the number read and any error
    encountered.
```

函式描述

透過 doc 註解建立你的套件文件（續）

可以透過 go doc 來顯示文件，深受安裝套件的開發者的喜愛。

噢，這正是我要的！文件會讓我在使用你的程式碼時更有信心。

不僅如此，doc 註解也受到套件程式碼開發者的歡迎！由於添加 doc 註解如同一般註解一樣輕鬆，而當你在修改程式碼時，也可以輕易地引用它們。

套件註解

```go
// Package keyboard reads user input from the keyboard.
package keyboard

import (
        "bufio"
        "os"
        "strconv"
        "strings"
)
```

函式註解
```go
// GetFloat reads a floating-point number from the keyboard.
// It returns the number read and any error encountered.
func GetFloat() (float64, error) {
        // GetFloat code here
}
```

在添加 doc 註解時有一些需要遵守的慣例：

* 註解得是完整的句子。

* 套件註解必須以「Package」作為開頭，接著是套件的名稱。

        `// Package mypackage enables widget management.`

* 函式註解必須以描述的函式名稱作為開頭。

        `// MyFunction converts widgets to gizmos.`

* 你可以透過縮排的方式納入程式碼範例。

* 除了縮排用作程式碼註解之外，別用任何其他的標點符號來強調或者格式化內容。doc 註解會以純文字顯示，所以必須以這樣的形式來撰寫。

在網頁瀏覽器閱讀文件

假如網頁瀏覽器比終端機更讓你覺得舒適，確實是有其他方法來檢視套件文件。

最簡單的方法是在你習慣的搜尋引擎輸入「golang」以及你打算查詢的套件名稱（在網路上搜尋 Go 程式語言用「golang」會更為常見，因為「go」太常見了，使用 golang 對於過濾掉不相關的結果相當有用）。假如我們想要的是 fmt 套件的文件，我們可以直接搜尋「golang fmt」：

確保搜尋結果是跟 GO 語言相關的

你打算取得文件的套件名稱

搜尋結果會包含以 HTML 格式提供的 Go 文件的網站。假如你搜尋的是 Go 標準函式庫的套件（像是 fmt），最前幾個搜尋結果應該會是來自 *golang.org*，由 Go 開發團隊所維護的網站。文件內容大致上會與 go doc 工具所呈現的輸出一致，涵蓋套件名稱、匯入路徑以及描述。

HTML 文件的一大好處是套件的每個清單中的函式名稱，都會有方便的連結帶往該函式的文件。

函式名稱

函式參數以及回傳值

函式描述

這些內容與你在終端機中執行 go doc 得到的輸出其實一模一樣。它們都是基於程式碼中一樣的 doc 註解。

透過「godoc」建立 HTML 文件伺服器

你的電腦事實上也可以實現 *golang.org* 網站上的文件部分的一樣功能軟體。這個功能叫做 godoc（小心別與 go doc 指令搞混了），而且這個功能與 Go 一起自動地安裝在你的電腦。godoc 可以基於你電腦中的 Go 工作空間內的程式碼，產生 HTML 格式的文件。它也包含了一個網頁伺服器來透過瀏覽器分享結果頁面（別擔心，godoc 預設不會讓其他電腦連線到你的電腦）。

為了讓 godoc 以網頁伺服器的模式執行，我們需要在終端機輸入 godoc 指令（再次提醒，別跟 go doc 搞混），接著是特殊的選項：-http=:6000。

執行 godoc 網頁伺服器

```
File Edit Window Help
$ godoc -http=:6060
```

接著在 godoc 執行的同時，我們可以輸入以下的網址：

輸入網址

```
http://localhost:6060/pkg
```

…到你的瀏覽器的位址列並且按下 Enter。你的瀏覽器會連線到自己電腦本身，而且 godoc 伺服器會回應 HTML 網頁。安裝在你電腦內的套件清單會顯示給你看。

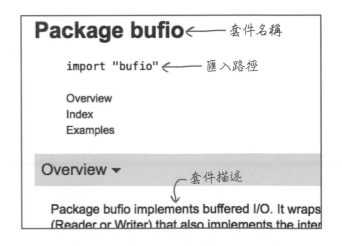

清單上的任一個套件都會有個連結到套件的文件。點選其中一個，然後你會在上面看到跟 *golang.org* 一樣的套件文件。

「godoc」伺服器納入你的套件耶！

假如我們在我們本地的 godoc 伺服器中的套件清單往下滑，我們
會看見一些有趣的東西：我們的 keyboard 套件！

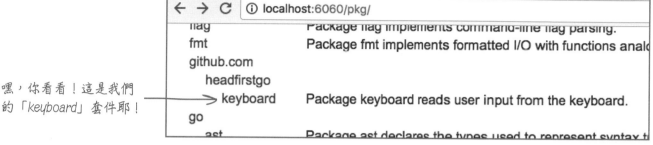

嘿，你看看！這是我們
的「keyboard」套件耶！

除了 Go 的標準函式庫套件之外，godoc 也協助你的 Go 工作空間
內任何一個套件建立 HTML 文件。它們可以是你安裝的第三方套件，
也可以是你自己寫的套件。

點擊 keyboard 連結，你會被帶到套件的文件頁面。文件內容來自你
程式碼內的 doc 註解！

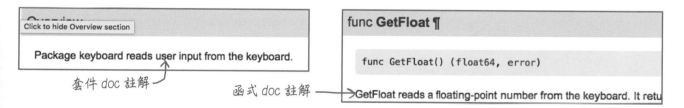

套件 doc 註解

函式 doc 註解

當你打算停止 godoc 伺服器，回到你的終端機視窗，按住 Ctrl
按鍵並且按下 C。你會回到系統提示字元。

按下 Ctrl-C 來
停止 godoc。

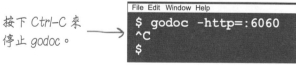

Go 讓你為套件建立文件更加簡單，套件也更容易被分享，這樣讓其
他開發者也更容易使用套件。它只是讓套件很易於被分享的又一個
好功能！

你的 Go 百寶箱

這就是第 4 章的全部了！你已經把套件加到你的百寶箱囉！

函式
型別
條件式
迴圈
函式宣告
指標

套件

GO 工作空間是你電腦內用來存放 GO 程式碼的特殊目錄。

你可以透過在工作空間建立存放至多份程式碼的目錄，來建立供你的程式使用的套件。

重點提示

- 工作空間目錄預設為在你的使用者家目錄中，叫做 *go* 的目錄。

- 你可以透過設定 GOPATH 的方式來指派其他的目錄作為你的 Go 工作空間。

- Go 在工作空間內使用三個子目錄：*bin* 目錄存放編譯過的程式執行檔，*pkg* 目錄存放編譯過的套件程式碼，而 *src* 目錄存放 Go 的原始碼。

- 在 *src* 目錄內的子目錄名稱可作為套件的匯入路徑。巢狀目錄的名稱在匯入路徑中以 / 隔開。

- 套件目錄中的程式碼文件的第一行 package 子句決定了匯入的套件名稱。除了 main 套件之外，其他的套件名稱應該要與目錄的名稱一致。

- 套件名稱都應該是小寫，理想上只有一個單字所組成。

- 套件函式只有在它有被**匯出**情況下才可以被其他套件調用。函式只有在第一個字母大寫的前提下才能被匯出。

- **常數**是一個名稱所引用的不能被改變的值。

- go install 指令會編譯套件的程式碼並且儲存在 *pkg* 目錄成為一般的套件，或者在 *bin* 目錄中作為程式執行檔。

- 慣例上會使用套件被代管的網址作為匯入路徑。這會讓 go get 工具只會在提供的匯入路徑找到、下載並且安裝套件。

- go doc 工具顯示套件的文件。程式碼中的 **doc** 註解會顯示在 go doc 的輸出。

池畔風光解答

你的**工作**是把游泳池內的程式碼片段放到上方程式碼中空白的地方。同一個程式碼片段**不能**使用超過一次，而且也不需要把游泳池內所有的程式碼片段都用完。你的**目標**是在 Go 工作空間設置 calc 套件，讓 *main.go* 可以使用 calc 的函式。

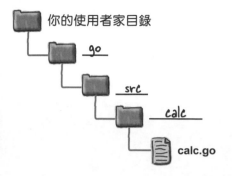

你的使用者家目錄

go
src
calc
calc.go

```
package  calc
      └ 確保名稱的首字母有大寫，這樣一來函式才可以被匯出！
func  Add (first float64, second float64) float64 {
    return first + second
}
      └ 確保名稱的首字母有大寫，這樣一來函式才可以被匯出！
func  Subtract (first float64, second float64) float64 {
    return first - second
}
```
calc.go

```
package main

import (
    "calc"
    "fmt"
)

func main() {
    fmt.Println(calc. Add (1, 2))
    fmt.Println(calc. Subtract  (7, 3))
}
```
main.go

輸出
↓
3
4

習題解答

我們已經設定好 Go 的工作空間以及一個簡單的叫做 mypackage 的套件。完成以下的程式以匯入 mypackage，並且調用它的 MyFunction 函式。

```
package mypackage

func MyFunction() {
}
```
mypackage.go

```
package main

import  "my.com/me/myproject/mypackage"

func main() {

    mypackage.MyFunction()

}
```

5 排排站

陣列（arrays）

我今天有**一大堆**待辦事項清單！好吧，我會一個個處理的，總會弄完的吧！

大部分的程式都能夠處理一系列的事物。一系列的地址、一系列的電話號碼、一系列的產品等等。Go 有兩種內建的方式儲存清單。這一章即將介紹第一種：**陣列（arrays）**。你將學會如何建立陣列、如何在陣列儲存資料以及如何從陣列中取得資料。接著你將會學到如何一系列地處理陣列中所有的元件，首先透過 `for` 迴圈這種比較**艱澀**的方法，再來是比較**簡單**的 `for...range` 迴圈方法。

陣列存著一系列的值

有個地方餐廳遭遇到了麻煩。他需要知道接下來一個禮拜該添購的牛肉。假如他買太多了，多餘的會浪費。假如他買不夠，他得告訴客人說抱歉不能做他們喜歡的料理了。

他有對過去三個禮拜所使用的肉量做記錄。他需要的是一個程式，可以建議他該買多少肉。

第 A 週：
71.8 磅

第 B 週：
56.2 磅

第 C 週：
89.5 磅

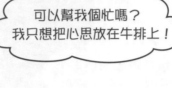

可以幫我個忙嗎？
我只想把心思放在牛排上！

這太簡單了吧：我們可以把三週的總量加在一起，並且除以 3 之後以得到平均值。平均值應該足以提供該買多少肉很不錯的建議：

$$(第\,A\,週 + 第\,B\,週 + 第\,C\,週) \div 3 = 平均值$$

第一個問題在於需要儲存抽樣值。如果要宣告三個變數會有點困擾，而且假如我們打算對更多的值取得平均將會更加嚴重。然而如同大部分的程式語言，Go 提供了對這個情境最佳的資料結構…

陣列（**array**）存放著一系列擁有一樣型別的值。可把它們當作是有隔間的藥盒：你可以從每個隔間分別地存放以及取得藥丸，而且要移動整組也很方便。

陣列內所儲存的值被稱為**元素**（**elements**）。你可以擁有一整個陣列的字串、一整個陣列的布林值或者一整個陣列的其他種 Go 型別（縱使是一整個陣列的陣列）。你也可以把整個陣列儲存在單一的值，並且存取這個陣列內的任何一個你所需要的值。

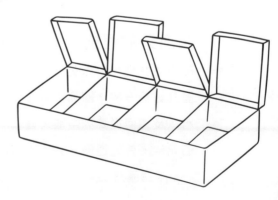

陣列存著一系列的值（續）

陣列儲存著特定數量的元素，不能變多也不能變少。若要宣告一個變數以儲存陣列，你得透過中括號（[]）指定元素的數量，接著是這個陣列所儲存的元素的型別。

陣列所持有元素的數量　　陣列所持有元素的型別

```
var myArray [4]string
```

若要能夠設置或者取得陣列元素的值，你得先指定哪個元素是你要存取的。陣列中的元素是有編號的，並且從 0 開始。元素的編號我們稱之為**指數**（**index**）。

假如你打算建立一個陣列來表示音階上音符的名稱，第一個音符會被指派到指數 0，第二個音符會被指派到 1，以此類推。指數會在中括號內指定。

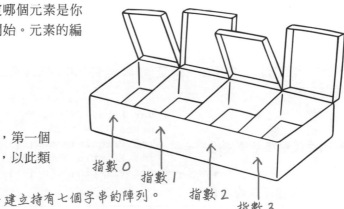

指數 0　指數 1　指數 2　指數 3

建立持有七個字串的陣列。

```
var notes [7]string
notes[0] = "do"
notes[1] = "re"
notes[2] = "mi"
fmt.Println(notes[0])
fmt.Println(notes[1])
```

指派值到第一個元素。
指派值到第二個元素。
指派值到第三個元素。
印出第一個元素。
印出第二個元素。

```
do
re
```

以下是一個整數陣列：

建立一組五個整數的陣列。

```
var primes [5]int
primes[0] = 2
primes[1] = 3
fmt.Println(primes[0])
```

指派值到第一個元素。
指派值到第二個元素。
印出第一個元素。

```
2
```

以及一個 time.Time 值的陣列：

建立一組三個 Time 值的陣列。

```
var dates [3]time.Time
dates[0] = time.Unix(1257894000, 0)
dates[1] = time.Unix(1447920000, 0)
dates[2] = time.Unix(1508632200, 0)
fmt.Println(dates[1])
```

指派值到第一個元素。
指派值到第二個元素。
指派值到第三個元素。
印出第二個元素。

```
2015-11-19 08:00:00 +0000 UTC
```

陣列中的零值

如同變數，一旦建立了陣列，陣列之中所持有的值都被指派為該
型別的零值。於是一個 int 型別的陣列會預設儲存 0 到每一個
元素：

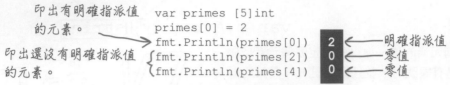

印出有明確指派值
的元素。

印出還沒有明確指派值
的元素。

```
var primes [5]int
primes[0] = 2
fmt.Println(primes[0])
fmt.Println(primes[2])
fmt.Println(primes[4])
```

明確指派值
零值
零值

然而字串的零值是空字串，於是 string 陣列中的元素會預設指
派空字串。

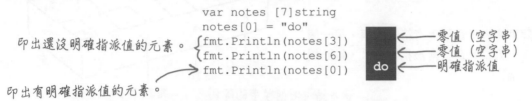

印出還沒明確指派值的元素。

```
var notes [7]string
notes[0] = "do"
fmt.Println(notes[3])
fmt.Println(notes[6])
fmt.Println(notes[0])
```

零值（空字串）
零值（空字串）
明確指派值

印出有明確指派值的元素。

零值會讓調整陣列更為安全，縱使你並沒有明確地分別指派值到
每一個元素。舉例來說，我們有一個整數計數器的陣列。我們可
以對每一個元素遞增值，而不用先對每一個元素指派值，因為我
們知道它們都從 0 開始算。

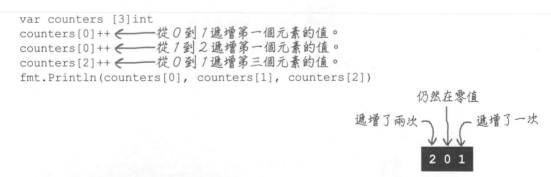

```
var counters [3]int
counters[0]++      從 0 到 1 遞增第一個元素的值。
counters[0]++      從 1 到 2 遞增第一個元素的值。
counters[2]++      從 0 到 1 遞增第三個元素的值。
fmt.Println(counters[0], counters[1], counters[2])
```

仍然在零值
遞增了兩次   遞增了一次

**一旦建立了一個陣列，所有元素的值都
被指派為該陣列型別的零值。**

陣列字面量

假如你進一步知道一個陣列所有的元素該持有的值，你可以用**陣列字面量**的方式來用這些值初始化陣列。陣列字面量以陣列的型別，以及中括號記錄應該持有元素的數量作為開頭。接著是用大括號來記錄一系列陣列初始時該持有的值。每一元素的值都用逗號隔開。

```
陣列要持有的          陣列元素          以逗號隔開的
元素數量          該持有的型別          一系列陣列值

         [3]int{9, 18, 27}
```

這些範例和之前我們所展示的很像，除了逐一指派陣列元素的值，我們使用陣列字面量來初始化整個陣列。

```
var notes [7]string = [7]string{"do", "re", "mi", "fa", "so", "la", "ti"}    使用陣列字面
fmt.Println(notes[3], notes[6], notes[0])              使用陣列字面量指派值。      量指派值。
var primes [5]int = [5]int{2, 3, 5, 7, 11}
fmt.Println(primes[0], primes[2], primes[4])
```

```
fa ti do
2 5 11
```

你也可以用短變數宣告的方式來指派陣列字面量。

```
短變數宣告

notes := [7]string{"do", "re", "mi", "fa", "so", "la", "ti"}
primes := [5]int{2, 3, 5, 7, 11}

短變數宣告
```

陣列字面量可以分成好幾行完成，不過你得在程式碼中每一行的開頭之前使用逗號分開。除此之外在最後一行的後面還是得用逗號作為結尾，只要它後面還有新的一行（一開始看見這個格式有點詭異，不過這樣讓你往後要添加新的元素到陣列比較簡單）。

```
text := [3]string{              這只是一個陣列。
    "This is a series of long strings",
    "which would be awkward to place",
    "together on a single line",       在最後一個元素結尾需要一個逗號。
}
```

以下的程式宣告了兩個陣列並且印出了它們的元素。把程式該有的輸出印出來。

```go
package main

import "fmt"

func main() {
        var numbers [3]int
        numbers[0] = 42
        numbers[2] = 108
        var letters = [3]string{"a", "b", "c"}

                          輸出

        fmt.Println(numbers[0])    ..........

        fmt.Println(numbers[1])    ..........

        fmt.Println(numbers[2])    ..........

        fmt.Println(letters[2])    ..........

        fmt.Println(letters[0])    ..........

        fmt.Println(letters[1])    ..........
}
```

⟶ 答案在第 173 頁。

「fmt」套件中的函式知道如何處理陣列

當你只是打算要除錯,你並不需要傳遞一個陣列的元素到 Println 以及其他在 fmt 的函式,只需要傳遞整個陣列即可。fmt 套件有幫你格式化以及印出陣列的邏輯(fmt 套件也可以處理切片(slices)、映射(maps)以及其他我們往後會談到的資料結構)。

傳遞整個陣列給
fmt.Println。
```go
var notes [3]string = [3]string{"do", "re", "mi"}
var primes [5]int = [5]int{2, 3, 5, 7, 11}
fmt.Println(notes)
fmt.Println(primes)
```
```
[do re mi]
[2 3 5 11]
```

你可能還記得 Printf 以及 Sprintf 函式所使用的 "%#v" 動詞,它們格式化了在 Go 程式碼內的值。一旦使用了 "%#v" 格式化,陣列所呈現的結果會是 Go 陣列字面量。

格式化陣列在 *GO 程式*
碼會呈現的樣子。
```go
fmt.Printf("%#v\n", notes)
fmt.Printf("%#v\n", primes)
```
```
[3]string{"do", "re", "mi"}
[5]int{2, 3, 5, 7, 11}
```

透過迴圈存取陣列中的元素

當你打算在程式碼內存取陣列內的元素，其實你並不需要明確地寫出整數指數。你也可使用整數變數的值作為陣列指數。

```go
notes := [7]string{"do", "re", "mi", "fa", "so", "la", "ti"}
index := 1
fmt.Println(index, notes[index])    ← 印出在指數為 1 的陣列元素
index = 3
fmt.Println(index, notes[index])    ← 印出在指數為 3 的陣列元素
```

```
1 re
3 fa
```

也就是說你可以使用像是 for 迴圈的方式，來處理陣列內的元素的操作。

```go
notes := [7]string{"do", "re", "mi", "fa", "so", "la", "ti"}
for i := 0; i <= 2; i++ {    ← 對指數 0、1 以及 2 進行迴圈。
        fmt.Println(i, notes[i])
}
```

印出當下指數的元素。

```
0 do
1 re
2 mi
```

透過變數來存取陣列元素的值時，你必須確保所使用的指數值為何。如我們之前所提過的，陣列持有特定數量的元素。嘗試存取在陣列之外的指數會造成不小問題，當你程式在執行時會遇到錯（而不是在編譯時發生）。

陣列只有七個元素。

```go
notes := [7]string{"do", "re", "mi", "fa", "so", "la", "ti"}

for i := 0; i <= 7; i++ {    ← 進行迴圈直到指數為 7 為止（第八個元素），而它並不存在！
        fmt.Println(i, notes[i])
}
```

通常程式遇到 panic 時會導致程式壞掉並且顯示錯誤訊息給使用者。無庸置疑地，越早避免錯誤越好。

存取指標為 0 到 6 的值。

存取指標為 7 會造成困擾！

```
0 do
1 re
2 mi
3 fa
4 so
5 la
6 ti
panic: runtime error: index out of range

goroutine 1 [running]:
main.main()
        /tmp/sandbox732328648/main.go:8 +0x140
```

透過「len」函式得知陣列的長度

編寫只存取陣列有效的指數的迴圈有時候還是很容易會出錯的。
幸好我們有辦法可以讓這個流程更簡單。

首先是在存取陣列之前，確認陣列內元素的數量。你可以透過內
建的 len 函式，它會回傳整個陣列的長度（陣列所持有元素的
數量）。

```
notes := [7]string{"do", "re", "mi", "fa", "so", "la", "ti"}
fmt.Println(len(notes)) ←——— 印出「note」陣列的長度。
primes := [5]int{2, 3, 5, 7, 11}
fmt.Println(len(primes)) ←——— 印出「primes」陣列的長度。
```

```
7
5
```

在設置整個陣列的迴圈運算時，你可以使用 len 來檢視那些指數
是可以存取的。

```
notes := [7]string{"do", "re", "mi", "fa", "so", "la", "ti"}
```

「i」變數可存取的最高值是6。　　　回傳陣列的長度為7。

```
for i := 0; i < len(notes); i++ {
        fmt.Println(i, notes[i])
}
```

```
0 do
1 re
2 mi
3 fa
4 so
5 la
6 ti
```

這裡依然可能會有錯誤。假如 len(notes) 回傳 7，你所能存取
的最高指數為 6（因為陣列的指數由 0 開始，不是 1）。假如你
打算存取 7，你會得到 panic。

```
notes := [7]string{"do", "re", "mi", "fa", "so", "la", "ti"}
```

「i」變數可存取的最高值是 7！　　　回傳陣列的長度為7。

```
for i := 0; i <= len(notes); i++ {
        fmt.Println(i, notes[i])
}
```

存取指數7得到了
panic！

```
0 do
1 re
2 mi
3 fa
4 so
5 la
6 ti
panic: runtime error: index out of range

goroutine 1 [running]:
main.main()
        /tmp/sandbox094804331/main.go:11 +0x140
```

透過「for...range」對陣列進行迴圈運算

對陣列內每一個元素運作更為安全的作法是使用特殊的 for...range 迴圈。在 range 格式中，你得提供一個整數變數用來存放每個元素的指數，以及一個用來存放元素自身的變數，最後是你打算進行迴圈運算的陣列。迴圈會對陣列內的每一個元素各自執行一次，把該元素的指數指定給你所宣告的第一個變數，以及元素本身指派給你宣告的第二個變數。你可以把程式碼放進迴圈的程式碼區塊來對這些值進行運算。

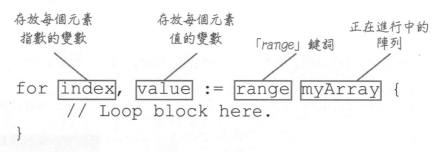

這種形式的 for 迴圈沒有麻煩的初始值、條件式以及後表示式。由於元素值自動地為你指派到變數，這樣一來你就不會遭遇到存取錯誤陣列指數的風險。由於這樣更加安全以及容易地讀取，你會發現 for...range 格式更常被使用在陣列與及其他集合的運算。

這是我們之前用來印出陣列內每個音符值的運算，更新為使用 for...range 迴圈：

```
notes := [7]string{"do", "re", "mi", "fa", "so", "la", "ti"}
```

這個迴圈迭代了七次，每一次即為 notes 陣列內的每一個值。對於每個元素，index 變數指派為每個元素的指數，而 note 變數則指派為每個元素的值。接著印出指數以及值。

在「for...range」迴圈使用空白標記

Go 一如往常地要求你宣告的每個變數都得被使用到。假如我們不再使用
for...range 迴圈的 index 變數，我們會得到編譯錯誤：

```
notes := [7]string{"do", "re", "mi", "fa", "so", "la", "ti"}

for index, note := range notes {
        fmt.Println(note)
}
```

從輸出移除「index」變數。

編譯錯誤

`index declared and not used`

而假如我們並沒有使用存放元素值的變數，也會有同樣的結果。

```
notes := [7]string{"do", "re", "mi", "fa", "so", "la", "ti"}

for index, note := range notes {
        fmt.Println(index)
}
```

不使用「note」
變數。

編譯錯誤

`note declared and not used`

還記得在第 2 章中，我們調用了擁有多重回傳值的函式，而且我們打算忽略之中的回
傳值嗎？我們把這個值指派到空白標記（_），這樣可讓 Go 忽略這個值，而不會造
成編譯錯誤…

我們可以對 for...range 迴圈做類似的事情。假如我們不需要每個陣列元素的指數，
可以直接指派空白標記給它：

用空白標記作為指數值
的佔位符號。

```
notes := [7]string{"do", "re", "mi", "fa", "so", "la", "ti"}

for _, note := range notes {
        fmt.Println(note)
}
```

只使用「note」變數。

```
do
re
mi
fa
so
la
ti
```

若我們不需要變數值，也可以指派空白標記給它：

用空白標記作為元素值
的佔位符號。

```
notes := [7]string{"do", "re", "mi", "fa", "so", "la", "ti"}

for index, _ := range notes {
        fmt.Println(index)
}
```

只使用「index」
變數。

```
0
1
2
3
4
5
6
```

取得陣列中數值的總和

OK，了解了。陣列可以儲存一系列的值。使用 for...range 迴圈來對陣列每個元素進行處理。現在我們終於可以寫個程式，來幫我算出該訂多少牛肉了吧？

我們終於取得所有資訊來建立一個儲存 float64 陣列，並且計算它們的平均值。現在把我們過去幾週有用過的牛肉總量，丟進程式中並且把平均值命名為 average。

我們的首要任務是建立程式碼檔案。在你的 Go 工作空間目錄（在你的使用者家目錄底下的 *go* 目錄，除非你特別指定 GOPATH 環境變數），建立巢狀的目錄（假如它們還不存在）。在最底層的目錄，也就是 *average* 儲存名為 *main.go* 的檔案。

第 A 週：　　第 B 週：　　第 C 週：
71.8 磅　　　56.2 磅　　　89.5 磅

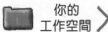

你的
工作空間　src　github.com　headfirstgo　average　main.go

現在來編寫 *main.go* 內的程式碼吧。由於這將會成為可執行的程式，我們的程式碼會作為 main 套件的一部分，並且會存放在 main 函式中。

我們先從計算三個樣本值的總量開始著手；晚點再回來計算平均值。我們使用陣列字面量的方式來建立存放三個 float64 值的陣列，預先存放了前三週的樣本值。接著宣告 float64 型別的 sum 變數來存放總量，並且預設值為 0。

接著使用 for...range 迴圈來對每個元素值運作。我們並不需要元素的指數，所以宣告指數為 _ 空白標記。接著把每個數值加到 sum 的值。爾後會加總所有的值，並且在結束之前印出 sum。

```
// average calculates the average of several numbers.
package main ←── 這會成為可執行檔，所以我們命名為「main」套件。

import "fmt"

func main() {
        numbers := [3]float64{71.8, 56.2, 89.5}
        var sum float64 = 0 ←── 宣告 float64 變數來存放三個數值的總量。
        for _, number := range numbers {  ←── 遍歷陣列中的每個數值。
                sum += number ←── 把現在的數值加到
        }                          總數。
        fmt.Println(sum)
}
```

使用陣列字面量來建立有三個 *float64* 值的陣列以處理平均值。

宣告元素指數。

取得陣列中數值的總和（續）

讓我們來試著編譯並且執行程式。我們使用 `go install` 指令來建立執行檔。我們得把程式碼的匯入路徑提供給 `go install`。假如我們使用以下的目錄結構⋯

你的
工作空間 〉 src 〉 github.com 〉 headfirstgo 〉 average 〉 main.go

⋯ 也 就 是 說 我 們 套 件 的 匯 入 路 徑 會 是 github.com/headfirstgo/average。於是你得在終端機輸入：

```
go install github.com/headfirstgo/average
```

你可以在任何目錄執行這個指令。`go` 工具會從你的工作空間中的 *src* 目錄尋找 *github.com/headfirstgo/average* 目錄，並且編譯在裡面的任何 *.go* 檔案。產生的執行檔會被命名為 `average`，並且存放在你的工作空間中的 *bin* 目錄。

接著你可以使用 **cd** 指令切換到你的工作空間中的 *bin* 目錄。一旦你位在 *bin*，就可以透過輸入 **./average**（或者在 Windows 中為 **average.exe**）來執行程式。

編譯「average」目錄中的內容，並且安裝產生的執行檔。

切換到你的工作空間中的「bin」目錄。

執行該執行檔。

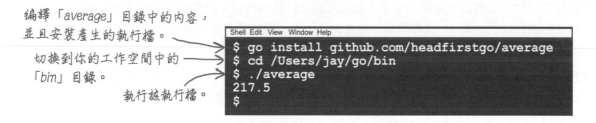

```
Shell  Edit  View  Window  Help
$ go install github.com/headfirstgo/average
$ cd /Users/jay/go/bin
$ ./average
217.5
$
```

程式會印出陣列中三個值的總量並且結束。

取得陣列中數值的平均值

我們讓 average 程式印出陣列中值的加總,所以接下來讓它真正
地可以印出平均值吧。因此我們得把總量除以陣列的長度。

把陣列傳遞給 len 函式會回傳一個 int 型別的值儲存陣列長度。
然而在 sum 所儲存的加總量是一個 float64 型別的變數,我們
也需要轉換長度為 float64 的型別,讓我們可以把它們放在同一
個數學運算中。我們把結果存放在 sampleCount 變數。完成之後,
我們要做的是把 sum 除以 sampleCount 並且印出結果。

```go
// average calculates the average of several numbers.
package main

import "fmt"

func main() {
    numbers := [3]float64{71.8, 56.2, 89.5}
    var sum float64 = 0
    for _, number := range numbers {
        sum += number
    }
    sampleCount := float64(len(numbers))
    fmt.Printf("Average: %0.2f\n", sum/sampleCount)
}
```

取得 int 型別的陣列長度,
並且轉換為 float64。

把陣列值的加總除以陣列長度
以取得平均值。

在程式碼更新之後,我們可以重複之前的步驟來看看新的結果:
執行 **go install** 以重新編譯程式碼。我們不再會看到陣列內的
總數,而是平均值了。

```
Shell  Edit  View  Window  Help
$ go install github.com/headfirstgo/average
$ cd /Users/jay/go/bin
$ ./average
Average: 72.50
$
```

陣列值的平均值。

池畔風光

你的**工作**是把游泳池內的程式碼片段放到上方程式碼中空白的地方。同一個程式碼片段**不能**使用超過一次，而且也不需要把游泳池內所有的片段都用完。你的**目標**是讓程式印出陣列中的每個元素的指數以及值，假如該元素位於 10 以及 20 之間（輸出需要與結果符合）。

```go
package main

import "fmt"

func main() {
          _____ := _____int{3, 16, -2, 10, 23, 12}
          for i, _____ := _____ numbers {
                  if number >= 10 && number <= 20 {
                          fmt.Println(__, number)
                  }
          }
}
```

輸出

```
1  16
3  10
5  12
```

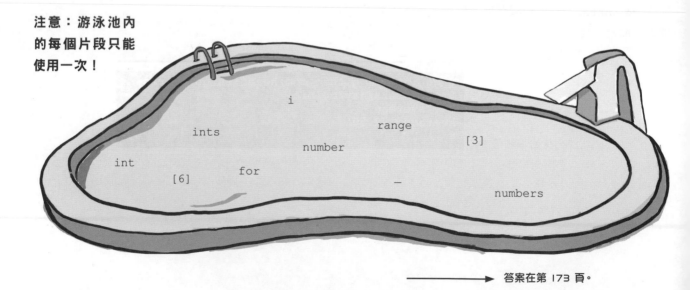

注意：游泳池內的每個片段只能使用一次！

i

ints   range

number   [3]

int

[6]   for   _

numbers

➡ 答案在第 173 頁。

讀取文字檔案

繞點路

太好了，但是你的程式只能告訴我**這個**禮拜應該買多少肉。假如我有更多週的資料該怎麼辦呢？我不能每次都修改程式碼來變更陣列的值；我甚至沒有安裝 **Go** 耶！

你說得沒錯：一個需要使用者自己編輯以及編譯的程式並不好用。

之前我們有用過標準函式庫的 `os` 以及 `bufio` 套件來從鍵盤一行行讀取資料。我們可以透過一樣的套件從文字檔案一行行地讀取資料。讓我們繞點路來學習如何辦到吧。

接著我們會回來更新 `average` 程式來從文字檔案讀取數目。

在你熟悉的文字編輯器，建立一個叫做 *data.txt* 的檔案。先把它存在你的 Go 工作空間目錄之外 的地方。

在檔案內把我們的三個浮點數樣本輸入，一行一個數值。

一行輸入一個數值。

```
71.8
56.2
89.5
```

data.txt

讀取文字檔案（續）

繞點路

在我們更新程式來算出文字檔案中的數值平均之前，
我們得先學會如何讀取文件的內容。首先讓我們編
寫一個只進行讀檔的程式，接著我們會把學到的功
能放進我們的平均數值程式中。

data.txt

在 *data.txt* 同一個目錄內，建立一個新的叫做 *readfile.go* 的程式。我們只需要透過 go
run 來執行 *readfile.go* 程式，而不需要安裝它，這樣一來你就不需要把檔案儲存在 Go
工作空間目錄了。把下方的程式碼儲存進 *readfile.go* 中（我們稍晚會在下一頁更詳細闡
述，這個程式碼是如何運作的）。

```go
package main

import (
        "bufio"
        "fmt"
        "log"
        "os"
)

func main() {
        file, err := os.Open("data.txt")
        if err != nil {
                log.Fatal(err)
        }
        scanner := bufio.NewScanner(file)
        for scanner.Scan() {
                fmt.Println(scanner.Text())
        }
        err = file.Close()
        if err != nil {
                log.Fatal(err)
        }
        if scanner.Err() != nil {
                log.Fatal(scanner.Err())
        }
}
```

開啟資料檔案以供讀取。

假如開啟檔案有問題，
回報並且結束。

對檔案建立 Scanner。

遍歷直到檔案的結尾，並且
scanner.Scan 會回傳 false。

從檔案讀取一行。

印出該行。

關閉檔案以釋出資源。

假如關閉檔案遇到問題，
回報並且結束。

假如掃描檔案遇到問題，
回報並且結束。

接著從你的終端機，切換到你儲存兩個檔案的目錄，並且執行 **go run readfile.go**。
程式會讀取 *data.txt* 的內容，並且印出來。

切換到你儲存 *data.txt* 以及
readfile.go 的目錄。

執行 *readfile.go*。

印出 *data.txt* 的內容。

```
Shell Edit View Window Help
$ cd /Users/jay/code
$ go run readfile.go
71.8
56.2
89.5
```

讀取文字檔案（續）

我們的測試程式 *readfile.go* 成功地讀取 *data.txt* 檔案中的每一行，並且印出結果。讓我們來仔細看看程式如何運作。

我們首先把打算開啟的檔案的名稱，作為字串傳遞給 os.Open 函式。os.Open 會回傳兩個值：一個指向 os.File 值的指標，這個值代表著開啟的檔案，以及一個 error 值。如同我們看過這麼多的函式，假如 error 的值為 nil，代表著檔案成功地開啟，然而除了 nil 之外的其他值代表著有錯誤發生（有可能是因為檔案不存在或者無法讀取而造成的）。假如有這個情況，我們會記錄錯誤的訊息並且關閉程式。

開啟需要讀取的檔案。

```go
file, err := os.Open("data.txt")
```
假如開啟檔案時發生錯誤，
回報並且關閉。
```go
if err != nil {
        log.Fatal(err)
}
```

接著我們傳遞 os.File 值給 bufio.NewScanner 函式。這會回傳一個 bufio.Scanner 值，用來從檔案讀取資料。

對檔案建立一個新的 *Scanner*。

```go
scanner := bufio.NewScanner(file)
```

bufio.Scanner 的 Scan 方法設計來放在 for 迴圈內使用。它會從檔案讀取一行內容，假如讀取資料順利會回傳 true，反之則回傳 false。假如 Scan 用來放在 for 迴圈的條件式內，只要檔案持續有內容要被讀取，迴圈就會持續運作。直到檔案的結尾（或者發生錯誤），Scan 會回傳 false，並且迴圈終止。

在調用 bufio.Scanner 的 Scan 方法之後，調用 Text 方法會把讀取的資料作為字串回傳。對於這個函式，我們先簡單在迴圈內調用 Println 來印出每一行的內容。

遍歷直到檔案的結尾，然後
scanner.Scan 會回傳 *false*。
```go
for scanner.Scan() {   ←───── 從檔案讀取一行。
        fmt.Println(scanner.Text())   ←── 印出這一行。
}
```

一旦迴圈結束，這份檔案就完成了。若維持檔案的開啟會浪費作業系統的資源，所以當程式結束之後，必須確保檔案是關閉的。調用 os.File 的 Close 方法以完成關閉檔案。就像是 Open 函式，Close 函式也會回傳 error 值，除非有錯誤不然會回傳 nil 值（跟 Open 不一樣的是，Close 只會回傳一個值，因為除了錯誤之外，它其實沒有什麼有用的值可回傳）。

```go
err = file.Close()   ←───── 關閉檔案以釋出資源。
```
假如關閉檔案遭遇錯誤，
回報並且終止。
```go
if err != nil {
        log.Fatal(err)
}
```

bufio.Scanner 也有可能在掃描檔案的時候遭遇錯誤。假如發生了，調用 scanner 的 Err 方法可以回傳該錯誤，讓我們可以在終止之前記錄。

假如掃描時發生錯誤，
回報並且終止。
```go
if scanner.Err() != nil {
        log.Fatal(scanner.Err())
}
```

繞路結束

將文字檔案讀取至陣列

我們的 *readfile.go* 程式做得很好：我們可以從 *data.txt* 檔案把每一行當作字串讀取，並且印出來。現在我們得把這些字串轉換成數值，並且把它們儲存到陣列中。讓我們建立一個叫做 datafile 的套件來幫我們實現這個目的。

data.txt

在你的 Go 工作空間目錄中的 *headfirstgo* 目錄底下，建立一個叫做 *datafile* 的目錄。在 *datafile* 目錄中，儲存名為 *floats.go* 的檔案（我們命名為 *floats.go* 的原因是這個檔案存放著，可以從檔案讀取浮點數的程式碼）。

在 *floats.go* 檔案中存入以下的程式碼。這裡的內容大部分是基於我們的測試程式 *readfile. go* 來的；一樣的程式碼我們用灰色標起來。在下一章會進一步解釋新的程式碼細節。

```go
// Package datafile allows reading data samples from files.
package datafile

import (
        "bufio"
        "os"
        "strconv"
)

// GetFloats reads a float64 from each line of a file.
func GetFloats(fileName string) ([3]float64, error) {
        var numbers [3]float64
        file, err := os.Open(fileName)
        if err != nil {
                return numbers, err
        }
        i := 0
        scanner := bufio.NewScanner(file)
        for scanner.Scan() {
                numbers[i], err = strconv.ParseFloat(scanner.Text(), 64)
                if err != nil {
                        return numbers, err
                }
                i++
        }
        err = file.Close()
        if err != nil {
                return numbers, err
        }
        if scanner.Err() != nil {
                return numbers, scanner.Err()
        }
        return numbers, nil
}
```

函式會回傳一組陣列的數值以及任何遭遇到的錯誤。

把要讀取的檔案名稱作為引數。

宣告需要回傳的陣列。

開啟提供的檔案名稱。

假如開啟檔案發生錯誤，直接回傳錯誤。

這個變數會儲存陣列中需要指派到的指數位置。

把檔案該行的字串轉換成 *float64*。

假如從該行轉換成數值發生錯誤，直接回傳錯誤。

移動到下一個陣列指數。

假如關閉檔案發生錯誤，直接回傳錯誤。

假如掃描檔案發生錯誤，直接回傳錯誤。

假如我們可以走到這裡，代表沒有錯誤發生，於是回傳一組陣列的數值以及一個「*nil*」的錯誤值。

將文字檔案讀取至陣列（續）

我們希望能夠讀取除了 *data.txt* 之外的檔案，於是我們能夠接受檔案名稱應該作為參數以供開啟。把函式設置為可以回傳兩個值，分別為一個 float64 的陣列以及 error 值。就像是大部分的函式會回傳錯誤，假如回傳的錯誤值為 nil 才代表第一個回傳值是可用的。

把需要讀取的檔案名稱當作引數。

該函式會回傳一整個陣列的數值，以及任何遭遇到的錯誤。

```
func GetFloats(fileName string) ([3]float64, error) {
```

接著宣告擁有三個 float64 值的陣列，這個陣列會存放我們從檔案讀取的數值。

```
var numbers [3]float64
```
← 宣告我們要回傳的陣列。

就像是在 *readfile.go* 中我們會開啟要讀取的檔案。唯一的不同是我們不再是寫死檔名為 "data.txt"，而是開啟任何我們傳遞給函式的檔案名稱。假如發生錯誤，我們得回傳一個陣列以及錯誤值，所以我們直接回傳 numbers 陣列（縱使還沒有指派任何值）。

假如開啟檔案發生錯誤，直接回傳錯誤。

```
file, err := os.Open(fileName)  ← 開啟提供的檔名。
if err != nil {
        return numbers, err
}
```

我們也需要知道每一行的內容需要指派到陣列中哪個元素，於是我們新增一個變數來記錄當下的指數。

```
i := 0
```
← 這個變數會記錄我們所需要指派的陣列指標位置。

程式碼中關於設定 bufio.Scanner 以及遍歷檔案每一行的部分跟 *readfile.go* 一樣。然而在迴圈內的程式碼仍然有所不同：我們需要對從檔案讀取的每一行字串，調用 strconv.ParseFloat 來轉換成 float64，並且指派結果到陣列中。假如 ParseFloat 發生錯誤，我們需要回傳它。假如讀取成功，我們得遞增 i，這樣一來下一個數值就會指派到陣列的下一個位置。

假如轉換每一行的內容為數值發生錯誤，直接回傳。

```
numbers[i], err = strconv.ParseFloat(scanner.Text(), 64)
if err != nil {
        return numbers, err
}
i++  ← 移動到陣列下一個指數。
```

把檔案該行的字串轉換成 *float64*。

關閉檔案以及回報任何錯誤的程式碼與 *readfile.go* 一樣，除了我們會回傳陣列而不是直接終止程式。假如沒有錯誤發生，我們會走到 GetFloats 函式的結尾，然後 float64 的陣列會與 nil 的錯誤值一起被回傳。

假如掃描檔案發生錯誤，直接回傳錯誤。

```
if scanner.Err() != nil {
        return numbers, scanner.Err()
}
return numbers, nil
```

假如我們可以走到這裡，代表沒有錯誤發生，於是回傳一組陣列的數值以及一個「*nil*」的錯誤值。

更新「average」程式來讀取文字檔案

我們已經準備好用從 *data.txt* 檔案中取得的陣列,來取代 average 程式中
寫死的陣列囉!

```
71.8
56.2
89.5
```
data.txt

編寫我們的 `datafile` 套件是困難的一步。在 main 程式中,我們只需要做
三件事情:

- 更新 `import` 宣告的部分,添加 `datafile` 以及 `log` 套件。

- 調用 `datafile.GetFloats("data.txt")` 來取代我們寫死的數值陣列。

- 確認從 `GetFloats` 回傳值是否有錯誤,若有的話記錄並且關閉。

剩下的程式碼事實上是一樣的。

你的 工作空間 > src > github.com > headfirstgo > average > main.go

```go
// average calculates the average of several numbers.
package main

import (
        "fmt"
        "github.com/headfirstgo/datafile"
        "log"
)

func main() {
        numbers, err := datafile.GetFloats("data.txt")
        if err != nil {
                log.Fatal(err)
        }
        var sum float64 = 0
        for _, number := range numbers {
                sum += number
        }
        sampleCount := float64(len(numbers))
        fmt.Printf("Average: %0.2f\n", sum/sampleCount)
}
```

匯入我們的套件。

匯入「log」套件。

讀取 *data.txt* 中持有的數值並且儲存到陣列。

假如有錯誤發生,回報並且終止。

更新「average」程式來讀取文字檔案（續）

我們可以使用跟之前一樣的終端機指令來編譯程式。：

```
go install github.com/headfirstgo/average
```

由於我們的程式匯入了 datafile 套件，它們也會自動地被編譯。

同時編譯「average」程式以及
所需的「datafile」套件。

```
Shell Edit View Window Help
$ go install github.com/headfirstgo/average
```

我們得移動 *data.txt* 檔案到 Go 工作空間目錄下的 *bin* 子目錄。由於我
們得在那個目錄底下執行 average 執行檔，而它會在同一個目錄底下
尋找 *data.txt* 檔案。一旦你移動了 *data.txt*，切換到該 *bin* 子目錄。

搬動 data.txt 檔案到工作空間的「bin」
子目錄（使用適合你的作業系統的指
令，或者透過你的文字編輯器重新儲存
在該位置）。

```
Shell Edit View Window Help
$ mv data.txt /Users/jay/go/bin
$ cd /Users/jay/go/bin
```

切換到「bin」子目錄。

當我們執行 average 執行檔時，它會讀取從 *data.txt* 取得的值進
入陣列，並且用它們來計算平均值。

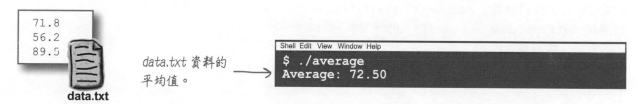

data.txt 資料的
平均值。

```
Shell Edit View Window Help
$ ./average
Average: 72.50
```

假如我們改變了 *data.txt* 內存放的值，平均值也會改變。

改變資料…

平均值更新了。

```
Shell Edit View Window Help
$ ./average
Average: 92.97
```

我們的程式只能處理三個值！

不過有個問題還是存在：average 程式只有在 *data.txt* 檔案中只有
只有三行以下的值時，才能正常運作。假如有四行以上的值，
average 會遭遇 panic 並且在執行到一半時中斷！

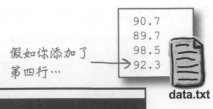

假如你添加了
第四行…

data.txt

程式會遭遇 *panic*
並且終止！ →

```
Shell  Edit  View  Window  Help
$ ./average
panic: runtime error: index out of range

goroutine 1 [running]:
github.com/headfirstgo/datafile.GetFloats(0x10cd018, ...)
        /Users/jay/go/src/github.com/headfirstgo/
        datafile/floats.go:20 +0x39d
```

在 *floats.go* 的第 20 行報錯…

當 Go 程式遭遇到 panic，它會回報問題發生在程式碼第幾行的資
訊。在現在這個情況，看起來問題發生在 *floats.go* 檔案的第 20
行。

假如我們檢視 *floats.go*
的第 20 行，我們會看
到這是 GetFloats 函
式的部分，這裡檔案中
的數值正在添加到陣列
中！

```go
// ...Preceding code omitted...
func GetFloats(fileName string) ([3]float64, error) {
    var numbers [3]float64
    file, err := os.Open(fileName)
    if err != nil {
            return numbers, err
    }
    i := 0
    scanner := bufio.NewScanner(file)
    for scanner.Scan() {
        numbers[i], err = strconv.ParseFloat(scanner.Text(), 64)
        if err != nil {
                return numbers, err
        }
        i++
    }
    // ...Rest of GetFloats code omitted...
}
```

這裡是第 20 行，數值正在被 ——→
指派到陣列中！

我們的程式只能處理三個值！（續）

還記得之前的程式碼範例中發生過的失誤，那個失誤導致程式意
外地存取了一個只有七個元素長度的陣列中第八個元素嗎？那個
程式一樣地遭遇了 panic 並且終止了。

這個陣列只有七個元素長。

```
notes := [7]string{"do", "re", "mi", "fa", "so", "la", "ti"}

for i := 0; i <= 7; i++ {
        fmt.Println(i, notes[i])
}
```

遍歷到指數 7（也就是第八個元素），
這個指數並不存在！

存取 0 到 6 的
指數值。

存取指數 7 會
造成 panic！

```
0 do
1 re
2 mi
3 fa
4 so
5 la
6 ti
panic: runtime error: index out of range
```

我們的 GetFloats 函式也發生了一樣的問題。由於我們宣告這個
numbers 陣列存放了三個元素，這樣它就只能放這麼多了。一旦
data.txt 存取了第四行的值，就會指派給 numbers 的第四個元素，
然後導致了 panic。

```
func GetFloats(fileName string) ([3]float64, error) {
        var numbers [3]float64
        file, err := os.Open(fileName)
        if err != nil {
                return numbers, err
        }
        i := 0
        scanner := bufio.NewScanner(file)
        for scanner.Scan() {
                numbers[i], err = strconv.ParseFloat(scanner.Text(), 64)
                if err != nil {
                        return numbers, err
                }
                i++
        }
        // ...Rest of GetFloats code omitted...
}
```

只有 *numbers[0]* 到 *numbers[2]*
的值有效⋯

這裡嘗試指派 *numbers[3]*，
則會導致 panic！

Go 的陣列長度是固定的；無法成長或者縮短。然而使用者可以任意地
在 *data.txt* 檔案中放多少行都不是問題。我們會在下一章找出這個困境
的解答！

你的 Go 百寶箱

這就是第 5 章的全部了！你已經把陣列加到你的百寶箱囉！

套件

陣列

陣列是一系列特定型別的值。

陣列中每一個項目都被稱為陣列的元素。

陣列存放特定數量的元素；沒辦法隨便增加更多元素到同一個陣列。

重點提示

- 宣告陣列變數時，須在中括號內提及陣列的長度，以及每一個元素所要持有的型別：

    ```
    var myArray [3]int
    ```

- 指派或者存取陣列的元素時，在中括號內告知該元素所對應的指數。指數從 0 開始計算，所以 myArray 的第一個元素就是 myArray[0]。

- 如同變數，陣列中每個元素的值都被預設為該元素的型別的零值。

- 你可以在陣列建立時即透過**陣列字面量**的方式立即設置元素的值：

    ```
    [3]int{4, 9, 6}
    ```

- 假如你把一個對陣列無效的指數值儲存在變數中，接著嘗試使用這個變數作為指數來存取陣列中的元素，你會遭遇 **panic**：一個執行期錯誤。

- 你可以透過內建的 len 函式取得陣列中元素的數量。

- 你可以輕易地透過特殊的 for...range 迴圈語法來輕易地運作陣列中所有的元素，它會遍歷每個元素以及指派指數與元素值給你提供的變數。

- 使用 for...range 迴圈，你可以以經由指派 _ 空白標記的方式忽略每個元素的指數或者值。

- os.Open 函式開啟檔案。它會回傳指向 os.File 值的指標作為代表開啟的檔案。

- 傳遞 os.File 值給 bufio.NewScanner 會回傳 bufio.Scanner 值，這個值的 Scan 以及 Text 方法可以用來從檔案一行行地讀取元素值作為字串。

以下的程式宣告了兩個陣列並且印出了它們的元素。把程式該有的輸出印出來。

```go
package main

import "fmt"

func main() {
        var numbers [3]int
        numbers[0] = 42
        numbers[2] = 108
        var letters = [3]string{"a", "b", "c"}

                                輸出：

        fmt.Println(numbers[0])    42

        fmt.Println(numbers[1])    0

        fmt.Println(numbers[2])    108

        fmt.Println(letters[2])    c

        fmt.Println(letters[0])    a

        fmt.Println(letters[1])    b
}
```

池畔風光解答

```go
package main

import "fmt"

func main() {
        numbers := [6]int{3, 16, -2, 10, 23, 12}
        for i, number := range numbers {
                if number >= 10 && number <= 20 {
                        fmt.Println(i, number)
                }
        }
}
```

← 輸出

```
1 16
3 10
5 12
```

切片（slices）

唔，我等不及要吃片蛋糕了！等我吃完這片，更大片的在等著我！

我們已經知道無法在陣列中添加任何新的元素。 對我們的程式來說這還真是困擾，因為我們無法提早知道在檔案儲存的資料到底有多少。這就是 Go 切片（slices）存在的原因。切片是一種可以擴充到存放額外項目的集合，正是幫我們修正目前程式的好東西！我們也會學到使用者如何使用切片來提供資料到所有的程式中，甚至是讓你寫出更容易調用的函式。

切片

事實上 Go 真的有種資料結構，讓我們可以在之中增加更多值：稱之為**切片**（**slice**）。跟陣列很像的是，切片有不只一個元素一樣型別的元素。與陣列不一樣的是，在切片的結尾是可以添加更多元素的。

為了宣告一個可以儲存切片的型別，得使用一組空的中括號，接著是切片元素會擁有的型別。

一組空的中括號

切片元素所擁有的型別

```
var mySlice []string
```

這就像是宣告一個陣列變數，除了你並不需要指定切片的大小之外。

陣列指定大小

```
var myArray [5]int
var mySlice []int
```

切片沒有指定大小

跟陣列變數不一樣的是，宣告切片變數並不會自動建立一個切片。因此你可以調用內建的 make 函式。你可以把打算建立的切片型別傳遞給 make（需要跟你打算指派的變數型別一致），以及切片需要被建立的長度。

宣告切片變數

建立有七個字串的切片。

```
var notes []string
notes = make([]string, 7)
```

當切片建立了之後，你可以使用與陣列一樣的語法來指派以及回傳它的元素。

```
notes[0] = "do"
notes[1] = "re"
notes[2] = "mi"
fmt.Println(notes[0])
fmt.Println(notes[1])
```

指派值到第一個元素。
指派值到第二個元素。
指派值到第三個元素。
印出第一個元素。

印出第二個元素。

do
re

你並不需要分作不同的步驟來宣告以及建立切片；在短變數宣告使用 make 會為你判斷變數的型別。

新增一組五個整數的切片，並且用一個變數來儲存這個切片。

```
primes := make([]int, 5)
primes[0] = 2
primes[1] = 3
fmt.Println(primes[0])
```

2

切片（續）

內建的 len 函式對切片的運作方式如同對陣列一樣。只要傳遞給 len 一個切片，就會
回傳整數值的長度。

```go
notes := make([]string, 7)
primes := make([]int, 5)
fmt.Println(len(notes))
fmt.Println(len(primes))
```

```
7
5
```

而 for 以及 for...range 迴圈在切片的運作方式也是如同陣列一樣：

```go
letters := []string{"a", "b", "c"}
for i := 0; i < len(letters); i++ {
        fmt.Println(letters[i])
}
for _, letter := range letters {
        fmt.Println(letter)
}
```

```
a
b
c
a
b
c
```

切片字面量

假如你如同陣列一樣知道切片的初始值，你可以使用**切片字面量**來初始化切片以及它的
初始值。切片字面量大致上與陣列字面量相似，然而陣列字面量會在中括號內提示陣列
的長度，切片字面量的中括號內卻是空的。空的中括號後面跟隨的是切片元素的型別，
以及一組大括號內放著初始的元素值。

這裡並不需要調用 make 函式；在你的程式碼中
使用切片字面量會建立切片並且預先把值填入。

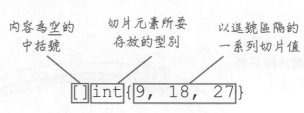

內容為空的中括號　　切片元素所要存放的型別　　以逗號區隔的一系列切片值

`[]int{9, 18, 27}`

以下的範例與之前相當類似，之前的會一個接一個指派值，但這裡反而使用切片字面量
一口氣完成指派。

```go
notes := []string{"do", "re", "mi", "fa", "so", "la", "ti"}    ← 使用切片字面量指派值。
fmt.Println(notes[3], notes[6], notes[0])
primes := []int{    ← 多行的切片字面量。
    2,
    3,
    5,
}
fmt.Println(primes[0], primes[1], primes[2])
```

```
fa ti do
2 3 5
```

池畔風光

你的**工作**是把游泳池內的程式碼片段放到上方程式碼中空白的地方。
同一個程式碼片段**不能**使用超過一次，而且也不需要把游泳池內
所有的片段都用完。你的**目標**是讓這整段程式碼可以正常運作，
並且產生所列出的輸出結果。

```go
package main

import "fmt"

func main() {
        numbers := _____(__float64, __)
        numbers____ = 19.7
        numbers[2] = 25.2
        for __, _____ := range numbers {
                fmt.Println(i, number)
        }
        var letters = __string_____
        for i, letter := range letters {
                fmt.Println(i, _____)
        }
}
```

輸出

```
0 19.7
1 0
2 25.2
0 a
1 b
2 c
```

**注意：游泳池內
的每個片段只能
使用一次！**

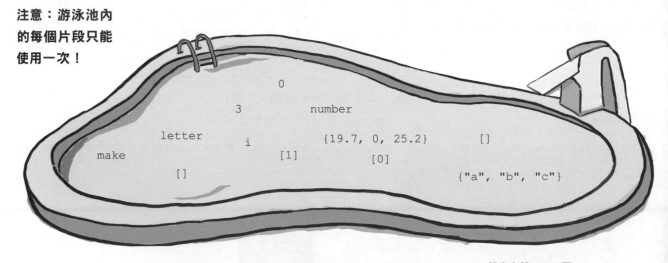

0

3   number

letter   i   {19.7, 0, 25.2}   []

make   [1]   [0]

[]   {"a", "b", "c"}

————————▶ 答案在第 203 頁。

等等！看來切片可以做任何陣列可做的事情，**而且**你說過我們可以額外添加值給切片！為何你之前不直接教我們用切片就好了，忽略這麼沒用的陣列呢？

因為切片是建立在陣列的基礎之上。在你還沒了解陣列之前，不應該直接進入切片。以下我們會告訴你為什麼⋯

切片運算子

每一個切片是建立在**基礎陣列**之上。基礎陣列事實上存放切片的資料；切片只是對陣列元素的部分（或者全部）視角。

當你使用 make 函式或者透過切片字面量來建立切片，會為你自動建立基礎陣列（除非透過切片，你無法存取它）。然而你也可以自己建立陣列，接著透過**切片運算子**來建立切片。

切片應該在這個　　　切片應該在這個陣列
陣列指數開始　　　　指數*之前*終止

```
mySlice := myArray[1:3]
```

切片運算子看起來與存取單一或者片段陣列元素的語法類似，除了它會使用兩個指數之外：第一個陣列指數代表著切片應該從該指數開始，而第二個陣列指數代表著切片應該在這個指數*之前*停止。

指數 0：切片會　　　指數 3：切片會
從這裡開始。　　　　在這之前結束。

```
underlyingArray := [5]string{"a", "b", "c", "d", "e"}
slice1 := underlyingArray[0:3]
fmt.Println(slice1)
```

`[a b c]`

underlyingArray 從
0 到 2 的元素

注意到我們強調了第二個指數，它代表了切片應該在這個指數*之前*終止。也就是說切片應該涵蓋在它之前的元素，而不應該包含它本身。假如你使用了 underlyingArray[i:j] 作為切片運算子，產生的切片應該會包含從 underlyingArray[i] 到 underlyingArray[j-1] 的元素。

（我們知道這違反直覺。然而類似的用法在 Python 程式語言已經流通 20 年了，到目前為止運作正常。）

指數 1：切片會　　　指數 4：切片會
從這裡開始。　　　　在這之前中止。

```
underlyingArray := [5]string{"a", "b", "c", "d", "e"}
i, j := 1, 4
slice2 := underlyingArray[i:j]
fmt.Println(slice2)
```

`[b c d]`

underlyingArray 從
1 到 3 的元素

切片運算子（續）

假如你想要讓切片可以涵蓋基礎陣列的最後一個元素，你其實可以在切片運算子指定第二個指數值，為陣列最後一個指數值之後的一個指數值。

指數 2：切片會從這裡開始。

沒有指數 5，不過切片會在這之前中止。

```
underlyingArray := [5]string{"a", "b", "c", "d", "e"}
slice3 := underlyingArray[2:5]
fmt.Println(slice3)
```

`[c d e]`

underlyingArray 從指數 2 到 4 的元素。

確認你沒有超過該有的指數值，否則你會遇到錯誤：

```
underlyingArray := [5]string{"a", "b", "c", "d", "e"}
slice3 := underlyingArray[2:6]
```

`invalid slice index 6 (out of bounds for 5-element array)`

切片運算子有預設的起始以及終止指數。假如你忽略了起始的指數，預設會使用 0（陣列的第一個元素）。

指數 0：切片會從這裡開始。

指數 3：切片會在這之前結束。

```
underlyingArray := [5]string{"a", "b", "c", "d", "e"}
slice4 := underlyingArray[:3]
fmt.Println(slice4)
```

`[a b c]`

underlyingArray 從指數 0 到 3 的元素。

而你如果忽略了中止的指數，任何從起始指數到底層陣列結尾的元素都會被涵蓋在產生的切片中。

指數 1：切片會從這裡開始。

陣列的結尾：切片會結束在這裡。

```
underlyingArray := [5]string{"a", "b", "c", "d", "e"}
slice5 := underlyingArray[1:]
fmt.Println(slice5)
```

`[b c d e]`

underlyingArray 從指數 1 到結尾的元素。

底層陣列

正如我們之前提過的，切片不會自己儲存任何資料；它僅僅是底層陣列對於元素的一種視角。你可以把切片當作一個顯微鏡，對載物台（底層陣列）上內容的特定部分對焦。

當你從底層陣列取得一段切片，你只能透過可見的切片「看見」陣列元素的部分內容。

```
array1 := [5]string{"a", "b", "c", "d", "e"}
slice1 := array1[0:3]
fmt.Println(slice1)        [a b c]
```

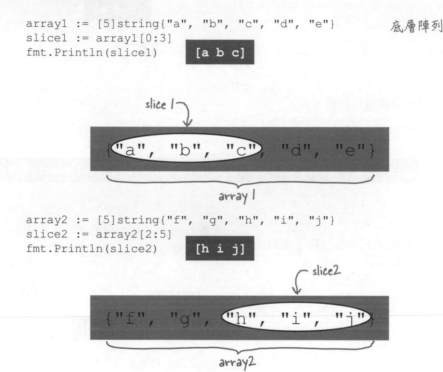

```
array2 := [5]string{"f", "g", "h", "i", "j"}
slice2 := array2[2:5]
fmt.Println(slice2)        [h i j]
```

從同一個底層陣列取得多個切片是可行的。每一個切片都會是陣列元素的子集合視角。切片甚至可以重疊呢！

```
array3 := [5]string{"a", "b", "c", "d", "e"}
slice3 := array3[0:3]
slice4 := array3[2:5]
fmt.Println(slice3, slice4)
        [a b c] [c d e]
```

在陣列的指數 2 元素出現在兩個切片中。

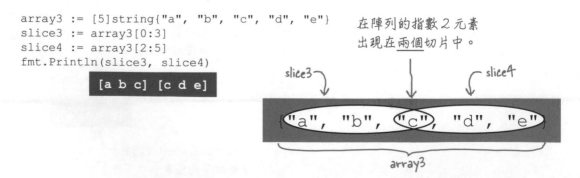

改變底層陣列，就改變了切片

現在有件事情你需要注意：由於切片只是底層陣列的部分視角，
假如你改變了底層陣列，這些改變也會在切片裡看到！

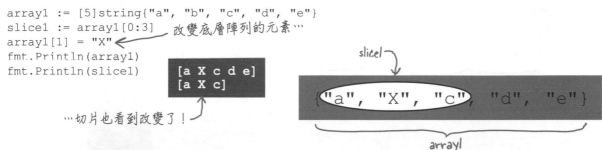

```go
array1 := [5]string{"a", "b", "c", "d", "e"}
slice1 := array1[0:3]
array1[1] = "X"          改變底層陣列的元素⋯
fmt.Println(array1)
fmt.Println(slice1)
```

```
[a X c d e]
[a X c]
```

⋯切片也看到改變了！

slice1

{"a", "X", "c", "d", "e"}

array1

把新的值加到切片，也會改變底層陣列的元素。

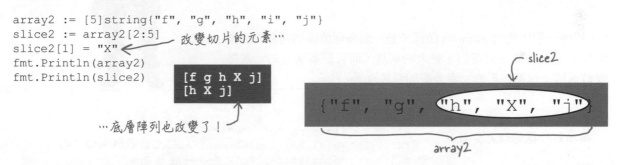

```go
array2 := [5]string{"f", "g", "h", "i", "j"}
slice2 := array2[2:5]
slice2[1] = "X"          改變切片的元素⋯
fmt.Println(array2)
fmt.Println(slice2)
```

```
[f g h X j]
[h X j]
```

⋯底層陣列也改變了！

slice2

{"f", "g", "h", "X", "j"}

array2

假如多個切片指向同一個陣列，改變陣列的元素也會在所有的切
片中被看見。

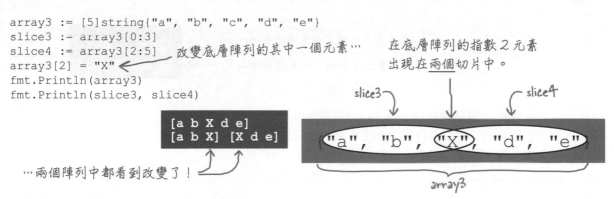

```go
array3 := [5]string{"a", "b", "c", "d", "e"}
slice3 := array3[0:3]
slice4 := array3[2:5]          改變底層陣列的其中一個元素⋯
array3[2] = "X"
fmt.Println(array3)
fmt.Println(slice3, slice4)
```

在底層陣列的指數 2 元素
出現在兩個切片中。

```
[a b X d e]
[a b X] [X d e]
```

⋯兩個陣列中都看到改變了！

slice3   slice4

{"a", "b", "X", "d", "e"}

array3

由於這些潛在因素，你會發覺比起建立一個陣列並且運用切片運
算子，基本上使用 make 或者切片字面量來建立切片會比較好。
透過 make 以及切片字面量，你完全不需要考慮底層陣列。

使用「append」函式新增到切片

看來所有關於切片的資訊都告訴我們它超級厲害的。而我仍然卡在只能從文字檔讀取三行資料的程式,只是因為它唯一會用的就是陣列。你曾經說過我們可以在切片增加更多值,我想要知道怎麼辦到的!

Go 提供一個內建的 append 函式來把一到多個值添加到你的目標切片。這會回傳一個新的、更大的切片,而且原本切片的元素都會被保留,只差在新的元素會被加到最後面。

把「*append*」函式的回傳值指派到一樣的切片變數。

把「*append*」函式的回傳值指派到一樣的切片變數。

建立新的切片。

把元素添加到切片的最後面。

把兩個元素添加到切片的最後面。

```
slice := []string{"a", "b"}
fmt.Println(slice, len(slice))
slice = append(slice, "c")
fmt.Println(slice, len(slice))
slice = append(slice, "d", "e")
fmt.Println(slice, len(slice))
```

元素多了一個,而且長度加一。

元素多了兩個,而且長度加二。

```
[a b] 2
[a b c] 3
[a b c d e] 5
```

你並不需要追蹤哪一個指數是你要添加值的位置或其他東西!只需要對你想要添加的切片以及打算放到最後面的值調用 append,你會得到一個全新、更長的切片。這真的很簡單!

不過,只有一件事情需要小心…

使用「append」函式新增到切片（續）

注意到我們得確保把 append 所回傳的值，指派到原本我們所傳遞給 append 的切片。這是為了避免從 append 所回傳的切片會有不一致的情況。

切片的底層陣列不會成長。假如該陣列沒有空間供新增元素，該陣列的所有元素都會被複製到一個新的而且更大的陣列，而且切片會被更新為引用這個新的陣列。然而由於這一切都發生在 append 函式的背後，我們很難得知從 append 回傳的切片與一開始我們傳遞進去的切片擁有一樣的底層陣列，抑或是不同的底層陣列。假如你把兩個切片都保留，這可能會導致一些不預期的行為。

舉例來說，以下有四個切片，最後三個切片透過調用 append 產生。現在我們嘗試著不要照著指派 append 的回傳值到原本的變數這樣的慣例。假如我們為 s4 切片的元素賦值，我們會看到 s3 改變了，因為 s4 與 s3 恰巧共享了同一個底層陣列。然而這樣的改變並不會反映在 s2 或者 s1，因為它們擁有不同的底層陣列。

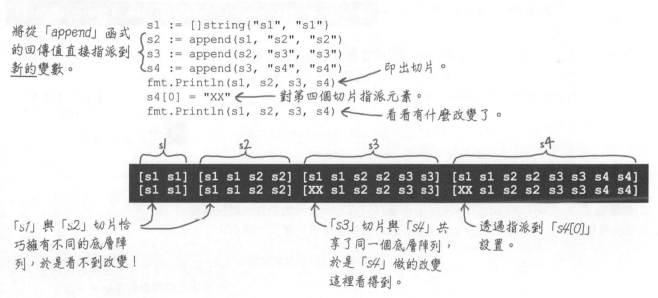

將從「append」函式的回傳值直接指派到新的變數。

```
s1 := []string{"s1", "s1"}
s2 := append(s1, "s2", "s2")
s3 := append(s2, "s3", "s3")
s4 := append(s3, "s4", "s4")
fmt.Println(s1, s2, s3, s4)
s4[0] = "XX"
fmt.Println(s1, s2, s3, s4)
```

印出切片。

對第四個切片指派元素。

看看有什麼改變了。

s1　s2　s3　s4

```
[s1 s1] [s1 s1 s2 s2] [s1 s1 s2 s2 s3 s3] [s1 s1 s2 s2 s3 s3 s4 s4]
[s1 s1] [s1 s1 s2 s2] [XX s1 s2 s2 s3 s3] [XX s1 s2 s2 s3 s3 s4 s4]
```

「s1」與「s2」切片恰巧擁有不同的底層陣列，於是看不到改變！

「s3」切片與「s4」共享了同一個底層陣列，於是「s4」做的改變這裡看得到。

透過指派到「s4[0]」設置。

於是當我們調用 append 時，直接指派回傳值到你傳遞給 append 的同一個切片。
假如你只儲存了一個切片，你並不需要擔心兩個切片是否擁有同一個底層陣列。

我們指派從「append」回傳的結果到同一個變數。

```
s1 := []string{"s1", "s1"}
s1 = append(s1, "s2", "s2")
s1 = append(s1, "s3", "s3")
s1 = append(s1, "s4", "s4")
fmt.Println(s1)
```

```
[s1 s1 s2 s2 s3 s3 s4 s4]
```

沒有討厭的事情！太棒了！

切片與零值

與陣列一樣，假如你存取一個還沒有被指派值的切片元素，你會得到該型別的
零值：

建立沒有指派值到元素的
陣列。

```
floatSlice := make([]float64, 10)
boolSlice := make([]bool, 10)
fmt.Println(floatSlice[9], boolSlice[5])
```

`0 false`

與陣列不一樣的是，切片變數自身也有零值：nil。也就是說，一個實際上沒
有指派切片的切片變數，它的值是 nil。

記得「%#v」會把它格式化為
Go 程式碼中看到的樣貌。

宣告切片變數而
不建立切片。

```
var intSlice []int
var stringSlice []string
fmt.Printf("intSlice: %#v, stringSlice: %#v\n", intSlice, stringSlice)
```

兩個變數的值皆為 nil。 ⟶ `intSlice: []int(nil), stringSlice: []string(nil)`

在其他語言，這可能會需要在使用之前，測試這個變數是否確實擁
有切片。然而在 Go 的函式已經準備好把 nil 當作空的切片應付。
舉例來說，如果傳遞 nil 切片給 len 函式，將會得到 0。

傳遞「len」函式
一個 nil 切片。

它會當作你傳遞了
一個空切片，於是
回傳 0。

```
fmt.Println(len(intSlice))
```
`0`

append 函式也把 nil 切片當作空的切片對待。假如你傳遞一個空切片給
append，它會把你指定的項目加到切片，並且回傳了只有一個元素的切片。假
如你傳遞了 nil 切片給 append，你也會得到只有一個元素的切片，縱使技術
上並沒有可以被「附加」的切片。append 函式將會在背後新建立一個切片。

傳遞 nil 切片給「append」。

它將會回傳只有一個項目的切片，
就像是你附加到空切片一樣！

```
intSlice = append(intSlice, 27)
fmt.Printf("intSlice: %#v\n", intSlice)
```

`intSlice: []int{27}`

這代表著你通常不需要擔心手上有的是空切片還是 nil 切片。你可以把它們視
為一樣的東西，而且你程式碼也會「好好運作」！

這個變數將會持有 nil。

「len」函式會回傳 0。

「append」函式會當作你傳遞給
它一個空切片一樣，回傳給你
只有一個項目的切片。

```
var slice []string
if len(slice) == 0 {
    slice = append(slice, "first item")
}
fmt.Printf("%#v\n", slice)
```

`[]string{"first item"}`

使用切片與「append」來讀取額外的檔案行數

現在我們已經學會了切片以及 append 函式，終於可以修好我們的 aveage 程式囉！還記得
average 會在當我們添加了第四行到它所要讀取的 *data.txt* 時壞掉：

90.7
89.7
98.5
92.3

data.txt

假如你添
加了第四
行…

…程式會得
到 panic 並
且終止！

```
Shell Edit View Window Help
$ ./average
panic: runtime error: index out of range
...
```

我們回推到 datafile 套件，這個套件會把檔案行數儲存到一個不能超過三個元素的陣列。

你的 工作空間 > src > github.com > headfirstgo > datafile > floats.go

```go
// Package datafile allows reading data samples from files.
package datafile

import (
        "bufio"
        "os"
        "strconv"
)

// GetFloats reads a float64 from each line of a file.
func GetFloats(fileName string) ([3]float64, error) {
        var numbers [3]float64
        file, err := os.Open(fileName)
        if err != nil {
                return numbers, err
        }
        i := 0
        scanner := bufio.NewScanner(file)
        for scanner.Scan() {
                numbers[i], err = strconv.ParseFloat(scanner.Text(), 64)
                if err != nil {
                        return numbers, err
                }
                i++
        }
        err = file.Close()
        if err != nil {
                return numbers, err
        }
        if scanner.Err() != nil {
                return numbers, scanner.Err()
        }
        return numbers, nil
}
```

這個函式會回傳一
個 *float64* 型別的
陣列。

指數只在 *numbers[0]* 到
numbers[2] 有效…

這裡嘗試指派 *numbers[3]*，
這會造成 panic！

使用切片與「append」來讀取額外的檔案行數（續）

我們大部分工作的重點在了解切片。現在我們更新了 GetFloats 函式來使用切片而不是陣列，這並不會造成太多麻煩。

首先我們更新函式宣告以回傳 float64 型別的切片而不是陣列。之前我們把陣列儲存到名為 numbers 的陣列；我們只需要使用一樣的名稱來存放切片即可。一開始我們並不會指派任何值給 numbers，所以它一開始的值為 nil。

與其指派從檔案回傳的值到特定的陣列指數，我們可以改調用 append 來擴增切片（或者在 nil 切片時，新增一個切片）並且添加新的值進去。這意味著我們可以避免程式碼需要建立以及更新 i 變數來追蹤指數。我們指派從 ParseFloat 回傳的 float64 值到新的暫存變數，存放的目的只是為了確保是否有任何錯誤在讀取時發生。接著把 numbers 切片以及剛從檔案取得的值傳遞給 append，並且確認回傳值會指派回 numbers 變數。

除此之外，其他 GetFloats 的程式碼可以維持一樣：切片基本上只是陣列的替代品。

你的工作空間 > src > github.com > headfirstgo > datafile > floats.go

```go
// ...Preceding code omitted...
func GetFloats(fileName string) ([]float64, error) {    // 改為回傳切片。
    var numbers []float64    // 這個變數會預設持有 nil（記得「append」會把 nil 當作空切片）。
    file, err := os.Open(fileName)
    if err != nil {          // 錯誤處理不需要改變；我們把切片當作陣列一樣看待。
        return numbers, err
    }
    scanner := bufio.NewScanner(file)
    for scanner.Scan() {
        number, err := strconv.ParseFloat(scanner.Text(), 64)   // 把字串轉換為 float64，並且儲存在一個暫時的變數。
        if err != nil {
            return numbers, err
        }
        numbers = append(numbers, number)   // 把新的數值附加到切片。
    }
    err = file.Close()       // 這裡也都不用改變。
    if err != nil {
        return numbers, err
    }
    if scanner.Err() != nil {
        return numbers, scanner.Err()
    }
    return numbers, nil
}
```

來試試我們改善的程式

在我們的 average 程式，從 GetFloats 函式回傳的切片也是直接地替代了陣列的運作。事實上，我們一點也不需要改變主要的程式！

由於我們使用了 := 短變數宣告來指派 GetFloats 所回傳的值到變數，numbers 變數自動地從引用的 [3]flaot64（陣列）改變成 []float64 型別（切片）。此外由於 for...range 迴圈以及 len 函式在切片上與陣列的運作方式一模一樣，這些程式碼也不需要做任何更動，耶！

```go
// average calculates the average of several numbers.
package main

import (
        "fmt"
        "github.com/headfirstgo/datafile"
        "log"
)

func main() {
    numbers, err := datafile.GetFloats("data.txt")
    if err != nil {
            log.Fatal(err)
    }
    var sum float64 = 0
    for _, number := range numbers {
            sum += number
    }
    sampleCount := float64(len(numbers))
    fmt.Printf("Average: %0.2f\n", sum/sampleCount)
}
```

無須做任何改變！

自動地取得 []float64 而不是 [3]float64

對切片運作地與陣列一模一樣

與切片的運作方式一樣

這意味著我們已經準備好試用這些修正了！首先確認 *data.txt* 檔案依然存放在你的 Go 工作空間中的 *bin* 目錄，然後用跟之前一樣的指令編譯程式碼。它將會讀取 *data.txt* 中的每一行然後顯示平均值。接著試著更新 *data.txt* 讓它有更多行或更少的內容；無論如何都可以運作！

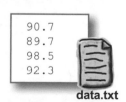

```
90.7
89.7
98.5
92.3
```
data.txt

編譯更新過的「*datafile*」套件，因為「*average*」依賴它。

切換到「*bin*」子目錄。

執行程式。

```
Shell  Edit  View  Window  Help
$ go install github.com/headfirstgo/average
$ cd /Users/jay/go/bin
$ ./average
Average: 92.80
```

從檔案中的四行數字得到的平均數！

在錯誤事件中回傳一個 nil 陣列

讓我們把 GetFloats 函式做點進化。目前我們會回傳 numbers 切片,縱使發生錯誤。這意味著我們可能會回傳無效的切片。

```
number, err := strconv.ParseFloat(scanner.Text(), 64)
if err != nil {            我們回傳了不能使用的無效資料!
        return numbers, err
}
```

調用 GetFloats 的程式碼應該確認回傳的錯誤值,看看是否為 nil,並且忽略回傳切片的內容。然而實際上,如果回傳的切片無效,為何要為此困擾?讓我們更新 GetFloats 來在錯誤事件發生時,回傳 nil 而不是切片。

你的
工作空間 ＞ src ＞ github.com ＞ headfirstgo ＞ datafile ＞ floats.go

```
// ...Preceding code omitted...
func GetFloats(fileName string) ([]float64, error) {
        var numbers []float64
        file, err := os.Open(fileName)
        if err != nil {
                return nil, err          回傳 nil 而不是切片(此時的切片應該是 nil,但
        }                                是這個修正可以突顯它的目的)。
        scanner := bufio.NewScanner(file)
        for scanner.Scan() {
                number, err := strconv.ParseFloat(scanner.Text(), 64)
                if err != nil {
                        return nil, err          回傳 nil 而不是
                }                                切片。
                numbers = append(numbers, number)
        }
        err = file.Close()
        if err != nil {
                return nil, err          回傳 nil 而不是
        }                                切片。
        if scanner.Err() != nil {
                return nil, scanner.Err()          回傳 nil 而不是
        }                                          切片。
        return numbers, nil
}
```

讓我們重新編譯程式(會包括更新過的 datafile 套件)並且執行看看。應該會跟之前運作一樣。不過現在我們的錯誤處理程式碼將更為簡潔。

```
Shell  Edit  View  Window  Help
$ go install github.com/headfirstgo/average
$ cd /Users/jay/go/bin
$ ./average
Average: 92.80
```

以下的程式從陣列擷取切片，並且把元素附加到切片上。把應該會有的輸出結果寫下來。

輸出：

```
package main

import "fmt"

func main() {
        array := [5]string{"a", "b", "c", "d", "e"}
        slice := array[1:3]
        slice = append(slice, "x")
        slice = append(slice, "y", "z")
        for _, letter := range slice {
                fmt.Println(letter)
        }
}
```

我們提供了比你需要的更多空白。多了多少？交給你找出來！

答案在第 203 頁。

命令列引數

終於！這個成果太棒了。我只需要多一個東西⋯每當我需要一個新的平均值時，就得去修改 *data.txt* 有點麻煩。有其他辦法可以輸入取樣值嗎？

當然有替代方案：使用者可以透過命令列引數傳遞值給程式。

正如同你可以透過傳遞引數給函式以控制它們的行為，你也可以傳遞引數給從終端機或者命令提示字元執行的程式。這稱之為程式的命令列介面。

你已經在本書看過命令列引數了。當我們執行 cd（「切換的目錄」）指令時，我們把打算切換過去的目錄名稱當作引數傳遞。而當我們執行 go 指令時，我們通常傳遞不只一個引數：需要用到的次指令（run、install 之類的），以及我們期望次指令一起運作的檔案或者套件名稱。

指令 ⌐   引數 ⌐

```
cd /Users/jay/go/bin
go install github.com/headfirstgo/average
```

指令 ⌐   第一個引數 ⌐   第二個引數 ⌐

從 os.Args 切片取得命令列引數

讓我們建立新版本的 average 程式，叫做 average2，它會計算命令列引數取得的值的平均。

os 套件有一個叫做 os.Args 的變數，它會從正在執行的程式所一起執行的命令列引數，取得代表它們的字串切片。我們就從簡單地印出 os.Args 切片開始，看看它到底儲存什麼吧！

在你的工作空間裡 *average* 目錄同一層的地方，建立一個新的 *average2* 目錄，並且在裡面存放一份 *main.go* 檔案。

接著把以下的程式碼存進 *main.go* 檔。它會直接匯入 fmt 以及 os 套件，並且把 os.Args 切片傳遞給 fmt.Println。

```go
// average2 calculates the average of several numbers.
package main

import (
        "fmt"
        "os"
)

func main() {
        fmt.Println(os.Args)
}
```

印出 os.Args 切片。

來試試看。從你的終端機或者命令提示字元，執行以下的指令來編譯並且安裝程式：

```
go install github.com/headfirstgo/average2
```

這會安裝一個名為 *average2* 的執行檔（或者在 Windows 叫做 *average2.exe*），在你的 Go 工作空間中 *bin* 子目錄底下。使用 cd 指令切換到 *bin*，並且輸入 **average2**，但是不要直接按下 Enter 鍵。在程式名稱之後輸入一個空白，然後輸入一至多個引數，分別以空白隔開。然後才按下 Enter。執行這個程式會印出 os.Args 的值。

用不同的引數執行 average2，你會看到不同的輸出。

編譯以及安裝執行檔。

切換到「*bin*」子目錄。

用一些引數執行該執行檔。

會印出 os.Args 的值。

用不同的引數執行 average2
來看看不同的結果。

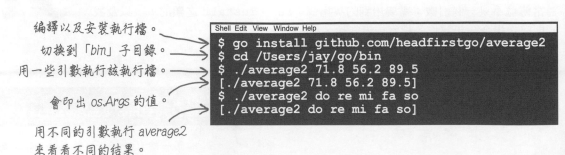

```
Shell Edit View Window Help
$ go install github.com/headfirstgo/average2
$ cd /Users/jay/go/bin
$ ./average2 71.8 56.2 89.5
[./average2 71.8 56.2 89.5]
$ ./average2 do re mi fa so
[./average2 do re mi fa so]
```

切片運算子可以用在其他切片

看來運作相當地好，不過只有一個問題：執行檔的檔名被當作
os.Args 的第一個元素了。

```
$ ./average2 71.8 56.2 89.5
[./average2 71.8 56.2 89.5]
```

第一個元素是程式的
名稱。

移除相當簡單。還記得我
們如何使用切片運算子來
取得陣列中除了第一個元
素之外的所有元素嗎？

指數 1：切片從
這裡開始。

陣列的結尾；
切片也會在
這裡結束。

```
underlyingArray := [5]string{"a", "b", "c", "d", "e"}
slice5 := underlyingArray[1:]
fmt.Println(slice5)
```

```
[b c d e]
```

元素 1 到底層元素的
結尾。

切片運算子也可以用在切片上，就像是用在陣列上一樣。假如我
們在 os.Args 上使用切片運算子 [1:]，我們會得到忽略第一個
元素（指數為 0）的新切片，並且儲存從切片的第二個（指數 1）
到結尾的元素。

```
// average2 calculates the average of several numbers.
package main

import (
        "fmt"
        "os"
)

func main() {
        fmt.Println(os.Args[1:])
}
```

取得 os.Args 從第二個元素（指數 1）
到最後的元素建立的新切片。

假如我們重新編譯以及執行 average2，此刻我們會看到輸出只
會有真正的命令列引數了。

```
Shell Edit View Window Help
$ go install github.com/headfirstgo/average2
$ ./average2 71.8 56.2 89.5
[71.8 56.2 89.5]
$ ./average2 do re mi fa so
[do re mi fa so]
```

忽略執行檔的名稱 ⟶

忽略執行檔的名稱 ⟶

把程式更新為可使用命令列引數

現在我們可以把命令列引數作為一個字串的切片取用，立刻更新 average2 程式來轉換引數成實際的數值，並且計算平均。大部分從原本的 average 程式以及 datafile 套件學到的觀念都可以重複利用。

首先使用 os.Args 的切片運算子來跳過程式的名稱，並且指派結果到 arguments 變數。我們設置 sum 變數來存放我們提供所有數值的加總。接著使用 for...range 迴圈以運作 arguments 切片的每一個元素（使用 _ 空白標記以忽略元素的指數）。使用 strconv.ParseFloat 來轉換引數的字串到 float64。假如我們遇到了錯誤，就記錄並且終止程式，否則把目前的數值加到 sum。

當我們遍歷了所有的引數，len(arguments) 可以用來判斷有多少樣本需要算出平均。我們接著把 sum 除以樣本的數量以取得平均值。

你的工作空間 > src > github.com > headfirstgo > average2 > main.go

```go
// average2 calculates the average of several numbers.
package main

import (
        "fmt"
        "log"        匯入「log」以及
        "os"         「strconv」。
        "strconv"
)
                           取得 os.Args 的字串切片中除了
                           第一個之外所有的元素。
func main() {
        arguments := os.Args[1:]
        var sum float64 = 0      設置變數來存放所有數值的加總。
        for _, argument := range arguments {      處理每一個命令列引數。
                number, err := strconv.ParseFloat(argument, 64)
假如轉換 string 發生錯   if err != nil {
誤，記錄並且終止程式。           log.Fatal(err)           把 string 轉換到 float64。
                }
                sum += number       把數值加到總量。
        }
        sampleCount := float64(len(arguments))      切片引述的長度可以當作樣本量
        fmt.Printf("Average: %0.2f\n", sum/sampleCount)      來使用。
}                                                    計算並且印出平均
                                                     結果。
```

在儲存這些更新之後，我們可以重新編譯並且執行這個程式。它將會計算你提供引數的平均值。依你喜好提供或多或少的引數；它看起來處理得很好！

用不同的引數執行程式。

用任何你喜歡的數值當作引數。

```
Shell Edit View Window Help
$ go install github.com/headfirstgo/average2
$ cd /Users/jay/go/bin
$ ./average2 71.8 56.2 89.5
Average: 72.50
$ ./average2 90.7 89.7 98.5 92.3
Average: 92.80
```

可變參數函式

現在我們學會了切片，我們可以涵蓋到目前為止還沒討論過的 Go 功能。你有發現有些函式可以自由地根據需求取用或多或少的引數嗎？舉例來說，看看 fmt.Println 或是 append：

```go
                              ┌── 「Println」可以只取用一個引數…
fmt.Println(1)  ◄─────────
fmt.Println(1, 2, 3, 4, 5) ◄─────── …或者五個！
letters := []string{"a"}
letters = append(letters, "b")  ◄──── 「append」可以取用兩個引數…
letters = append(letters, "c", "d", "e", "f", "g") ◄────── …或者六個！
```

可別在任何函式都做這個嘗試！在我們所定義過的函式中，函式的參數總數必須與調用函式的引數完全一致。任何差異都會導致編譯錯誤。

```go
func twoInts(first int, second int) {  ◄──── 假如預期是兩個參數…
        fmt.Println(first, second)
}

func main() {
        twoInts(1)  ◄────── …那麼我們就不能只傳一個…
        twoInts(1, 2, 3)  ◄────── …我們也不能傳遞三個。
}
```

```
tmp/sandbox815038307/main.go:10:9: not enough arguments in call to twoInts
        have (number)
        want (int, int)
tmp/sandbox815038307/main.go:11:9: too many arguments in call to twoInts
        have (number, number, number)
        want (int, int)
```

那麼 Println 是怎麼辦到的？它們被定義成可變參數函式（variadic function）。**可變參數函式**是一種可以被不同數量的引數調用的函式。若要建立可變參數函式，在宣告函式時，可以在最後一個（或者唯一的）的參數型別後面使用省略符號（...）。

```go
                                      省略符號        型別
func myFunc(param1 int, param2 ...string) {
        // function code here
}
```

可變參數函式（續）

可變參數函式的最後一個參數會把取得的可變引數化作切片，函式
所取得的這切片可當作一般的切片使用。

以下是 twoInts 的可變參數版本。而且它對不同數量的引數都可以
運作良好：

從引數取得的切片會存
放在「*numbers*」變數。

```
func severalInts(numbers ...int) {
        fmt.Println(numbers)
}

func main() {
        severalInts(1)
        severalInts(1, 2, 3)
}
```

```
[1]
[1 2 3]
```

以下是以字串運作的類似函式。注意到假如我們沒有提供可變參
數，函式並不會出錯，只是取得的是空切片。

從引數取得的切片會存
放在「*strings*」變數。

```
func severalStrings(strings ...string) {
        fmt.Println(strings)
}

func main() {
        severalStrings("a", "b")
        severalStrings("a", "b", "c", "d", "e")
        severalStrings()
}
```

```
[a b]
[a b c d e]
[]
```

假如沒有引數就會取得
空的切片。

函式依然可以接收一至多個非可變引數。雖然函式調用者可以忽
略可變引數（會導致取得空切片），非可變引數依然是必須的；
忽略就會造成編譯錯誤。只有函式的最後的參數才是可變的；不
可以把可變參數函式擺放在必需的參數前面。

布林型別的引數必須
放在第二個。

int 型別的引數必須在
第一個。

剩下的引數都必須為
字串型別，並且會存
放在一個切片中。

```
func mix(num int, flag bool, strings ...string) {
        fmt.Println(num, flag, strings)
}

func main() {
        mix(1, true, "a", "b")
        mix(2, false, "a", "b", "c", "d")
}
```

```
1 true [a b]
2 false [a b c d]
```

使用可變參數函式

以下的 maximum 函式會取得任意數量的 float64 引數，並且回傳其中最大的值。傳遞給 maximum 的引數將會放在 numbers 變數的切片。一開始我們先指派目前的最大值為 -Inf，它是一個特別用來代表負無限大的值，可透過調用 math.Inf 取得（現階段可以把最大值設為 0，不過這樣的話 maximum 就沒辦法處理負數了）。接著我們用 for...range 迴圈來處理 numbers 切片中的每一個引數，把它們一一跟目前的最大值比較，如果比較大，就把它指派為新的最大值。在處理完所有的引數之後，無論留下來的最大值為何都會被回傳。

```go
package main

import (
        "fmt"
        "math"
)
```

取得任意數量的 *float64* 引數。

```go
func maximum(numbers ...float64) float64 {
        max := math.Inf(-1)
```
從一個非常小的數開始。

處理每一個可變引數。
```go
        for _, number := range numbers {
                if number > max {
                        max = number
                }
        }
        return max
}
```
在所有的引數中找到最大值。

```go
func main() {
        fmt.Println(maximum(71.8, 56.2, 89.5))
        fmt.Println(maximum(90.7, 89.7, 98.5, 92.3))
}
```

```
89.5
98.5
```

以下的 inRange 函式會取用一個最小值以及一個最大值，還有任意數量的 float64 型別的可變引數。這個函式會撤除任何低於提供的最小值，或者高於最大值的引數，並且回傳只有在該特定範圍內引數值的切片。

```go
package main

import "fmt"
```

範圍內的最小值　範圍內的最大值　任意數量的 *float64* 型別引數

```go
func inRange(min float64, max float64, numbers ...float64) []float64 {
        var result []float64
```
這個切片將會存放有在範圍內的引數。

處理每一個可變引數。
```go
        for _, number := range numbers {
                if number >= min && number <= max {
                        result = append(result, number)
                }
        }
        return result
}
```
假如引數沒有在最大值與最小值之外⋯

⋯把它加到會回傳的切片中。

```go
func main() {
```
找出 >= 1 以及 <= *100* 的引數。
```go
        fmt.Println(inRange(1, 100, -12.5, 3.2, 0, 50, 103.5))
        fmt.Println(inRange(-10, 10, 4.1, 12, -12, -5.2))
}
```
找出 >= *-10* 以及 <= *10* 的引數。

```
[3.2 50]
[4.1 -5.2]
```

程式碼磁貼

有個使用可變參數函式的 Go 程式在冰箱上被搞得亂七八糟。
你是否可以重組程式碼磁貼來製作一個運作的程式以產生所
求的輸出嗎?

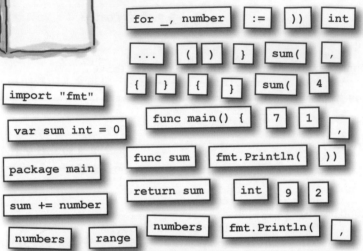

輸出

```
16
7
```

答案在第 204 頁。

使用可變參數函式來計算平均值

我們來建立一個可變參數的 average 函式,讓我們可以取得任意數量的 float64 引數,
並且回傳它們的平均值。這個函式會引用我們之前的 average2 函式大部分的邏輯。我們
設置一個 sum 變數來存放所有引數的加總,接著我們遍歷所有引數把它們的值一一加到
sum,最後我們會把 sum 除以引數的數目(並且轉換為 float64 型別)以得到平均值。
我們最後得到了一個可以對任意數量的數字計算平均值。

```go
package main

import "fmt"
                              取得任意數量的
                              float64 引數。
func average(numbers ...float64) float64 {
        var sum float64 = 0      ←—— 設置一個變數用來存放引數的加總。
        for _, number := range numbers {
                sum += number    ←—— 把引數值加總。
        }
        return sum / float64(len(numbers))  ←—— 把總量除以引數的數量以得到
}                                               平均值。

func main() {
        fmt.Println(average(100, 50))
        fmt.Println(average(90.7, 89.7, 98.5, 92.3))
}
```

處理每個可變
數量引數。

```
75
92.8
```

把切片傳遞到可變參數函式

我們新的 average 可變參數函式看起來運作地還不錯,接著來更新 average2 也可以派上用場。我們可以複製 average 函式貼到 average2 程式碼中。

在 main 函式中,我們依然得把每一個命令列引數的值從字串轉換到 float64。我們將會建立一個切片來儲存這些結果,並且放到 numbers 變數中。在所有的命令列引數轉換完成之後,與其直接計算平均值,我們只是把這些數值逐一附加到 numbers 切片。

我們接著嘗試傳遞 numbers 切片到 average 函式。不過當我們編譯這個程式時,產生了一個錯誤…

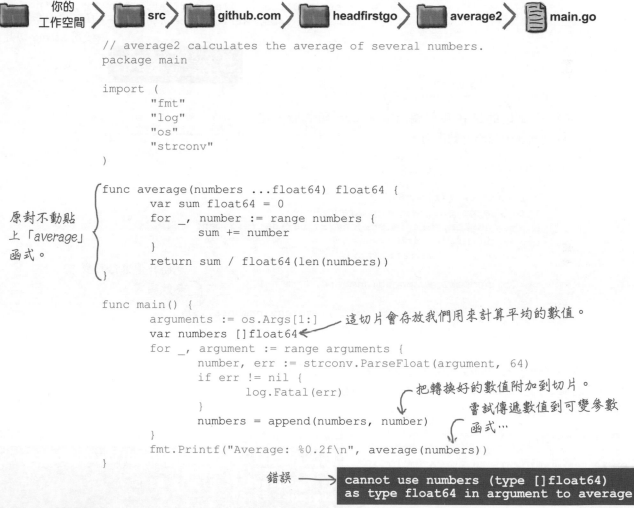

你的工作空間 > src > github.com > headfirstgo > average2 > main.go

```
// average2 calculates the average of several numbers.
package main

import (
        "fmt"
        "log"
        "os"
        "strconv"
)

func average(numbers ...float64) float64 {
        var sum float64 = 0
        for _, number := range numbers {
                sum += number
        }
        return sum / float64(len(numbers))
}

func main() {
        arguments := os.Args[1:]
        var numbers []float64
        for _, argument := range arguments {
                number, err := strconv.ParseFloat(argument, 64)
                if err != nil {
                        log.Fatal(err)
                }
                numbers = append(numbers, number)
        }
        fmt.Printf("Average: %0.2f\n", average(numbers))
}
```

原封不動貼上「average」函式。

這切片會存放我們用來計算平均的數值。

把轉換好的數值附加到切片。

嘗試傳遞數值到可變參數函式…

錯誤 ⟶ `cannot use numbers (type []float64) as type float64 in argument to average`

average 函式期待一至多個 float64 的引數,而不是一個 float64 的切片…

把切片傳遞到可變參數函式（續）

那現在呢？我們是否面臨到要把函式變成可變參數函式，或者得讓切片可以傳遞給函式中做抉擇呢？

幸運的是，Go 為這種情境提供特殊的語法。當你調用可變參數函式時，只需要在可變引數的位置，在你打算使用的切片後面加上省略符號（...）即可。

```go
func severalInts(numbers ...int) {
        fmt.Println(numbers)
}

func mix(num int, flag bool, strings ...string) {
        fmt.Println(num, flag, strings)
}

func main() {
        intSlice := []int{1, 2, 3}
        severalInts(intSlice...)
        stringSlice := []string{"a", "b", "c", "d"}
        mix(1, true, stringSlice...)
}
```

在可變引數的位置使用 *int* 切片。

在可變引數的位置使用 *string* 切片。

```
[1 2 3]
1 true [a b c d]
```

所以說我們唯一要做的是在我們調用 average 函式時，在 numbers 切片後面加上省略符號即可。

```go
func main() {
        arguments := os.Args[1:]
        var numbers []float64
        for _, argument := range arguments {
                number, err := strconv.ParseFloat(argument, 64)
                if err != nil {
                        log.Fatal(err)
                }
                numbers = append(numbers, number)
        }
        fmt.Printf("Average: %0.2f\n", average(numbers...))
}
```

把切片傳遞給可變參數函式。

做了這個改變之後，我們的程式應該可以編譯並且執行了。它會轉換我們的命令列引數為 float64 的切片，並且接著傳遞這個切片到 average 可變參數函式。

行得通！

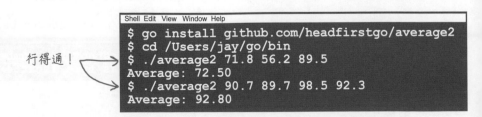

```
Shell  Edit  View  Window  Help
$ go install github.com/headfirstgo/average2
$ cd /Users/jay/go/bin
$ ./average2 71.8 56.2 89.5
Average: 72.50
$ ./average2 90.7 89.7 98.5 92.3
Average: 92.80
```

切片真是救了我！

太棒了，我只需要輸入過去幾週所用到的食物總數，就可以馬上看到平均值。這真是太方便了，我可以用這個方法預估**所有**應該要訂購的食材！我會考慮安裝 **Go** 的！

```
Shell Edit View Window Help
$ go install github.com/headfirstgo/average2
$ cd /Users/jay/go/bin
$ ./average2 71.8 56.2 89.5
Average: 72.50
$ ./average2 90.7 89.7 98.5 92.3
Average: 92.80
```

在每一個程式語言中處理清單是不可或缺的。透過陣列與切片，你可以把資料存放在任意大小的集合中。而且像是 `for...range` 迴圈這樣的功能，Go 也讓你更加方便地處理這些集合！

你的 *Go* 百寶箱

這就是第 6 章的全部了！你已經把切片加到你的百寶箱囉！

套件

陣列

陣列是一系列特定型別的值。

陣列中每一個項目都被稱為陣列的元素。

陣列存放特定數量的元素；沒辦法隨便增加更多元素到同一個陣列。

切片

切片也是一系列特定型別的值，但是與陣列不同的是，這樣的工具讓你可以直接增加或移除元素。

切片並不直接存放任何資料。切片只是對陣列元素的一部分（或者全部）視角。

重點提示

- 切片變數的宣告就像是陣列變數一樣，除了長度被忽略了：

  ```
  var mySlice []int
  ```

- 大部分在陣列可運作的程式碼也可以在切片上運作。包含像是：存取元素、使用零值、傳遞切片到 len 函式，以及使用 for...range 迴圈。

- **切片字面量**就像是任何陣列字面量，除了長度被省略了：

  ```
  []int{1, 7, 10}
  ```

- 你可以透過**切片運算子** s[i:j] 從陣列或者切片的 i 到 j-1 之間的元素取得一個新的切片。

- os.Args 套件變數把當前程式運作時取得的命令列引數，存放在一組 strings 型別的切片中。

- **可變參數函式**是一種可以調用不同數量引數的函式。

- 若要宣告一個可變參數函式，在函式宣告時，把省略符號（...）放在最後一個參數的後面。這個變數把所有可變引數存放在一個切片中。

- 調用可變參數函式時，若你想要在可變引數的位置使用切片，只需要在該切片後面輸入省略符號即可：

  ```
  inRange(1, 10, mySlice...)
  ```

池畔風光解答

```
package main

import "fmt"

func main() {
        numbers := make ([]float64, 3)
        numbers[0] = 19.7
        numbers[2] = 25.2
        for i, number := range numbers {
                fmt.Println(i, number)
        }
        var letters = []string{"a", "b", "c"}
        for i, letter := range letters {
                fmt.Println(i, letter)
        }
}
```

以下的程式從陣列擷取切片，並且把元素附加到切片上。把應該會有的輸出結果寫下來。

```
                                                  輸出
package main                                      b

import "fmt"                                       c

func main() {                                      x
        array := [5]string{"a", "b", "c", "d", "e"}
        slice := array[1:3]                        y
        slice = append(slice, "x")
        slice = append(slice, "y", "z")            z
        for _, letter := range slice {
                fmt.Println(letter)
        }
}
```

程式碼磁貼解答

```go
package main

import "fmt"

func sum ( numbers ... int ) int {
    var sum int = 0
    for _, number := range numbers {
        sum += number
    }
    return sum
}


func main() {
    fmt.Println( sum( 7 , 9 ))
    fmt.Println( sum( 1 , 2 , 4 ))
}
```

輸出

```
16
7
```

映射表（maps）

把東西統統堆在一起其實沒什麼，直到你想要從中找個東西才是麻煩的開始。 你已經學會如何透過陣列與切片建立一系列的資料。你也學會如何對陣列或者切片的每一個值執行一樣的指令。但是假如你需要使用一個特定的值呢？為了找到它，你得從陣列或切片的頭開始找，並且探索每一個值。

假如有一種可以讓每一個值都有特定標籤的集合呢？你可以迅速地找到你想要的值！在這一章我們會學習可以實現這一切的**映射表**。

計算票數

眍溪縣學校董事會今年度的席次爭奪戰即將開始，民調顯示選情相當激烈。今天就是選舉之夜，候選人期待著選票滾滾而來。

這是另一個在《深入淺出 Ruby》出現過的例子，在雜湊（hashes）的章節。Ruby 的雜湊與 Go 的映射（maps）有很多相似之處，所以說這個例子在這裡也相當適用！

我相信選民會選擇把小孩的權益擺第一的人選！

是時候把財務責任以及問責制度帶回我們的學校系統了！

姓名：**Amber Graham**
職業：**經理**

姓名：**Brian Martin**
職位：**會計**

候選人名單有兩位，Amber Graham 與 Brian Martin。選民也有可以「寫下」候選人名字的選項（也就是說，可以寫下不在名單中的候選人名字）。 這種情況在常見的選舉中很罕見，不過我們期待應該會出現一些名字。

在今年啟用的電子投票機會把選票記錄到文字檔案，一張票一行（預算有限，所以市議會選用比較便宜的選票機廠商）。

這是在第 A 區所有選票記錄的檔案：

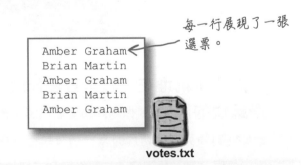

每一行展現了一張選票。

```
Amber  Graham
Brian  Martin
Amber  Graham
Brian  Martin
Amber  Graham
```

votes.txt

我們需要處理檔案中的每一行，並且統計每個名字出現的總次數。選票中出現過最多次的名字將會是這次的贏家！

從檔案讀取姓名

我們的第一要務是讀取 *votes.txt* 的內容。上一章的 datafile 套件已經有 GetFloats 這樣的函式把檔案中的每一行讀到切片，可惜 GetFloats 只能讀取 float64 。我們需要另一個可以把檔案中每一行的字串讀取到 string 的切片。

首先在 *datafile* 套件所放的目錄，建立 *strings.go* 檔案，也就是與 *floats.go* 放在一起。在這個檔案，我們會添加一個名為 GetStrings 的函式。GetStrings 的程式碼與 GetFloats 的程式碼很像（我們在下方把一樣的程式碼用灰底框起來）。不過 GetStrings 並不會把每一行轉換為 float64 的值，它反而直接把每一行作為 string 型別加到所要回傳的切片。

你的工作空間 > src > github.com > headfirstgo > datafile > strings.go

```go
// Package datafile allows reading data samples from files.
package datafile          ← 跟 GetFloats 在一樣的套件下。

import (
        "bufio"
        "os"          ← 不需要匯入「strconv」套件；
)                        我們在這個檔案並不需要它。

// GetStrings reads a string from each line of a file.
func GetStrings(fileName string) ([]string, error) {
        var lines []string          ← 該變數持有字串型別的切片。
        file, err := os.Open(fileName)
        if err != nil {
                return nil, err          回傳 strings 型別的
        }                                切片而不是 float64
        scanner := bufio.NewScanner(file)   型別的切片。
        for scanner.Scan() {
                line := scanner.Text()
                lines = append(lines, line)
        }
        err = file.Close()
        if err != nil {
                return nil, err
        }
        if scanner.Err() != nil {
                return nil, scanner.Err()
        }
        return lines, nil
}
```

該變數持有字串型別的切片。

直接把檔案中的字串加到切片，而不是轉換成 float64。

回傳字串型別的切片。

從檔案讀取姓名（續）

現在來建立這個會自動計算票數的程式吧。我們把這個程式命名為 count。在你的 Go 工作空間，前往 *src/github.com/headfirstgo* 目錄並且建立新的名為 *count* 的目錄。接著在 *count* 目錄下新增名為 *main.go* 的檔案。

在編寫完整程式之前，我們得先確認 GetStrings 函式運作正常。在 main 函式的最上方，我們調用 datafile.GetStrings 函式，並且把 "votes.txt" 作為檔案名稱傳遞給它讀取。回傳的字串切片會被儲存在新的名為 lines 的變數，以及 err 儲存任何可能發生的錯誤。一如往常，假如 err 值不為 nil，錯誤會被記錄並且終止程式。不然我們就會直接調用 fmt.Println 以印出 lines 切片的內容。

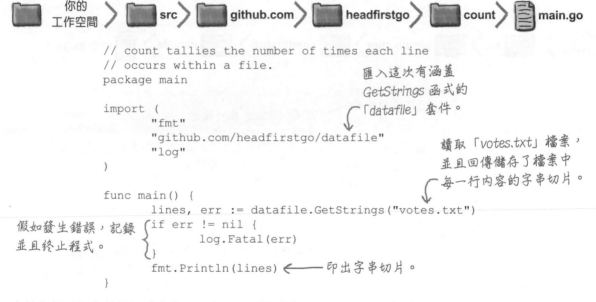

目錄結構：你的 工作空間 > src > github.com > headfirstgo > count > main.go

```go
// count tallies the number of times each line
// occurs within a file.
package main

import (
        "fmt"
        "github.com/headfirstgo/datafile"
        "log"
)

func main() {
        lines, err := datafile.GetStrings("votes.txt")
        if err != nil {
                log.Fatal(err)
        }
        fmt.Println(lines)
}
```

匯入這次有涵蓋 GetStrings 函式的 「datafile」套件。

讀取「votes.txt」檔案，並且回傳儲存了檔案中每一行內容的字串切片。

假如發生錯誤，記錄並且終止程式。

印出字串切片。

由於我們已經在其他程式實作過，你可以透過執行 go install 來編譯這個程式時（加上任何有相依的套件，在這個案例是 datafile），並且提供套件匯入的路徑。假如你使用以上的目錄結構，那麼匯入路徑就應該是 github.com/headfirstgo/count。

編譯「count」目錄的內容，並且安裝產生的執行檔。

```
Shell Edit View Window Help
$ go install github.com/headfirstgo/count
```

這會儲存名為 *count* 的執行檔（或者在 Windows 中名為 *count.exe*），在你的 Go 工作空間中的 *bin* 目錄。

從檔案讀取姓名（續）

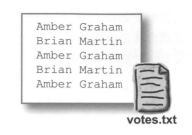

votes.txt

如同在上一章的 *data.txt* 檔案，我們得確認 *votes.txt* 是否儲存在我們正在執行程式的同一個目錄。在你的 Go 工作空間中的 *bin* 子目錄，儲存與右方顯示的內容一樣的檔案。然後在終端機，使用 **cd** 指令切換到同一個子目錄。

接著你應該可以透過輸入 `./count` 指令（或者在 Windows 中 `count.exe`）執行該執行檔。這會讀取 *votes.txt* 中的每一行到一個字串的切片，接著印出整個切片。

切換到你的工作空間中的「*bin*」目錄。

執行該執行檔。

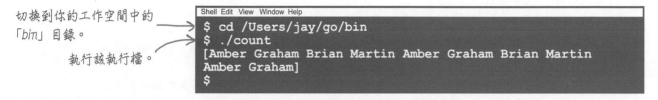

```
Shell  Edit  View  Window  Help
$ cd /Users/jay/go/bin
$ ./count
[Amber Graham Brian Martin Amber Graham Brian Martin
Amber Graham]
$
```

透過切片操作困難的方法計算姓名

從檔案中讀取姓名的切片可以不用到任何新的技巧。但是困難的來了：我們該如何遇到每個名字時計算它們的次數呢？我們會展示兩種方法，第一種方法透過切片，另一種方法會使用新的資料結構：映射（*maps*）。

針對我們的第一個解法，我們會建立兩個切片，彼此的元素數量相同並且擁有特定的順序。當每一個名字出現時，第一個切片會存放我們從檔案中找到的姓名。我們命名這個切片為 `names`。第二個切片名為 `counts`，會存放我們從檔案中找到姓名的次數。`counts[0]` 會存放 `names[0]` 的次數，而 `counts[1]` 會存放 `names[1]` 的次數，以此類推。

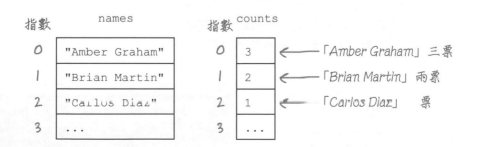

透過切片操作困難的方法計算姓名（續）

讓我們更新 count 程式來實際地計算檔案中每個名字出現的次數。
我們會嘗試使用 names 切片記錄每一個不同候選人名字的方式，以
及一個對應的 counts 切片來追蹤每個名字出現的次數。

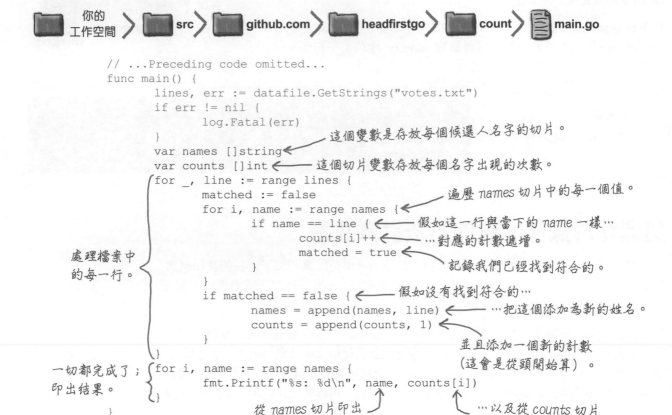

```
// ...Preceding code omitted...
func main() {
        lines, err := datafile.GetStrings("votes.txt")
        if err != nil {
                log.Fatal(err)
        }
        var names []string          ← 這個變數是存放每個候選人名字的切片。
        var counts []int            ← 這個切片變數存放每個名字出現的次數。
        for _, line := range lines {
                matched := false
                for i, name := range names {      ← 遍歷 names 切片中的每一個值。
                        if name == line {         ← 假如這一行與當下的 name 一樣…
                                counts[i]++       ← …對應的計數遞增。
                                matched = true    ← 記錄我們已經找到符合的。
                        }
                }
                if matched == false {             ← 假如沒有找到符合的…
                        names = append(names, line)   ← …把這個添加為新的姓名。
                        counts = append(counts, 1)
                }
        }
        for i, name := range names {
                fmt.Printf("%s: %d\n", name, counts[i])
        }
}
```

處理檔案中的每一行。

並且添加一個新的計數（這會是從頭開始算）。

一切都完成了；印出結果。

從 names 切片印出每個元素…

…以及從 counts 切片印出每個對應的計數。

我們可以一如往常地透過 go install 編譯程式。假如我們運作執
行檔，它會讀取 *votes.txt* 檔案並且印出每個找到的名字，以及每個
名字出現的次數！

編譯程式。
確保我們在「*bin*」子目錄。
執行更新過的程式。
每個名字出現的次數會被印出。

```
Shell Edit View Window Help
$ go install github.com/headfirstgo/count
$ cd /Users/jay/go/bin
$ ./count
Amber Graham: 3
Brian Martin: 2
```

讓我們再更仔細瞧瞧如何實現的…

透過切片操作困難的方法計算姓名（續）

我們的 count 程式在一個迴圈內又放進了一個迴圈來加總姓名的
總數。外面的迴圈把檔案的每一行指派給 line 變數，一次一個。

處理檔案的
每一行。
```
for _, line := range lines {
    // ...
}
```

內部的迴圈搜尋 names 切片的每一個元素，找出與檔案目前這一
行相符的姓名。

搜尋「names」切片以找出與
目前檔案這行相符的結果。
```
for i, name := range names {
    if name == line {
        counts[i] += 1
        matched = true
    }
}
```

假如某個人在自己的選票上寫下額外的姓名，造成檔案中的這一行像是
"Carlos Diaz" 這樣的字串要被存下來。程式會先一個個仔細檢查 names 切
片是否有任何姓名符合 "Carlos Diaz"。

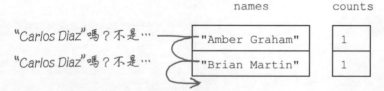

假如找不到任何符合的結果，程式會把字串 "Carlos Diaz" 附加到 names 切
片內，並且把 counts 切片也附加一個 1（因為這一行代表著第一次投給
"Carlos Diaz"）。

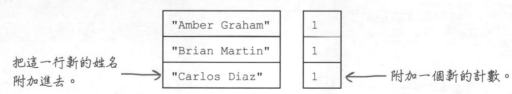

然而假設下一行是 "Brian Martin" 字串。由於這個字串有在 names 切片內，
該程式會找到它並且計數加 1 到在 counts 對應的位置。

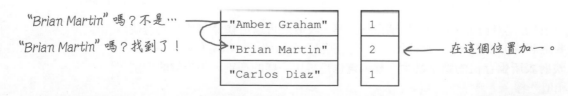

映射表（maps）

但是用切片儲存姓名會遇到問題：對於檔案中的每一行來說，你得搜索 names 切片中大量（假如不是全部）的值來進行比對。如果在像睏溪縣這樣很小的地區當然是沒什麼問題，但是像是更大的投票區域，這樣的做法真的會很慢。

	names	counts
「*Mikey Moose*」嗎？不是…	"Amber Graham"	1
「*Mikey Moose*」嗎？不是…	"Brian Martin"	1
「*Mikey Moose*」嗎？不是…	"Carlos Diaz"	1

把資料塞到切片裡就像是把東西堆積成山；你可以取回指定的元素，但是必須從頭到尾搜尋過才能找到它們。

Go 有另一種儲存資料集合的方法：映射表（*maps*）。**映射表（maps）**是一種每個值都可以透過鍵（*key*）存取的集合。鍵是一種從映射表輕易取得值的方法。映射表就像是標記整齊的文件，而不是堆成一團的文件堆。

從頂開始；搜尋整堆文件。

鍵讓你很快地再次找到資料！

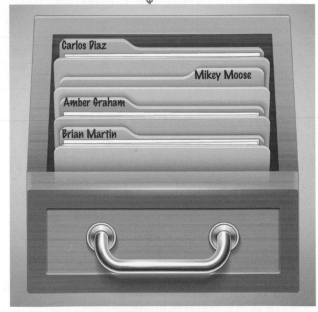

切片（slice）   映射表（map）

當陣列以及切片只能用 *integers* 型別作為指標，映射表可以用任意型別作為鍵使用（只要這個值可以透過 == 進行比對）。型別包含了數值；字串還有更多不同的種類。映射表所儲存值的型別必須一樣，鍵也是得用一樣的型別，不過鍵的型別不需要和值一樣。

映射表（maps）（續）

要宣告一個存放映射表的變數，你得輸入 map 鍵詞以及一對中括號（[]），中間放的是鍵的型別。接著在中括號後提供值的型別。

「*map*」鍵詞　　　鍵的型別　　　值的型別

```
var myMap map[string]float64
```

跟切片一樣，宣告映射表變數並不會直接建立一個映射表；你需要調用 make 函式（跟你建立切片一樣的函式）。除了切片你也可以傳遞給 make 函式打算建立映射表的型別（必須跟你打算指派給變數的型別一模一樣）。

宣告映射表變數。
```
var ranks map[string]int
ranks = make(map[string]int)
```
實際建立映射表。

用短變數宣告更簡單，如下所示：

```
ranks := make(map[string]int)
```
建立一個映射表並且宣告存放的變數。

指派值到映射表以及回傳的語法，與切片還有陣列的指派以及取值真的很像。然而陣列與切片只允許你使用 integers 作為元素的指數值，你幾乎可以使用任何型別作為映射表的鍵。ranks 映射表使用 string 鍵：

```
ranks["gold"] = 1
ranks["silver"] = 2
ranks["bronze"] = 3
fmt.Println(ranks["bronze"])
fmt.Println(ranks["gold"])
```
```
3
1
```

陣列與切片只允許你使用整數指數。但是你可以選擇幾乎任何型別作為映射表的鍵。

以下是另一個使用字串作為鍵，以及字串作為值的映射表：

```
elements := make(map[string]string)
elements["H"] = "Hydrogen"
elements["Li"] = "Lithium"
fmt.Println(elements["Li"])
fmt.Println(elements["H"])
```
```
Lithium
Hydrogen
```

這是一個使用整數作為鍵，以及布林值作為值的映射表：

```
isPrime := make(map[int]bool)
isPrime[4] = false
isPrime[7] = true
fmt.Println(isPrime[4])
fmt.Println(isPrime[7])
```
```
false
true
```

映射表字面量

如同陣列以及切片，假如你已經知道映射表要存放的鍵值對，你可以透過**映射表字面量**來建立。映射表字面量以映射表的型別作為開頭（格式為 map[*KeyType*]*ValueType*）。接著是用大括號涵蓋你打算作為這個映射表初始值的鍵值對。每一組鍵值對之間都以一個冒號作為間隔，多組鍵值對以逗點作為區隔。

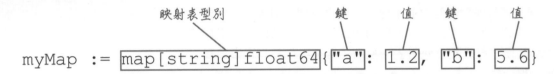

關於上述的做法，以下列出幾個透過映射字面量建立的映射表例子：

```
ranks := map[string]int{"bronze": 3, "silver": 2, "gold": 1}    ← 映射表字面量
fmt.Println(ranks["gold"])
fmt.Println(ranks["bronze"])
elements := map[string]string{    ← 多行映射表字面量
        "H": "Hydrogen",
        "Li": "Lithium",
}
fmt.Println(elements["H"])
fmt.Println(elements["Li"])
```

```
1
3
Hydrogen
Lithium
```

如同切片字面量，讓大括號內保持空白會建立一個空的映射表。

```
emptyMap := map[string]float64{}
```
                                    └─ 建立空映射表

把以下程式的空白處填上，讓它可以產生如下顯示的輸出結果。

```
jewelry := _____(map[string]float64)
jewelry["necklace"] = 89.99
jewelry[_____] = 79.99
clothing := ____[string]float64{_____: 59.99, "shirt": 39.99}
fmt.Println("Earrings:", jewelry["earrings"])
fmt.Println("Necklace:", jewelry[_____])
fmt.Println("Shirt:", clothing[_____])
fmt.Println("Pants:", clothing["pants"])
```
                                                            ┌─ 輸出

```
Earrings: 79.99
Necklace: 89.99
Shirt: 39.99
Pants: 59.99
```

答案在第 228 頁。

零值與映射表

如同陣列以及切片，假如你存取一組映射表沒有被指派的鍵，你獲得零值。

建立一組鍵為 *string* 以及值為 *int* 的映射表。

印出一組指派
過的值。

```
numbers := make(map[string]int)
numbers["I've been assigned"] = 12
fmt.Printf("%#v\n", numbers["I've been assigned"])
fmt.Printf("%#v\n", numbers["I haven't been assigned"])
```

印出一組未指派
的值。

```
12
0
```

印出零值

隨著不同型別的值，得到的零值並不皆是 0。像是一個值的型別為 string
的映射表，舉例來說，得到的零值會是一組空字串。

印出一組指派
過的值。

```
words := make(map[string]string)
words["I've been assigned"] = "hi"
fmt.Printf("%#v\n", words["I've been assigned"])
fmt.Printf("%#v\n", words["I haven't been assigned"])
```

印出一組未指派
的值。

```
"hi"
""
```

印出零值
(一組空字串)

如同陣列以及切片，零值可以讓映射表安全地操作值，縱使你並沒有實際地
指派值給它。

依然在零值

已經被遞增兩次

已經被遞增一次

```
counters := make(map[string]int)
counters["a"]++
counters["a"]++
counters["c"]++
fmt.Println(counters["a"], counters["b"], counters["c"])
```

```
2 0 1
```

映射表變數的零值是 nil

如同切片，映射表變數自身的零值是 nil。假如你宣告一個 map 變數卻
沒有指派任何值給它，它自身的值就會是 nil。這意味著不存在一個可以
添加鍵值對的映射表。假如你嘗試要添加值，就會得到 panic：

```
var nilMap map[int]string
fmt.Printf("%#v\n", nilMap)
nilMap[3] = "three"
```

映射表為「nil」；
無法添加值！

```
map[int]string(nil)
panic: assignment to entry in nil map
```

在添加鍵值對以前，透過 make 或者映射表字面量來建立映射表，並且指
派給映射表變數。

你需要先建立一個映射表…

```
var myMap map[int]string = make(map[int]string)
myMap[3] = "three"
fmt.Printf("%#v\n", myMap)
```

…然後你才可以指派值給它。

```
map[int]string{3:"three"}
```

如何用指派值以外的方式告知零值？

雖然零值很有用，有時可能很難說出給定鍵是否已指派了零值，或者依然還沒指派。

以下的程式範例告訴我們，這樣的情況會是個問題。這個程式碼在回報學生 "Carl" 時發生了錯誤，由於這個學生事實上還沒有登記在案的成績：

```go
func status(name string) {
        grades := map[string]float64{"Alma": 0, "Rohit": 86.5}
        grade := grades[name]
        if grade < 60 {
                fmt.Printf("%s is failing!\n", name)
        }
}

func main() {
        status("Alma")
        status("Carl")
}
```

一個指派值為 0 的映射表鍵。 ——→ status("Alma")
一個沒有指派值的映射表鍵。 ——→ status("Carl")

```
Alma is failing!
Carl is failing!
```

為了解決這種問題，存取映射表鍵值時可以視情況回傳第二個布林值。這個布林值為 true 時代表回傳值事實上有被指派到映射表，若為 false 代表回傳值為預設的零值。大部分的 Go 開發者會指派這個布林值到名為 ok 的變數（因為這個名字夠簡潔）。

```go
counters := map[string]int{"a": 3, "b": 0}
var value int
var ok bool
value, ok = counters["a"]
fmt.Println(value, ok)
value, ok = counters["b"]
fmt.Println(value, ok)
value, ok = counters["c"]
fmt.Println(value, ok)
```

存取有被指派的值。
「ok」為 true。
存取有被指派的值。
「ok」為 true。
存取未被指派的值。
「ok」為 false。

Go 維護者將此稱為「Comma ok idiom（逗號 ok 引用語）」。我們會在第 11 章的型別斷言再次看到它們。

```
3 true
0 true
0 false
```

假如你只想要測試該值是否存在，你可以透過指派該值到 _ 空白標記來忽略它。

```go
counters := map[string]int{"a": 3, "b": 0}
var ok bool
_, ok = counters["b"]
fmt.Println(ok)
_, ok = counters["c"]
fmt.Println(ok)
```

在忽略值的情況下測試是否存在。 ——→ _, ok = counters["b"]
在忽略值的情況下測試是否存在。 ——→ _, ok = counters["c"]

```
true
false
```

如何用指派值以外的方式告知零值？（續）

第二個回傳值可以用來判斷，從映射表取得的值是否恰好為該型別
的零值，還是沒有被指派的值。

以下我們程式碼的更新，會在回報成績不及格之前測試看看，請求
的鍵是否真的已經指派了值：

這裡會取得值以及一個
額外的布林值，用來揭
露該值是否已被指派。

假如沒有任何一個
該型別的指派值…

否則依照原本的邏輯，
回報成績不及格。

…回報該學生的成績並沒有
被登記。

```go
func status(name string) {
        grades := map[string]float64{"Alma": 0, "Rohit": 86.5}
        grade, ok := grades[name]
        if !ok {
                fmt.Printf("No grade recorded for %s.\n", name)
        } else if grade < 60 {
                fmt.Printf("%s is failing!\n", name)
        }
}

func main() {
        status("Alma")
        status("Carl")
}
```

```
Alma is failing!
No grade recorded for Carl.
```

寫下這個程式碼片段應該有的輸出結果。

```go
data := []string{"a", "c", "e", "a", "e"}
counts := make(map[string]int)
for _, item := range data {
        counts[item]++
}
letters := []string{"a", "b", "c", "d", "e"}
for _, letter := range letters {
        count, ok := counts[letter]
        if !ok {
                fmt.Printf("%s: not found\n", letter)
        } else {
                fmt.Printf("%s: %d\n", letter, count)
        }
}
```

輸出

....

....

....

....

....

→ 答案在第 228 頁。

使用「delete」函式移除鍵值對

有時候在指派值給指定的鍵之後,你可能會想要從映射表移除它們。
Go 為了這個需求提供了一個內建的 delete 函式。你只需要傳遞
給 delete 函式兩個東西:你想要移除的映射表以及鍵。該鍵以及
對應的值會從該映射表中被移除。

以下的程式碼我們會在兩個不同的映射表中指派鍵值對,然後移除
它們。爾後當我們嘗試存取這些鍵的時候,就會得到零值(ranks
映射表會是 0,以及 isPrime 會是 false)。兩個案例中回傳的
第二個布林值都會是 false,意味著該鍵已經不存在了。

```go
var ok bool
ranks := make(map[string]int)
var rank int
ranks["bronze"] = 3          指派值給「bronze」鍵。
rank, ok = ranks["bronze"]   「ok」結果會是 true 因為該值存在。
fmt.Printf("rank: %d, ok: %v\n", rank, ok)
delete(ranks, "bronze")      移除「bronze」鍵以及對應的值。
rank, ok = ranks["bronze"]   「ok」就會變成 false 因為該值已經被移除了。
fmt.Printf("rank: %d, ok: %v\n", rank, ok)

isPrime := make(map[int]bool)
var prime bool               指派值給鍵 5。
isPrime[5] = true
prime, ok = isPrime[5]       「ok」結果會是 true 因為該值存在。
fmt.Printf("prime: %v, ok: %v\n", prime, ok)
delete(isPrime, 5)           移除鍵 5 以及對應的值。
prime, ok = isPrime[5]       「ok」就會變成 false 因為該值已經被移除了。
fmt.Printf("prime: %v, ok: %v\n", prime, ok)
```

```
rank: 3, ok: true
rank: 0, ok: false
prime: true, ok: true
prime: false, ok: false
```

讓我們的投票程式可以使用映射表

```
Amber Graham
Brian Martin
Amber Graham
Brian Martin
Amber Graham
```

votes.txt

現在我們對映射表有更多的了解，來看看假如我們可以用得上剛學到的東西，以簡化我們的投票程式。

我們之前使用兩個切片，一個叫做 names 的切片存放候選人的姓名，另一個叫做 counts 的切片存放每個名字的票數。從檔案中讀取的每個姓名，我們得逐一搜索整個姓名切片尋找是否已經存在。接著在 counts 切片中對應的元素添加該姓名的票數。

```
// ...
var names []string          ← 這個變數存放候選人姓名列表的切片。
var counts []int            ← 這個變數存放記錄每個姓名出現次數的切片。
for _, line := range lines {
        matched := false
        for i, name := range names {    ← 在姓名切片中遍歷每個元素值。
                if name == line {        ← 假如這一行與當下的姓名一致…
                        counts[i] += 1   ← …在對應的計數加一。
// ...
```

使用映射表會更加簡單。我們可以只用一個映射表取代兩個切片（也稱為 counts）。我們的映射表會把候選人的姓名當作鍵使用，並且指派值為整數（用來儲存該姓名的票數）。一旦設置完成，我們需要把從檔案中讀取的每個候選人姓名指定為映射表的鍵，並且添加該鍵的值。

以下是簡化過的程式碼，它會新建一個映射表，並且直接對某些候選人姓名的鍵遞增次數：

```
counts := make(map[string]int)
counts["Amber Graham"]++
counts["Brian Martin"]++
counts["Amber Graham"]++
fmt.Println(counts)
```

`map[Amber Graham:2 Brian Martin:1]`

我們之前的程式在遇到找不到的元素時，需要分別對各自的切片增加新的元素…

```
if matched == false {          ← 假如沒有找到…
        names = append(names, line)    ← …把它添加為新的 name…
        counts = append(counts, 1)
}
```

…並且添加新的 count（這一行代表著第一次碰到）。

然而在映射表並不需要這麼麻煩。假如我們存取的鍵不存在，它會回傳零值（在這個例子會是 0，因為我們宣告的值是整數）。我們接著遞增該值也就是 1，此時該值就會隨著鍵指派到映射表。當我們再次遇到這個姓名時，就會得到這個指派的值，那麼我們就可以照常繼續遞增次數了。

讓我們的投票程式可以使用映射表（續）

接下來讓我們試著把 counts 映射表納入真實的程式內，這樣它就可以從實際的檔案中加總票數了。

坦白說，在學會如何操作映射表之後，最終的程式碼精簡到有點匪夷所思！我們宣告了一個映射表來取代兩個切片。接著在迴圈中的程式碼處理檔案中的字串。原本的 11 行的程式碼被僅僅一行取代，這一行程式碼對映射表中目前的候選人名字遞增票數。此外我們也把原本最後面用來印出結果的迴圈，用一行程式碼來印出完整的 counts 映射表。

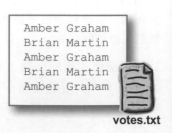

votes.txt

```
Amber  Graham
Brian  Martin
Amber  Graham
Brian  Martin
Amber  Graham
```

你的
工作空間 〉 src 〉 github.com 〉 headfirstgo 〉 count 〉 main.go

```go
package main

import (
        "fmt"
        "github.com/headfirstgo/datafile"
        "log"
)

func main() {
        lines, err := datafile.GetStrings("votes.txt")
        if err != nil {
                log.Fatal(err)
        }
        counts := make(map[string]int)
        for _, line := range lines {
                counts[line]++
        }
        fmt.Println(counts)
}
```

宣告一個用候選人姓名作為鍵，以及票數作為值的映射表。

對目前的候選人遞增票數。

把填好的映射表印出。

相信我們，雖然這程式碼看起來太詭異了。在它的背後有著複雜的運作。然而映射表都幫我們處理好了，意味著你不需要寫那麼多程式碼囉！

跟之前一樣，你可以重新使用 go install 指令來重新編譯程式。當我們再次運作執行檔，*votes.txt* 檔案會被讀取並處理。我們會看到 counts 映射表的結果，以及每個名字在檔案中出現過的次數。

```
Shell Edit View Window Help
$ go install github.com/headfirstgo/count
$ cd /Users/jay/go/bin
$ ./count
map[Amber Graham:3 Brian Martin:2]
```

對映射表使用 for...range 迴圈

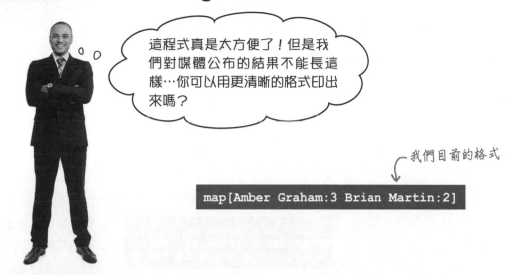

> 這程式真是太方便了！但是我們對媒體公布的結果不能長這樣…你可以用更清晰的格式印出來嗎？

我們目前的格式

```
map[Amber Graham:3 Brian Martin:2]
```

姓名：Kevin Wanger
職業：選舉志工

你說得沒錯。一行一個名字與得票數的格式應該會好很多。

對映射表中的每個鍵值對格式化為不同行，我們需要對映射表的每一個項目進行迴圈迭代。

我們曾經用來處理陣列以及切片的 for...range 迴圈一樣對映射表有用。與其指派整數的指標給你提供的第一個變數，事實上映射表當下的鍵會被指派給它。

我們預期的格式

```
Amber Graham: 3
Brian Martin: 2
```

這個變數會存放
每一組的鍵　　　　這個變數會存放
　　　　　　　　每一組對應的值　　　「range」
　　　　　　　　　　　　　　　　　鍵詞　　　所處理的
　　　　　　　　　　　　　　　　　　　　　映射表

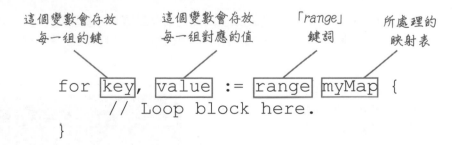

```
for key, value := range myMap {
    // Loop block here.
}
```

對映射表使用 for...range 迴圈（續）

透過 for...range 讓映射表進行每個鍵與值的迴圈變得更加簡單。只需要
提供一個變數來存放在每一次遍歷時使用的鍵，還有一個變數存放對應的
值即可，這樣一來映射表的值每一個元素都會自動地被查閱。

```go
package main

import "fmt"

func main() {
        grades := map[string]float64{"Alma": 74.2, "Rohit": 86.5, "Carl": 59.7}
        for name, grade := range grades {
                fmt.Printf("%s has a grade of %0.1f%%\n", name, grade)
        }
}
```

遍歷每一個
鍵值對。

印出每個鍵以及
對應的值。

```
Carl has a grade of 59.7%
Alma has a grade of 74.2%
Rohit has a grade of 86.5%
```

假如你只需要遍歷鍵，你也可以忽略用來
存放值的變數：

只處理鍵。

```go
fmt.Println("Class roster:")
for name := range grades {
        fmt.Println(name)
}
```

```
Class roster:
Alma
Rohit
Carl
```

或者假如你只需要值，你也可以把鍵指派
給 _ 空白標記：

只處理值。

```go
fmt.Println("Grades:")
for _, grade := range grades {
        fmt.Println(grade)
}
```

```
Grades:
59.7
74.2
86.5
```

然而只有這個例外的例子…假如你把以上的範例儲存到檔案，並且執行 go run 指令，你會
發現該映射表的鍵與值會以隨機的順序印出。假如你多次執行程式，每一次的結果的順序都
不一樣。

（注意：在 Go 遊樂場網站上執行程式
的結果並不是真的。雖然在上面執行
之後會產生一樣的結果，事實上順序
還是隨機的。）

迴圈每次都會產生
不一樣的順序！

```
Shell Edit View Window Help
$ go run temp.go
Alma has a grade of 74.2%
Rohit has a grade of 86.5%
Carl has a grade of 59.7%
$ go run temp.go
Carl has a grade of 59.7%
Alma has a grade of 74.2%
Rohit has a grade of 86.5%
```

for...range 迴圈竟然是以隨機的順序處理映射表！

for...range 迴圈以順序處理映射表的鍵與值，是因為映射表是個鍵與值的無順序集合。
當你對映射表使用 for...range 迴圈時，你永遠不知道每次會取得的映射表順序是什
麼！有時候沒什麼問題，假如一旦你需要更一致的順序，你會需要自己寫程式來控制！

以下是更新過的程式，它會永遠地以姓名的字母順序印出結果。這次分別使用了兩次
for 迴圈。第一個迴圈首先遍歷了映射表中的每個鍵並且忽略了值，並且把它們加到一
組字串的切片。接著這個切片會傳遞給 sort 套件的 strings 函式來以字母的順序就
地排序。

第二個 for 迴圈並不會遍歷映射表，而是對這個已經排序好的姓名切片進行迴圈遍歷
（這樣一來，多虧先前程式碼的功勞，它儲存了映射表中已經排序好的鍵）。這裡依然
會印出映射表中的每個鍵與值，不過這次的鍵是從已經排序好的切片中取得，而不是從
映射表自己。

```go
package main

import (
        "fmt"
        "sort"
)

func main() {
        grades := map[string]float64{"Alma": 74.2, "Rohit": 86.5, "Carl": 59.7}
        var names []string
        for name := range grades {
                names = append(names, name)
        }
        sort.Strings(names)
        for _, name := range names {
                fmt.Printf("%s has a grade of %0.1f%%\n", name, grades[name])
        }
}
```

用映射表中所有的鍵建立一個切片。

以字母順序排序這個切片。

以字母順序的方式處理這些姓名。

使用當下的學生姓名來從映射表中取得分數。

假如我們儲存上方的程式碼並且執行它，這次學生的姓名會以字母順序印出。無論
你執行多少次程式，結果都會是一致的。

假如映射表的資料順序沒那麼重要，直接對映射
表使用 for...range 迴圈其實對你就很夠用了。
然而假如順序很重要，你應該會考慮建立自己的
程式碼來處理順序。

```
Shell Edit View Window Help
$ go run temp.go
Alma has a grade of 74.2%
Carl has a grade of 59.7%
Rohit has a grade of 06.5%
$ go run temp.go
Alma has a grade of 74.2%
Carl has a grade of 59.7%
Rohit has a grade of 86.5%
```

每次都會以字母順序來處理姓名。

使用 for...range 迴圈更新我們的投票計算程式

睏溪縣其實沒有太多候選人，所以我們不太需要把輸出結果依姓名字母順序排列。我們只需要用 for...range 迴圈來直接處理映射表中的鍵與值即可。

要做的修改相當簡單；我們只需要把印出整個映射表的那一行改成 for...range 迴圈。把每個鍵指派給 name 變數，以及把每個值指派給 count 變數。接著我們調用 Printf 函式來印出當下的候選人姓名以及票數。

```
Amber Graham
Brian Martin
Amber Graham
Brian Martin
Amber Graham
```
votes.txt

你的工作空間 〉 src 〉 github.com 〉 headfirstgo 〉 count 〉 main.go

```go
package main

import (
        "fmt"
        "github.com/headfirstgo/datafile"
        "log"
)

func main() {
        lines, err := datafile.GetStrings("votes.txt")
        if err != nil {
                log.Fatal(err)
        }
        counts := make(map[string]int)
        for _, line := range lines {
                counts[line]++
        }
        for name, count := range counts {
                fmt.Printf("Votes for %s: %d\n", name, count)
        }
}
```

處理映射表的每個鍵與值。

印出鍵（候選人姓名）。

印出值（票數）。

再一次透過 go install 編譯，以及再執行一次執行檔，我們就會看到新的格式輸出。每一個候選人的姓名以及他們的票數以更漂亮的格式一行行地顯示。

```
Shell  Edit  View  Window  Help
$ go install github.com/headfirstgo/count
$ cd /Users/jay/go/bin
$ ./count
Votes for Amber Graham: 3
Votes for Brian Martin: 2
```

投票計算程式完工！

我相信選民的眼睛是雪亮的！我誠摯地恭喜
我的對手與我進行了一場精采的競爭…

```
Shell  Edit  View  Window  Help
$ go install github.com/headfirstgo/count
$ cd /Users/jay/go/bin
$ ./count
Votes for Amber Graham: 3
Votes for Brian Martin: 2
```

我們的投票計算程式完工啦！

當我們可用的資料集合只有陣列以及切片，我們需要一大堆額外的
程式碼以及運算時間來查詢資料。不過映射表讓這一切變得更簡
單！任何時候你需要再度從集合中找到資料，你都應該考慮使用映
射表！

程式碼磁貼

有個使用 `for...range` 來印出映射表內容的 Go 程式在冰箱上被搞得亂七八糟。你是否可以重組程式碼磁貼來製作一個運作的程式以產生所求的輸出嗎?(假如每次執行程式,所得到輸出結果的順序會不同是可以接受的。)

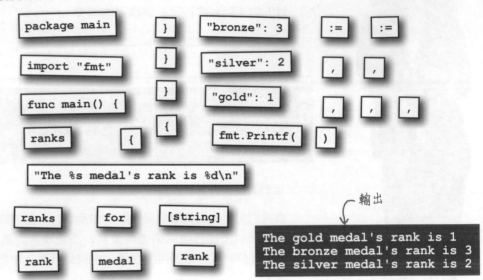

| `package main` | `}` | `"bronze": 3` | `:=` | `:=` |

| `import "fmt"` | `}` | `"silver": 2` | `,` | `,` |

| `func main() {` | `}` | `"gold": 1` | `,` | `,` | `,` |

| `ranks` | `{` | `{` | `fmt.Printf(` | `)` |

| `"The %s medal's rank is %d\n"` |

| `map` | `range` | `ranks` | `for` | `[string]` |

| `int` | `medal` | `rank` | `medal` | `rank` |

輸出

```
The gold medal's rank is 1
The bronze medal's rank is 3
The silver medal's rank is 2
```

答案在第 229 頁。

你的 Go 百寶箱

這就是第 7 章的全部了！你已經
把映射表加到你的百寶箱囉！

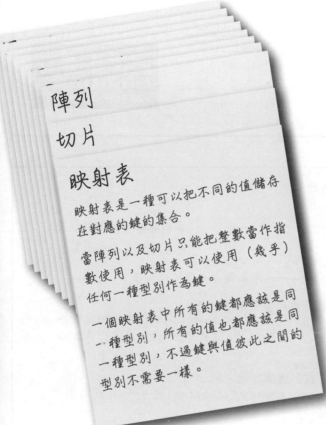

陣列

切片

映射表

映射表是一種可以把不同的值儲存
在對應的鍵的集合。

當陣列以及切片只能把整數當作指
數使用，映射表可以使用（幾乎）
任何一種型別作為鍵。

一個映射表中所有的鍵都應該是同
一種型別，所有的值也都應該是同
一種型別，不過鍵與值彼此之間的
型別不需要一樣。

重點提示

- 在宣告映射表變數時，你必須提供它的鍵以及
  值的型別：

  ```
  var myMap map[string] int
  ```

- 要建立一個新的映射表，調用 make 函式以及
  你打算賦予映射表的型別：

  ```
  myMap = make(map[string]int)
  ```

- 要對映射表指派一個值，把你打算提供的鍵放
  在中括號內：

  ```
  myMap["my key"] = 12
  ```

- 你也可以透過提供鍵的方法，從映射表取得值：

  ```
  fmt.Println(myMap["my key"])
  ```

- 你可以經由使用**映射表字面量**的方法，同時地
  建立以及初始化一個映射表以及它儲存的值：

  ```
  map[string]int {"a": 2, "b": 3 }
  ```

- 如同陣列以及切片，假如你存取一個未曾指派
  值的映射表的鍵，你會獲得零值。

- 從映射表回傳一個值的同時，也可以回傳另一
  個額外的布林值，用來提示該值是否為已指派
  的值，或者其實只是代表預設的零值：

  ```
  value, ok := myMap["c"]
  ```

- 假如你只打算測試映射表中某個鍵，是否有已
  指派的值，你可以使用空白標記 _ 忽略該值：

  ```
  _, ok := myMap["c"]
  ```

- 你可以使用內建的 delete 函式，來從映射表
  中刪除鍵以及對應的值：

  ```
  delete(myMap, "b")
  ```

- 你可以在映射表使用 for...range 迴圈，用法
  與陣列以及切片大同小異。你需要提供 個用
  來在每一輪指派給鍵的變數，以及另一個變數
  用來在每一輪指派給值。

  ```
  for key, value := range myMap {
      fmt.Println(key, value)
  }
  ```

習題
解答

把以下程式的空白處填上，讓它可以產生如下顯示的輸出結果。

```
jewelry := make(map[string]float64)          ← 建立一個新的空映射表。
jewelry["necklace"] = 89.99
jewelry["earrings"] = 79.99     } 把值指派到鍵
clothing := map[string]float64{"pants": 59.99, "shirt": 39.99}
fmt.Println("Earrings:", jewelry["earrings"])
fmt.Println("Necklace:", jewelry["necklace"])
fmt.Println("Shirt:", clothing["shirt"])
fmt.Println("Pants:", clothing["pants"])
```

透過映射表字面量建立一個新的、並且已經存好內容的映射表。

從映射表中印出各種值。

輸出

```
Earrings: 79.99
Necklace: 89.99
Shirt: 39.99
Pants: 59.99
```

習題
解答

寫下這個程式碼片段應該有的輸出結果。

我們會計算在這個切片中出現過字母的次數。

```
data := []string{"a", "c", "e", "a", "e"}
counts := make(map[string]int)          ← 用來儲存次數的映射表。
for _, item := range data {
        counts[item]++          ← 對目前的字母遞增次數。
}
letters := []string{"a", "b", "c", "d", "e"}
for _, letter := range letters {
    count, ok := counts[letter]
    if !ok {          ← 假如沒有找到這個字母…
            fmt.Printf("%s: not found\n", letter)          ← …說出來。
    } else {          ← 除此之外找到字母了…
            fmt.Printf("%s: %d\n", letter, count)
    }
}
```

對每個字母處理。

取得目前字母的次數，同時也是這個字母是否出現過的指標。

我們會檢驗這些字母，是否作為鍵存在映射表中。

…就印出該字母以及該字母有記錄的次數。

輸出

a: 2

b: not found

c: 1

d: not found

e: 2

程式碼磁貼解答

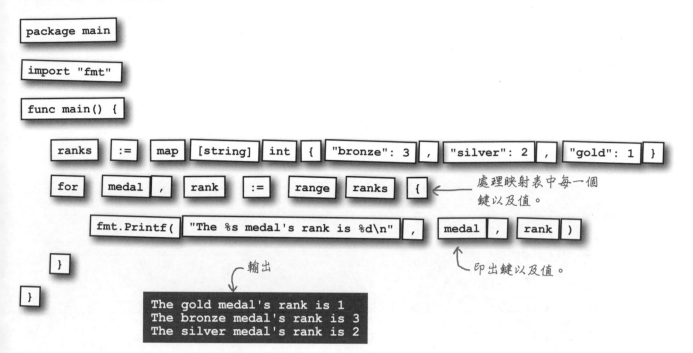

```go
package main

import "fmt"

func main() {
    ranks := map[string] int { "bronze": 3 , "silver": 2 , "gold": 1 }
    for medal , rank := range ranks {
        fmt.Printf( "The %s medal's rank is %d\n" , medal , rank )
    }
}
```

處理映射表中每一個
鍵以及值。

印出鍵以及值。

輸出

```
The gold medal's rank is 1
The bronze medal's rank is 3
The silver medal's rank is 2
```

結構（structs）

有時候你需要儲存不只一種型別。 我們學過切片，它可以儲存一系列的值。接著我們學會映射表，它可以對照一系列的鍵詞至一系列的值。然而這些資料結構儲存的型別只能有一種。有時候你會需要把不同型別的值存放在一起。就像是帳單收據，你必須整合項目名稱（字串）以及數量（整數），或者像是學生紀錄，你需要混合學生的姓名（字串）以及平均成績（浮點數）。你無法在切片或者映射表混合不同的資料型別。然而你可以透過另一種叫做**結構**（**struct**）的型別。我們將會在這一章學會結構！

切片與映射表只能存放一種型別

Gopher Fancy 是一本專門介紹可愛齧齒動物的新雜誌。他們正在規劃一個用來追蹤訂戶群的系統。

首先我們需要記錄訂戶的姓名，他們每個月支付的費率，以及他們是否還在訂閱。然而姓名的型別是 string，費率的型別是 float64，而訂閱狀態是 bool。我們無法用切片同時儲存這些型別！

切片只能設置來儲存同一種型別。

```
subscriber := []string{}
subscriber = append(subscriber, "Aman Singh")
subscriber = append(subscriber, 4.99)     無法添加 float64 型別！
subscriber = append(subscriber, true)     無法添加 boolean 型別！
```

```
cannot use 4.99 (type float64) as type string in append
cannot use true (type bool) as type string in append
```

那我們來試試映射表（**maps**）。希望會有用，因為我們可以用鍵來標記每個值所代表的意義。但是跟切片一樣，同一個映射表只能儲存單一型別的值！

映射表只能儲存單一型別的值。

```
subscriber := map[string]float64{}
subscriber["name"] = "Aman Singh"     我們不能儲存這個字串！
subscriber["rate"] = 4.99
subscriber["active"] = true     我們不能儲存這個布林值！
```

```
cannot use "Aman Singh" (type string)
as type float64 in assignment
cannot use true (type bool)
as type float64 in assignment
```

事實是這樣：在你打算同時儲存不同型別的值時，陣列、切片以及映射表派不上用場。它們只能用來儲存單一型別的值。

但是 Go 依然有辦法解決這個問題⋯

結構可由不同型別組成

結構（**struct**（是「structure」的縮寫））是一種由不同型別的值所建構而成的值。當切片恐怕只能儲存 string 值或者映射表只能儲存 int 的值時，你可以新建一個結構來同時儲存 string、int、float64、bool 等等的值：都方便地放在同一個群組內。

首先透過 struct 鍵詞宣告一個結構，後面接著一組大括號。你可以在大括號內定義一至多個**欄位**（**fields**）：結構所組合在一起的值。每一個欄位的定義在不同行所呈現，由一個欄位名稱以及該欄位的型別所組成。

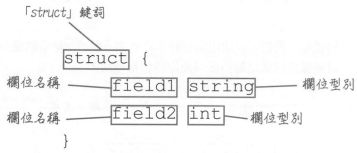

你可以用結構型別作為宣告的變數型別。以下的程式碼宣告了一個名為 myStruct 的變數來儲存結構，這個結構有名為 number 的 float64 欄位、名為 word 的 string 欄位以及名為 toggle 的 bool 欄位：

（用已經定義的型別來宣告結構變數是比較常見的做法，不過我們目前不打算花太多頁面來解釋型別宣告，所以目前先這樣編寫。）

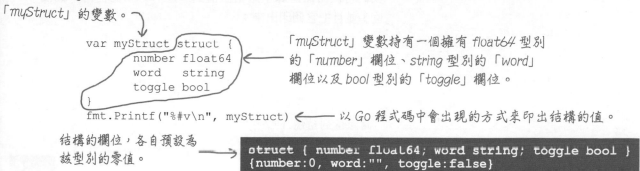

當我們用 %#v 的方式調用 Printf 印出時，它會以結構字面量的格式印出 myStruct 的值。在這章的稍後我們會解釋結構字面量，不過現在你看到結構的 number 欄位被設為 0，word 欄位被預設為空字串，以及 toggle 欄位被預設為 false。每個欄位都被設為該型別的零值。

透過點運算子取得結構的欄位

我們現在會定義結構了，然而要實地運用它的話，我們需要知道如何儲存新的值到結構的欄位，以及如何取回。

一直以來我們已經會使用點運算子來表示「屬於」另一個套件的函式，或者「屬於」值的方法：

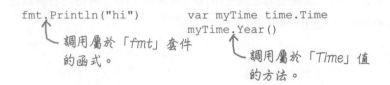

```
fmt.Println("hi")
```
調用屬於「fmt」套件的函式。

```
var myTime time.Time
myTime.Year()
```
調用屬於「Time」值的方法。

同樣地，我們可以使用點運算子來代表「屬於」結構的欄位。這個做法同樣地對指派以及取得值都有用。

結構值　　　　　　　　　欄位名稱

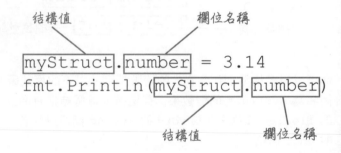

```
myStruct.number = 3.14
fmt.Println(myStruct.number)
```

結構值　　　　　　欄位名稱

我們可使用點運算子來指派值到 mySturct 的任何一個欄位，並且把它們印出來：

```
var myStruct struct {
        number float64
        word   string
        toggle bool
}
```

指派值到結構欄位。
```
myStruct.number = 3.14
myStruct.word = "pie"
myStruct.toggle = true
```

從結構欄位回傳值。
```
fmt.Println(myStruct.number)
fmt.Println(myStruct.word)
fmt.Println(myStruct.toggle)
```

```
3.14
pie
true
```

在結構中儲存訂戶的資料

現在我們知道如何宣告用來存放結構的變數，並且對它的欄位指派值。我們能夠建立一個用來存放雜誌訂閱戶資料的結構。

首先宣告一個叫做 subscriber 的變數。給予 subscriber 這個變數的形態為 struct 以及名為 name(string)、rate(float64) 與 active(bool) 的欄位。

在宣告完這個變數以及型別之後，接著可以使用點運算子來存取結構的欄位。我們對每個欄位指派型別吻合的值，然後再印出該值。

宣告「subscriber」的變數⋯

⋯用來存放結構。

```
var subscriber struct {
        name      string
        rate      float64
        active    bool
}
```

結構會有用來存放字串的「name」欄位。

⋯名為「rate」的欄位存放 float64⋯

⋯以及一個用來存放布林值的「active」欄位。

指派值到結構欄位。

```
subscriber.name = "Aman Singh"
subscriber.rate = 4.99
subscriber.active = true
```

從結構欄位回傳值。

```
fmt.Println("Name:", subscriber.name)
fmt.Println("Monthly rate:", subscriber.rate)
fmt.Println("Active?", subscriber.active)
```

```
Name: Aman Singh
Monthly rate: 4.99
Active? true
```

儘管我們得用不少型別來儲存手上的訂閱戶資料，結構讓我們把這些都方便地打包在一起！

習題

右方的程式建立一結構的變數來持有寵物的姓名（string）以及年齡（int）。把空白處補上讓這個程式碼可以產生如右方的輸出。

```
package main

import "fmt"

func main() {
        var pet _____ {
                name _____
                ____    int
        }
        pet._____ = "Max"
        pet.age = 5
        fmt.Println("Name:", ____.name)
        fmt.Println("Age:", pet.____)
}
```

```
Name: Max
Age: 5
```

→ 答案在第 262 頁。

自定型別與結構

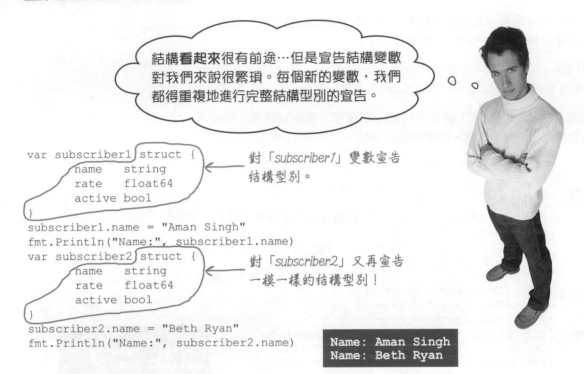

結構**看起來**很有前途…但是宣告結構變數對我們來說很繁瑣。每個新的變數,我們都得重複地進行完整結構型別的宣告。

```
var subscriber1 struct {
    name    string
    rate    float64
    active bool
}
```
對「*subscriber1*」變數宣告結構型別。

```
subscriber1.name = "Aman Singh"
fmt.Println("Name:", subscriber1.name)
var subscriber2 struct {
    name    string
    rate    float64
    active bool
}
```
對「*subscriber2*」又再宣告一模一樣的結構型別!

```
subscriber2.name = "Beth Ryan"
fmt.Println("Name:", subscriber2.name)
```

```
Name: Aman Singh
Name: Beth Ryan
```

在本書中你已經使用了不少的型別,像是 int、string、bool、slices(切片)、maps(映射表)還有現在的結構。然而你還沒辦法自己建立一個全新的型別。

型別定義允許你可以建立自己的型別。它讓你可以基於一個**底層型別**建立一個全新的**自定型別**。

縱使你可以任意使用型別作為你的底層型別,像是 float64、string 或是甚至切片與映射表,在這一章我們會專注在使用結構型別作為我們的底層型別。在下一章更深入探討自定型別時,我們會再來嘗試使用其他的底層型別。

要編寫型別定義,得使用 type 關鍵字以及你打算定義的型別名稱,接著是你打算作為底層的型別。假如你使用的是結構型別作為底層型別,你就得使用 struct 鍵詞以及用大括號涵蓋一系列的欄位定義,就像是你在宣告結構變數一樣。

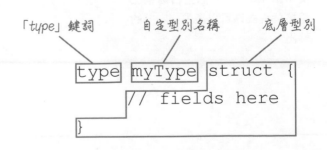

「*type*」鍵詞　　自定型別名稱　　底層型別

```
type myType struct {
    // fields here
}
```

自定型別與結構（續）

型別定義就像是變數一樣，可以編寫在函式內。然而這會把它的範圍限制在函式區塊內，意味著你無法在函式外使用它。於是型別通常會定義在任何函式之外，像是在套件層級的地方。

下方的程式碼定義了兩個型別是個很好的示範：part 與 car。兩者都基於結構作為底層型別宣告了它們的型別。

接著在 main 函式內，我們基於 car 型別宣告了 porsche 變數，以及基於 part 型別宣告了 bolts 的變數。現在我們宣告變數時，不再需要重寫冗長的結構宣告；只需要這個自定型別的名稱即可。

```
package main

import "fmt"

type part struct {
        description string
        count       int
}

type car struct {
        name     string
        topSpeed float64
}

func main() {
        var porsche car
        porsche.name = "Porsche 911 R"
        porsche.topSpeed = 323
        fmt.Println("Name:", porsche.name)
        fmt.Println("Top speed:", porsche.topSpeed)

        var bolts part
        bolts.description = "Hex bolts"
        bolts.count = 24
        fmt.Println("Description:", bolts.description)
        fmt.Println("Count:", bolts.count)
}
```

定義名為「part」的型別。

「part」的底層型別是擁有這些欄位的結構。

定義名為「car」的型別。

「car」的底層型別是擁有這些欄位的結構。

存取結構欄位。

宣告「car」型別的變數。

宣告「part」型別的變數。

存取結構欄位。

```
Name: Porsche 911 R
Top speed: 323
Description: Hex bolts
Count: 24
```

透過變數宣告，我們可以指派它們結構欄位的值，並且存取這些值，就像之前程式那樣。

針對雜誌訂閱戶使用自定型別

在之前，為了儲存雜誌訂戶的資料到結構，我們在建立不只一個變數的時候，得針對每個變數都寫出完整的結構型別（包含所有的欄位）。

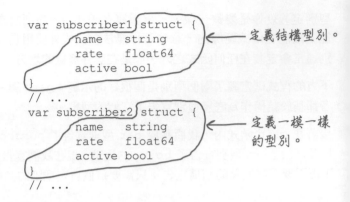

```
var subscriber1 struct {
    name    string
    rate    float64
    active  bool
}
// ...
var subscriber2 struct {
    name    string
    rate    float64
    active  bool
}
// ...
```

定義結構型別。

定義一模一樣的型別。

不過現在，我們只需要在套件層級簡單地定義 subscriber 型別。我們只寫一次結構型別、作為該自定型別的底層型別。當我們準備好宣告變數時，不需要再寫一次結構型別；只需要使用 subscriber 作為型別即可。再也不用重複地定義結構了！

定義名為「subscriber」的型別。

在型別定義使用那些變數重複用到的結構型別，作為底層型別。

```
package main

import "fmt"

type subscriber struct {
    name    string
    rate    float64
    active  bool
}

func main() {
    var subscriber1 subscriber
    subscriber1.name = "Aman Singh"
    fmt.Println("Name:", subscriber1.name)
    var subscriber2 subscriber
    subscriber2.name = "Beth Ryan"
    fmt.Println("Name:", subscriber2.name)
}
```

宣告型別為「subscriber」的變數。

在第二個變數也使用「subscriber」型別。

```
Name: Aman Singh
Name: Beth Ryan
```

在函式使用自定型別

不只是變數型別用得上定義型別，函式的參數以及回傳值也派得上用場。

part 型別又來囉，現在 showInfo 函式會用來印出一個 part 的欄位。該函式需要一個型別為 part 的參數。在 showInfo 中，我們透過參數變數取得它的欄位，就像是其他結構變數一樣。

```go
package main

import "fmt"

type part struct {
        description string
        count       int
}

func showInfo(p part) {
        fmt.Println("Description:", p.description)
        fmt.Println("Count:", p.count)
}

func main() {
        var bolts part
        bolts.description = "Hex bolts"
        bolts.count = 24
        showInfo(bolts)
}
```

宣告一個參數，使用「part」作為它的型別。

存取參數的欄位。

建立「part」值。

傳遞「part」到函式。

```
Description: Hex bolts
Count: 24
```

而這裡是 minimumOrder 函式，它會建立一個有特定描述、以及事先定義好 count 欄位值的 part 型別變數。我們宣告 minimumOrder 的回傳型別為 part，這樣它就可以回傳這個新的結構。

```go
// Package, imports, type definition omitted

func minimumOrder(description string) part {
        var p part
        p.description = description
        p.count = 100
        return p
}

func main() {
        p := minimumOrder("Hex bolts")
        fmt.Println(p.description, p.count)
}
```

須告一個型別為「part」的回傳值。

建立新的「part」值。

回傳「part」。

調用 minimumOrder，並且使用短變數宣告儲存這個回傳的「part」。

```
Hex bolts 100
```

在函式使用自定型別（續）

讓我們多看看一些與雜誌的 subscriber 型別配合使用的函式…

printInfo 函式使用 subscriber 參數，並且印出來它欄位的值。

這裡也有個 defaultSubscriber 函式，會新建一個有預設值的 subscriber 型別。它會取用一個 name 字串參數，並且用作新的 subscriber 值的 name 欄位。接著它會設置 rate 與 active 欄位的預設值。最後回傳一個完整的 subscriber 結構給調用者。

```go
package main

import "fmt"

type subscriber struct {
        name    string
        rate    float64
        active  bool
}
```

宣告一個參數… ⌐→ ⌐ …用「*subscriber*」型別。

```go
func printInfo(s subscriber) {
        fmt.Println("Name:", s.name)
        fmt.Println("Monthly rate:", s.rate)
        fmt.Println("Active?", s.active)
}
```

⌐ 回傳「*subscriber*」的值。

```go
func defaultSubscriber(name string) subscriber {
        var s subscriber          ← 建立新的「*subscriber*」。
```

設置結構的
欄位。
```go
        s.name = name
        s.rate = 5.99
        s.active = true
        return s  ←
}
```
回傳該「*subscriber*」。

```go
func main() {
        subscriber1 := defaultSubscriber("Aman Singh")  ←
        subscriber1.rate = 4.99  ←── 使用客製的 *rate*。
        printInfo(subscriber1)  ←── 印出欄位值。

        subscriber2 := defaultSubscriber("Beth Ryan")  ←
        printInfo(subscriber2)  ←── 印出欄位值。
}
```

用這個名字
設置訂戶。

用這個名字
設置訂戶。

```
Name: Aman Singh
Monthly rate: 4.99
Active? true
Name: Beth Ryan
Monthly rate: 5.99
Active? true
```

在我們的 main 函式，我們可以傳遞訂戶的名字給 defaultSubscriber 來取得一個新的 subscriber 結構。一個訂戶會有一個折扣的 rate，所以我們直接重設結構的欄位。我們可以傳遞填好欄位的 subscriber 結構給 printInfo 以印出它們的內容。

照過來！ 別把現存的型別名稱當作變數名稱。

假如你在當下的套件內定義了一個名為 car 的結構，而你宣告了一個名為 car 的變數，這個變數名稱會遮蔽型別名稱，而讓這個型別無法取用。

引用自該型別。↘
```
var car car
var car2 car
```
引用自該變數，↗
產生錯誤！

在實作中這錯誤並不常見，由於自定型別通常會是從其他套件匯入（而它們的名稱通常會是大寫開頭），而變數通常不是（而且它們的名稱通常會是小寫開頭）。Car（一個匯出的型別名稱）不會與 car（一個未匯出的變數名稱）產生衝突。我們會在本章的後面看到更多關於匯出自定型別的內容。然而遮蔽是個發生時會很困擾的問題，所以得盡量地避免這類情況不要發生。

程式碼磁貼

有個 Go 程式在冰箱上被搞得亂七八糟。你是否可以重組程式碼磁貼來製作一個運作的程式以產生所求的輸出嗎？完整的程式會有個名為 student 的自定型別，以及有個 printInfo 函式會接收 student 型別的值作為參數。

```
package main          {   }   }

import "fmt"          )  {     }

type    struct    s student    student    var s

fmt.Println("Name:", s.name)    printInfo(s)

fmt.Printf("Grade: %0.1f\n", s.grade)    name string

func printInfo(    func main() {    grade float64

s.name = "Alonzo Cole"    s.grade = 92.3    student
```

輸出 →
```
Name: Alonzo Cole
Grade: 92.3
```

→ 答案在第 241 頁。

用函式修改結構

我們打算提供這個 **$4.99** 的折扣給很多訂戶，所以我預計建立一個 `applyDiscount` 的函式來為我們設定 rate。但是它有問題！

接收「*subscriber*」參數。

```
func applyDiscount(s subscriber) {
        s.rate = 4.99
}
```
設置「*rate*」欄位。

```
func main() {
        var s subscriber
        applyDiscount(s)
        fmt.Println(s.rate)     0
}
```
打算設置「*subscriber*」結構的「*rate*」欄位為 4.99。

但這依然是 0 呢！

我們在 *Gopher Fancy* 的朋友嘗試編寫一個可以把結構當作參數的函式，並且更新這個結構其中的欄位。

還記得第 3 章的時候，我們嘗試編寫一個可把輸入的數值加倍 double 的函式？在 double 型別的回傳值竟然沒有改變！

那時我們才知道 Go 是一種「傳值」的語言，代表著函式參數接收的是調用函式引數的副本。假如函式改變了參數值，它改變的是副本，而不是原始的值。

```
func main() {
        amount := 6
        double(amount)
        fmt.Println(amount)
}

func double(number int) {
        number *= 2
}
```
傳遞引數給函式。

印出原本的值！

參數是引數的副本。

變動的是副本的值，而不是原始的值！   6

印出沒有改變的總數。

這件事情也同樣適用於結構。當我們傳遞 subscriber 結構給 applyDiscount 函式，函式收到的是結構的副本。所以當我們設置結構的 rate 欄位時，我們修改的是結構的副本，而不是原始的結構。

接收結構的副本！

```
func applyDiscount(s subscriber) {
        s.rate = 4.99
}
```
修改的是副本而不是原始的。

用函式修改結構（續）

回到第 3 章，我們的解法是更新函式的參數以可以接收指向值的指標，而不是值本身。我們在調用函式時，使用了取址運算子（&）來傳遞我們打算更新值的位址。接著在函式中，我們使用 * 運算子來更新在這個指標的值。

如此一來，在函式回傳之後我們也會看到更新過的值了。

```go
func main() {
        amount := 6
        double(&amount)        ← 傳遞指標而不是值本身。
        fmt.Println(amount)
}
                               ← 接收指標而不是 int 值。
func double(number *int) {
        *number *= 2
}
        ↑ 更新在指標的值。    12  ← 印出加倍後的總數。
```

我們也可以使用指標來讓函式更新結構。

以下的 applyDiscount 函式已經更新過了，應該會運作正常。我們更新了 s 參數來接收指向 subscriber 結構的指標，而不是結構本身。接著我們更新了結構的 rate 欄位的值。

在 main 函式，我們使用指向 subscriber 結構的指標調用了 applyDiscount 函式。當我們印出了結構 rate 欄位的值，我們可以看到它被更新成功了！

```go
package main

import "fmt"

type subscriber struct {
        name    string
        rate    float64         取用指向結構的指標，
        active  bool          ← 而不是結構本身。
}

func applyDiscount(s *subscriber) {
        s.rate = 4.99      ← 更新結構的欄位。
}

func main() {                     傳遞指標而
        var s subscriber        ← 不是結構。
        applyDiscount(&s)
        fmt.Println(s.rate)  4.99
}
```

> 等等，這是怎麼辦到的？在 double 函式，我們得使用 * 運算子來取得在該指標的值。在你設置 applyDiscount 的 rate 欄位時，你不需要 * 嗎？

事實上不需要！用點運算子來存取欄位，對結構指標來說也如同結構本身一樣有效。

透過指標存取結構欄位

假如你打算印出一個指標變數,你看到的會是指向記憶體位置。這應該不是你想要的。

```go
func main() {
    var value int = 2          建立值。
    var pointer *int = &value  取得指向該值的指標。
    fmt.Println(pointer)       噢!這印出了該指標,
}                              而不是值!
```

`0xc420014100`

反之,你需要使用 `*` 運算子(我們通常會稱為「取值運算子」)來取得指標上的值。

```go
func main() {
    var value int = 2
    var pointer *int = &value
    fmt.Println(*pointer)      印出在指標上的值。
}
```

`2`

於是你可能會覺得結構也需要使用 `*` 運算子。但只是讓 `*` 放在結構前面是沒用的。

```go
type myStruct struct {
    myField int
}

func main() {
    var value myStruct              建立結構值。
    value.myField = 3
    var pointer *myStruct = &value  取得指向該結構值的指標。
    fmt.Println(*pointer.myField)   錯誤!
}
         打算取得在指標上的
         結構值。
```

`invalid indirect of`
`pointer.myField (type int)`

假如你編寫了 `*pointer.myField`,Go 會覺得這個 myField 欄位應該存有指標。然而並不是如此,所以導致了錯誤。為了可以運作,你應該把 `*pointer` 以小括號包裝起來。這讓 myStruct 的值會先被取得,接著你可以直接存取結構欄位。

```go
func main() {
    var value myStruct                取得在該指標的結構值,
    value.myField = 3                 接著存取結構的欄位。
    var pointer *myStruct = &value
    fmt.Println((*pointer).myField)
}
```

`3`

透過指標存取結構欄位（續）

每次都得重複地編寫 `(*pointer).myField` 很快地就會變得讓人煩躁。基於這個原因，點運算子讓你可以經由指標存取到結構的欄位，就像是你可以直接從結構值存取欄位一樣。你可以擺脫小括號以及 `*` 運算子。

```go
func main() {
    var value myStruct
    value.myField = 3
    var pointer *myStruct = &value
    fmt.Println(pointer.myField)    ← 透過指標存取結構欄位值。
}
```
`3`

透過指標一樣可以指派結構欄位值：

```go
func main() {
    var value myStruct
    var pointer *myStruct = &value
    pointer.myField = 9    ← 透過指標指派結構欄位。
    fmt.Println(pointer.myField)
}
```
`9`

這就是為什麼 `applyDiscount` 函式可以在沒有 `*` 運算子的情況下更新結構欄位值。它透過結構的指標指派 `rate` 這個欄位值。

```go
func applyDiscount(s *subscriber) {
    s.rate = 4.99    ←
}
          透過指標指派結構欄位值。

func main() {
    var s subscriber
    applyDiscount(&s)
    fmt.Println(s.rate)
}
```
`4.99`

問：`defaultSubscriber` 在指派結構欄位值之前就出現了，但是它並不需要用任何指標，怎麼辦到的？

答：`defaultSubscriber` 函式會回傳一個結構值。假如調用者儲存了回傳值，那麼在它的欄位內的值都會被保留。只有函式在更新現存的結構值而沒有回傳的時候，才會需要指標來保證這些變更有被保留。

然而 `defaultSubscriber` 也可以回傳一個指到結構的指標，假如我們需要的話。事實上，我們會在下一節做這個修正！

透過指標傳遞大型結構

所以函式參數透過函式的調用，取得引數的副本，連結構也是…假如你傳遞了一個擁有很多欄位的巨大的結構，這不會占用太多電腦的記憶體嗎？

沒錯。電腦必須為原本的結構與副本保留空間。

函式會收到在調用時的參數的副本，縱使它們可能是像結構這樣大的值。

這也是為什麼，除非你的結構只有少少的欄位，傳遞一個指向結構的指標給函式會是比較好的主意（即便函式並不需要更改結構也是如此）。當你傳遞一個結構的指標，只有原始的結構會存在記憶體之中。函式只會取得這個結構的記憶體位置，以及它可以讀取這個結構、更改它或者其他需要處理的事情。都不需要製造額外的副本。

這裡是我們的 defaultSubscriber 函式，更新過後會回傳指標，以及我們的 printInfo 函式，更新過後會取得指標。任一函式都不需要像 applyDiscount 一樣改變現存的結構。不過使用指標的話，可以保證任何結構都只需要保存一份在記憶體中，也可以讓程式照常運作。

```go
// Code above here omitted
type subscriber struct {
        name    string
        rate    float64
        active  bool
}

func printInfo(s *subscriber) {
        fmt.Println("Name:", s.name)
        fmt.Println("Monthly rate:", s.rate)
        fmt.Println("Active?", s.active)
}

func defaultSubscriber(name string) *subscriber {
        var s subscriber
        s.name = name
        s.rate = 5.99
        s.active = true
        return &s
}

func applyDiscount(s *subscriber) {
        s.rate = 4.99
}

func main() {
        subscriber1 := defaultSubscriber("Aman Singh")
        applyDiscount(subscriber1)
        printInfo(subscriber1)

        subscriber2 := defaultSubscriber("Beth Ryan")
        printInfo(subscriber2)
}
```

更新後取用指標。

更新後會回傳指標。

回傳指向結構的指標，而不是結構本身。

這裡不再是結構了，而是結構的指標。

由於這裡已經是指標了，移除取址運算子。

```
Name: Aman Singh
Monthly rate: 4.99
Active? true
Name: Beth Ryan
Monthly rate: 5.99
Active? true
```

以下兩個程式看起來運作不太正確。左邊程式的 nitroBoost 函式預期會增加 car 的極速每小時 50 公里，但是事與願違。以及右邊程式的 doublePack 函式預期會讓 part 的 count 欄位倍增，也是事與願違。

看看你是否可以修正這兩個程式。只需要一點點的修正；我們已經保留程式碼中一點點額外的空間，這樣你就可以做必要的修正囉。

```go
package main

import "fmt"

type car struct {
        name       string
        topSpeed   float64
}

func nitroBoost( c  car ) {
        c.topSpeed += 50
}

func main() {
        var mustang car
        mustang.name = "Mustang Cobra"
        mustang.topSpeed = 225
        nitroBoost( mustang )
        fmt.Println( mustang.name )
        fmt.Println( mustang.topSpeed )
}
```

```go
package main

import "fmt"

type part struct {
        description  string
        count        int
}

func doublePack( p  part ) {
        p.count *= 2
}

func main() {
        var fuses part
        fuses.description = "Fuses"
        fuses.count = 5
        doublePack( fuses )
        fmt.Println( fuses.description )
        fmt.Println( fuses.count )
}
```

這裡預期會增加每小時 50 公里！ →
```
Mustang Cobra
225
```

這裡應該會變成兩倍！ →
```
Fuses
5
```

答案在第 263 頁。

將我們的結構型別移動到其他的套件

看來我們已經開始習慣這種 subscriber 結構型別的便利之處。然而在我們的 main 套件的程式碼開始變得越來越長了。我們可以把 subscriber 移到其他套件去嗎？

這應該不難。在你的 Go 工作空間找到 *headfirstgo* 目錄，然後在那裡建立新的目錄來存放名為 magazine 的套件。在 *magazine* 底下建立名為 *magazine.go* 的檔案。

 你的
工作空間 **src** **github.com** **headfirstgo** **magazine** **magazine.go**

確認把 package magizine 的宣告放在 *magazine.go* 的最開頭。接著，從你目前程式碼中複製 subscriber 結構的定義，貼到 *magazine.go* 中。

我們嘗試把型別定義原封不動地貼到這裡。

```
package magazine

type subscriber struct {
    name     string
    rate     float64
    active   bool
}
```

接著，讓我們寫個程式來測試這個新的套件。由於我們只是現在拿來測試，先不要對這個程式碼建立一個額外的目錄；我們只會使用 go run 的指令。建立一個名為 *main.go* 的檔案。你可以在任何地方存放這份檔案，不過確保它存放在你的工作空間之外，這樣一來它將不會干擾其他套件。

 在你工作空間之外
的目錄 **main.go**

（你可以晚點再把這份檔案移回工作空間，假如你需要的話，只要為它建立一個獨立的套件目錄。）

在 *main.go* 之中，儲存程式碼，這將會直接地建立一個新的 subscriber 結構，並且存取之中的欄位。

與之前的範例有兩個不同之處。首先我們需要在檔案的最上方匯入 magazine 套件。接著我們得用 magazine.subscriber 作為型別的名稱，它現在是屬於其他套件。

…包含我們新的
「*magazine*」套件

匯入我們需要的套件…

```
package main

import (
    "fmt"
    "github.com/headfirstgo/magazine"
)

func main() {
    var s magazine.subscriber
    s.rate = 4.99
    fmt.Println(s.rate)
}
```

型別名稱需要用套件名稱作為前綴以命名。

自定型別若要被匯出名稱必須首字大寫

來看看假如我們的測試程式碼是否依然可以在新的套件存取 subscriber 結構型別。在你的終端機中，切換到你儲存 *main.go* 的目錄，並且輸入 **go run main.go**。

```
Shell  Edit  View  Window  Help
$ cd temp
$ go run main.go
./main.go:9:18: cannot refer to unexported name magazine.subscriber
./main.go:9:18: undefined: magazine.subscriber
```

我們得到了些錯誤，不過最重要的是這個：cannot refer to unexported name magazine.subscriber。

Go 型別名稱也須遵守與變數及函式一樣的規則：假如變數、函式或者型別的名稱以大寫作為開頭，這會被視為可匯出並且可以在它所被定義的套件外被存取。然而我們的 subscriber 型別的名稱以小寫作為開頭，這代表著它只能在 magazine 套件內使用。

這個修正看來並不難。我們只需要打開 *magazine.go* 檔案然後把宣告型別的名稱首字大寫即可。接著打開 *main.go* 檔案然後把任何用到這個型別的地方首字大寫（這裡目前只有一個）。

> 對於要在定義的套件外所使用的型別，它需要被匯出：它的名稱必須首字大寫。

 **magazine.go**

```go
package magazine
              ┌─ 型別名稱首字大寫。
type Subscriber struct {
    name    string
    rate    float64
    active  bool
}
```

 main.go

```go
package main

import (
        "fmt"
        "github.com/headfirstgo/magazine"
)
                       ┌─ 型別名稱首字大寫。
func main() {
        var s magazine.Subscriber
        s.rate = 4.99
        fmt.Println(s.rate)
}
```

當我們嘗試透過 go run main.go 執行更新過的程式，不再會遇到 magazine.subscriber 型別未被匯出的問題。看來這個問題解決了。但是我們又遇到了一些問題⋯

```
Shell  Edit  View  Window  Help
$ go run main.go
./main.go:10:13: s.rate undefined
(cannot refer to unexported field or method rate)
./main.go:11:25: s.rate undefined
(cannot refer to unexported field or method rate)
```

結構欄位若要被匯出名稱必須首字大寫

在 Subscriber 型別的名稱已經首字大寫後,我們看來可以在 main 套件存取它了。然而現在我們在參照 rate 欄位時遭遇到了錯誤,因為它沒有被匯出。

```
Shell Edit View Window Help
$ go run main.go
./main.go:10:13: s.rate undefined
(cannot refer to unexported field or method rate)
./main.go:11:25: s.rate undefined
(cannot refer to unexported field or method rate)
```

縱使結構型別已經從套件匯出,它的欄位也有可能因為沒有首字大寫而未匯出。讓我們嘗試把 Rate 首字大寫吧(同時在 *magazine.go* 以及 *main.go*)…

> 如果想要把結構的欄位從套件匯出,**也**同樣需要首字大寫。

 magazine.go

```go
package magazine

type Subscriber struct {
        name     string
首字大寫。━━▶ Rate     float64
        active   bool
}
```

main.go

```go
package main

import (
        "fmt"
        "github.com/headfirstgo/magazine"
)

func main() {
        var s magazine.Subscriber
        s.Rate = 4.99  ◀━━ 首字大寫。
        fmt.Println(s.Rate)  ◀━━ 首字大寫。
}
```

再度執行 *main.go*,然後你會看到一切正常。現在它們都好好地匯出了,我們可以在 main 套件存取 Subscriber 型別以及它的 Rate 欄位了。

```
Shell Edit View Window Help
$ go run main.go
4.99
```

注意到縱使 name 以及 active 並沒有被匯出,程式碼一樣運作正常。如果需要,你可以在同一個結構中混合使用匯出以及未匯出的欄位。

目前的案例恐怕對 Subscriber 型別不是那麼適合。從其他套件可以存取訂閱的折扣率,卻不能取得名稱以及 active 狀態其實不太合理。所以讓我們回到 *magazine.go* 然後也匯出其他欄位。直接把這兩個名稱首字大寫:Name 以及 Active。

 **magazine.go**

```go
package magazine

type Subscriber struct {
首字大寫。━━▶ Name     string
        Rate     float64
首字大寫。━━▶ Active bool
}
```

結構字面量

定義一個結構,然後一個個地指定欄位值的程式碼看起來有點繁瑣:

```
var subscriber magazine.Subscriber
subscriber.Name = "Aman Singh"
subscriber.Rate = 4.99
subscriber.Active = true
```

跟切片還有映射表一樣的是,Go 也提供了**結構字面量**的功能,讓你可以同時建立結構並且定義欄位值。

語法與映射表很像。開頭是型別,接著是大括號。在大括號內你可以指派部分或者全部的欄位值。只要透過欄位名稱、一個冒號以及它們各自的值。假如你指定了多個欄位,使用逗點區別它們。

我們在上面展示了建立 Subscriber 結構以及一個個指派欄位的值。而以下的程式碼使用結構字面量在一行內完成了一樣的事情:

```
subscriber := magazine.Subscriber{Name: "Aman Singh", Rate: 4.99, Active: true}
fmt.Println("Name:", subscriber.Name)
fmt.Println("Rate:", subscriber.Rate)
fmt.Println("Active:", subscriber.Active)
```

```
Name: Aman Singh
Rate: 4.99
Active: true
```

在這一章你會發現我們大部分對結構變數使用的是完整格式的宣告(除了從函式回傳的結構)。結構字面量讓我們可以在建立結構時,使用短變數宣告。

在大括號內你可以忽略部分甚至全部的欄位。忽略的欄位會被指派給它們型別的零值。

```
subscriber := magazine.Subscriber{Rate: 4.99}
fmt.Println("Name:", subscriber.Name)
fmt.Println("Rate:", subscriber.Rate)
fmt.Println("Active:", subscriber.Active)
```

```
Name:
Rate: 4.99
Active: false
```

忽略的欄位會被指派為它們的零值。

池畔風光

你的**工作**是把游泳池內的程式碼片段放到上方程式碼中空白的地方。同一個程式碼片段**不能使用**超過一次,而且也不需要把游泳池內所有的片段都用完。你的**目標**是讓這整段程式碼可以正常運作,並且產生所列出的輸出結果。

```go
package geo

type Coordinates struct {
    _____    float64
    _____    float64
}
```
geo.go

```go
package main

import (
    "fmt"
    "geo"
)

func main() {
    location := geo._____{_____: 37.42, _____: -122.08}
    fmt.Println("Latitude:", location.Latitude)
    fmt.Println("Longitude:", location.Longitude)
}
```
main.go

輸出

```
Latitude: 37.42
Longitude: -122.08
```

注意:游泳池內的每個片段只能使用一次!

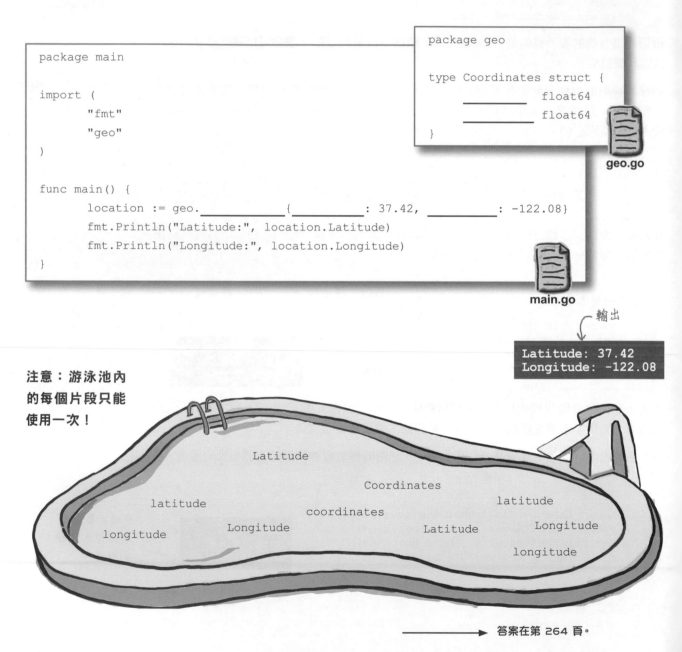

Latitude
Coordinates
latitude
latitude
coordinates
Longitude
Latitude
Longitude
longitude
longitude

答案在第 264 頁。

建立員工的結構型別

> 新的 magazine 運作地真是太棒了！在我們可以發布
> 第一個版本之前還有些事情⋯我們需要 Employee 結
> 構型別來追蹤我們員工的姓名以及薪資。我們需要為訂
> 戶以及員工儲存郵件地址。

建立 Employee 的結構型別應該很容易。我們只需要把它加到 magazine 套件，
跟 Subscriber 型別放在一塊兒。在 *magazine.go* 檔案中定義新的 Employee
型別，以 struct 作為底層型別。接著賦予這個結構型別一個 string 型別的
Name 欄位，以及一個 float64 型別的 Salary 欄位。確認型別的名稱以及欄
位的名稱都有首字大寫，這樣一來它們才可以從 magazine 套件匯出。

我們接著更新 *main.go* 檔案中的 main 套件來使用新的型別。首先用 magazine.
Employee 型別宣告一個新的變數。接著對每個欄位以合適的型別指派值。最
後把這些值都印出來。

magazine.go

```go
package magazine

type Subscriber struct {
        Name    string
        Rate    float64
        Active  bool
}
type Employee struct {
        Name    string
        Salary  float64
}
```
名稱首字大寫，這樣才可以匯出。
也匯出欄位名稱。

main.go

```go
package main

import (
        "fmt"
        "github.com/headfirstgo/magazine"
)

func main() {
        var employee magazine.Employee
        employee.Name = "Joy Carr"
        employee.Salary = 60000
        fmt.Println(employee.Name)
        fmt.Println(employee.Salary)
}
```
試著建立 *Employee* 值。

假如你從終端機執行 go run main.go，執行的過程就會建立一個 magazine.
Employee 的結構，指派欄位值，並且把值印出來。

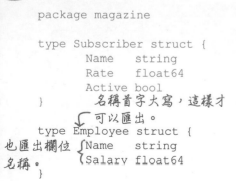
```
Joy Carr
60000
```

建立地址的結構型別

接著我們需要對 Subscriber 以及 Employee 型別追蹤郵件地址。我們需要街道、城市、州名還有郵遞區號的地址欄位。

我們也是可以對 Subscriber 以及 Employee 型別都增加分別的欄位如下:

```
type Subscriber struct {                type Employee struct {
        Name    string                          Name    string
        Rate    float64                         Salary float64
        Active  bool                            Street        string
        Street        string                    City          string
        City          string                    State         string
        State         string                    PostalCode string
        PostalCode string                 }
}
```

假如我們在這裡添加欄位… ⟨Street / City / State / PostalCode⟩

…我們也需要在這裡重複… ⟨Street / City / State / PostalCode⟩

然而郵件地址擁有一樣的格式,無論它們是屬於哪一個型別。重複地在不同型別之間處理這一堆欄位真的很困擾。

各種型別的值都可以是結構欄位,當然其他結構也行得通。於是我們改成建立 Address 的結構型別,然後把 Address 的結構欄位加到 Subscriber 以及 Employee 的型別。這會為我們省下不少功夫,並且在我們可能會改變地址格式時,確保不同型別之間的一致性。

我們首先建立 Address 型別,這樣我們才能確保是否運作正常。把它放進 magazine 套件中,跟 Subscriber 以及 Employee 放在一起。接著修改 *main.go* 檔案中的內容以建立 Address 的欄位,並且確保這個欄位是可被存取的。

magazine.go

```
package magazine

// Subscriber and Employee
// code omitted...
          在這裡添加新的型別。
type Address struct {
        Street        string
        City          string
        State         string
        PostalCode string
}
```

main.go

```
package main

import (
        "fmt"
        "github.com/headfirstgo/magazine"
)
                    試著增加地址值。
func main() {
        var address magazine.Address
        address.Street = "123 Oak St"
        address.City = "Omaha"
        address.State = "NE"
        address.PostalCode = "68111"
        fmt.Println(address)
}
```

在你的終端機中輸入 **go run main.go**,運作過程中會建立 Address 結構,公開欄位並且把整個結構印出來。

```
{123 Oak St Omaha NE 68111}
```

把結構作為欄位加到別的型別

現在我們確定 Address 結構型別可自行運作，讓我們來把 HomeAddress 欄位加到 Subscriber 以及 Employee 型別吧。

添加一個自身就是結構行的型別欄位到結構，與添加其他種型別沒有差異。首先提供欄位的名稱，接著是欄位的型別（在這裡的範例是結構型別）。

添加一個名為 HomeAddress 的欄位到 Subscriber 的結構。確認你有把結構欄位的首字大寫，這樣一來我們就可以在 magazine 套件之外存取這個欄位了。接著指定欄位的型別，也就是 Address。

同樣地在 Employee 型別添加 HomeAddress 欄位。

magazine.go

```go
package magazine

type Subscriber struct {
    Name        string
    Rate        float64
    Active      bool
    HomeAddress Address
}
```
欄位名稱首字大寫 → HomeAddress　欄位型別 ↗

```go
type Employee struct {
    Name        string
    Salary      float64
    HomeAddress Address
}
```
欄位名稱首字大寫 → HomeAddress　欄位型別 ↗

```go
type Address struct {
    // Fields omitted
}
```

在另一個結構中建立結構

現在讓我們嘗試看看，是否可以在 Subscriber 結構中產生 Address 結構的欄位。其實有不少方法可以實現。

第一個做法是先建立完整的 Address 結構，接著把它直接指派給 Subscriber 結構的 Address 欄位。以下在 *main.go* 示範這個做法。

main.go
```go
package main

import (
        "fmt"
        "github.com/headfirstgo/magazine"
)

func main() {
        address := magazine.Address{Street: "123 Oak St",
            City: "Omaha", State: "NE", PostalCode: "68111"}
        subscriber := magazine.Subscriber{Name: "Aman Singh"}
        subscriber.HomeAddress = address
        fmt.Println(subscriber.HomeAddress)
}
```

建立 *Address* 的值並且把欄位填上。

建立 *Address* 所要歸屬的 *Subscriber* 結構。

設置 *HomeAddress* 欄位。

印出 *HomeAddress* 欄位。

在你的終端機輸入 **go run main.go**，然後你會看到訂戶的 HomeAddress 欄位已經被設置到你建立的結構中。

```
{123 Oak St Omaha NE 68111}
```

在另一個結構中建立結構（續）

另一個方法是透過外部結構直接設置內部結構的欄位。

當 Subscriber 結構建立後，它的 HomeAddress 欄位已經被建立好了：這個欄位是一個 Address 結構並且它所有的欄位值都被預設為零值。假如我們透過 fmt.Printf 的 "%#v" 詞印出 HomeAddress，它會把這個結構在 Go 程式碼中的樣貌直接印出來，也就是結構字面量。我們會發現每一個 Address 的欄位各自被設為空字串，也就是 string 型別的零值。

> Address 結構的每一個欄位都被設為空字串（這是字串的零值）。

```
subscriber := magazine.Subscriber{}
fmt.Printf("%#v\n", subscriber.HomeAddress)
```

這個欄位已經被設置為一個全新的 Address 結構。→

```
magazine.Address{Street:"", City:"", State:"", PostalCode:""}
```

假如 subscriber 是一個持有 Subscriber 結構的變數，那麼當你輸入 subscriber.HomeAddress 時，你會得到一個 Address 的結構，縱使你還沒有明確地設置好 HomeAddress。

你可以基於這個現象透過點運算子「鏈結」的方式來存取 Address 的欄位。直接輸入 **subscriber.HomeAddress** 來存取 Address 的結構，接著是另一個點運算子以及你打算存取這個 Address 結構的欄位名稱。

這裡提供給你 Address 的結構。

這裡存取該結構的 City 欄位。

這個做法不僅對指派內部結構欄位有效⋯

```
subscriber.HomeAddress.PostalCode = "68111"
```

⋯也對往後取得這些值同樣有效。

```
fmt.Println("Postal Code:", subscriber.HomeAddress.PostalCode)
```

在另一個結構中建立結構（續）

以下透過點運算子鏈結的方式對 *main.go* 進行更新。首先我們在 subscriber 變數儲存了 Subscriber 結構。這樣會自動地在 subscriber 的 HomeAddress 欄位儲存了 Address 結構。我們接著對 subscriber.HomeAddress.Street 以及 subscriber.HomeAddress.City 等等欄位更新，然後再度把這些值印出來。

然後我們也把 Employee 結構儲存在 employee 變數，並且也對它的 HomeAddress 欄位做一樣的事情。

main.go

```go
package main

import (
        "fmt"
        "github.com/headfirstgo/magazine"
)

func main() {
        subscriber := magazine.Subscriber{Name: "Aman Singh"}
        subscriber.HomeAddress.Street = "123 Oak St"
        subscriber.HomeAddress.City = "Omaha"
        subscriber.HomeAddress.State = "NE"
        subscriber.HomeAddress.PostalCode = "68111"
        fmt.Println("Subscriber Name:", subscriber.Name)
        fmt.Println("Street:", subscriber.HomeAddress.Street)
        fmt.Println("City:", subscriber.HomeAddress.City)
        fmt.Println("State:", subscriber.HomeAddress.State)
        fmt.Println("Postal Code:", subscriber.HomeAddress.PostalCode)

        employee := magazine.Employee{Name: "Joy Carr"}
        employee.HomeAddress.Street = "456 Elm St"
        employee.HomeAddress.City = "Portland"
        employee.HomeAddress.State = "OR"
        employee.HomeAddress.PostalCode = "97222"
        fmt.Println("Employee Name:", employee.Name)
        fmt.Println("Street:", employee.HomeAddress.Street)
        fmt.Println("City:", employee.HomeAddress.City)
        fmt.Println("State:", employee.HomeAddress.State)
        fmt.Println("Postal Code:", employee.HomeAddress.PostalCode)
}
```

設置 subscriber、HomeAddress 欄位。

取得 subscriber、HomeAddress、的欄位值。

設置 employee、HomeAddress 的欄位。

取得 employee、HomeAddress 的欄位值。

在終端機輸入 **go run main.go**，接著程式會印出 subscriber.HomeAddress 以及 employee.HomeAddress 完整的結構。

```
Subscriber Name: Aman Singh
Street: 123 Oak St
City: Omaha
State: NE
Postal Code: 68111
Employee Name: Joy Carr
Street: 456 Elm St
City: Portland
State: OR
Postal Code: 97222
```

匿名結構欄位

從外部結構存取內部結構欄位的程式碼，恐怕有時候會有點繁瑣。在你想要存取任何一個欄位值的時候，你得把內部結構的完整欄位名稱（HomeAddress）每一次都清楚地寫出來。

```
subscriber := magazine.Subscriber{Name: "Aman Singh"}
subscriber.HomeAddress.Street = "123 Oak St"
subscriber.HomeAddress.City = "Omaha"
subscriber.HomeAddress.State = "NE"
subscriber.HomeAddress.PostalCode = "68111"
```

你得把內部結構的欄位
名稱寫出來…

…以及只有此時你可以
存取這個欄位。

Go 讓你可以定義**匿名欄位**（**annoymous fields**）：沒有名稱而只有型別的結構欄位。我們可以使用匿名欄位，來讓我們的內部結構更易於存取。

以下是 Subscriber 以及 Employee 型別把它們的 HomeAddress 改成匿名欄位的更新。為此我們簡單地移除欄位名稱，而只留下型別。

magazine.go

刪除欄位名稱
（"HomeAddress"），
只保留型別。

刪除欄位名稱
（"HomeAddress"），
只保留型別。

```
package magazine

type Subscriber struct {
    Name    string
    Rate    float64
    Active  bool
    Address
}

type Employee struct {
    Name    string
    Salary float64
    Address
}

type Address struct {
    // Fields omitted
}
```

當你宣告一個匿名欄位時，你可以使用欄位的型別名稱作為這個欄位的名稱。於是 subscriber.Address 以及 employee.Address 在以下的程式碼中依然可以存取 Address 結構們：

```
subscriber := magazine.Subscriber{Name: "Aman Singh"}
subscriber.Address.Street = "123 Oak St"
subscriber.Address.City = "Omaha"
fmt.Println("Street:", subscriber.Address.Street)
fmt.Println("City:", subscriber.Address.City)
employee := magazine.Employee{Name: "Joy Carr"}
employee.Address.State = "OR"
employee.Address.PostalCode = "97222"
fmt.Println("State:", employee.Address.State)
fmt.Println("Postal Code:", employee.Address.PostalCode)
```

透過新的「名稱」也就是
「Address」來存取內部結構欄位。

```
Street: 123 Oak St
City: Omaha
State: OR
Postal Code: 97222
```

嵌入式結構

然而匿名欄位提供了不只是在結構宣告時，可以跳過欄位名稱的功能。

在一個外部結構透過匿名欄位儲存的內部結構，可被稱之為**嵌入（Embedded）**外部結構。嵌入式結構作為欄位其實是**被提升（promoted）**到了外部結構，意味著這些嵌入式結構如同它們歸屬於外部結構般供你存取。

於是現在 Address 結構型別嵌入 Subscriber 以及 Employee 結構型別後，你不需要透過撰寫 subscriber.HomeAddress.City 來得到 City 欄位；你可以直接編寫 subscriber.City。你不需要撰寫 employee.HomeAddress.State 來得到 State，你可以直接編寫 employee.State。

以下是 *main.go* 最後的更新版本，它把 Address 修改為嵌入式型別。你在編寫程式碼時可以當作沒有 Address 這個型別；就像是 Address 的所有欄位都歸屬於它所嵌入的那個結構型別。

📄 **main.go**

```go
package main

import (
        "fmt"
        "github.com/headfirstgo/magazine"
)

func main() {
        subscriber := magazine.Subscriber{Name: "Aman Singh"}
        subscriber.Street = "123 Oak St"
        subscriber.City = "Omaha"
        subscriber.State = "NE"
        subscriber.PostalCode = "68111"
        fmt.Println("Street:", subscriber.Street)
        fmt.Println("City:", subscriber.City)
        fmt.Println("State:", subscriber.State)
        fmt.Println("Postal Code:", subscriber.PostalCode)

        employee := magazine.Employee{Name: "Joy Carr"}
        employee.Street = "456 Elm St"
        employee.City = "Portland"
        employee.State = "OR"
        employee.PostalCode = "97222"
        fmt.Println("Street:", employee.Street)
        fmt.Println("City:", employee.City)
        fmt.Println("State:", employee.State)
        fmt.Println("Postal Code:", employee.PostalCode)
}
```

設置 *Address* 的欄位如同它們是定義在 *Subscriber* 一樣。

經由 *Subscriber* 取得 *Address* 的欄位。

設置 *Address* 的欄位如同它們是定義在 *Employee* 一樣。

經由 *Employee* 取得 *Address* 的欄位。

```
Street: 123 Oak St
City: Omaha
State: NE
Postal Code: 68111
Street: 456 Elm St
City: Portland
State: OR
Postal Code: 97222
```

請記住：嵌入內部結構並不是*必要*的。也不一定得用得上內部結構。有時候在外部結構添加新的欄位會讓程式碼更加簡潔。你得考慮當下的情境，然後評估最適合你以及你的使用者的方案。

嵌入式結構

我們的自定型別完成啦！

你為我們創造的這些結構型別真是太棒了！不再需要透過傳遞一大堆變數來代表我們的訂戶。我們需要的所有東西很便利地打包在一起。謝謝你，我們準備好啟動印刷機並且寄出我們的第一期啦！

幹得好！你已經定義了 Subscriber 以及 Employee 結構型別，以及嵌入 Address 結構到這兩個結構中。你已經找到可以代表雜誌所有需要資料的方法了！

不過，定義型別還有一個重要的面向你還沒考慮到。在之前的章節，你已使用像是 time.Time 以及 strings.Replacer 這樣的型別，它們有方法：你可以在這些值調用函式。但是你還沒學到如何為自己的型別定義方法。別擔心；我們會在下一章學到的！

以下是從 geo 套件來的程式碼，我們有在之前的習題看過它。你的目標是讓這個程式碼可以在 *main.go* 正常運作。然而這裡有個陷阱：你只能在 *geo.go* 增加兩個欄位到 Landmark 結構來完成這個習題。

```go
package geo

type Coordinates struct {
        Latitude  float64
        Longitude float64
}


type Landmark struct {

        _____

        _____

}
```
geo.go

在這裡增加兩個欄位！

```go
package main

import (
        "fmt"
        "geo"
)


func main() {
        location := geo.Landmark{}
        location.Name = "The Googleplex"
        location.Latitude = 37.42
        location.Longitude = -122.08
        fmt.Println(location)
}
```
main.go

輸出 ⟶ `{The Googleplex {37.42 -122.08}}`

答案在第 264 頁。

你的 *Go* 百寶箱

這就是第 8 章的全部了！你已經把結構以及定義型別加到你的百寶箱囉！

陣列

切片

映射表

結構

結構是把不同型別的值組合在一起的一種值。

在結構中分別的值被稱為欄位。

每個欄位都有自己的名稱以及型別。

自定型別

型別定義讓你可以建立屬於自己的全新型別。

每一個自定型別都基於一個底層型別，它定義了這個型別會如何基本地儲存值。

自定型別可以使用任何一種型別作為底層型別，不過最常用的是結構。

重點提示

- 你可以宣告一個結構型別的變數。透過使用 struct 鍵詞來指定一個結構型別，然後用大括號包含著一系列的欄位名稱以及型別。

```
var myStruct struct {
    field1 string
    field2 int
}
```

- 重複地編寫結構型別顯得乏味，所以常見的方法是基於一個底層型別來定義一個新的型別。接著這個自定型別可以用在變數、函式參數或者是回傳值等等地方。

```
type myType struct {
    field1 string
}
var myVar myType
```

- 你可以透過點運算子來存取結構的欄位。

```
myVar.filed1 = "value"
fmt.Println(myVar.field1)
```

- 假如有個函式需要修改結構，或者假如這個結構很大，它得透過指標的方式傳遞到函式內。

- 套件內定義的型別，只有在型別名稱首字大寫的前提下才可以被匯出。

- 同樣地，結構欄位除非名稱有首字大寫，否則無法在定義的套件之外被存取。

- 你可以透過結構字面量同時建立並且指派它的欄位值。

```
myVar := myType{field1: "value"}
```

- 添加一個沒有名稱，只有型別的結構欄位，被定義為匿名欄位。

- 一個內部結構透過匿名欄位的方式定義在外部結構的欄位，被稱為**嵌入**到外部結構。

- 你可以存取一個嵌入式結構的欄位，如同這些欄位屬於外部結構一樣。

習題解答

右方的程式建立一結構的變數來
持有寵物的姓名（string）以及
年齡（int）。把空白處補上讓這
個程式碼可以產生如右方的輸出。

```go
package main

import "fmt"

func main() {
    var pet struct {
        name string
        age  int
    }
    pet.name = "Max"
    pet.age = 5
    fmt.Println("Name:", pet.name)
    fmt.Println("Age:", pet.age)
}
```

```
Name: Max
Age: 5
```

程式碼磁貼解答

```go
package main

import "fmt"

type student struct {
    name string
    grade float64
}
```

定義「*student*」
結構型別。

```go
func printInfo( s student ) {
    fmt.Println("Name:", s.name)
    fmt.Printf("Grade: %0.1f\n", s.grade)
}
```

定義取用「*student*」
結構作為參數的函式。

```go
func main() {
    var s student
    s.name = "Alonzo Cole"
    s.grade = 92.3
    printInfo(s)
}
```

傳遞結構到
該函式。

輸出

```
Name: Alonzo Cole
Grade: 92.3
```

以下兩個程式看起來運作不太正確。左邊程式的 nitroBoost 函式預期會增加 car 的極速每小時 50 公里，但是事與願違。以及右邊程式的 doublePack 函式預期會讓 part 的 count 欄位倍增，也是事與願違。

只要修正函式讓它們可以接收指標，並且讓調用函式可以回傳指標就可以簡單地修正這兩個程式。不需要修正在函式內用來更新結構欄位值的程式碼；用來透過指標取得結構欄位的程式碼，跟直接存取結構的欄位的程式碼一模一樣。

```go
package main

import "fmt"

type car struct {
    name      string
    topSpeed  float64
}
```

接收指向結構的指標，而不是結構本身。

```go
func nitroBoost( c *car ) {
    c.topSpeed += 50
}
```

不需要修正；透過指標其實跟結構本身都是行得通的。

```go
func main() {
    var mustang car
    mustang.name = "Mustang Cobra"
    mustang.topSpeed = 225
    nitroBoost(&mustang )
    fmt.Println( mustang.name )
    fmt.Println( mustang.topSpeed )
}
```

傳遞指標。

修正了；現在調高了每小時 50 公里。

```
Mustang Cobra
275
```

```go
package main

import "fmt"

type part struct {
    description  string
    count        int
}
```

接收指向結構的指標，而不是結構本身。

```go
func doublePack( p *part ) {
    p.count *= 2
}
```

不需要修正；透過指標其實跟結構本身都是行得通的。

```go
func main() {
    var fuses part
    fuses.description = "Fuses"
    fuses.count = 5
    doublePack(&fuses )
    fmt.Println( fuses.description )
    fmt.Println( fuses.count )
}
```

傳遞指標。

修正了；現在是原本的兩倍囉。

```
Fuses
10
```

池畔風光解答

```
package geo

type Coordinates struct {
    Latitude    float64
    Longitude   float64
}
```
geo.go

型別名稱需要首字大寫，因為它需要被匯出。

欄位名稱也需要首字大寫。

```
package main

import (
    "fmt"
    "geo"
)

func main() {
    location := geo. Coordinates { Latitude : 37.42, Longitude : -122.08}
    fmt.Println("Latitude:", location.Latitude)
    fmt.Println("Longitude:", location.Longitude)
}
```
main.go

輸出

```
Latitude: 37.42
Longitude: -122.08
```

以下是從 geo 套件來的程式碼，我們有在之前的習題看過它。你的目標是讓這個程式碼可以在 *main.go* 正常運作。然而這裡有個陷阱：你只能在 *geo.go* 增加兩個欄位到 Landmark 結構來完成這個習題。

```
package geo

type Coordinates struct {
    Latitude  float64
    Longitude float64
}

type Landmark struct {
    Name string
    Coordinates
}
```
geo.go

把 Coordinates 當作匿名欄位來嵌入，這讓你可以當作是 Landmark 的欄位一樣直接存取 Latitude 以及 Longitude 欄位。

```
package main

import (
    "fmt"
    "geo"
)

func main() {
    location := geo.Landmark{}
    location.Name = "The Googleplex"
    location.Latitude = 37.42
    location.Longitude = -122.08
    fmt.Println(location)
}
```
main.go

輸出

```
{The Googleplex {37.42 -122.08}}
```

9 我就喜歡你這型

自定型別（type）

我的 Name 型別定義快完工了！它的底層型別是 string，而且你可以在每一個 Name 的值上調用我的 Capitalize 方法。真是太方便了！

關於自定型別還有很多可以學的呢。 在上一章我們告訴你如何基於底層結構的型別自定一個型別。而我們還沒告訴你的是，你可以把任何一種型別當作底層的型別。

你還記得方法（methods）嗎？那個可以連結到某個特定型別的函式？我們已經在本書中各式各樣的值調用過方法，但我們還沒告訴你如何定義自己的方法。在這一章我們會搞定這一切。馬上開始吧！

在真實世界的型別錯誤

假如你住在美國，你應該很熟悉那邊獨樹一格的度量衡系統。舉例來說在加油站，汽油以加侖販售，體積幾乎是公升的四倍多。而公升被用在這個世界上大部分的地方。

Steve 是個美國人，在其他國家租了台車。他開進一間加油站準備加油。他打算購買 10 加侖的汽油，預估應該可以足夠讓他開到他在另一個城市要下榻的飯店。

8…9…10。哇這太快了吧！這裡的幫浦真的非常有力！

他回到了路上，但只走了目標的四分之一就沒油了。

假如 Steve 有更仔細看看加油機上的標籤，它就會發現油量是以公升（liters），而不是加侖（gallons）來計算了。而它事實上需要購買 37.85 公升才等同於 10 加侖的汽油。

當你得到一個數值，你最好確認這個數值的單位是什麼。你得知道到底是公升還是加侖、是公斤還是磅、以及是美金還是日圓。

Steve 覺得他買了多少？ →

10 加侖

Steve 實際上買了多少！ →

10 公升

透過底層基礎型別定義型別

假如你有以下的變數：

```
var fuel float64 = 10
```

…它代表的到底是 10 加侖還是 10 公升？寫這個定義的人才會知道，但是其他人都是無法確定的。

你可以使用 Go 定義的型別來確認這個值的用途。雖然自定型別通常使用結構作為它們的底層型別，除此之外，int、float64、string、bool 以及其他任何型別都可以作為底層型別。

以下的程式定義了兩個新的型別，Liters 與 Gallons，兩個型別都是將 float64 當作底層型別。它們都被定義在套件層級，於是在當下套件的任何一個函式都可以使用。

在 main 函式中，我們宣告了一個型別為 Gallons 的變數，還有另一個型別為 Liters 的變數。我們把值指派給兩個變數並且印出來。

> **Go** 的自定型別通常用結構作為它們的底層型別，不過也可以用整數、字串、布林值以及任何型別作為底層型別。

```go
package main

import "fmt"

type Liters float64
type Gallons float64

func main() {
    var carFuel Gallons
    var busFuel Liters
    carFuel = Gallons(10.0)
    busFuel = Liters(240.0)
    fmt.Println(carFuel, busFuel)
}
```

定義兩個新的型別，兩者都是基於 float64 作為底層型別。

用 Gallons 定義變數。
用 Liters 定義變數。
轉換 float64 到 Gallons。
轉換 float64 到 Liters。

```
10 240
```

在你定義完型別之後，就可以從底層型別轉換任意值到這個型別。跟其他轉換的方式一樣，先寫下你想要轉過去的型別，接著是用括號涵蓋你想要轉換的值。

如果有需要，我們也可以用短變數宣告的方式來進行以上的型別轉換。

同時使用短變數宣告與型別轉換。

```go
carFuel := Gallons(10.0)
busFuel := Liters(240.0)
```

透過底層基礎型別定義型別（續）

假如你有個變數使用了自定型別，你不能指派不同自定型別的值給這個變數，縱使這個型別有一樣的底層型別。這樣一來可以幫助保護開發者不會在兩個型別之間造成混淆。

```
carFuel = Liters(240.0)
busFuel = Gallons(10.0)
```

錯誤 ⟶
```
cannot use Liters(240) (type Liters) as type Gallons in assignment
cannot use Gallons(10) (type Gallons) as type Liters in assignment
```

不過你可以在兩個基於相同底層型別的不同型別之間進行轉換。於是 Liters 可以轉換到 Gallons，反之亦然，因為它們的底層型別都是 float64。但是 Go 在進行轉換時只考慮底層型別的值；其實 Gallons(Liters(240.0)) 跟 Gallons(240.0) 並沒有不同。直接把一種型別轉換到另一種型別，就無法避免型別轉換所會帶來的錯誤。

```
carFuel = Gallons(Liters(40.0))     ← 40 公升不等於 40 加侖！
busFuel = Liters(Gallons(63.0))     ← 63 加侖不等於 63 公升！
fmt.Printf("Gallons: %0.1f Liters: %0.1f\n", carFuel, busFuel)
```

合法，但是不正確！ ⟶
```
Gallons: 40.0 Liters: 63.0
```

取而代之，任何操作可以讓底層型的值，轉換為適合你的目標型別的值，都是你得實現的。

簡單地在網路上搜尋，我們發現 1 公升大約等於 0.264 加侖，而 1 加侖大約等於 3.785 公升。我們可以在從 Gallons 轉換到 Liters 時乘以這個轉換比率，反之亦然。

```
carFuel = Gallons(Liters(40.0) * 0.264)    ← 從 Liters 轉換到 Gallons。
busFuel = Liters(Gallons(63.0) * 3.785)    ← 從 Gallons 轉換到 Liters。
fmt.Printf("Gallons: %0.1f Liters: %0.1f\n", carFuel, busFuel)
```

轉換為適合的值。 ⟶
```
Gallons: 10.6 Liters: 238.5
```

自定型別與運算子

自定型別支援與底層型別一模一樣的運算。舉例來說基於 `float64` 的
型別支援像是 +、-、* 以及 /，還有像是 ==、> 和 < 的運算子。

```
fmt.Println(Liters(1.2) + Liters(3.4))
fmt.Println(Gallons(5.5) - Gallons(2.2))
fmt.Println(Liters(2.2) / Liters(1.1))
fmt.Println(Gallons(1.2) == Gallons(1.2))
fmt.Println(Liters(1.2) < Liters(3.4))
fmt.Println(Liters(1.2) > Liters(3.4))
```

```
4.6
3.3
2
true
true
false
```

一個基於 `string` 為底層型別的型別，雖然支援 +、==、> 以及 <，但
是沒有 -，因為字串型別並沒有支援 -。

```
// package and import statements omitted
type Title string
```

定義一個底層型別為「*string*」的型別。

```
func main() {
    fmt.Println(Title("Alien") == Title("Alien"))
    fmt.Println(Title("Alien") < Title("Zodiac"))
    fmt.Println(Title("Alien") > Title("Zodiac"))
    fmt.Println(Title("Alien") + "s")
    fmt.Println(Title("Jaws 2") - " 2")
}
```

這些可行…

但是這不行！

錯誤

```
invalid operation:
Title("Jaws 2") - " 2"
(operator - not defined
on string)
```

自定型別可以與字面量一起執行。

```
fmt.Println(Liters(1.2) + 3.4)
fmt.Println(Gallons(5.5) - 2.2)
fmt.Println(Gallons(1.2) == 1.2)
fmt.Println(Liters(1.2) < 3.4)
```

```
4.6
3.3
true
true
```

不過自定型別**無法**同時把不同型別的值放在一起運算，縱使另一個
型別也有一樣的底層型別。再次提醒：這是為了保障開發者不會不
小心把兩種型別混合在一起。

```
fmt.Println(Liters(1.2) + Gallons(3.4))
fmt.Println(Gallons(1.2) == Liters(1.2))
```

錯誤

假如你打算把一個 `Liters` 型別的值與
`Gallons` 型別的值加在一起，你需要先把其
中一種型別的值轉換到另一種型別。

```
invalid operation: Liters(1.2) + Gallons(3.4)
(mismatched types Liters and Gallons)
invalid operation: Gallons(1.2) == Liters(1.2)
(mismatched types Gallons and Liters)
```

池畔風光

你的**工作**是把游泳池內的程式碼片段放到上方程式碼中空白的地方。同一個程式碼片段**不能**使用超過一次,而且也不需要把游泳池內所有的片段都用完。你的**目標**是讓這整段程式碼可以正常運作,並且產生所列出的輸出結果。

```go
package main

import "fmt"

type _____ int

func main() {
    var _____ Population
    population = _____ (_____)
    fmt.Println("Sleepy Creek County population:", population)
    fmt.Println("Congratulations, Kevin and Anna! It's a girl!")
    population += ___
    fmt.Println("Sleepy Creek County population:", population)
}
```

輸出 ⟶
```
Sleepy Creek County population: 572
Congratulations, Kevin and Anna! It's a girl!
Sleepy Creek County population: 573
```

注意:游泳池內的每個片段只能使用一次!

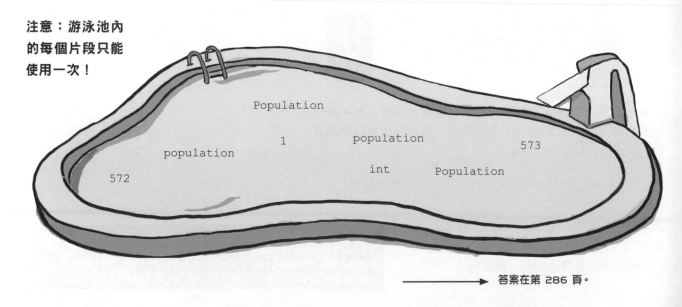

Population

population   1   population   573

572   int   Population

⟶ 答案在第 286 頁。

透過函式轉換型別

假設我們打算把原本油量是用 Gallons 計算的車在以 Liters 計量的加油站加油。或者把一台原本以 Liters 計算的公車在 Gallons 計算的加油站加油。為了避免錯誤的計量，假如我們打算把不同型別的值合在一起，Go 會告知我們編譯錯誤：

```go
package main

import "fmt"

type Liters float64
type Gallons float64

func main() {
        carFuel := Gallons(1.2)
        busFuel := Liters(2.5)
        carFuel += Liters(8.0)
        busFuel += Gallons(30.0)
}
```

不能把 Liters 的值和 Gallons 的值加總！

不能把 Gallons 的值和 Liters 的值加總！

錯誤 ——▶

```
invalid operation: carFuel += Liters(8)
(mismatched types Gallons and Liters)
invalid operation: busFuel += Gallons(20)
(mismatched types Liters and Gallons)
```

為了對不同型別的值進行運算，我們首先要轉換到符合的型別。之前我們展示了 Liters 乘以 0.264 以得到 Gallons 的結果，以及 Gallons 乘以 3.785 以得到 Liters 的結果。

```go
carFuel = Gallons(Liters(40.0) * 0.264)
busFuel = Liters(Gallons(63.0) * 3.785)
```

從 Liters 轉換到 Gallons。

從 Gallons 轉換到 Liters。

我們可以建立 ToGallons 以及 ToLiters 函式來做一樣的事情，然後調用它們來為我們進行轉換：

```go
// Imports, type declarations omitted
func ToGallons(l Liters) Gallons {
        return Gallons(l * 0.264)
}

func ToLiters(g Gallons) Liters {
        return Liters(g * 3.785)
}

func main() {
        carFuel := Gallons(1.2)
        busFuel := Liters(4.5)
        carFuel += ToGallons(Liters(40.0))
        busFuel += ToLiters(Gallons(30.0))
        fmt.Printf("Car fuel: %0.1f gallons\n", carFuel)
        fmt.Printf("Bus fuel: %0.1f liters\n", busFuel)
}
```

Gallons 的數值剛好只比 Liters 的 1/4 多一點。

Liters 的值剛好比 Gallons 的 4 倍再少一點。

加總之前轉換 Liters 的值到 Gallons。

加總之前轉換 Gallons 的值到 Liters。

```
Car fuel: 11.8 gallons
Bus fuel: 118.1 liters
```

透過函式轉換型別（續）

我們所會用到計量的體積不是只有汽油。像是食用油、汽水瓶還有果汁，要舉的例子還有很多。因此，計算容積的方法可不只有公升與加侖。在美國還有像是茶匙、杯以及夸脫等等。公制也有其他度量的單位，不過毫升（千分之一公升）已經是最常用的方法了。

讓我們來添加新的 `Milliliters` 型別。它像其他一樣會使用 `float64` 作為底層型別。

添加新的型別。

```
type Liters float64
type Milliliters float64
type Gallons float64
```

我們也會需要有個方式來把 `Milliliters` 型別轉換到其他型別。不過假如我們打算添加函式來從 `Milliliters` 轉換到 `Gallons`，會發生一個問題：我們不能在同一個套件內有兩個 `ToGallons` 函式！

```
func ToGallons(l Liters) Gallons {
	return Gallons(l * 0.264)
}
func ToGallons(m Milliliters) Gallons {
	return Gallons(m * 0.000264)
}
```

我們不能添加另一個一樣名字的函式，來把 Milliliters 轉換到 Gallons！

錯誤

```
12:31: ToGallons redeclared in this block
	previous declaration at prog.go:9:26
```

我們也可以把兩個 `ToGallons` 改名，把來源型別加到名稱內：`LitersToGallons` 以及 `MillilitersToGallons`。但是每次要寫出這些名字真是太痛苦了，而且當我們開始添加其他型別轉換的函式，顯然地這並不好維護。

減少衝突，但是名字太長了！

```
func LitersToGallons(l Liters) Gallons {
	return Gallons(l * 0.264)
}
```

減少衝突，但是名字太長了！

```
func MillilitersToGallons(m Milliliters) Gallons {
	return Gallons(m * 0.000264)
}
```

避免衝突，但是名字太長了！

```
func GallonsToLiters(g Gallons) Liters {
	return Liters(g * 3.785)
}
```

避免衝突，但是名字太長了！

```
func GallonsToMilliliters(g Gallons) Milliliters {
	return Milliliters(g * 3785.41)
}
```

沒有蠢問題

問：我有看過其他語言支援函式多載（function *overloading*）：它們讓不同的函式可以有一樣的名稱，只要它們的參數型別不一樣即可。為何 Go 不這樣支援？

答：Go 的維護人員也很常被問到這個問題，而他們的回答在 *https://golang.org/doc/faq#overloading*：「從其他語言的經驗告訴我們，同樣名稱的多種函式有時候會很方便，但是也會造成困擾以及在實作上較為脆弱。」透過不支援函式多載來簡化，可簡化 Go 程式語言，所以我們就不支援了。你會在本書後面看到，Go 團隊在其他面向也做了類似的決策；當他們面臨精簡以及添加功能的抉擇時，他們通常會選擇精簡至上。不過這也沒關係！我們很快就會看到，其實有其他的方法也可以達到類似的功效…

假如你可以寫 ToGallons 函式給 Liters 使用，還可以寫<u>另一個</u> ToGallons 給 Milliliters 用，那真是太美好了，可惜我知道我只是在做夢…

透過方法解決函式重複命名的問題

還記得回到第 2 章的時候，我們介紹了方法給你嗎？方法就是屬於某種型別的值會擁有的函式。除此之外，我們建立了 `time.Time` 值，並且調用了它的 `Year` 方法，我們也建立了 `strings.Replacer` 而且調用了它的 `Replace` 方法。

time.Now 回傳了一個 time.Time 的值來代表現在的日期與時間。

```
func main() {
    var now time.Time = time.Now()
    var year int = now.Year()
    fmt.Println(year)
}
```

time.Time 值有 Year 方法以回傳年份。

```
2019
```

（或者你的電腦時鐘所指定的年份。）

這會回傳一個 strings.Replacer 的值，用來把所有「#」用「o」取代。

```
func main() {
    broken := "G# r#cks!"
    replacer := strings.NewReplacer("#", "o")
    fixed := replacer.Replace(broken)
    fmt.Println(fixed)
}
```

印出從 Replace 方法回傳的字串。

```
Go rocks!
```

在 strings.Replacer 調用 Replace 方法，然後傳遞一個字串給它來進行取代的工作。

我們可以自己定義方法，來改善我們在型別轉換遭遇到的問題。

多個擁有 `ToGallons` 名稱的函式是不被允許的，所以我們需要編寫又臭又長的函式名稱來處理我們打算轉換的型別：

```
LitersToGallons(Liters(2))
MillilitersToGallons(Milliliters(500))
```

不過我們其實可以擁有多個名為 `ToGallons` 的方法，只要它們是定義在不同的型別即可。不再需要擔心命名衝突問題，讓我們可以更簡短地命名方法。

```
Liters(2).ToGallons()
Milliliters(500).ToGallons()
```

不過先別走太快。在一切之前我們得先知道如何定義方法…

定義方法

定義方法跟定義函式非常像。事實上只有一個地方不一樣：你需要添加一個額外的參數，**接收器參數**（receiver parameter），在函式名稱之前的小括號內。

跟其他函式參數一樣，你需要提供接收器參數的名稱以及型別。

接收器
參數名稱

接收器
參數型別

```
func (m MyType) sayHi() {
    fmt.Println("Hi from", m)
}
```

要調用你所定義的方法，你得先寫下你要調用方法的值，接著一個點運算子，以及你所要調用方法的名稱，最後接著一組小括號。被調用方法的值也就是所謂的**接收器**。

方法調用以及方法定義的相似之處可以幫你記住語法：接收器在你調用方法的前面，而接收器參數也是在你定義方法的第一個參數。

```
value := MyType("a MyType value")
value.sayHi()
```

方法接收器

方法名稱

在方法定義時，接受器參數的名稱其實並不重要，然而它的型別才是重點；所有這種型別的值都連結到你所定義的方法。

以下我們定義了名為 MyType 的型別，它的底層型別是 string。接著我們定義了名為 sayHi 的方法。因為 sayHi 的接收器參數的型別是 MyType，我們可以在任意的 MyType 值調用 sayHi 方法（大部分的開發者會說 sayHi 是定義「在」MyType）。

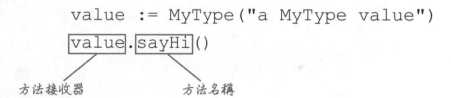

```
package main

import "fmt"
```

定義新的型別。

```
type MyType string
```

定義接收器參數。　方法會被定義在 MyType。

```
func (m MyType) sayHi() {
    fmt.Println("Hi")
}
```

一旦方法定義在某個型別的值，這種型別的任何值都可以調用它。

建立 MyType 值。

```
func main() {
    value := MyType("a MyType value")
    value.sayHi()
    anotherValue := MyType("another value")
    anotherValue.sayHi()
}
```

在這個值調用 sayHi。

建立另一個 MyType 的值。

這裡我們建立了兩個 MyType 型別的不同值，然後分別調用它們的 sayHi 方法。

在這個新的值調用 sayHi。

```
Hi
Hi
```

接收器參數就像是（幾乎就是）一個參數

接收器參數的型別也就是方法所要連結的型別。然而除此之外，Go 並沒有給接收器參數特別的待遇。你可以像其他函式參數一樣，從方法區塊取得接收器參數的內容。

以下的程式碼範例跟之前的幾乎一樣，除了更新讓它可以印出接收器參數的內容。你可以在產生的輸出看到接收器。

```
package main

import "fmt"

type MyType string

func (m MyType) sayHi() {
        fmt.Println("Hi from", m)
}

func main() {
        value := MyType("a MyType value")
        value.sayHi()
        anotherValue := MyType("another value")
        anotherValue.sayHi()
}
```

印出接收器參數的值。

用來調用方法的值。

用來調用方法的值。

接收器傳遞給接收器參數。

```
Hi from a MyType value
Hi from another value
```

在輸出看到接收器的值。

Go 讓你隨意為接收器參數命名，不過所有你為型別定義的方法有一樣的接收器參數命名，會大大提升可讀性。

慣例上來說，Go 開發者通常會用單一字母來命名：接收器型別名稱的第一個字母，並且是小寫（這就是為什麼我們用 m 來作為 MyType 的接收器參數名稱）。

Go 使用接收器參數，而不是像其他語言使用狀況「self」或者「this」的值。

問：我可以在任何型別定義新的方法嗎？

答：只有在你的自定型別所處的套件內，你才可以定義它的方法。這意味著你無法在 hacking 套件內，為別人的 security 套件內的型別定義方法，也無法為像是 int 或者 string 這樣的全域型別定義新的方法。

問：但是我需要在別人的方法使用我自己的方法！

答：首先你需要考慮是否函式就夠用了呢；函式可以拿任何你想要的型別作為參數。但是假如你真的需要你自定的方法，加入一些其他套件型別的方法，你可以在其他套件來的型別建立匿名結構。我們會在下一章探討該如何實作。

問：我有看過其他程式語言在方法區塊內的接收器透過名為 self 或是 this 的參數來被存取。Go 有這樣的方式嗎？

答：Go 不用 self 也不用 this，而用接收器參數。最大的不同點在於 self 以及 this 是隱含地設定，而我們明確地宣告接收器參數。除了這個以外，接收器參數的功能一模一樣，所以 Go 並不需要保留 self 以及 this 作為關鍵字！（你當然可以把接收器參數命名為 this，但是別這麼做；因為慣例是用接收器型別名稱的第一個字母來命名。）

方法就像是（幾乎就是）一個函式

撇除方法是從接收器調用的事實，它其實跟函式長得太像了。

如同其他函式，你可以在方法後面，透過小括號內定義額外的參數。這些參數變數可以在方法區塊內，與接收器參數一起被存取。當你調用方法時，你需要為每個參數提供引數。

```go
func (m MyType) MethodWithParameters(number int, flag bool) {
        fmt.Println(m)
        fmt.Println(number)
        fmt.Println(flag)
}

func main() {
        value := MyType("MyType value")
        value.MethodWithParameters(4, true)
}
```

接收器參數 ↗ `fmt.Println(m)`
參數 ↗
參數 ↗

接收器 ↗
引數 ↗
引數 ↗

```
MyType value
4
true
```

跟其他函式一樣，你也可以為方法定義一至多個回傳值，會在函式被調用時回傳。

```go
func (m MyType) WithReturn() int {
        return len(m)
}

func main() {
        value := MyType("MyType value")
        fmt.Println(value.WithReturn())
}
```

回傳型別 ↑
回傳接收器底層字串值的長度。 ↖
← 印出方法的回傳值。

```
12
```

跟其他函式一樣的是，假如方法的名稱有首字大寫，就可以從當前的套件被匯出，反之如果首字小寫，就不會被匯出。假如你希望在目前套件以外的地方使用這個方法，確認方法名稱有首字大寫。

匯出；名稱首字大寫。 ↓

```go
func (m MyType) ExportedMethod() {
}
```

不匯出；名稱首字小寫。 ↓

```go
func (m MyType) unexportedMethod() {
}
```

填滿以下的空白，定義 Number 型別以及 Add 與 Subtract 方法來
產生如下的輸出結果。

```go
type Number int

func (__ _____) ____(_____ int) {
    fmt.Println(n, "plus", otherNumber, "is", int(n)+otherNumber)
}

func (__ _____) _____(_____ int) {
    fmt.Println(n, "minus", otherNumber, "is", int(n)-otherNumber)
}

func main() {
    ten := Number(10)
    ten.Add(4)
    ten.Subtract(5)
    four := Number(4)
    four.Add(3)
    four.Subtract(2)
}
```

```
10 plus 4 is 14
10 minus 5 is 5
4 plus 3 is 7
4 minus 2 is 2
```

答案在第 286 頁。

指標接收器參數

以下有個看起來很眼熟的問題。我們用 int 作為底層型別定義了新的 Number 型別。我們也提供了 Number 一個 double 方法來把接收器的底層的值乘以二,並且更新接收器。但是從輸出結果我們發現,接收器並沒有因為方法而更新它的值。

```go
package main

import "fmt"                      定義底層型別為「int」
                                  的新型別。
type Number int

                                  在 Number 型別定義方法。
func (n Number) Double() {
    n *= 2                        把接收器乘以二,並且嘗試
}                                 更新接收器。

func main() {                     建立 Number 的值。
    number := Number(4)
    fmt.Println("Original value of number:", number)
    number.Double()              嘗試加倍 Number。
    fmt.Println("number after calling Double:", number)
}
```

```
Original value of number: 4
number after calling Double: 4     Number 並沒有改變!
```

我們在第 3 章的 double 函式有類似的問題。回到那時,我們學到函式參數所接收的,是函式調用時引數的副本,而不是原始的值,所以任何對副本的更新會在函式結束後刪除。要讓 double 函式有效,我們得傳遞指向我們要更新的值的指標,並且在函式內更新指向的值的內容。

```go
func main() {                    傳遞指標而不是
    amount := 6                  變數值本身。
    double(&amount)
    fmt.Println(amount)

                                 接收指標而不是整數值。
func double(number *int) {
    *number *= 2
}
```
更新在指標位置
的值。

12   印出加倍後的
       結果。

指標接收器參數（續）

我們有說過接收器參數與一般參數並沒有不同。而像其他參數一樣，接收器參數是原始接收器值的副本。假如你透過方法對接收器進行更新，你更改的是副本而不是原始資料。

如同第 3 章的 `double` 函式，解法就是更新我們的 `Double` 函式來讓接收器參數改成指標。實作方法跟其他參數一樣：我們在接收器型別之前放 `*` 來表示這是個指標型別。我們也需要修正函式區塊，讓它可以更新指標指向的值。完成之後，我們在 `Number` 調用 `Double` 方法，`Number` 應該會被更新。

```go
// Package, imports, type omitted
                         ┌─ 把接收器參數改成指標型別。
func (n *Number) Double() {
        *n *= 2
}         ↑
          └─ 更新指標指向的值。
func main() {
        number := Number(4)
        fmt.Println("Original value of number:", number)
        number.Double()  ←── 我們不需要更新調用方法的部分。
        fmt.Println("number after calling Double:", number)
}
```

```
Original value of number: 4
number after calling Double: 8  ←── 在指標的值
                                    被更新了。
```

注意到我們完全不需要更改調用方法的部分。當你調用方法時需要指向接收器的指標變數，而這個變數並不是個指標。Go 會自動地為你把接收器改成指標型別；假如你調用一個需要值接收器的方法，Go 會自動為你取得指標的值，並且傳遞給方法。

你可以在右方的程式碼看到這個做法。叫做 `method` 的方法取得的是純質的接收器，然而直接調用值或者指標都是可行的，因為 Go 在需要的時候會自動轉換。而 `pointerMethod` 取用指標接收器，不過我們在調用時，純質或者指標都是可行的，因為 Go 在需要的時候會自動轉換。

除此之外，右邊的程式碼打破了慣例：為了維持一致性，型別的所有方法都可以取用值接收器，或者指標接收器，不過我們得避免混用它們。為了展示的需求，在這裡我們只混用了兩個類別。

```go
// Package, imports omitted
type MyType string

func (m MyType) method() {
        fmt.Println("Method with value receiver")
}
func (m *MyType) pointerMethod() {
        fmt.Println("Method with pointer receiver")
}

func main() {
        value := MyType("a value")
        pointer := &value  ┌─ 值自動轉換到指標。
        value.method()     │
        value.pointerMethod()  ↙ 指向值的指標會自動地
        pointer.method()  ←──      被取得。
        pointer.pointerMethod()
}
```

```
Method with value receiver
Method with pointer receiver
Method with value receiver
Method with pointer receiver
```

照過來！

調用一個需要指標接收器的方法，你得取得指向值的指標！

你只能取得指向存在變數裡的值的指標。假如你打算取用並沒有存在變數裡的值的位址，會發生錯誤。

```
&MyType("a value")
```

錯誤 ⟶ 　`cannot take the address of MyType("a value")`

在對指標接收器調用方法時，會有一樣的限制。Go 會自動地為你轉換值到指標，但是僅限於接收器的值已經存在變數中。假如你打算直接對值調用方法，Go 會無法得到該指標，而你會發生一樣的錯誤。

```
MyType("a value").pointerMethod()
```

錯誤 ⟶ 　`cannot call pointer method on MyType("a value")`
　　　　`cannot take the address of MyType("a value")`

你得先把值存在變數中，這樣 Go 才有辦法取得它的指標：

```
value := MyType("a value")
value.pointerMethod()
```
↑ *GO 把這個轉換成指標。*

拆解東西真的是很有教育性！

我們的 Number 型別還有幾個方法定義又來了。嘗試用下方任一種方法改變內容後並執行看看。然後恢復你做過的改變，接著嘗試下一組。看看會發生什麼事情！

```go
package main

import "fmt"

type Number int

func (n *Number) Display() {
        fmt.Println(*n)
}
func (n *Number) Double() {
        *n *= 2
}

func main() {
        number := Number(4)
        number.Double()
        number.Display()
}
```

假如你這麼做…	…它會因為…而終止

把接收器參數改變成沒有定義在套件的型別：
 	
``go
func (n *Numberint) Double() {
        *n *= 2
}
``
	你只能對目前套件中有宣告過的型別定義方法。對全域定義的型別像是 int 定義新的方法會造成編譯錯誤。

把 Double 的接收器參數改成無指標型別：
 	
``go
func (n *Number) Double() {
        *n *= 2
}
``
	接收器參數從方法調用時會接收到的是值的副本。假如 Double 函式只變更了副本，原始值是不會在 Double 結束後變更的。

調用方法時，對一個需要指標作為接收器的引數使用未存放在變數的值：
 	
``go
Number(4).Double()
``
	當你調用一個需要指標作為接收器的方法，Go 會自動地轉換值到指標給予接收器，前提是僅限於這個值存放在變數內。若沒有則會產生錯誤。

把 Display 方法的接收器參數改成無指標型別：
 	
``go
func (n *Number) Display() {
        fmt.Println(*n)
}
``
	縱使這樣做，程式碼依然會運作正常，但是這就打破慣例了！一個型別所有方法的接收器參數應該都是指標或者都是值，最好是避免兩種混用。

透過方法轉換公升與毫升到加侖

當 Milliliters 型別為了測量容積而添加到我們的自定型別時，我們發現無法讓 Liters 與 Milliliters 都擁有 ToGallons 函式。為了繞過這問題，我們已經建立名字很長的兩個函式。

```go
func LitersToGallons(l Liters) Gallons {
        return Gallons(l * 0.264)
}
func MillilitersToGallons(m Milliliters) Gallons {
        return Gallons(m * 0.000264)
}
```

但是跟函式不同的是，方法的名稱可以一樣，只要它們是被定義在不同的型別即可。

來試著在 Liters 實作 ToGallons 方法看看。程式碼跟 LitersToGallons 幾乎一樣，不過我們把 Liters 改成接收器參數，而不再是一般參數。接著我們對 Milliliters 做一模一樣的操作，把 MillilitersToGallons 函式改成 ToGallons 方法。

注意到我們並沒有把接收器參數改成指標型別，因為我們的目的並不是要改變接收器，而且值並不會佔太大的記憶空間，所以參數取得值的副本是可接受的。

```go
package main

import "fmt"

type Liters float64
type Milliliters float64
type Gallons float64

func (l Liters) ToGallons() Gallons {
        return Gallons(l * 0.264)
}
func (m Milliliters) ToGallons() Gallons {
        return Gallons(m * 0.000264)
}

func main() {
        soda := Liters(2)
        fmt.Printf("%0.3f liters equals %0.3f gallons\n", soda, soda.ToGallons())
        water := Milliliters(500)
        fmt.Printf("%0.3f milliliters equals %0.3f gallons\n", water, water.ToGallons())
}
```

```
2.000 liters equals 0.528 gallons
500.000 milliliters equals 0.132 gallons
```

在我們的 main 函式，我們建立了 Liters 的值，接著對它調用 ToGallons。由於接收器的型別是 Liters，所以是 Liters 調用 ToGallons 的函式。同樣地，在 Milliliters 調用 ToGallons 會驅動 Milliliters 的 ToGallons 被調用。

透過方法轉換加侖到公升與毫升

轉換 GallonsToLiters 與 GallonsToMilliliters 的函式到方法的流程大同小異。我們只需要把各自的 Gallons 參數改成接收器參數即可。

```
func (g Gallons) ToLiters() Liters {          對 Gallons 型別定義 ToLiters 方法。
    return Liters(g * 3.785)
}
func (g Gallons) ToMilliliters() Milliliters {   對 Gallons 型別定義
    return Milliliters(g * 3785.41)                ToMilliliters 方法。
}
                    新創一個 Gallons 的值。
func main() {                                     轉換到公升。      轉換到毫升。
    milk := Gallons(2)
    fmt.Printf("%0.3f gallons equals %0.3f liters\n", milk, milk.ToLiters())
    fmt.Printf("%0.3f gallons equals %0.3f milliliters\n", milk, milk.ToMilliliters())
}
```

```
2.000 gallons equals 7.570 liters
2.000 gallons equals 7570.820 milliliters
```

以下的程式碼應該對 Liters 型別添加 ToMilliliters 方法，以及對 Milliliters 型別添加 ToLiters 方法。而 main 函式應該產生如輸出般的結果。把空白處填上以完成程式碼。

```
type Liters float64
type Milliliters float64
type Gallons float64


func _____ ToMilliliters() _____ {
    return Milliliters(l * 1000)
}
func _____ ToLiters() _____ {
    return Liters(m / 1000)
}


func main() {
    l := _____ (3)
    fmt.Printf("%0.1f liters is %0.1f milliliters\n", l, l._____())
    ml := _____ (500)
    fmt.Printf("%0.1f milliliters is %0.1f liters\n", ml, ml._____())
}
```

```
3.0 liters is 3000.0 milliliters
500.0 milliliters is 0.5 liters
```

答案在第 287 頁。

你的 Go 百寶箱

這就是第 9 章的全部了！你已經把定義方法加到你的百寶箱囉！

自定型別

型別定義讓你可以建立自己的全新型別。

每一個自定型別都基於一個底層型別，它定義了這個型別會如何基本地儲存值。

自定型別可以使用任何一種型別作為底層型別，不過最常用的是結構。

定義方法

方法的定義就像是函式的定義，除了它需要接收器參數之外。

方法與接收器參數的型別產生關聯。從這一刻起，這個型別的任何值都可以調用該方法。

重點提示

- 一旦你定義了型別，你可以從底層型別的任何值轉換到這個新的型別：

  ```
  Gallons(10.0)
  ```

- 一旦變數的型別被定義了，其他型別的值就無法被指派到這個變數，縱使它們擁有一樣的底層型別也不允許。

- 自定型別可以使用底層型別一樣的運算子。舉例來說，基於 int 底層型別定義的型別，可以支援 +、-、*、/、==、> 以及 < 運算子。

- 自定型別可以與字面量一同運算處理：

  ```
  Gallons(10.0) + 2.3
  ```

- 定義一個方法，需要在方法之前的小括號內，提供一個接收器參數：

  ```
  func (m MyType) MyMethod() {
  }
  ```

- 接收器參數與其他普通的參數一樣可以在方法區塊內使用：

  ```
  func (m MyType) MyMethod() {
      fmt.Println("called on", m)
  }
  ```

- 你可以對方法定義額外的參數或者回傳值，就跟你對函式的操作一樣。

- 在一樣的套件內定義多組一樣名稱的函式是不被允許的。縱使它們的參數型別不同。不過你可以對多組方法定義一樣的名稱，只要它們都是被定義在不同的型別才可以。

- 只能對在同一個套件內的型別定義方法。

- 跟其他參數一樣的是，接收器參數收到的引數是原始值的副本。假如你的方法需要更改接收器，你得把接收器參數改成指標，然後才可以更改指標的值。

池畔風光解答

```go
package main

import "fmt"

type Population    int
```

宣告底層型別為「int」的 Population 型別。

```go
func main() {
    var population Population
    population = Population(572)
    fmt.Println("Sleepy Creek County population:", population)
    fmt.Println("Congratulations, Kevin and Anna! It's a girl!")
    population += 1
    fmt.Println("Sleepy Creek County population:", population)
}
```

把整數轉換到 Population 型別。

底層型別支援 += 運算子；如此一來 Population 也支援。

輸出 →

```
Sleepy Creek County population: 572
Congratulations, Kevin and Anna! It's a girl!
Sleepy Creek County population: 573
```

填滿以下的空白，定義 Number 型別以及 Add 與 Subtract 方法來產生如下的輸出結果。

```go
type Number int

func (n Number) Add(otherNumber int) {
    fmt.Println(n, "plus", otherNumber, "is", int(n)+otherNumber)
}

func (n Number) Subtract(otherNumber int) {
    fmt.Println(n, "minus", otherNumber, "is", int(n)-otherNumber)
}

func main() {
    ten := Number(10)
    ten.Add(4)
    ten.Subtract(5)
    four := Number(4)
    four.Add(3)
    four.Subtract(2)
}
```

接收器參數 ↘　　會被定義在 Number 型別的方法。

印出接收器。↗　　印出一般參數。

不能把 Number 加上 int；得做轉換。

需要進行轉換。

轉換整數到 Number。

調用 Number 的方法。

轉換整數到 Number。

調用 Number 的方法。

```
10 plus 4 is 14
10 minus 5 is 5
4 plus 3 is 7
4 minus 2 is 2
```

以下的程式碼應該對 Liters 型別添加 ToMilliliters 方法，以及對 Milliliters 型別添加 ToLiters 方法。而 main 函式應該產生如輸出般的結果。把空白處填上以完成程式碼。

```go
type Liters float64
type Milliliters float64
type Gallons float64

func     (l Liters)    ToMilliliters()    Milliliters    {
        return Milliliters(l * 1000)          把接收器的值乘以 1,000，並且把產生
}                                             的結果轉換到毫升。
func     (m Milliliters)    ToLiters()   Liters   {
        return Liters(m / 1000)          把接收器的值除以 1,000，並且把產生
}                                        的結果轉換到公升。

func main() {
        l := Liters (3)
        fmt.Printf("%0.1f liters is %0.1f milliliters\n", l, l. ToMilliliters ())
        ml := Milliliters (500)
        fmt.Printf("%0.1f milliliters is %0.1f liters\n", ml, ml. ToLiters ())
}
```

```
3.0 liters is 3000.0 milliliters
500.0 milliliters is 0.5 liters
```

封裝（encapsulation）與嵌入（embedding）

我剛才聽說，她的 Paragraph 型別儲存在簡單的 string 欄位裡！還有那個華麗的 Replace 方法？它其實只是從嵌入的 strings.Replacer 晉升來的！雖然你在使用 Paragraph 的時候絕對不會知道的！

出包了。 你的程式有時候會從使用者的輸入接收到無效的資料，像是讀取的檔案或者其他類型。在這一章你將會學到**封裝**（**encapsulation**）：一種在這樣無效資料的情境下，保護你的結構型別欄位的方法。這樣一來，你就可以放心地處埋欄位資料！

我們也會告訴你如何在你的結構型別上**嵌入**（**embed**）其他的型別。假如你的結構型別需要已經在其他型別上存在的方法，你不需要把那段方法的程式碼複製貼上。你可以在自己的結構型別嵌入其他的型別，並且可以如同自己定義的方法般直接使用這個嵌入的型別方法！

建立資料結構型別

一個叫做 Remind Me 的地區新創公司正在開發一個行事曆應用程式，來協助使用者記住生日、紀念日等等。

我們需要能夠指定每個事件標題以及發生的年份、月份還有日期。你可以幫我們嗎？

年月日聽起來需要被放在一起；任一個資料單獨存在並沒有用處。結構型別相當善於把不同型別的資料收集在一起。

我們已知的是，自定型別可以使用其他任何型別作為底層型別，包含結構。事實上結構型別是自定型別的入門，請參照第 8 章。

我們建立一個 Date 結構型別來儲存年月日的值。我們把 Year、Month 還有 Day 欄位儲存到結構內，每個都以 int 作為型別。在我們的 main 函式，首先迅速地測試新的型別，使用結構字面量來建立 Date 的值以及把所有欄位都填上。接著使用 Println 來印出現在的 Date 值。

```
package main

import "fmt"          定義新的結構型別。

type Date struct {
定義結構欄位。  Year    int
               Month   int
               Day     int
}
                      使用結構字面量來
                      建立 Date 值。
func main() {
    date := Date{Year: 2019, Month: 5, Day: 27}
    fmt.Println(date)
}
```

```
{2019 5 27}
```

假如我們在完成後執行這個程式，會看到 Date 結構的 Year、Month 以及 Day 欄位。看來一切都運作正常！

人們正在把無效的資料輸入到日期結構的欄位！

> 這個 Date 結構型別看來運作得不錯…不過我們從用戶看到奇怪的資料，像是 "{2019 14 50}" 或者 "{0 0 -2}"！

噢，來看看這是怎麼發生的。年份只有在大於等於 1 的前提是有效的，但我們並沒有任何方式可以阻止使用者不小心把 Year 欄位指定為 0 到 -999 的數。Month 只有在 1 到 12 有效，但是並沒有任何方式阻止使用者輸入 0 或 13 到 Month 欄位。Day 只有在 1 到 31 有效，使用者可以輸入像是 -2 或 50。

```
                                          ⌐無效！  ⌐無效！
date := Date{Year: 2019, Month: 14, Day: 50}
fmt.Println(date)      ⌐無效！  ⌐無效！ ⌐無效！
date = Date{Year: 0, Month: 0, Day: -2}
fmt.Println(date)          ⌐無效！ ⌐無效！ ⌐無效！
date = Date{Year: -999, Month: -1, Day: 0}
fmt.Println(date)
```

```
{2019 14 50}
{0 0 -2}
{-999 -1 0}
```

我們所需要的是讓程式在接收之前，確保使用者的資料是有效的。在電腦科學，這被稱為資料驗證（data validation）。我們需要測試 Year 是否輸入了比 1 還大的值，Month 是否被指定 1 到 12 之間的值，以及 Day 的值是否在 1 到 31 之間。

（沒錯，有些月份的天數少於 31 天，但是先讓我們的程式碼範例維持在合理的長度，我們此時只是要確認它在 1 到 31 之間即可。）

setter 方法

結構型別只是另一種自定型別，這代表你可以像其他型別一樣對結構自定方法。我們必須能夠對 Date 型別建立 SetYear、SetMonth 以及 SetDay 方法來取得值，確認該值是否有效，以及假如有效的話將這個值指派到恰當的欄位。

這樣的方法通常被稱為 **setter 方法**。按照慣例，Go 的 setter 方法通常命名為 SetX，X 是你正要設置的欄位。

以下是我們第一個在 SetYear 方法的嘗試。接收器參數是你正在調用方法的 Date 結構。SetYear 會接收你打算指派的年份作為參數，然後在接收器 Date 結構上設置 Year 欄位。目前並沒有驗證這個值，不過我們很快就會進行驗證。

在我們的 main 函式，我們建立 Date 並且在此調用 SetYear 方法。接著我們會印出結構的 Year 欄位。

> *Setter 方法是用來設置欄位，或者其他自定結構的底層值的方法。*

```
package main

import "fmt"

type Date struct {
        Year  int
        Month int
        Day   int
}
```
┌ 接收用來設置某個欄位的值。
```
func (d Date) SetYear(year int) {
        d.Year = year  ←── 設置結構欄位。
}

func main() {
        date := Date{}  ←── 建立 Date。
        date.SetYear(2019)  ←── 透過方法設置 Year 欄位。
        fmt.Println(date.Year)  ←── 印出 Year 欄位。
}
```

`0` ←── Year 依然被設成 0 值！

當我們執行程式時，看起來執行得還是不太正確。雖然我們建立了 Date 並且用新的值調用 SetYear，Year 欄位依然被設成零值！

setter 方法需要指標接收器

還記得之前給你看過在 Number 型別的
Double 方法嗎?一開始我們用普通值來
編寫接收器的 Number 型別。但是我們後
來學到接收器參數跟其他參數一樣,所接
收的是原始值的副本。Double 方法只是
更新副本而已,在函式結束時就會消失了。

把接收器參數改變成指標型別。

```
func (n *Number) Double() {
    *n *= 2
}
```
更新在指標的值。

我們需要更新 Double 方法以取得指標的
接收器型別 *Number。當我們更新了指標
的值,Double 結束之後這個改變就會被保留下來。

SetYear 也適用一樣的道理。Date 接收器取得原始結構的副本。
在 SetYear 結束之後,所有對該副本的欄位所做的改變都會消失!

接收 Date 結構的
副本。

```
func (d Date) SetYear(year int) {
    d.Year = year
}
```
更新副本而不是原始的!

我們可以透過讓 SetYear 取用指標接收器來修正這個問題:(d *Date)。
要做的修正並不多。我們並不需要更新 SetYear 方法的程式碼區塊,因
為 d.Year 會自動地為我們取得在指標的值(如同輸入 (*d).Year 一樣
的效果)。在 main 調用 date.SetYear 也不需要作改變,因為 Date
的值會自動地在傳遞給方法時改變為 *Date。

```
type Date struct {
        Year  int
        Month int
        Day   int
}
```
需要改成指標接收器,這樣原始的值
才會被更新。

```
func (d *Date) SetYear(year int) {
        d.Year = year
}
```
現在更新的是原始的值,不是副本。

自動地取得在指標的值。

```
func main() {
        date := Date{}
        date.SetYear(2019)
        fmt.Println(date.Year)
}
```
自動地轉換成指標。

2019

Year 欄位已經
更新了。

現在 SetYear 取用指標接收器,假如我們重新執行
程式,會看到 Year 欄位有更新了。

添加剩下的 setter 方法

現在透過一樣的模式來定義 SetMonth 以及 SetDay 應該會更為容易。我們只需要確保在定義方法時使用指標接收器。Go 會在我們調用方法時,轉換接收器為指標,並且在更新欄位時,把指標轉換回結構的值。

```go
package main

import "fmt"

type Date struct {
        Year  int
        Month int
        Day   int
}

func (d *Date) SetYear(year int) {
        d.Year = year
}
```
確保使用指標接收器!
```go
func (d *Date) SetMonth(month int) {
        d.Month = month
}
func (d *Date) SetDay(day int) {
        d.Day = day
}
```

我們可以在 main 函式建立一個 Date 的結構值;透過我們新完成的方法,設置它的 Year、Month 以及 Day 欄位;並且把整個結構在結果印出來。

```go
func main() {
        date := Date{}
        date.SetYear(2019)
        date.SetMonth(5)     ← 設置 month。
        date.SetDay(27)      ← 設置月份的
        fmt.Println(date)       日期。
}
```
印出所有欄位。

```
{2019 5 27}
```

現在我們對 Date 型別的欄位有 setter 方法了。然而縱使它們可以使用這個方法,使用者仍然有機會設置錯誤的值到欄位。我們接著來進入防堵的措施。

```go
date := Date{}
date.SetYear(0)     ←——無效!
date.SetMonth(14)   ←——無效!
date.SetDay(50)     ←——無效!
fmt.Println(date)
```
```
{0 14 50}
```

在第 8 章的習題，你有看過 Coordinates 結構型別的程式碼。我們把型別的定義移到 *coordinates.go* 檔案去跟 *geo* 套件放在一起。

我們需要能設置 Coordinates 型別每個欄位的 **setter** 方法。補上以下 *coordinates.go* 的空白處，這樣一來在 *main.go* 的程式碼就可以執行並且印出以下的輸出結果。

```go
package geo

type Coordinates struct {
        Latitude  float64
        Longitude float64
}

func (c _____) SetLatitude(_____ float64) {
        _____ = latitude
}

func (c _____) SetLongitude(_____ float64) {
        _____ = longitude
}
```

coordinates.go

```go
package main

import (
        "fmt"
        "geo"
)

func main() {
        coordinates := geo.Coordinates{}
        coordinates.SetLatitude(37.42)
        coordinates.SetLongitude(-122,08)
        fmt.Println(coordinates)
}
```

main.go

輸出

```
{37.42 -122.08}
```

答案在第 317 頁。

在 setter 方法添加驗證

添加驗證到我們的 setter 方法會需要一些流程，不過我們早在第 3 章就學到必要的技能囉！

我們會在每個 setter 方法測試值是否在合理的範圍之內。假如不合理就回傳 error 值。假如合理就一如往常的指派 Date 結構的欄位，並且回傳 nil 給錯誤欄位。

我們首先對 SetYear 欄位添加驗證。我們先宣告這個方法會回傳型別為 error 的值。在方法區塊的開頭，我們會測試調用者提供的 year 參數是否為小於 1 的任意數。假如是的話，我們就回傳 error 以及 "invalid year" 的訊息。假如不是，我們照常指派 year 欄位值並且回傳 nil，代表並沒有錯誤發生。

我們在 main 調用 SetYear 並且把回傳值存在一個叫做 err 的變數。假如 err 不是 nil，代表著指派值是無效的，所以我們記錄這個錯誤並且結束。不然就維持印出 Date 結構的 Year 欄位。

```go
package main

import (
        "errors"        ← 用來建立錯誤值。
        "fmt"
        "log"           ← 用來記錄錯誤並且結束。
)

type Date struct {
        Year    int
        Month   int           添加一個 error
        Day     int           回傳值。
}

func (d *Date) SetYear(year int) error {
        if year < 1 {
假如提供的年份錯誤，回傳錯誤。→   return errors.New("invalid year")
        }
不然就指派欄位…              →   d.Year = year
…並且回傳了錯誤值為「nil」。→   return nil
}
// SetMonth, SetDay omitted

func main() {                        無效的值！
        date := Date{}
擷取任何錯誤。→  err := date.SetYear(0)
        if err != nil {
假如值無效，記錄錯誤並且結束。→  log.Fatal(err)
        }
        fmt.Println(date.Year)
}
```

記錄錯誤。→
```
2018/03/17 19:58:02 invalid year
exit status 1
```

傳遞無效值給 SetYear 導致程式回報錯誤並且結束。倘若我們傳遞有效的值，程式會維持印出。看看我們的 SetYear 方法是如何運作的！

```go
date := Date{}
err := date.SetYear(2019)   ← 有效值。
if err != nil {
        log.Fatal(err)
}
fmt.Println(date.Year)        2019   ← 印出欄位。
```

在 setter 方法添加驗證（續）

在 SetMonth 以及 SetDay 方法的驗證程式碼與 SetYear 的很類似。

在 SetMonth，我們測試提供的月份值少於 1 或者大於 12，就會回傳錯誤。不然這個值就回傳 nil。

而在 SetDay，我們測試提供的月份值是否少於 1 或是大於 31。無效的值會回傳錯誤，然而有效的值就會讓這個值回傳為 nil。

```go
// Package, imports, type declaration omitted
func (d *Date) SetYear(year int) error {
        if year < 1 {
                return errors.New("invalid year")
        }
        d.Year = year
        return nil
}
func (d *Date) SetMonth(month int) error {
        if month < 1 || month > 12 {
                return errors.New("invalid month")
        }
        d.Month = month
        return nil
}
func (d *Date) SetDay(day int) error {
        if day < 1 || day > 31 {
                return errors.New("invalid day")
        }
        d.Day = day
        return nil
}

func main() {
        // 在這裡測試以下的程式碼片段
}
```

你可以在 main 區塊內插入以下的程式碼，來測試 setter 方法。

傳遞 14 給 SetMonth 發生錯誤：

```go
date := Date{}
err := date.SetMonth(14)
if err != nil {
        log.Fatal(err)
}
fmt.Println(date.Month)
```

```
2018/03/17 20:17:42
invalid month
exit status 1
```

傳遞 50 給 SetDay 發生錯誤：

```go
date := Date{}
err := date.SetDay(50)
if err != nil {
        log.Fatal(err)
}
fmt.Println(date.Day)
```

```
2018/03/17 20:30:54
invalid day
exit status 1
```

不過傳遞 5 給 SetMonth 就沒問題：

```go
date := Date{}
err := date.SetMonth(5)
if err != nil {
        log.Fatal(err)
}
fmt.Println(date.Month)
```

`5`

不過傳遞 27 給 SetDay 就沒問題：

```go
date := Date{}
err := date.SetDay(27)
if err != nil {
        log.Fatal(err)
}
fmt.Println(date.Day)
```

`27`

欄位依然可以指派無效的值！

> 當有人實地使用你的 **setter** 方法提供的驗證應該會很棒。但是我們依然遇到有人會直接指派結構的欄位值，而且他們甚至還是會直接輸入無效的值。

沒錯；目前並沒有其他方法可以防止任何人直接指派 Date 結構的欄位值。而且他們如果這麼做，就會跳過在 setter 方法的驗證程式碼。他們可以指派任何想要的值！

```
date := Date{}
date.Year = 2019
date.Month = 14
date.Day = 50
fmt.Println(date)
```

`{2019 14 50}`

我們需要可以保護這些欄位的方法，這樣一來 Date 型別的使用者就只能透過 setter 方法來更新欄位值了。

Go 有提供可以達到這個目標的方法：我們可以移動 Date 型別到別的套件，並且讓這些欄位無法被匯出。

到目前為止，未匯出的變數、函式等等已經造成我們不小的阻礙。最近的例子像是在第 8 章的時候，我們發現雖然 Subscriber 結構型別已經從 magazine 套件匯出，它的欄位卻沒有匯出，這導致它們無法在 magazine 外被存取。

透過讓 Subscriber 型別名稱首字大寫，我們可以從 main 套件存取它。然後收到的錯誤告訴我們，因為 rate 欄位並沒有被匯出，所以我們無法引用它。

```
Shell Edit View Window Help
$ go run main.go
./main.go:10:13: s.rate undefined
(cannot refer to unexported field or method rate)
./main.go:11:25: s.rate undefined
(cannot refer to unexported field or method rate)
```

縱使結構型別從套件匯出，它的欄位會因為沒有首字大寫而無法匯出。讓我們試試看把 Rate 的首字大寫（*magazine.go* 以及 *main.go* 都是）…

但是在這個案例裡，我們並不希望這些欄位被直接存取。無法匯出的結構欄位正是我們要的！

試試看把 Date 型別移到其他的套件，並且讓這個欄位無法被匯出，來看看這個問題有沒有被解決。

移動 Date 型別到另一個套件

在你的 Go 工作空間的 *headfirstgo* 目錄內建立一個新的目錄，用來存放名為 calendar 的套件。在 *calendar* 目錄內，建立名為 *date.go* 的檔案（記住，你可以在套件目錄內用任意名稱命名你的檔案；它們都會存在同一個套件內）。

在 *date.go* 內，宣告 package calendar 並且匯入 "errors" 套件（這會是在該檔案中唯一需要用到的套件）。接著，把你在 Date 型別中的程式碼貼到這個檔案中。

```go
package calendar          ← 這個檔案是「calendar」
                            套件的一部分。
import "errors"           ← 這個檔案只用到「errors」
                            套件的函式。
type Date struct {
        Year    int
        Month   int         把 Date 型別的程式碼都貼到這個
        Day     int         新的檔案中。
}

func (d *Date) SetYear(year int) error {
        if year < 1 {
                return errors.New("invalid year")
        }
        d.Year = year
        return nil
}
func (d *Date) SetMonth(month int) error {
        if month < 1 || month > 12 {
                return errors.New("invalid month")
        }
        d.Month = month
        return nil
}
func (d *Date) SetDay(day int) error {
        if day < 1 || day > 31 {
                return errors.New("invalid day")
        }
        d.Day = day
        return nil
}
```

移動 Date 型別到另一個套件（續）

接著建立程式碼來測試我們的 calendar 套件。由於只是實驗性質，
我們會做與第 8 章一樣的事情，並且把檔案存在 Go 工作空間之外
的地方，所以這就不會影響到其他任何一個套件（我們只會用 go
run 指令來執行）。把這個檔案命名為 *main.go*。

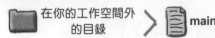 在你的工作空間外
的目錄 > main.go （之後你可以把這些程式碼移到你的 GO 工作空間內，如果你
想要的話，只要為它建立一個獨立的套件目錄就好。）

此時此刻我們在 *main.go* 內添加的程式碼，還是可以透過直接指派
欄位的方式，或者使用結構字面量的方式，建立無效的 Date。

```
package main              使用「main」套件，由於我們
                         會執行這些程式碼。

import (
        "fmt"
        "github.com/headfirstgo/calendar"   匯入我們剛建立的套件。
)
                         需要指明我們匯入的套件來源。

func main() {                      建立新的 Date 值。
        date := calendar.Date{}
        date.Year = 2019
        date.Month = 14
        date.Day = 50                    透過結構字面量指派另一個
        fmt.Println(date)                Date 的欄位值。
        指明套件。
        date = calendar.Date{Year: 0, Month: 0, Day: -2}
        fmt.Println(date)
}
```

直接設置 Date 的欄位值。

假如我們從終端機執行 *main.go*，會發現兩種設置欄位的方法都可行，
而且兩個無效的日期都被印出來了。

```
Shell  Edit  View  Window  Help
$ cd temp
$ go run main.go
{2019 14 50}
{0 0 -2}
```

無效日期！

不匯出 Date 的欄位

現在讓我們試試看更新 Date 結構,讓它的欄位不會被匯出。只要簡單地把欄位名稱在型別定義處以及任何有用到的地方都改為首字小寫即可。

Date 型別自身需要保持可匯出,所有的 setter 方法也是,因為我們將會需要從 calendar 套件外頭存取這些方法。

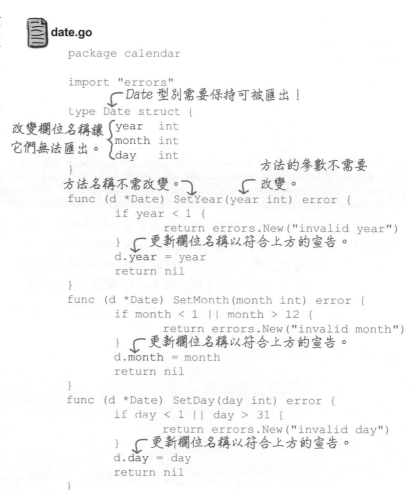

date.go

```go
package calendar

import "errors"
```
Date 型別需要保持可被匯出!
```go
type Date struct {
```
改變欄位名稱讓它們無法匯出。
```go
    year  int
    month int
    day   int
}
```
方法名稱不需改變。　*方法的參數不需要改變。*
```go
func (d *Date) SetYear(year int) error {
    if year < 1 {
        return errors.New("invalid year")
    }
```
更新欄位名稱以符合上方的宣告。
```go
    d.year = year
    return nil
}

func (d *Date) SetMonth(month int) error {
    if month < 1 || month > 12 {
        return errors.New("invalid month")
    }
```
更新欄位名稱以符合上方的宣告。
```go
    d.month = month
    return nil
}

func (d *Date) SetDay(day int) error {
    if day < 1 || day > 31 {
        return errors.New("invalid day")
    }
```
更新欄位名稱以符合上方的宣告。
```go
    d.day = day
    return nil
}
```

為了測試我們的更動,更新在 *main.go* 的欄位名稱以符合在 *date.go* 的欄位名稱。

main.go

```go
// Package, import statements omitted
func main() {
    date := calendar.Date{}
```
更新欄位名稱以符合。
```go
    date.year = 2019
    date.month = 14
    date.day = 50
    fmt.Println(date)
```
更新欄位名稱以符合。
```go
    date = calendar.Date{year: 0, month: 0, day: -2}
    fmt.Println(date)
}
```

透過已匯出方法存取未匯出欄位

如你所預期的，現在我們已經把 Date 的欄位轉為無法匯出了，嘗試在 main 函式存取它們會造成編譯錯誤。當我們打算直接設置欄位的值，或者使用結構字面量時，也會遇到一樣的情況。

無法直接存取欄位 ↙

```
Shell Edit View Window Help
$ cd temp
$ go run main.go
./main.go:10:6: date.year undefined (cannot refer to unexported field or method year)
./main.go:11:6: date.month undefined (cannot refer to unexported field or method month)
./main.go:12:6: date.day undefined (cannot refer to unexported field or method day)
./main.go:15:27: unknown field 'year' in struct literal of type calendar.Date
./main.go:15:37: unknown field 'month' in struct literal of type calendar.Date
./main.go:15:45: unknown field 'day' in struct literal of type calendar.Date
```

但是我們依然可以迂迴地存取欄位。未匯出變數、結構欄位、函式、方法等等，依然可以透過同一個套件內的已匯出的函式還有方法來存取。所以當 main 套件的程式碼針對 Date 的值，調用已匯出的 SetYear 方法時，SetYear 可以更新 Date 結構的 year 欄位。而 SetMonth 方法可以更新未匯出的 month 欄位，以此類推。

假如我們透過 setter 方法來變更 *main.go*，我們就可以更新 Date 值的欄位了：

main.go

```
package main

import (
        "fmt"
        "github.com/headfirstgo/calendar"
        "log"
)

func main() {
        date := calendar.Date{}
        err := date.SetYear(2019)      ← 使用 setter 方法
        if err != nil {
                log.Fatal(err)
        }
        err = date.SetMonth(5)      ← 使用 setter 方法
        if err != nil {
                log.Fatal(err)
        }
        err = date.SetDay(27)      ← 使用 setter 方法
        if err != nil {
                log.Fatal(err)
        }
        fmt.Println(date)
}
```

> 未匯出變數、結構欄位值、函式以及方法依然可以透過在同一個套件的已匯出函式或者方法來存取。

你可以透過 setter 法來更新欄位！ ⟶

```
Shell Edit View Window Help
$ cd temp
$ go run main.go
{2019 5 27}
```

透過已匯出方法存取未匯出欄位（續）

假如我們更新 *main.go* 來用無效的值調用 SetYear，我們會在執行時發生錯誤：

 main.go

```
func main() {
        date := calendar.Date{}
        err := date.SetYear(0)
        if err != nil {
                log.Fatal(err)
        }
        fmt.Println(date)
}
```

用無效的值調用 setter 方法。

無效的值被回報了！

```
Shell  Edit  View  Window  Help
$ cd temp
$ go run main.go
2018/03/23 19:20:17 invalid year
exit status 1
```

現在 Date 值的欄位只能透過它自己的 setter 方法來更新，在意外輸入無效值的情境下程式受到了保護。

> 這樣一來可以減少很多本來看到的無效日期。但是新的問題發生了。我們可以指派欄位的值，但是我們該如何取得欄位的值呢？

噢，你說得沒錯。我們提供的 setter 方法可讓我們設置 Date 的欄位，縱使這些欄位並沒有從 calendar 套件匯出。但是我們還沒提供任何可以取得欄位值的方法。

我們可以印出整個 Date 結構。但是假如我們試著更新 *main.go* 來印出單獨的 Date 欄位，我們這時候就無法取用它了！

main.go

```
func main() {
        date := calendar.Date{}
        err := date.SetYear(2019)
        if err != nil {
                log.Fatal(err)
        }
        fmt.Println(date.year)
}
```

設為一個有效的年份。

嘗試印出 year 欄位。

遇到錯誤，因為這個欄位並未被匯出！

```
Shell  Edit  View  Window  Help
$ cd temp
$ go run main.go
# command-line-arguments
./main.go:16:18: date.year undefined
(cannot refer to unexported field or method year)
```

getter 方法

如我們所見，方法的主要目的是用來設置結構的欄位或者變數則被稱為 *setter* 方法。此外你可能會預期用來取得結構欄位或者變數的方法應被稱為 **getter 方法**。

跟 setter 方法相比，對 Date 型別添加 getter 方法會比較簡單。它們被調用的時候，並不需要做除了回傳欄位值之外的事情。

慣例上 getter 方法的名稱需要跟被存取的欄位或者變數的名稱一樣（當然假如你打算讓這個方法可被匯出，名稱的第一個字應該要大寫）。所以 Date 需要一個 Year 方法來取得 year 欄位、Month 方法來取得 month 欄位，以及 Day 方法來取得 day 欄位。

getter 方法完全不需要修改接收器，所以我們可以直接把 Date 的值當作接收器。不過假如該型別的任何一個方法有取用指標接收器，慣例上來說它們都應該為指標接收器，為了一致性。由於我們已經在 setter 方法使用了指標接收器，我們一樣在 getter 方法使用指標接收器。

在 *date.go* 修改完成之後，我們可以更新 *main.go* 以設置所有 Date 的欄位，接著使用 getter 方法來印出它們。

📄 **date.go**

```go
package calendar

import "errors"

type Date struct {
        year    int
        month   int
        day     int
}

func (d *Date) Year() int {
        return d.year
}
func (d *Date) Month() int {
        return d.month
}
func (d *Date) Day() int {
        return d.day
}
// Setter methods omitted
```

為了與 setter 方法一致，這裡使用指標接收器。

與欄位一樣的名稱（不過這裡必須大寫才能被匯出。）

回傳欄位值。

📄 **main.go**

```go
// Package, import statements omitted
func main() {
        date := calendar.Date{}
        err := date.SetYear(2019)
        if err != nil {
                log.Fatal(err)
        }
        err = date.SetMonth(5)
        if err != nil {
                log.Fatal(err)
        }
        err = date.SetDay(27)
        if err != nil {
                log.Fatal(err)
        }
        fmt.Println(date.Year())
        fmt.Println(date.Month())
        fmt.Println(date.Day())
}
```

```
Shell  Edit  View  Window  Help
$ cd temp
$ go run main.go
2019
5
27
```

從 getter 方法回傳的值

封裝

從程式中的部分程式碼對另一部分的程式碼隱藏資料，這樣的實作被稱之為**封裝**（encapsulation），而且這並不是 Go 才有的東西。封裝有它存在的意義，因為這可以用來保護不會存放無效的資料（我們才剛看到）。此外你可以變更程式碼中的封裝部分，而不用擔心會破壞程式碼的其他部分是否會存取到，因為並不允許直接存取。

不少程式語言封裝在類別內的資料（類別觀念上與 Go 的結構相似但並不相同）。在 Go 的部分，資料被套件所封裝，在之中使用未匯出的變數、結構欄位、函式甚至方法。

在其他的程式語言封裝使用的比 Go 還來得頻繁。有些程式語言中為每一個欄位定義 setter 以及 getter 相當地方便，甚至直接存取這些欄位也行得通。Go 開發者只有在必要的時候才仰賴封裝，像是欄位資料需要透過 setter 驗證。你在 Go 若覺得不需要封裝欄位，直接匯出並且存取是沒問題的。

問：不少其他程式語言不允許在被定義的類別之外，直接存取封裝的值。Go 允許其他在同一個套件內的程式碼直接存取未匯出的欄位是安全的嗎？

答：通常同一個套件內的程式碼會是由同一個開發者維護（或者同一團隊的開發者）。在套件內的所有程式碼也擁有相似的目標。在同一個套件內程式碼的作者們，更傾向需要存取未匯出的資料，而他們較為只在有效的範圍內使用這些資料。所以在套件內其他地方共享未匯出的資料是安全的。

在套件之外的程式碼比較會是由其他開發者所編寫的，不過這並不要緊，因為未匯出的資料會對它們隱藏，所以他們並不會意外地把這些值弄成無效，

問：我有看過在其他程式語言中，每一個 getter 方法的名稱都會以 "Get" 開頭，像是 **GetName**、**GetCity** 等等。我可以在 Go 這麼做嗎？

答：Go 程式語言允許你這麼做，但是你並不需要。Go 社群已經決定慣例上不使用 Get 這樣的 getter 前綴。把它們放回去只會讓其他開發者感到困惑！

Go 依然像其他語言一樣對 setter 方法使用 Set 前綴，因為對同一個欄位區分 setter 以及 getter 方法是必要的。

跟著我們一起學習；我們會需要兩頁來完成習題的程式碼…填入空白處來完成 Coordinates 型別的變動：

- 更新欄位讓它們不會被匯出。

- 為每個欄位添加 getter 方法（確保遵守以下的慣例：getter 方法的名稱必須與欄位名稱一致，假如需要被匯出則首字大寫）。

- 對 setter 方法添加驗證。假如傳進 SetLatitude 的值小於 -90 或者大於 90 需要回傳錯誤。傳進 SetLongitude 的值若小於 -180 或者大於 180 也需回傳錯誤。

coordinates.go

```go
package geo

import "errors"

type Coordinates struct {
        _____  float64
        _____  float64
}

func (c *Coordinates) _____() _____ {
        return c.latitude
}

func (c *Coordinates) _____() _____ {
        return c.longitude
}

func (c *Coordinates) SetLatitude(latitude float64) _____ {
        if latitude < -90 || latitude > 90 {
                return _____("invalid latitude")
        }
        c.latitude = latitude
        return ___
}
func (c *Coordinates) SetLongitude(longitude float64) _____ {
        if longitude < -180 || longitude > 180 {
                return _____("invalid longitude")
        }
        c.longitude = longitude
        return ___
}
```

接著，更新 main 套件的程式碼來確保更新過的 Coordinates 型別。

- 對每個調用的 **setter** 方法，保存 error 的回傳值。

- 假如 error 不為 nil，使用 log.Fatal 函式來記錄錯誤訊息並且結束。

- 假如 **setter** 方法沒有發生錯誤，調用兩者的 **getter** 方法來印出欄位值。

完整的程式碼在執行之後，需要產生如下的輸出結果（調用 SetLatitude 應該是正確的，但是我們會傳遞無效的值給 SetLongitude，於是會記錄錯誤並且在此時結束）。

```go
package main

import (
        "fmt"
        "geo"
        "log"
)

func main() {
        coordinates := geo.Coordinates{}
        ____ := coordinates.SetLatitude(37.42)
        if err != ___ {
                log.Fatal(err)
        }
        err = coordinates.SetLongitude(-1122.08)  ← （無效的值！）
        if err != ___ {
                log.Fatal(err)
        }
        fmt.Println(coordinates._____())
        fmt.Println(coordinates._____())
}
```

main.go

輸出

```
2018/03/23 20:12:49 invalid longitude
exit status 1
```

答案在第 318 頁。

在 Event 型別嵌入 Date 型別

> Date 型別真是太棒了！setter 方法確保只有有效的資料會進入欄位，並且 **getter** 方法讓我們取回這些值。現在我們只需要幫事件指派像是「**Mom's birthday**」或者「**Anniversary**」的標題。你也可以幫幫我們嗎？

應該不會花上太多時間。還記得我們在第 8 章如何把 Address 結構形態嵌入到其他兩個型別嗎？

Address 型別被視為「嵌入」是因為我們在外部結構使用了匿名欄位（沒有名稱而只有型別的欄位）來儲存。這導致 Address 的欄位晉升到外部結構，讓我們可以存取內部結構的欄位，如同它們是直屬於外部結構一般。

設定 *Address* 的欄位如同它們是被定義在 *Subscriber* 一樣。

```
subscriber.Street = "123 Oak St"
subscriber.City = "Omaha"
subscriber.State = "NE"
subscriber.PostalCode = "68111"
```

```
package magazine

type Subscriber struct {
    Name    string
    Rate    float64
    Active  bool
    Address
}

type Employee struct {
    Name    string
    Salary  float64
    Address
}

type Address struct {
    // Fields omitted
}
```

你的工作空間 ＞ src ＞ github.com ＞ headfirstgo ＞ calendar ＞ event.go

由於這個策略之前運作良好，讓我們來定義 Event 型別，並且透過匿名欄位嵌入在 Date。

在 calendar 套件資料夾建立另一個叫做 *event.go* 的檔案（我們可以把它放在現有的 *date.go* 欄位，但是這樣的規劃會更簡潔些）。在該檔案中定義 Event 型別以及兩個欄位：string 型別的 Title 欄位以及匿名的 Date 欄位。

```
package calendar

type Event struct {
    Title string
    Date
}
```

透過匿名欄位嵌入 *Date*。 →

未匯出欄位並不會晉升

在 Event 型別嵌入 Date 卻不會讓 Date 欄位晉升到 Event。
Date 欄位並沒有被匯出，而 Go 不會晉升未匯出的欄位到外層的
型別。這相當合理；我們確保欄位有被封裝，這樣一來它們就只
能被 setter 以及 getter 方法存取，而我們並不希望欄位的晉升可
以規避封裝。

📄 **event.go**

```
package calendar

type Event struct {
    Title string
    Date
}
```

透過匿名欄位嵌入 ⟶ Date

在 main 套件，假如我們嘗試透過表層的 Event 型別指定 Date
的 month，會發生錯誤：

📄 **main.go**

```
package main

import "github.com/headfirstgo/calendar"

func main() {
    event := calendar.Event{}
    event.month = 5
}
```

← 未匯出的 *Date* 欄位並不會
晉升到 *Event*！

錯誤 ⟶

```
event.month undefined (type calendar.Event has no field or method month)
```

當然，使用點運算子鏈來取得 Date 欄位，然後直接存取它的欄位
也是辦不到的。你無法在 Date 未被匯出時，存取它本身的欄位。
此外只要它是 Event 的一部分，你就無法存取它的未匯出欄位。

📄 **main.go**

```
func main() {
    event := calendar.Event{}
    event.Date.year = 2019
}
```

無法直接在 *Date* 存取
Date 的欄位！

錯誤 ⟶

```
event.Date.year undefined (cannot refer to unexported field or method year)
```

這意味著我們無法存取 Date 型別的欄位，假如它已經嵌入在
Event 型別呢？別擔心，還有其他方法！

匯出方法像欄位般晉升

假如你在結構型別內嵌入一個有匯出方法的型別，它的方法也會被晉升到外部型別，意味著你可以如同它們是被定義在外部型別般調用（還記得如何把一個結構嵌入到另一個結構，可以讓內部的結構欄位晉升到外部結構嗎？這裡的概念是一樣的，唯一的差別是把欄位換成方法）。

以下的套件定義了兩種型別。MyType 是結構型別，而第二個型別 EmbeddedType 作為匿名型別嵌入其中。

```
package mypackage          這些型別來自它們自己的套件。

import "fmt"               宣告結構型別 MyType。

type MyType struct {       EmbeddedType 嵌在 MyType。
        EmbeddedType
}                          宣告嵌入型別的底層型別（是不是結構並不重要）。

type EmbeddedType string   這個方法會晉升到 MyType。

func (e EmbeddedType) ExportedMethod() {
        fmt.Println("Hi from ExportedMethod on EmbeddedType")
}                          這個方法不會被晉升。

func (e EmbeddedType) unexportedMethod() {
}
```

由於 EmbeddedType 定義了匯出方法（叫做 ExportedMethod），這個方法晉升到 MyType，而且可以在 MyType 的值被調用。

```
package main

import "mypackage"

func main() {                            調用從 EmbeddedType 晉升的
        value := mypackage.MyType{}      方法。
        value.ExportedMethod()
}
```

```
Hi from ExportedMethod on EmbeddedType
```

如同未匯出的欄位，未匯出的方法無法被晉升。假如調用它會得到錯誤。

打算調用未匯出方法。   錯誤

```
value.unexportedMethod()
```

```
value.unexportedMethod undefined (type mypackage.MyType
has no field or method unexportedMethod)
```

匯出方法像欄位般晉升（續）

我們的 Date 欄位沒有晉升到 Event 型別，是因為它並沒有被匯出。但是 Date 型別的 getter 以及 setter 方法被匯出了，甚至有晉升到 Event 型別了！

這代表著我們可以建立 Event 的值，並且直接在 Event 調用 Date 的方法。這正是我們在下方更新過的 *main.go* 所做的事情。匯出的方法一如往常地可以為我們存取 Date 未匯出的欄位。

main.go

```go
package main

import (
        "fmt"
        "github.com/headfirstgo/calendar"
        "log"
)

func main() {
        event := calendar.Event{}
        err := event.SetYear(2019)
        if err != nil {
                log.Fatal(err)
        }
        err = event.SetMonth(5)
        if err != nil {
                log.Fatal(err)
        }
        err = event.SetDay(27)
        if err != nil {
                log.Fatal(err)
        }
        fmt.Println(event.Year())
        fmt.Println(event.Month())
        fmt.Println(event.Day())
}
```

這個 Date 的 setter 方法已經晉升到 Event。

這個 Date 的 setter 方法已經晉升到 Event。

這個 Date 的 setter 方法已經晉升到 Event。

這個 Date 的 getter 方法已經晉升到 Event。

```
2019
5
27
```

假如你打算使用點運算子鏈來直接調用 Date 值的方法，你可以用下面的方式：

取得 Event 的 Date 欄位，接著調用它的 getter 方法。

```go
fmt.Println(event.Date.Year())
fmt.Println(event.Date.Month())
fmt.Println(event.Date.Day())
```

```
2019
5
27
```

封裝事件的標題欄位

由於 Event 的結構中 Title 欄位已經被匯出了，我們可以直接
存取它。

 event.go

```
package calendar

type Event struct {
匯出欄位 ──────────> Title string
                    Date
}
```

 main.go

```
// Package, imports omitted
func main() {
        event := calendar.Event{}
        event.Title = "Mom's birthday"
        fmt.Println(event.Title)
}
```

```
Mom's birthday
```

這讓我們面臨與 Date 欄位類似的問題。舉例來說，Title 字串的長度
目前沒有限制。

 main.go

```
func main() {
        event := calendar.Event{}
        event.Title = "An extremely long title that is impractical to print"
        fmt.Println(event.Title)
}
```

```
An extremely long title that is impractical to print
```

看起來把 title 欄位封裝起來是個好主意，這樣我們就可以驗證新的資料了。以下是更新後
可實現這目的的 Event 型別。我們先改變欄位名稱為 title，於是它就無法匯出，接著添
加 getter 以及 setter 方法。unicode/utf8 套件的 RuneCountInString 函式是用來確保
沒有太多符文（字元）在字串中。

 event.go

```
package calendar
                        添加這個套件來建立錯誤值。
import (
        "errors"          添加這個套件，這樣一來我們就
        "unicode/utf8"    可以記錄符文的數量。
)

                    type Event struct {
改成未匯出。──────────> title string
                            Date
                    }

getter
方法。 ──────> func (e *Event) Title() string {
                    return e.title
setter          }      必須是指標。
方法。 ──────> func (e *Event) SetTitle(title string) error {       假如 title 有超過 30 個字元，
                    if utf8.RuneCountInString(title) > 30 {  <──── 則回傳錯誤。
                            return errors.New("invalid title")
                    }
                    e.title = title
                    return nil
            }
```

晉升方法與外部型別的方法共存

現在我們已為 title 欄位建立 setter 以及 getter 方法，我們的程式現在可以在 title 字元長度超過 30 的時候回報錯誤了。假如將 title 的長度設置為 39 就會回傳錯誤：

 main.go

```go
// Package, imports omitted
func main() {
        event := calendar.Event{}
        err := event.SetTitle("An extremely long and impractical title")
        if err != nil {
                log.Fatal(err)
        }
}
```

```
2018/03/23 20:44:17 invalid title
exit status 1
```

Event 型別的 Title 以及 SetTitle 方法與從嵌入的 Date 型別晉升上來的方法共存。calendar 套件的匯入者可以使用所有屬於 Event 型別的方法，而不必擔心它們到底定義在哪一個型別裡。

main.go

```go
// Package, imports omitted
func main() {
        event := calendar.Event{}
        err := event.SetTitle("Mom's birthday")    ← 在 Event 自身定義
        if err != nil {
                log.Fatal(err)
        }
        err = event.SetYear(2019)    ← 從 Date 晉升
        if err != nil {
                log.Fatal(err)
        }
        err = event.SetMonth(5)    ← 從 Date 晉升
        if err != nil {
                log.Fatal(err)
        }
        err = event.SetDay(27)    ← 從 Date 晉升
        if err != nil {
                log.Fatal(err)
        }
        fmt.Println(event.Title())    ← 在 Event 自身定義
        fmt.Println(event.Year())    ← 從 Date 晉升
        fmt.Println(event.Month())    ← 從 Date 晉升
        fmt.Println(event.Day())    ← 從 Date 晉升
}
```

```
Mom's birthday
2019
5
27
```

我們的日曆套件完成了！

現在我們可以直接在 Event 調用 Title 與 SetTitle 方法，並且調用來設定年月日的方法，如同它們屬於 Event。而它們事實上是定義在 Date，不過我們並不需要擔心它們。我們的工作已經完成！

晉升方法讓你很快地把某個型別放在別的型別作使用。你可以使用這個功能來統合不同型別的方法到同一個型別。這讓你既可以維持程式碼的整潔，也不會造成不便！

我們在之前的習題完成了 Coordinates 型別的程式碼。你在這次並不需要做任何改變；這只是給你參考用。在下一頁，我們會把它嵌入到 Landmark 型別（我們在第 8 章也看過它），於是它的方法將會晉升到 Landmark。

```go
package geo

import "errors"

type Coordinates struct {
        latitude  float64
        longitude float64
}

func (c *Coordinates) Latitude() float64 {
        return c.latitude
}
func (c *Coordinates) Longitude() float64 {
        return c.longitude
}

func (c *Coordinates) SetLatitude(latitude float64) error {
        if latitude < -90 || latitude > 90 {
                return errors.New("invalid latitude")
        }
        c.latitude = latitude
        return nil
}

func (c *Coordinates) SetLongitude(longitude float64) error {
        if longitude < -180 || longitude > 180 {
                return errors.New("invalid longitude")
        }
        c.longitude = longitude
        return nil
}
```

coordinates.go

這裡是 Landmark 型別的更新程式碼。我們希望封裝它的 **name** 欄位，只能透過 Name **getter** 方法以及 `SetName` **setter** 方法存取。`SetName` 必須在假如引數是個空字串的時候回傳錯誤，否則設置 **name** 欄位並且回傳 `nil` 的錯誤值。Landmark 同時也得擁有匿名的 `Coordinates` 欄位，這樣一來 `Coordinates` 的方法就可以晉升到 Landmark。

填入空白處以完成 Landmark 型別的程式碼。

```go
package geo

import "errors"

type Landmark struct {
        _____ string

        _____

}

func (l *Landmark) _____() string {
        return l.name
}

func (l *Landmark) _____(name string) error {
        if name == "" {
                return errors.New("invalid name")
        }
        l.name = name
        return nil
}
```

landmark.go

假如 Landmark 程式碼的空白處正確填入，在 main 套件的程式碼應該可以執行並且印出以下的結果。

```go
package main
// Imports omitted
func main() {
        location := geo.Landmark{}
        err := location.SetName("The Googleplex")
        if err != nil {
                log.Fatal(err)
        }
        err = location.SetLatitude(37.42)
        if err != nil {
                log.Fatal(err)
        }
        err = location.SetLongitude(-122.08)
        if err != nil {
                log.Fatal(err)
        }
        fmt.Println(location.Name())
        fmt.Println(location.Latitude())
        fmt.Println(location.Longitude())
}
```

main.go

← 輸出

```
The Googleplex
37.42
-122.08
```

答案在第 320 頁。

你的 *Go* 百寶箱

這就是第 10 章的全部了!你已經把
封裝以及嵌入加到你的百寶箱囉!

重點提示

- 在 Go 資料可以透過未匯出套件的變數
  或者結構欄位,來封裝在套件內。

- 未匯出的變數、結構欄位、函式、方法
  等等類別,依然可以透過定義在同一個
  套件內的匯出函式與方法來存取。

- 資料在被接受之前確認是否有效的過程
  被稱為**資料驗證**。

- 主要用來設定封裝欄位值的方法被稱之
  為 **setter 方法**。setter 方法通常擁有驗
  證的邏輯,用來確保新提供的值是否有
  效。

- 由於 setter 方法會改變它們的接收器,
  它們的接收器變數需要為指標型別。

- setter 方法通常被命名為 Set*X*,*X* 代表
  被設定的欄位。

- 主要用來取得封裝欄位值的方法被稱為
  getter 方法。

- getter 方法通常被命名為 *X*,*X* 代表著要
  被取得的欄位。有些程式語言偏好命名
  getter 方法為 Get*X*,但是在 Go 我們不
  這麼做。

- 在外部結構型別定義的方法,可與從嵌
  入型別的方法共存。

- 嵌入型別的未匯出方法,不會被晉升到
  外部型別。

封裝

封裝是一種從程式某部分的資料以
及程式碼隱藏在一起的實作。

封裝可以用來防止無效的資料。

更改已封裝的資料也很容易。你可
以確認其他存取資料的其他程式碼
並不會受到破壞,因為沒有程式碼
允許這麼做。

嵌入

在結構型別內透過匿名欄位儲存的
型別,被稱之為嵌入這個結構。

嵌入型別的方法會晉升到外部的型
別。它們可以被視為定義在外部型
別來調用。

我們需要能設置 Coordinates 型別每個欄位的 **setter** 方法。補上以下
coordinates.go 的空白處，這樣一來在 *main.go* 的程式碼就可以執行並且印
出以下的輸出結果。

```go
package geo

type Coordinates struct {
        Latitude  float64
        Longitude float64
}
                    這裡得用指標型別，這樣
                    我們才能變更接收器。
func (c *Coordinates ) SetLatitude( latitude  float64) {
        c.Latitude = latitude
}
                    這裡得用指標型別，這樣
                    我們才能變更接收器。
func (c *Coordinates ) SetLongitude( longitude  float64) {
        c.Longitude = longitude
}
```

coordinates.go

```go
package main

import (
        "fmt"
        "geo"
)

func main() {
        coordinates := geo.Coordinates{}
        coordinates.SetLatitude(37.42)
        coordinates.SetLongitude(-122.08)
        fmt.Println(coordinates)
}
```

main.go

輸出

```
{37.42 -122.08}
```

你的目標是更新封裝 Coordinates 欄位的程式碼，並且在 **setter** 方法添加驗證。

- 更新欄位讓它們不會被匯出。

- 為每個欄位添加 getter 方法（確保遵守以下的慣例：getter 方法的名稱必須與欄位名稱一致，假如需要被匯出則首字大寫）。

- 對 setter 方法添加驗證。假如傳進 SetLatitude 的值小於 -90 或者大於 90 需要回傳錯誤。傳進 SetLongitude 的值若小於 -180 或者大於 180 也需回傳錯誤。

```go
package geo

import "errors"

type Coordinates struct {
        latitude    float64    欄位不能匯出。
        longitude   float64
}   getter 方法的名稱必須與欄        跟欄位一樣的型別。
    位一致，差別是首字大寫。
func (c *Coordinates) Latitude () float64 {
        return c.latitude
}   getter 方法的名稱必須與欄        跟欄位一樣的型別。
    位一致，差別是首字大寫。
func (c *Coordinates) Longitude () float64 {
        return c.longitude
}
                                        需要回傳 error
                                        型別。
func (c *Coordinates) SetLatitude(latitude float64) error {
        if latitude < -90 || latitude > 90 {
                return errors.New ("invalid latitude")
        }                回傳一個新的 error 值。
        c.latitude = latitude
        return nil    假如沒有錯誤        需要回傳 error
}                      回傳 nil。          型別。
func (c *Coordinates) SetLongitude(longitude float64) error {
        if longitude < -180 || longitude > 180 {
                return errors.New ("invalid longitude")
        }                回傳一個新的 error 值。
        c.longitude = longitude
        return nil    假如沒有錯誤回傳 nil。
}
```

coordinates.go

習題
解答 續

你的下一個任務是更新 main 套件的程式碼來確保更新過的 Coordinates 型別。

- 對每個調用的 **setter** 方法，保存 error 的回傳值。

- 假如 error 不為 nil，使用 log.Fatal 函式來記錄錯誤訊息並且結束。

- 假如 **setter** 方法沒有發生錯誤，調用兩者的 **getter** 方法來印出欄位值。

調用 SetLatitude 應該是正確的，但是我們會傳遞無效的值給 SetLongitude，於是會記錄錯誤並且在此時結束。

```go
package main

import (
        "fmt"
        "geo"
        "log"
)

func main() {
        coordinates := geo.Coordinates{}
        err := coordinates.SetLatitude(37.42)
        if err != nil {
                log.Fatal(err)
        }
        err = coordinates.SetLongitude(-1122.08)
        if err != nil {
                log.Fatal(err)
        }
        fmt.Println(coordinates.Latitude())
        fmt.Println(coordinates.Longitude())
}
```

儲存回傳的 error 值。

假如發生錯誤，記錄 log.Fatal(err) 並且結束。

（無效的值！）

假如發生錯誤，記錄 log.Fatal(err) 並且結束。

調用 getter 方法。

輸出

```
2018/03/23 20:12:49 invalid longitude
exit status 1
```

習題
解答

這裡是 Landmark 型別的更新程式碼（我們在第 8 章看過）。我們希望封裝它的 name 欄位，只能透過 Name getter 方法以及 SetName setter 方法存取。SetName 必須在假如引數是個空字串的時候回傳錯誤，否則設置 name 欄位並且回傳 nil 的錯誤值。Landmark 同時也得擁有匿名的 Coordinates 欄位，這樣一來 Coordinates 的方法就可以晉升到 Landmark。

```go
package geo

import "errors"

type Landmark struct {
        name    string        ← 確保「name」欄位沒有被
        Coordinates ←           匯出，於是它才有被封裝。
}
                    用匿名欄位嵌入。

func (l *Landmark) Name() string {
        return l.name          跟欄位一樣的名稱
}                              （但是匯出了）。
跟欄位一樣的名稱，不過使
用「Set」作為前綴。
func (l *Landmark) SetName(name string) error {
        if name == "" {
                return errors.New("invalid name")
        }
        l.name = name
        return nil
}
```

landmark.go

```go
package main
// Imports omitted
func main() {                    建立 Landmark 值。
        location := geo.Landmark{}
        err := location.SetName("The Googleplex")
        if err != nil {          自己定義在 Landmark 內
                log.Fatal(err)
        }                        從 Coordinates 晉升
        err = location.SetLatitude(37.42)
        if err != nil {
                log.Fatal(err)
        }                        從 Coordinates 晉升
        err = location.SetLongitude(-122.08)
        if err != nil {
                log.Fatal(err)   定義在 Landmark
        }
        fmt.Println(location.Name())
        fmt.Println(location.Latitude())    從 Coordinates
        fmt.Println(location.Longitude())   晉升
}
```

main.go

輸出

```
The Googleplex
37.42
-122.08
```

介面（interfaces）

噢，不，這**確實**跟車不一樣…不過只要它們都有駕駛的方法，我想我可以控制它們的。

有時候你並不需要知道某個值的特定型別。 它是什麼對你來說並不重要。你只需要知道它能做什麼事。這樣一來你就可以對它調用恰當的方法。你不需要留意到底手上有的是 支原子筆（Pen）還是鉛筆（Pencil），你只需要它們可以使用畫（Draw）這方法。你不需要知道擁有的是汽車（Car）還是船（Boat），你只需要它們可以執行駕駛（Steer）這方法。

這正是 Go 的**介面**（**interfaces**）所要實現的。它們讓你定義可擁有任何型別的變數與函式參數，只要這個型別有定義對應的方法。

兩種不同的型別有一樣的方法

對錄音機有印象嗎？（我們猜應該會有人太年輕不知道）。不過它們是真的很棒。它們讓你可以很輕易地把所有喜歡的歌曲，即便是不同歌手，都放在同一個錄音帶內。不過錄音機也因為太過笨重，而難以隨身攜帶。假如你打算隨身攜帶錄音帶，你還需要一個可用電池供電的錄放音機。不過這個隨身攜帶的放音機通常沒有錄音的功能。噢，但是對於製作客製的混音，並且跟朋友分享真的很方便！

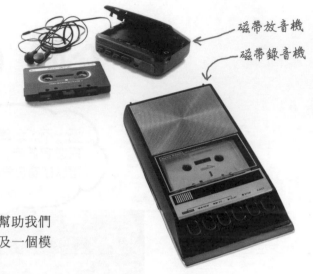

磁帶放音機

磁帶錄音機

我們真是太懷舊了，以致於建立了一個 gadget 套件來幫助我們回想起這一切。這個套件有一個模擬錄音機的型別，以及一個模擬放音機的型別。

 你的工作空間 〉 src 〉 github.com 〉  headfirstgo 〉 gadget 〉 tape.go

```go
package gadget

import "fmt"
```

TapePlayer 型別有個 Play 的方法用來模擬播放音樂，還有個 Stop 的方法來停止虛擬的播放。

```go
type TapePlayer struct {
        Batteries string
}
func (t TapePlayer) Play(song string) {
        fmt.Println("Playing", song)
}
func (t TapePlayer) Stop() {
        fmt.Println("Stopped!")
}
```

TapeRecorder 型別也有 Play 以及 Stop 的方法，還有個 Record 方法。

有跟 *TapePlayer* 一樣的 *Play* 方法。

有跟 *TapePlayer* 一樣的 *Stop* 方法。

```go
type TapeRecorder struct {
        Microphones int
}
func (t TapeRecorder) Play(song string) {
        fmt.Println("Playing", song)
}
func (t TapeRecorder) Record() {
        fmt.Println("Recording")
}
func (t TapeRecorder) Stop() {
        fmt.Println("Stopped!")
}
```

只能接收一種型別的方法參數

以下的示範程式碼使用了 gadget 套件。我們定義了 playList 的函式，它接收 TapePlayer 的值，以及一組用來播放的音樂清單切片。這個函式會遍歷在切片中的每一首歌名，並且傳遞給 TapePlayer 的 Play 方法。當它播放完成之後，會在 TapePlayer 調用 Stop 方法。

接著在 main 函式，我們要做的是建立 TapePlayer 還有歌名的切片，接著把它們傳遞給 playList。

```go
package main                        ← 匯入我們的套件。

import "github.com/headfirstgo/gadget"

func playList(device gadget.TapePlayer, songs []string) {
        for _, song := range songs {     ← 遍歷每一首歌。
                device.Play(song)        ← 播放目前的歌曲。
        }
        device.Stop()          ← 在完成後停止放音機。
}
                                  建立 TapePlayer。      建立一組歌名的
                                                         切片。
func main() {
        player := gadget.TapePlayer{}
        mixtape := []string{"Jessie's Girl", "Whip It", "9 to 5"}
        playList(player, mixtape)  ← 使用 TapePlayer 播放歌曲。
}
```

```
Playing Jessie's Girl
Playing Whip It
Playing 9 to 5
Stopped!
```

playList 函式與 TapePlayer 運作正常。你搞不好會希望它也能夠用在 TapeRecorder 上（錄音機基本上就是多了錄音功能的放音機）。然而 playList 的第一個參數型別為 TapePlayer。嘗試傳遞其他型別會造成編譯錯誤。

```go
                            建立 TapeRecorder 而
                            不是 TapePlayer。
func main() {
        player := gadget.TapeRecorder{}
        mixtape := []string{"Jessie's Girl", "Whip It", "9 to 5"}
        playList(player, mixtape)
}                                                        錯誤
        把 TapeRecorder 傳遞
        給 playList。
```

```
cannot use player (type gadget.TapeRecorder)
as type gadget.TapePlayer in argument to playList
```

只能接收一種型別的方法參數（續）

太可惜了⋯playList 函式所需要的是一個有定義 Play 以及 Stop 方法的值。TapePlayer 以及 TapeRecorder 都有這些方法！

```go
func playList(device gadget.TapePlayer, songs []string) {
    for _, song := range songs {      需要該值具備帶字串參數的
        device.Play(song)             Play 方法。
    }
    device.Stop()      需要該值具備不帶參數的
}                      Stop 方法。

type TapePlayer struct {
    Batteries string
}
func (t TapePlayer) Play(song string) {      TapePlayer 具備帶字串的
    fmt.Println("Playing", song)             Play 方法。
}
func (t TapePlayer) Stop() {      TapePlayer 具備無參數的
    fmt.Println("Stopped!")       Stop 方法。
}

type TapeRecorder struct {
    Microphones int
}
func (t TapeRecorder) Play(song string) {      TapeRecorder 也有帶字串參數
    fmt.Println("Playing", song)               的 Play 方法。
}
func (t TapeRecorder) Record() {
    fmt.Println("Recording")
}
func (t TapeRecorder) Stop() {      TapeRecorder 也有不帶參數的
    fmt.Println("Stopped!")         Stop 方法。
}
```

在這個例子中，看起來 Go 語言的型別安全給我們造成困擾，而不是給我們帶來協助。TapeRecorder 型別定義了所有 playList 函式所需要的方法，然而我們在 playList 只能接收 TapePlayer 值的措施卻阻擋了它。

所以我們能怎麼做？改成編寫另一個幾乎一樣的，可以接收 TapeRecorder 的 playListWithRecorder 函式嗎？

事實上，Go 提供了另一種方法⋯

介面（interfaces）

當你在電腦安裝了程式，你通常會預期程式提供你可以互動的方式。你會預期有文字處理器可以提供你輸入文字。你會預期有個備份程式，提供你可選擇檔案做儲存。你會預期有個試算表，提供你欄位輸入資料。程式提供給你的控制集，讓你可以與之互動的方式稱之為介面。

不管你之前是否曾經有想過這些問題，你可能也會預期 Go 的值應該要提供你一些方法來與之互動。與 Go 的值互動最常見的方式會是什麼呢？當然是透過它們的方法囉。

Go 的**介面**（**interface**）被定義為特定的值應該要能夠擁有的一系列方法。你可以把介面當作某個型別應該要能實現的行為。

定義介面型別要用 interface 鍵詞，後面接著的是包含一系列方法名稱的大括號，以及任何方法應該要擁有的參數或者回傳型別。

> 我們預期某些值應該要有的一系列方法被稱之為介面。

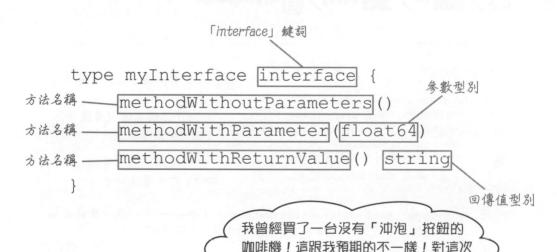

「*interface*」鍵詞

```
type myInterface interface {
    methodWithoutParameters()
    methodWithParameter(float64)
    methodWithReturnValue() string
}
```

方法名稱 —— methodWithoutParameters()

方法名稱 —— methodWithParameter(float64)　參數型別

方法名稱 —— methodWithReturnValue() string　回傳值型別

任何擁有介面定義的方法清單的型別，被稱之為**滿足**（**satisfy**）介面。滿足介面的型別，可以在介面被調用的任何地方使用。

任何方法名稱、參數型別（或者沒有參數）以及回傳值型別（或者沒有回傳）得符合介面內的定義。型別可以額外地擁有介面定義清單以外的方法，但是介面清單內定義的方法都不可以被漏掉，不然就沒有滿足介面了。

一個可以滿足多個介面的型別，還有一個介面可以（通常應該要可以）讓多個型別都能夠滿足比較好。

> 我曾經買了一台沒有「沖泡」按鈕的咖啡機！這跟我預期的不一樣！對這次購買經驗我相當地<u>不滿意</u>。

定義可滿足介面的型別

以下的程式碼建立了一個快速的實驗套件，叫做 mypkg，也定義了
名為 MyInterface 的介面以及三個方法。接著這段程式碼也定義了
名為 MyType 的型別，該型別會滿足 MyInterface。

有三個方法需要滿足 MyInterface：MethodWithoutParameters
方法、擁有 float64 參數的 MethodWithParameter 方法以及會回
傳 string 的 MethodWithReturnValue 的方法。

接著我們宣告了另一個型別，MyType。MyType 的底層型別在這個
例子並不重要；我們使用 int。接著定義了 MyType 的所有方法以
滿足 MyInterface，加上一個額外的，並不屬於介面的方法。

```
package mypkg

import "fmt"                    宣告介面型別。

                                             型別如果有這個方法就會滿足
type MyInterface interface {                 該介面⋯
        MethodWithoutParameters()            ⋯以及這個方法（有個
        MethodWithParameter(float64)         float64 的參數）⋯
        MethodWithReturnValue() string
}            宣告型別。我們會讓這個                ⋯以及這個方法（有個
             滿足 myInterface 的。               string 的回傳值）。
type MyType int

func (m MyType) MethodWithoutParameters() {     第一個必需的方法。
        fmt.Println("MethodWithoutParameters called")
}
func (m MyType) MethodWithParameter(f float64) {   第二個必需的方法（以及
        fmt.Println("MethodWithParameter called with", f)  float64 的參數）。
}
func (m MyType) MethodWithReturnValue() string {   第三個必需的方法（以及
        return "Hi from MethodWithReturnValue"      string 的回傳值）。
}
func (my MyType) MethodNotInInterface() {       該型別依然可以滿足介面，縱使
        fmt.Println("MethodNotInInterface called")  它有一個並未定義在介面的方法。
}
```

不少其他的語言會要求我們明確地要求 MyType 滿足 MyInterface。然而在
Go，這一切都是自然而然地發生。假如一個型別的所有方法與一個介面宣告一
致，那麼它就可以出現在該介面被用到的地方，而不需要任何額外的宣告。

定義可滿足介面的型別（續）

以下簡短的程式使用了我們的 mypkg 套件。

透過介面型別宣告的變數，可以持有任何介面滿足的型別。這份程式碼宣告了 value 變數，並且把 MyInterface 作為它的型別，接著建立 MyType 的值，並且指派到 value（這是合法的，由於 MyType 滿足了 MyInterface）。接著我們調用了該值所擁有而且也屬於介面的方法。

```
package main

import (
        "fmt"
        "mypkg"
)

func main() {
        var value mypkg.MyInterface
        value = mypkg.MyType(5)
        value.MethodWithoutParameters()
        value.MethodWithParameter(127.3)
        fmt.Println(value.MethodWithReturnValue())
}
```

透過 *interface* 型別宣告變數。

myType 的值滿足 *myInterface*，於是我們可以指派這個值給 *myInterface* 型別的變數。

我們可以調用屬於 *myInterface* 內的所有方法。

```
MethodWithoutParameters called
MethodWithParameter called with 127.3
Hi from MethodWithReturnValue
```

具象型別（concrete types）與介面型別

我們在上一章所定義的方法在這一章都變成具象型別了。**具象型別**（**concrete type**）不只指明了它的值可以做什麼（你可以從它身上調用什麼方法），也代表了它們是什麼：它們指定了用來儲存該值資料的底層型別。

介面型別並不描述值是什麼：它們並不說該值的底層型別是什麼，或者資料是如何儲存的。它們只描述這個值能夠做什麼：也就是該型別擁有什麼方法。

假設你得快速地做個筆記。在你的書桌抽屜有幾個具象型別：Pen、Pencil 以及 Marker。這之中的任一個具象型別定義了 Write 的方法，於是你並不需要擔心拿到了哪支筆。你只需要編寫一個程式 WritingInstrument：一個對任何擁有 Write 方法的型別所滿足的介面型別。

介面型別

"I need something I can write with."

具象型別

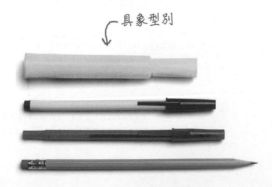

指派任何可滿足介面的型別

當你有個介面型別的變數時，它所持有的值可以是任何只要
滿足介面的型別。

假設我們有 Whistle 以及 Horn 型別，它們各自都有
MakeSound 方法。我們可以建立一個 NoiseMaker 介面
來代表任何擁有 MakeSound 方法的型別。假如我們用
NoiseMaker 宣告了 toy 變數，我們就都可以對它設置
Horn 或者是 Whistle 的值（或者我們等會兒宣告的型別，
只要它有 MakeSound 的方法）。

我們可以對任何指派到 toy 變數的值調用 MakeSound 方法。
縱使我們並不明確地知道在 toy 所擁有的具象型別是什麼，
我們仍然知道它能做什麼：製造聲響。假如它的型別沒有
MakeSound 方法，它就無法符合 NoiseMaker 的介面，而
我們就無法把這個型別指派到變數。

```go
package main

import "fmt"

type Whistle string
func (w Whistle) MakeSound() {
    fmt.Println("Tweet!")
}

type Horn string
func (h Horn) MakeSound() {
    fmt.Println("Honk!")
}

type NoiseMaker interface {
    MakeSound()
}

func main() {
    var toy NoiseMaker
    toy = Whistle("Toyco Canary")
    toy.MakeSound()
    toy = Horn("Toyco Blaster")
    toy.MakeSound()
}
```

擁有 MakeSound 方法。

這也有 MakeSound 方法。

代表任何擁有 MakeSound 方法的型別。

宣告一個 NoiseMaker 的變數。

給變數指派一個符合 NoiseMaker 型別的值。

給變數指派一個符合 NoiseMaker 型別的值。

```
Tweet!
Honk!
```

你也可以宣告函式的參數取用介面型別（函式參數其實也不過就
是變數）。舉例來說，假如我們宣告了一個取用 NoiseMaker 的
Play 函式，那麼我們就可以把任何型別為有 MakeSound 方法的
值，傳遞給 play：

```go
func play(n NoiseMaker) {
    n.MakeSound()
}

func main() {
    play(Whistle("Toyco Canary"))
    play(Horn("Toyco Blaster"))
}
```

```
Tweet!
Honk!
```

你只能調用在介面中定義的方法

一旦你對一個具有介面型別的變數（或者方法的參數）賦值，你只能調用由介面指定的方法。

假設我們建立了一個 Robot 的型別，在 MakeSound 之外還有一個叫做 Walk 的方法。我們在 play 函式中新增對 Walk 的調用，並且把新的 Robot 值傳遞給 play。

然而程式會編譯失敗，並且告知 NoiseMaker 的值並沒有 Walk 的方法。

為什麼會變成這樣？Robot 的值明明就有 Walk 方法；定義就在那裡啊！

然而傳遞給 play 函式的並不是 Robot 的值；而是 NoiseMaker。假如我們改成傳遞 Whistle 或者 Horn 給 play 呢？它們可沒有 Walk 方法呢！

當我們有個屬於介面型別的變數，定義在介面裡面的方法是唯一確認可用的方法。因此這些是唯一 Go 允許你調用的方法（其實有其他方法可以取得值的具象型別，這樣一來你就可以調用更多特定的方法。我們很快就會跟你介紹）。

```go
package main

import "fmt"

type Whistle string

func (w Whistle) MakeSound() {
    fmt.Println("Tweet!")
}

type Horn string

func (h Horn) MakeSound() {
    fmt.Println("Honk!")
}
```

宣告一個新的 Robot 型別。
Robot 滿足 NoiseMaker 的介面。

```go
type Robot string

func (r Robot) MakeSound() {
    fmt.Println("Beep Boop")
}
```

額外的方法。

```go
func (r Robot) Walk() {
    fmt.Println("Powering legs")
}

type NoiseMaker interface {
    MakeSound()
}

func play(n NoiseMaker) {
```

OK！屬於 NoiseMaker 的介面。 ⟶ `n.MakeSound()`
不 OK！不屬於 NoiseMaker！ ⟶ `n.Walk()`

```go
}

func main() {
    play(Robot("Botco Ambler"))
}
```

錯誤

```
n.Walk undefined
(type NoiseMaker has no
field or method Walk)
```

注意到透過介面型別為一個擁有額外方法的型別賦值是沒問題的。只要你不實際調用那些額外的方法，就不會出錯。

```go
func play(n NoiseMaker) {
    n.MakeSound()
}
```

只調用屬於介面的方法。

```go
func main() {
    play(Robot("Botco Ambler"))
}
```

```
Beep Boop
```

拆解東西真的是很有教育性！

這裡有幾個具象型別，Fan 以及 CoffeePot，以及擁有 TurnOn 方法的 Appliance 介面。Fan 以及 CoffeePot 都有 TurnOn 方法，所以它們都符合 Appliance 介面。

這也正是為什麼我們可以在 main 函式定義 Appliance 變數，並且指派 Fan 與 CoffeePot 變數給它。

嘗試用下方任一種方法改變內容後並編譯看看。然後恢復你做過的改變，接著嘗試下一組。看看會發生什麼事情！

```go
type Appliance interface {
    TurnOn()
}

type Fan string
func (f Fan) TurnOn() {
    fmt.Println("Spinning")
}

type CoffeePot string
func (c CoffeePot) TurnOn() {
    fmt.Println("Powering up")
}
func (c CoffeePot) Brew() {
    fmt.Println("Heating Up")
}

func main() {
    var device Appliance
    device = Fan("Windco Breeze")
    device.TurnOn()
    device = CoffeePot("LuxBrew")
    device.TurnOn()
}
```

假如你這麼做…	…它會因為…而終止
從具象型別調用沒在介面定義的方法： `device.Brew()`	一旦在具備介面型別的變數中存有值的時候，不管具象型別額外定義了多少方法，你只能調用定義在介面的方法。
從型別移除符合介面的方法： ~~`func (c CoffeePot) TurnOn() {`~~ ~~`    fmt.Println("Powering up")`~~ ~~`}`~~	假如某個型別並沒有滿足介面，你不能指派該型別的值給使用該介面當作型別的變數。

為符合介面的方法添加新的回傳值或者參數：
`func (f Fan) TurnOn() error {`
`    fmt.Println("Spinning")`
`    return nil`
`}`
	假如具象型別以及介面所定義的方法之間，所有的參數或者回傳值的數量並沒有一致時，具象型別就沒有滿足介面。

利用介面修正我們的 playList 函式

來看看假如我們使用介面來讓 playList 函式可以同時在我們的兩個具象型別：TapePlayer 以及 TapeRecorder 上運作。

```go
// TapePlayer type definition here
func (t TapePlayer) Play(song string) {
        fmt.Println("Playing", song)
}
func (t TapePlayer) Stop() {
        fmt.Println("Stopped!")
}
// TapeRecorder type definition here
func (t TapeRecorder) Play(song string) {
        fmt.Println("Playing", song)
}
func (t TapeRecorder) Record() {
        fmt.Println("Recording")
}
func (t TapeRecorder) Stop() {
        fmt.Println("Stopped!")
}
```

我們在 main 套件宣告 Player 介面（我們也可以定義在 gadget 套件中，但是在同一個套件中定義與使用介面會讓我們更有彈性）。我們指定該介面需要擁有具備 string 參數的 Play 方法，以及沒有參數的 Stop 方法。這意味 TapePlayer 以及 TapeRecorder 型別都符合 Player 介面。

我們接著更新 playList 函式，讓它可以取用符合 Player 介面的參數，而不是針對 TapePlayer。我們也把 player 的型別從 TapePlayer 改成 Player。這讓 TapePlayer 以及 TapeRecorder 的值都可以指派給 player。然後把這兩種型別的值都傳遞給 playList！

```go
package main

import "github.com/headfirstgo/gadget"
                                        定義介面型別。
type Player interface {
        Play(string)  ← 需要具有字串參數的 Play 方法。
        Stop()  ← 也需要 Stop 方法。
}
                            接收任何 Player，不再僅限於 TapePlayer。
func playList(device Player, songs []string) {
        for _, song := range songs {
                device.Play(song)
        }
        device.Stop()
}

func main() {
        mixtape := []string{"Jessie's Girl", "Whip It", "9 to 5"}
        var player Player = gadget.TapePlayer{}  ← 更新該變數可存
        playList(player, mixtape)  ← 傳遞 TapePlayer    任何一種 Player。
        player = gadget.TapeRecorder{}  給 playList。
        playList(player, mixtape)  ← 傳遞 TapeRecorder
}                                      給 playList。
```

```
Playing Jessie's Girl
Playing Whip It
Playing 9 to 5
Stopped!
Playing Jessie's Girl
Playing Whip It
Playing 9 to 5
Stopped!
```

照過來！ 假如一個型別宣告了持有指標接收器的方法，那麼你只需要在賦值給介面變數時，使用參數即可。

下方的 Switch 型別中的 toggle 方法為了可以修改接收器，必須使用指標接收器。

```go
package main

import "fmt"

type Switch string
func (s *Switch) toggle() {
        if *s == "on" {
                *s = "off"
        } else {
                *s = "on"
        }
        fmt.Println(*s)
}

type Toggleable interface {
        toggle()
}

func main() {
        s := Switch("off")
        var t Toggleable = s
        t.toggle()
        t.toggle()
}
```

然而這在指派 Switch 的值給具有介面型別 Toggleable 的變數時發生了錯誤：

```
Switch does not implement Toggleable
(toggle method has pointer receiver)
```

當 Go 評估值是否符合介面時，對於直接的值並沒有包含指標方法，卻包含在指標內。所以解決方法是把指向 Switch 的指標指派給 Toggleable 變數，而不是直接指派 Switch 的值：

`var t Toggleable = &s ←——改成指派指標。`

修正之後，編譯程式碼應該會正確吧。

問：介面型別的名稱需要首字大寫或者小寫嗎？

答：介面型別的命名原則與其他型別一致。假如該名稱是小寫開頭，那麼介面型別就不會被匯出，並且無法在當下套件之外被使用。有時候你並不需要使用在其他套件所定義的介面，所以任其不被匯出也是可以的。然而假如你確實希望使用在其他套件，你需要讓介面型別的名稱首字大寫，才可以被匯出。

習題

右方的程式碼定義了 Car 以及 Truck 的型別，任意型別都擁有 Accelerate、Brake 以及 Steer 的方法。填入空白以添加 Vehicle 的介面，這樣 main 函式的程式碼就可以編譯出下方展示的輸出結果。

```go
package main

import "fmt"

type Car string
func (c Car) Accelerate() {
        fmt.Println("Speeding up")
}
func (c Car) Brake() {
        fmt.Println("Stopping")
}
func (c Car) Steer(direction string) {
        fmt.Println("Turning", direction)
}

type Truck string
func (t Truck) Accelerate() {
        fmt.Println("Speeding up")
}
func (t Truck) Brake() {
        fmt.Println("Stopping")
}
func (t Truck) Steer(direction string) {
        fmt.Println("Turning", direction)
}
func (t Truck) LoadCargo(cargo string) {
        fmt.Println("Loading", cargo)
}
```

你的程式碼在這裡！ ——➤ _____

_____

_____

_____

—

```go
func main() {
        var vehicle Vehicle = Car("Toyoda Yarvic")
        vehicle.Accelerate()
        vehicle.Steer("left")

        vehicle = Truck("Fhord F180")
        vehicle.Brake()
        vehicle.Steer("right")
}
```

```
Speeding up
Turning left
Stopping
Turning right
```

答案在第 348 頁。

型別斷言

我們已經定義了新的 TryOut 函式，它會協助我們測試 TapePlayer 以及 TapeRecorder 所擁有的不同方法。 TryOut 有個具備 Player 介面型別的參數，所以我們可以傳遞 TapePlayer 或者 TapeRecorder 給它。

在 TryOut 之中，我們調用 Play 以及 Stop 方法，兩者都屬於 Player 介面。我們也打算調用 Record 方法，然而它並不屬於 Player 介面，不過有定義在 TapeRecorder 型別。我們現在只傳遞 TapeRecorder 的值給 TryOut，應該會沒問題吧？

不幸的，事情沒有這麼簡單。我們剛剛才看到，假如一個具象型別的值指派給定義為介面型別（包含函式參數）的變數，那麼你就只能調用屬於該介面的方法，而不管具象型別有多少額外定義的方法。在 TryOut 函式中，我們沒有 TapeRecorder 的值（具象型別），我們有個 Player 的值（介面型別）。於是 Player 介面當然並沒有 Record 方法。

```
type Player interface {
        Play(string)
        Stop()
}

func TryOut(player Player) {
        player.Play("Test Track")
        player.Stop()
        player.Record()
}

func main() {
        TryOut(gadget.TapeRecorder{})
}
```

這裡沒問題；它們都是屬於 Player 介面。

不屬於 Player！

傳遞 TapeRecorder（滿足 Player）到函式。

錯誤

```
player.Record undefined (type Player
has no field or method Record)
```

我們需要有個方法可以取回具象型別的值（確實是有 Record 方法）。

我們直覺上會先嘗試針對從 Player 到 TapeRecorder 值的型別轉換。但是型別轉換並無法用在介面型別上，於是會造成錯誤。錯誤訊息建議我們嘗試別的方法：

```
func TryOut(player Player) {
        player.Play("Test Track")
        player.Stop()
        recorder := gadget.TapeRecorder(player)
        recorder.Record()
}
```

型別轉換沒用！

錯誤

```
cannot convert player (type Player) to type
gadget.TapeRecorder: need type assertion
```

「型別斷言」？這是什麼？

型別斷言（續）

當你擁有一個具象型別的值而打算指派到具有介面型別的變數時，**型別斷言**（**type assertion**）讓你可以取回具象型別。這就像是一種型別轉換。它的語法甚至很像是調用函式以及型別轉換的交集。在介面的值後方輸入一個點運算子，接著是一對小括號以及具象型別（或者更確切地說，你斷言這個值應該是什麼型別）。

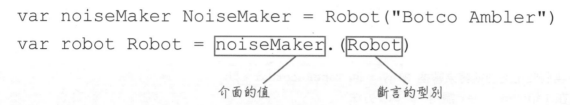

```
var noiseMaker NoiseMaker = Robot("Botco Ambler")
var robot Robot = noiseMaker.(Robot)
```

介面的值　　　　　　　　斷言的型別

直白地說，上方的型別斷言的意思是「我知道這個變數使用介面型別 NoiseMaker，但是我很確定這個 NoiseMaker 應該是 Robot。

一旦你使用了型別斷言來取回具象型別的值，你可以調用該型別定義的方法，而非屬於介面的方法。

這段程式碼指派 Robot 給 NoiseMaker 的介面值。我們可以對 NoiseMaker 調用 MakeSound，因為這是屬於介面的。但是若要調用 Walk，我們得先使用型別斷言來取得 Robot 的值。一旦我們擁有 Robot（而不是 NoiseMaker），我們就可以對它調用 Walk 了。

```
type Robot string
func (r Robot) MakeSound() {
        fmt.Println("Beep Boop")
}
func (r Robot) Walk() {
        fmt.Println("Powering legs")
}

type NoiseMaker interface {
        MakeSound()
}                         定義具有介面            …並且指派具有滿足介面的
                          型別的變數…            型別值。
func main() {
        var noiseMaker NoiseMaker = Robot("Botco Ambler")
        noiseMaker.MakeSound()  ←── 調用屬於介面的方法。
        var robot Robot = noiseMaker.(Robot)  ←
        robot.Walk()  ←                            使用型別斷言轉換取得
}                                                   具象型別。
              Beep Boop        調用定義在具象型
              Powering legs    別的方法（而不是
                               介面）。
```

型別斷言錯誤

之前，TryOut 函式沒辦法在 Player 的值調用 Record 方法，因為這並不屬於 Player 介面。我們來看看是否可以使用型別斷言來實現。

跟之前一樣，先傳遞 TapeRecorder 給 TryOut，在此它被指派給一個使用 Player 介面作為型別的參數。我們可以在 Player 的值調用 Play 以及 Stop 方法，因為這些方法都屬於 Player 介面。

接著，我們使用型別斷言來轉換 Player 回 TapeRecorder。以及我們在 TapeRecorder 調用 Record 方法。

```go
type Player interface {
        Play(string)
        Stop()
}

func TryOut(player Player) {
        player.Play("Test Track")
        player.Stop()
        recorder := player.(gadget.TapeRecorder)
        recorder.Record()
}

func main() {
        TryOut(gadget.TapeRecorder{})
}
```

儲存 *TapeRecorder* 的值。

使用型別斷言來取得 *TapeRecorder* 的值。

調用只定義在具象型別的方法。

```
Playing Test Track
Stopped!
Recording
```

每件事情看起來都運作良好…透過 TapeRecorder。然而假如我們打算傳遞 TapePlayer 給 TryOut 呢？這樣會運作得如何？試想我們有個型別斷言，表示傳遞給 TryOut 的參數事實上是 TapeRecorder 呢？

```go
func main() {
        TryOut(gadget.TapeRecorder{})
        TryOut(gadget.TapePlayer{})
}
```

也傳遞 *TapePlayer*⋯

一切都正常編譯，但是當我們打算執行時，我們遭遇到執行期恐慌（runtime panic）！正如你預料，嘗試把事實上是 TapeRecorder 的值斷言為 TapePlayer 看起來不太妙（不過顯然這並不會發生）。

恐慌 (Panic)！

```
Playing Test Track
Stopped!
Recording
Playing Test Track
Stopped!
panic: interface conversion: main.Player
is gadget.TapePlayer, not gadget.TapeRecorder
```

當型別斷言錯誤時避免恐慌（panics）發生

假如型別斷言被使用在只預期有一個回傳值的內容，而原始的型別並不符合斷言的型別，程式會在執行期發生 panic（而不是在編譯時發生）。

```
var player Player = gadget.TapePlayer{}
recorder := player.(gadget.TapeRecorder)
```

斷言原始型別是 *TapeRecorder*，然而它實際上是 *TapePlayer*…

Panic! ⟶
```
panic: interface conversion: main.Player
is gadget.TapePlayer, not gadget.TapeRecorder
```

假如型別斷言用在預期有多個回傳值的地方，它們擁有一個額外的回傳值，來指出斷言是否成功（而這些斷言不會因為失敗而發生 panic）。第二個值被設為 bool，而回傳值只有在原始型別就是斷言型別時才會為 true，或者不成功時為 false。你可以任意發揮第二個回傳值，不過按照慣例，它通常會被指派到名為 ok 的變數。

這裡是 *Go* 遵守 「*comma ok idiom*」原則的例子，我們第一次在第 7 章有看過。

以下是上方程式碼的更新，它把型別斷言的結果傳遞給具象型別值的變數，以及第二個名為 ok 的變數。它會利用這個 ok 變數作為 if 陳述句的判斷式，來決定它是否可以安全地在具象型別上調用 Record 方法（因為 Player 的值原本的型別為 TapeRecorder），或者在必要時跳過（由於 Player 擁有其他具象型別）。

```
var player Player = gadget.TapePlayer{}
recorder, ok := player.(gadget.TapeRecorder)
if ok {                把第二個回傳值指派到一個變數值。
        recorder.Record()    ⟵ 假如原始型別是 TapeRecorder，在該值調用 Record 方法。
} else {
        fmt.Println("Player was not a TapeRecorder")    ⟵ 否則回報斷言失敗。
}
```

在這個例子，具象型別是 TapePlayer 而不是 TapeRecorder，所以斷言失敗，並且 ok 為 false。if 陳述句的 else 子句接著執行，印出 Player was not a TapeRecorder。就可以避免執行期恐慌。

```
Player was not a TapeRecorder
```

在使用型別斷言時，假如你無法百分之百保證在介面的值背後的原始型別是什麼，在處理遇到與你預期不同的型別時，你應該使用這個額外的 ok 值，並且避免執行期恐慌發生。

使用型別斷言測試 TapePlayers 以及 TapeRecorders

來看看假如我們學以致用,針對 TapePlayer 以及 TapeRecorder 的值修正咱們的 TryOut 函式。與其忽略型別斷言所回傳的第二個值,我們會把它指派到名為 ok 的變數。假如型別斷言成功,則 ok 變數回傳 true(代表 recorder 變數所存放的是 TapeRecorder 的值,已準備好供我們調用 Record),否則為 false(代表調用 Record 並不安全)。我們把調用 Record 方法包裝在 if 陳述句內,來確保只有在型別斷言成功時才調用。

```
type Player interface {
        Play(string)
        Stop()
}

func TryOut(player Player) {
        player.Play("Test Track")
        player.Stop()
        recorder, ok := player.(gadget.TapeRecorder)
        if ok {
                recorder.Record()
        }
}

func main() {
        TryOut(gadget.TapeRecorder{})
        TryOut(gadget.TapePlayer{})
}
```

只有在原來的值為 TapeRecorder 時才調用 Record 方法。

指派第二個回傳值到該變數。

TapeRecorder 傳入… →

…型別斷言正確,調用 Record。 →

傳進 TapePlayer… →

```
Playing Test Track
Stopped!
Recording
Playing Test Track
Stopped!
```

…型別斷言沒有成功,不會調用 Record。

跟之前一樣,我們在 main 函式首先調用帶有 TapeRecorder 值的 TryOut 函式。 TryOut 函式會使用 Player 介面作為它的接收器,並且調用 Play 以及 Stop 函式。針對 Player 值的型別斷言成功的是 TapeRecorder,於是會針對產生的 TapeRecoder 值調用 Record 方法。

接著我們又再次使用 TapePlayer 調用 TryOut(之前這樣做會因為造成型別斷言恐慌而終止程式)。Play 與 Stop 一如往常地被調用。然而型別斷言失敗了,因為 Player 持有的是 TapePlayer 而不是 TapeRecorder。不過由於我們已經把第二個回傳值擷取到 ok 變數中,型別斷言這次不會再造成 panic 了。它會直接把 ok 設為 false,如此一來造成 if 陳述句不會被執行,也就是不再調用 Record 了(這樣是對的,因為 TapePlayer 並沒有 Record 的方法)。

感謝型別斷言,我們讓 TryOut 函式可以與 TapeRecorder 還有 TapePlayer 一起運作了!

池畔風光

在之前習題的程式碼更新後運作良好。我們建立了 TryVehicle 方法可以調用從 Vehicle 介面來的方法。接著它可以執行型別斷言來取得具象後 Truck 的值。假如正確就會在 Truck 的值調用 LoadCargo。

你的**工作**是把游泳池內的程式碼片段放到上方程式碼中空白的地方。同一個程式碼片段**不能使用超過一次**，而且也不需要把游泳池內所有的片段都用完。你的**目標**是讓這整段程式碼可以正常運作，並且產生所列出的輸出結果。

輸出 ⟶

```
Speeding up
Turning left
Turning right
Stopping
Loading test cargo
```

注意：游泳池內的每一個片段只能使用一次！

```go
type Truck string
func (t Truck) Accelerate() {
    fmt.Println("Speeding up")
}
func (t Truck) Brake() {
    fmt.Println("Stopping")
}
func (t Truck) Steer(direction string) {
    fmt.Println("Turning", direction)
}
func (t Truck) LoadCargo(cargo string) {
    fmt.Println("Loading", cargo)
}

type Vehicle interface {
    Accelerate()
    Brake()
    Steer(string)
}

func TryVehicle(vehicle _____) {
    vehicle._____
    vehicle.Steer("left")
    vehicle.Steer("right")
    vehicle.Brake()
    truck, ___ := vehicle._____
    if ok {
        _____.LoadCargo("test cargo")
    }
}

func main() {
    TryVehicle(Truck("Fnord F180"))
}
```

truck

(Vehicle)   (Truck)

Accelerate()   Truck

vehicle

Vehicle   ok

答案在第 348 頁。

「error」介面

我們打算利用研究一下 Go 內建的一些介面作為本章的總結。我們從未透徹地了解這些介面，不過其實你一直都有用過。

在第 3 章，我們有學到如何建立自己的 error 值。我們說過「任何擁有名為 Error 並且會回傳字串的方法的值即為 error 值」。

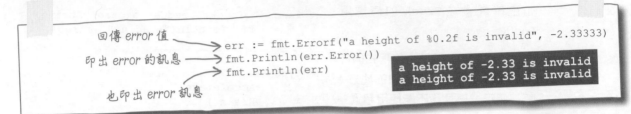

回傳 *error* 值
印出 *error* 的訊息
也印出 *error* 訊息

```
err := fmt.Errorf("a height of %0.2f is invalid", -2.33333)
fmt.Println(err.Error())
fmt.Println(err)
```

```
a height of -2.33 is invalid
a height of -2.33 is invalid
```

> 需要使用特定方法的任意值的型別…聽起來還蠻像介面的！

沒錯。error 型別就是一個介面！它有點像這個樣子：

```
type error interface {
        Error() string
}
```

宣告 error 型別為一個介面，代表著假如擁有回傳 string 的 Error 方法，它就滿足 error 的介面，而我們可以把它指派到具備 error 型別的變數。

舉例來說，這裡有個簡單定義的型別，ComedyError。由於它有個 Error 方法並且會回傳 string 的值，它就滿足 error 介面，而我們可以把它指派到具備 error 型別的變數。

定義有底層型別為「*string*」的型別。

```
type ComedyError string
func (c ComedyError) Error() string {      滿足 error 介面。
        return string(c)       Error 方法需要回傳 string，所以執行型別轉換。
}

                  設置具備「error」
func main() {      型別的變數。        ComedyError 會滿足錯誤介面，於是我們可以
        var err error                      指派 ComedyError 的值到該變數。
        err = ComedyError("What's a programmer's favorite beer? Logger!")
        fmt.Println(err)
}
```

```
What's a programmer's favorite beer? Logger!
```

「error」介面（續）

假如你需要 error 值，但也需要追蹤更多有關錯誤的資訊，而不只是錯誤訊息的字串，你可以建立你自己的型別來滿足 error 介面並且儲存你想要的資訊。

假設你編寫程式來觀測一些儀器確保是否有過熱。這裡有個 OverheatError 的型別應該會有幫助。它有個 Error 的方法，所以有滿足 error。不過有趣的是，它使用了 float64 作為底層型別，讓我們來追蹤超出極限的程度。

定義一個底層型別為
float64 的型別。

滿足錯誤介面。

```go
type OverheatError float64
func (o OverheatError) Error() string {
        return fmt.Sprintf("Overheating by %0.2f degrees!", o)
}
```

在錯誤訊息內使用溫度。

這裡的 checkTemperature 函式使用了 OverheatError。它會取得系統的真實溫度以及認為安全的溫度作為參數。它會指定回傳值的型別為 error 而不是僅限於 OverheatError，然而這樣並不會有問題因為 OverheatError 有滿足 error 介面。假如 actual 溫度超過 safe 溫度，checkTemperature 會回傳新的 OverheatError 值來記錄超過的資訊。

指定回傳一般錯誤值的函式。

```go
func checkTemperature(actual float64, safe float64) error {
        excess := actual - safe
        if excess > 0 {
                return OverheatError(excess)
        }
        return nil
}

func main() {
        var err error = checkTemperature(121.379, 100.0)
        if err != nil {
                log.Fatal(err)
        }
}
```

假如真實的溫度超過了安全溫度…

…回傳 OverheatError 以記錄超過的資訊。

```
2018/04/02 19:27:44 Overheating by 21.38 degrees!
```

問：我們該如何在不匯入的前提下，於不同的套件中使用 error 介面？它的名稱以小寫開頭。不就代表不管它是在哪個套件定義，都無法匯出嗎？總之 error 到底定義在哪個套件內？

答：error 其實是像 int 或者 string 這樣的「預定義的識別符」。所以說，跟其他的預定義識別符一樣並不屬於任何套件。這些屬於「全域區塊」，意味著任何地方都可用，不管你在哪一個套件內。

還記得像是 if 或者 for 區塊嗎？哪個是屬於函式區塊，哪個是屬於套件區塊呢？事實上全域區塊涵蓋了所有的套件區塊。這代表你可以在任何套件內使用定義在全域區塊的任何物件，而不需要任何的匯入。當然有包含 error 以及其他預定義識別符。

Stringer 介面

還記得我們之前在第 9 章為了區分不同的體積單位，所建立的 Gallons、Liters 還有 Milliliters 型別嗎？我們發現區分它們終究沒那麼容易。12 加侖和 12 公升或者 12 毫升相當地不同，但是它們印出來看起來都一樣。假如有太多的小數點用來表示更精準的數值，印出來也很詭異。

```go
type Gallons float64
type Liters float64
type Milliliters float64

func main() {
    fmt.Println(Gallons(12.09248342))        建立以及印出加侖值。
    fmt.Println(Liters(12.09248342))         建立以及印出公升值。
    fmt.Println(Milliliters(12.09248342))
}                                            建立以及印出毫升值。
```

三個值看起來都一樣！
```
12.09248342
12.09248342
12.09248342
```

你可以使用 Printf 來四捨五入數值，並且加入縮寫來代表單位，然而在每一個需要的地方都做一樣的事情會讓人覺得很煩。

格式化數值並且加上縮寫。
```go
fmt.Printf("%0.2f gal\n", Gallons(12.09248342))
fmt.Printf("%0.2f L\n", Liters(12.09248342))
fmt.Printf("%0.2f mL\n", Milliliters(12.09248342))
```
```
12.09 gal
12.09 L
12.09 mL
```

這就是為什麼 fmt 套件定義了 fmt.Stringer 介面：讓每個型別都可以決定在印出的時候該如何呈現。讓任意型別設置成可滿足 Stringer 相當簡單；只需要定義 String() 方法來回傳一組 String。介面的定義如下：

```go
type Stringer interface {
    String() string
}
```
只要任何型別有 String 的方法來回傳一組字串，它們都符合 fmt.Stringer。

舉例來說，我們在這裡設置了 CoffeePot 型別來滿足 Stringer。

```go
type CoffeePot string
func (c CoffeePot) String() string {        符合 Stringer 介面。
    return string(c) + " coffee pot"
}                                            方法需要回傳一組字串。

func main() {
    coffeePot := CoffeePot("LuxBrew")
    fmt.Println(coffeePot.String())
}
```
```
LuxBrew coffee pot
```

Stringer 介面（續）

在 fmt 套件中的不少函式會確認傳遞給它們的值是否符合 Stringer，並且在符合的情況下調用它們的 String 方法。包含 Print、Println 以及 Printf 函式等等。目前 CoffeePot 符合 Stringer，我們可以直接傳遞 CoffeePot 的值給這些函式，並且回傳了 CoffeePot 的 String 方法將會用在輸出的部分：

建立 CoffeePot 值。

```
coffeePot := CoffeePot("LuxBrew")
```

傳遞 CoffeePot 給不同的 fmt 函式。
```
fmt.Print(coffeePot, "\n")
fmt.Println(coffeePot)
fmt.Printf("%s", coffeePot)
```

```
LuxBrew coffee pot
LuxBrew coffee pot
LuxBrew coffee pot
```
String 的回傳值用在輸出結果。

現在為了能夠更嚴謹地使用這個介面型別，讓我們建立自己的 Gallons、Liters 以及 Milliliters 型別來符合 Stringer。我們已經更動程式碼，透過 String 方法格式化它們的值來與各自的型別相關聯。我們會調用 Sprintf 方法而不是 Printf 方法並且回傳結果。

```
type Gallons float64
func (g Gallons) String() string {        // 讓 Gallons 滿足 Stringer。
    return fmt.Sprintf("%0.2f gal", g)
}

type Liters float64
func (l Liters) String() string {         // 讓 Liters 滿足 Stringer。
    return fmt.Sprintf("%0.2f L", l)
}

type Milliliters float64
func (m Milliliters) String() string {    // 讓 Milliliters 符合 Stringer。
    return fmt.Sprintf("%0.2f mL", m)
}

func main() {
    fmt.Println(Gallons(12.09248342))
    fmt.Println(Liters(12.09248342))
    fmt.Println(Milliliters(12.09248342))
}
```
把每個型別的值傳遞給 Println。

```
12.09 gal
12.09 L
12.09 mL
```
每個型別的 String 方法的回傳值用在輸出結果。

現在每當我們傳遞 Gallons、Liters 以及 Milliliters 的值給 Println（或者 fmt 其他常見的函式），它們的 String 方法將會被調用，並且回傳用在輸出結果的值。我們已經為了印出各個型別的值，設定好有用的預設格式！

空介面

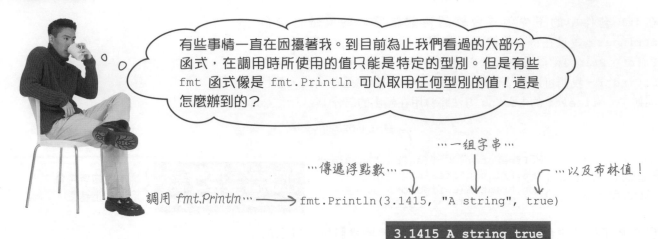

有些事情一直在困擾著我。到目前為止我們看過的大部分函式，在調用時所使用的值只能是特定的型別。但是有些 fmt 函式像是 fmt.Println 可以取用<u>任何</u>型別的值！這是怎麼辦到的？

…傳遞浮點數…

…一組字串…

…以及布林值！

調用 *fmt.Println*… ⟶ fmt.Println(3.1415, "A string", true)

```
3.1415 A string true
```

好問題！讓我們執行 **go doc** 來打開 fmt.Println 的文件，並且看看這個函式的參數所宣告的型別是什麼…

閱讀「*fmt*」套件中「*Println*」函式的文件。

「…」顯示這是個可變參數函式。不過「*interface{}*」是什麼型別？

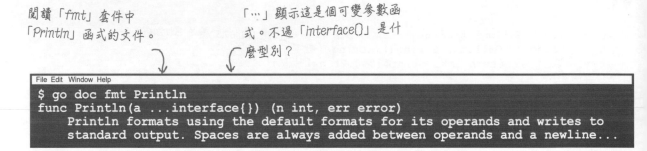

```
File Edit Window Help
$ go doc fmt Println
func Println(a ...interface{}) (n int, err error)
    Println formats using the default formats for its operands and writes to
    standard output. Spaces are always added between operands and a newline...
```

如同我們在第 6 章看過的，... 代表著這是一個可變參數函式，也就是說它可以取用任意數量的參數。然而什麼是 interface{} 型別呢？

還記得介面的宣告明定了一個型別所必須擁有的方法，才能滿足該介面。舉例來說，任何擁有 MakeSound 方法的型別，就滿足 NoiseMaker 介面。

```
type NoiseMaker interface {
        MakeSound()
}
```

然而假如我們宣告了一個介面型別，但它並不需要任何方法呢？它就會被任何型別所滿足！它也會滿足所有型別。

```
type Anything interface {
}
```

空介面（續）

interface{} 型別又稱為**空介面**，而它是用來接收任何型別的值。空介面完全沒有需要符合的方法，如此一來任一型別都可以滿足它。

假如你宣告了一個函式，接收一個參數是用空介面作為其型別，那麼你可以把任何型別的值作為引數傳遞給它：

接收以空介面作為型別的參數。

```go
func AcceptAnything(thing interface{}) {
}

func main() {
    AcceptAnything(3.1415)
    AcceptAnything("A string")
    AcceptAnything(true)
    AcceptAnything(Whistle("Toyco Canary"))
}
```

這些型別都可以傳遞給我們的函式！

> 空介面不需要符合任何方法，所以它可以被任意型別滿足。

不過先別太急著直接開始使用空介面作為你的函式參數！假如你有個以空介面作為其型別的值，你可以做的事情其實很有限。

大部分在 fmt 的函式可接收空介面的值，於是你可以對它們傳遞進去：

```go
func AcceptAnything(thing interface{}) {
    fmt.Println(thing)
}

func main() {
    AcceptAnything(3.1415)
    AcceptAnything(Whistle("Toyco Canary"))
}
```

```
3.1415
Toyco Canary
```

不過先別急著調用在空介面上的值的任一個方法！記住，假如你有個具有介面型別的值，你只能夠調用屬於這個介面的方法。而空介面沒有任何方法。這意味著空介面型別的值沒有可供你調用的方法。

```go
func AcceptAnything(thing interface{}) {
    fmt.Println(thing)
    thing.MakeSound()
}
```

嘗試在空介面的值調用方法⋯

錯誤

```
thing.MakeSound undefined (type interface {} is interface with no methods)
```

空介面（續）

若要在空介面型別的值調用方法，你需要使用型別斷言以取回具象型別的值。

```go
func AcceptAnything(thing interface{}) {          使用型別斷言來取得
        fmt.Println(thing)                        Whistle。
        whistle, ok := thing.(Whistle)  ◄
        if ok {
                whistle.MakeSound()  ◄────────  在 Whistle 調用方法。
        }
}

func main() {
        AcceptAnything(3.1415)
        AcceptAnything(Whistle("Toyco Canary"))
}
```

```
3.1415
Toyco Canary
Tweet!
```

而且在此時，你最好編寫只支援特定具象型別的函式。

```go
func AcceptWhistle(whistle Whistle) {  ◄────── 接受 Whistle。
        fmt.Println(whistle)              調用方法。不需要
        whistle.MakeSound()  ◄            型別轉換。
}
```

所以在定義你自己的函式時，好用的空介面還是有其限制。不過你會在 fmt 套件內的函式，或者其他地方使用空介面。下一次你在函式文件中看到 interface{} 參數，你就會知道它的意思了！

當你在定義變數或者函數參數時，你通常會明確地知道正在使用的值是什麼。你可以使用像是 Pen、Car 或者 Whistle 的具象型別。在其他時候，其實你只需要知道這個值能幹嘛。遇到這個情況，你會想要定義像是 WritingInstrument、Vehicle 或者 NoiseMaker 這樣的介面。

於是你會需要定義讓你可以使用的，屬於介面型別的方法。甚至你也要能夠在不需要擔心值的具象型別的情況下指派變數，或者調用函式。只要介面有正確的方法，你就能夠運用！

你的 Go 百寶箱

這就是第 11 章的全部了！你已經把介面加到你的百寶箱囉！

介面

介面是特定的值預期能夠擁有的一組方法。

任何型別只要擁有介面定義的一系列方法，就代表著該型別有滿足介面。

只要有滿足介面的型別，就可以指派到任何只要把該介面作為型別的變數或者函式參數。

重點提示

- 具象型別定義了不只是它的值能做什麼（你能夠對它們調用什麼方法），也代表它們是什麼：它們定義了底層型別來存放值的資料。

- 介面型別是一種抽象的型別。介面並不描述值是什麼：它們並不表述底層型別是什麼，或者儲存什麼資料。它們只描述該值可以做什麼：也就是該值擁有什麼方法。

- 介面的定義由一系列的方法名稱構成，包含著它們所預期該有的參數以及回傳值。

- 一個型別若要滿足某個介面，它需要擁有所有該介面指定的方法。包含方法名稱、參數型別（或者假如沒有參數）以及回傳值的型別（或者假如沒有回傳值）都必須定義在介面中。

- 型別可以擁有在介面中所沒有的額外方法，但是介面中有的，該型別一個都不能少，不然就無法滿足介面。

- 一個型別可以滿足多個介面，而一個介面也可以被多重型別滿足。

- 介面滿足是自動的。在 Go 你並不需要特別宣告一個具象型別滿足某個介面。

- 當你擁有一個介面型別的變數，能調用的只有該介面上定義的方法。

- 假如你透過介面型別指派一個具象型別給某個變數，你可以使用**型別斷言**（**type assertion**）的方式來取回具象型別的值。

- 型別斷言回傳的第二個 bool 值用來代表這個斷言是否成功。

  ```
  car, ok := vehicle.(Car)
  ```

第十一章

習題
解答

```go
type Car string
func (c Car) Accelerate() {
    fmt.Println("Speeding up")
}
func (c Car) Brake() {
    fmt.Println("Stopping")
}
func (c Car) Steer(direction string) {
    fmt.Println("Turning", direction)
}

type Truck string
func (t Truck) Accelerate() {
    fmt.Println("Speeding up")
}
func (t Truck) Brake() {
    fmt.Println("Stopping")
}
func (t Truck) Steer(direction string) {
    fmt.Println("Turning", direction)
}
func (t Truck) LoadCargo(cargo string) {
    fmt.Println("Loading", cargo)
}
```

```go
type Vehicle interface {
    Accelerate()
    Brake()
    Steer(string)
}
```

別忘了指明 Steer 擁有參數！

```go
func main() {
    var vehicle Vehicle = Car("Toyoda Yarvic")
    vehicle.Accelerate()
    vehicle.Steer("left")

    vehicle = Truck("Fnord F180")
    vehicle.Brake()
    vehicle.Steer("right")
}
```

```
Speeding up
Turning left
Stopping
Turning right
```

池畔風光解答

```go
type Truck string
func (t Truck) Accelerate() {
    fmt.Println("Speeding up")
}
func (t Truck) Brake() {
    fmt.Println("Stopping")
}
func (t Truck) Steer(direction string) {
    fmt.Println("Turning", direction)
}
func (t Truck) LoadCargo(cargo string) {
    fmt.Println("Loading", cargo)
}

type Vehicle interface {
    Accelerate()
    Brake()
    Steer(string)
}

func TryVehicle(vehicle Vehicle) {
    vehicle.Accelerate()
    vehicle.Steer("left")
    vehicle.Steer("right")
    vehicle.Brake()
    truck, ok := vehicle.(Truck)
    if ok {
        truck.LoadCargo("test cargo")
    }
}
```

型別斷言有成功嗎？

儲存一組 Truck，而不（只）是 Vehic，於是我們可以調用 LoadCargo。

```go
func main() {
    TryVehicle(Truck("Fnord F180"))
}
```

```
Speeding up
Turning left
Turning right
Stopping
Loading test cargo
```

12 回到原點

從錯誤恢復

哇！當我以為資料要毀了的時候，真是太恐慌了！給我一點時間恢復一下，然後我再把檔案關閉。

每個程式都會遇到錯誤，你必須做好準備。

有時候處理錯誤很簡單，你只需要回報它並且終止該程式。但是有些錯誤可能會需要額外的動作。你可能需要關閉已經開啟的檔案或者網路連線，甚至是其他的清理動作，讓你的程式不會留下屁股給別人擦。在這一章，我們會告訴你如何**延遲**（**defer**）清理動作，這樣一來它們甚至可以在錯誤產生時產生作用。你也將學會如何製作屬於自己的程式 **panic**（**恐慌**）在那些（罕見）的適合情境，然後接著如何在之後 **recover**（**恢復**）。

複習如何從檔案讀取數值

我們已經探討過不少如何在 Go 處理錯誤。然而我們到目前所學過的技巧無法套用在所有的情境。讓我們來看看其中一個場景。

```
2.12
4.0
3.5
```
data.txt

Shell Edit View Window Help
```
$ go run sum.go data.txt
Opening data.txt
Closing file
Sum: 9.62
```

我們打算建立一個叫做 *sum.go* 的程式，它會讀取 float64 的值，並且回傳這些值為一組切片。

我們在第 6 章建立了 GetFloats 的函式來開啟文字檔，轉換檔案中的每一行到 float64 的值，並且回傳了這些值為切片。

在這裡我們把 GetFloats 移到 main 套件然後更新成對兩個新函式產生依賴：OpenFile 以及 CloseFile，用來開啟以及關閉文字檔。

在 sum.go 程式碼的檔案，我們把這些程式碼都移到「main」套件。

```go
package main

import (
    "bufio"
    "fmt"
    "log"
    "os"
    "strconv"
)

func OpenFile(fileName string) (*os.File, error) {
    fmt.Println("Opening", fileName)
    return os.Open(fileName)
}
func CloseFile(file *os.File) {
    fmt.Println("Closing file")
    file.Close()
}
```

開啟檔案，並且回傳指標以及遇到的錯誤到這裡。

關閉檔案

```go
func GetFloats(fileName string) ([]float64, error) {
    var numbers []float64
    file, err := OpenFile(fileName)
    if err != nil {
        return nil, err
    }
    scanner := bufio.NewScanner(file)
    for scanner.Scan() {
        number, err := strconv.ParseFloat(scanner.Text(), 64)
        if err != nil {
            return nil, err
        }
        numbers = append(numbers, number)
    }
    CloseFile(file)
    if scanner.Err() != nil {
        return nil, scanner.Err()
    }
    return numbers, nil
}
```

與其直接調用 os.Open，不如調用 OpenFile。

與其直接調用 file.Close，不如調用 CloseFile。

複習如何從檔案讀取數值（續）

我們打算用命令列引數取得所要讀取的檔名。你可以回憶一下第 6 章使用過的 os.Args 切片：這是一個 string 的切片，涵蓋著所有我們在執行程式時所取得的命令列引數。

於是在 main 函式中，我們會透過存取 os.Args[1]，從第一個命令列引數取得打算開啟的檔案名稱（別忘了 os.Args[0] 是執行的程式自己的名稱；真正的程式引數會從 os.Args[1] 開始）。

我們接著傳遞檔案名稱給 GetFloats 來讀取檔案，並且取回一組 float64 的切片。

假如在過程中發生了錯誤，它們會從 GetFloats 函式回傳，並且我們會把它們存在 err 變數中。假如 err 不是 nil，這代表著有錯誤發生了，我們會直接記錄並且關閉程式。

否則，這就代表著檔案順利地讀取，於是我們用 for 迴圈來一次地對切片中的每個值添加值，並且印出所有的值作為收尾。

把第一個命令列引數的值用作檔案名稱。

把從檔案讀取的結果以及任何可能的錯誤，儲存在 numbers 切片還有 err。

假如產生錯誤，記錄並且直接結束。

把切片內的數值加總。

印出結果。

```go
func main() {
    numbers, err := GetFloats(os.Args[1])
    if err != nil {
        log.Fatal(err)
    }
    var sum float64 = 0
    for _, number := range numbers {
        sum += number
    }
    fmt.Printf("Sum: %0.2f\n", sum)
}
```

讓我們把所有的檔案都存進名為 *sum.go* 的檔案。接著讓我們建立一個純文字檔用來填上數值，一行一個數字。命名該檔為 *data.txt* 然後存在 *sum.go* 同一個目錄下。

我們可以透過 go run sum.go data.txt 的方式執行程式。字串 "data.txt" 會是 *sum.go* 程式的第一個引數，於是檔案名稱就會傳遞給 GetFloats。

```
20.25
5.0
10.5
15.0
```
data.txt

我們會看到 OpenFile 以及 CloseFile 函式被調用了，原因是它們都會調用 fmt.Println。而且在輸出的結果，我們可以看到 *data.txt* 檔案中的所有數值加總。看來一切運作順利！

透過命令列引數傳遞 *data.txt*。

OpenFile 在這裡被調用。

CloseFile 在這裡被調用。

檔案中數值的加總在這裡。

```
Shell  Edit  View  Window  Help
$ go run sum.go data.txt
Opening data.txt
Closing file
Sum: 50.75
```

任何錯誤都會避免檔案被關閉！

假如我們提供 *sum.go* 程式一個格式不正確的檔案，然後執行程式。
舉例來說：檔案中有一行無法讀取為 `float64` 的值，會導致錯誤。

無法轉換為
float64！

```
20.25
hello
10.5
```

bad-data.txt

拿有錯誤資料的
檔案運作程式。

在這裡調用了 *OpenFile*。

在讀取檔案時觸發錯誤。

不會調用 *CloseFile*！

```
Shell  Edit  View  Window  Help
$ go run sum.go bad-data.txt
Opening data.txt
2018/04/07 21:18:09 strconv.ParseFloat:
parsing "hello": invalid syntax
exit status 1
```

就目前而言，這個錯誤本身是還好；每個程式都有可能接收到錯誤的
資料。然而 GetFloats 函式本來是要在結束之前調用 CloseFile 函
式。我們沒有在程式的輸出看到「Closing file」，這樣的話代表
CloseFile 恐怕並沒有被調用！

問題在於當我們針對字串調用 strconv.ParseFloat 的時候，無法轉
換成 float64 則會回傳錯誤。我們的程式碼設計成會在這個時候回傳
GetFloats 函式的結果。

然而回傳發生在調用 CloseFile 之前，意味著這個檔案是不會被關閉
的！

ParseFloat 在無法轉換文字
為 float64 時回傳錯誤…

…這導致了 GetFloats 回傳錯誤…

…代表著 CloseFile
永遠不會被調用！

```go
func GetFloats(fileName string) ([]float64, error) {
    var numbers []float64
    file, err := OpenFile(fileName)
    if err != nil {
        return nil, err
    }
    scanner := bufio.NewScanner(file)
    for scanner.Scan() {
        number, err := strconv.ParseFloat(scanner.Text(), 64)
        if err != nil {
            return nil, err
        }
        numbers = append(numbers, number)
    }
    CloseFile(file)
    if scanner.Err() != nil {
        return nil, scanner.Err()
    }
    return numbers, nil
}
```

延遲函式調用

就現在而言，無法關閉檔案看起來並不是什麼大問題。而且對一個簡單的程式而言，只是開啟一個檔案也還好。然而每一個檔案維持開啟，會造成系統資源的浪費。久而久之一堆檔案開著不關，會堆積如山並且讓程式發生錯誤，或者甚至影響整個系統的效能。建立良好的習慣，來確保你的程式在結束之後把已開啟的檔案關閉，是相當重要的事情。

但是我們該如何達到這目標呢？`GetFloats` 函式設計成假如讀取發生錯誤，就會立即結束程式，即便 `CloseFile` 都還沒被調用！

假如你想要確認某個函式是否有執行，無論如何，你都可以使用 defer 陳述句。你可以把 defer 鍵詞放在任何一般的函式或者方法調用的前面，而 Go 會 defer（也就是延遲）函式的調用，直到當下的函式結束為止。

通常函式會在碰觸到該行時立即地被調用。在這份程式碼中，`fmt.Println("Goodbye!")` 會比其他兩個 `fmt.Println` 先被調用。

```go
package main

import "fmt"

func Socialize() {
        fmt.Println("Goodbye!")
        fmt.Println("Hello!")
        fmt.Println("Nice weather, eh?")
}

func main() {
        Socialize()
}
```

```
Goodbye!
Hello!
Nice weather, eh?
```

但是假如我們在 `fmt.Println("Goodbye!")` 之前放了 defer 的鍵詞，那麼這個調用就會在整個 `Socialize` 的結束之前發生，接著 `Socialize` 才會結束。

把「*defer*」鍵詞放在函式調用之前。

```go
package main

import "fmt"

func Socialize() {
        defer fmt.Println("Goodbye!")
        fmt.Println("Hello!")
        fmt.Println("Nice weather, eh?")
}

func main() {
        Socialize()
}
```

第一個函式調用會延遲到 *Socialize* 結束之前！

```
Hello!
Nice weather, eh?
Goodbye!
```

使用延遲函式調用從錯誤恢復

看起來很酷，但是你有說過 defer 被使用在「無論什麼情況」都得發生的函式調用。可以解釋更多嗎？

defer 鍵詞會確保函式一定會調用，縱使整個函式提早被結束，比如說像是使用了 return 鍵詞來提早結束函式。

以下我們更新了 Socialize 函式，來回傳 error，由於我們不想要說話了。Socialize 會在 fmt.Println("Nice weather, eh?") 之前結束。不過由於我們在 fmt.Println("Goodbye!") 之前使用了 defer 的鍵詞，Socialize 永遠都會有禮貌地在結束整個對話之前，印出「Gooodbye!」。

「defer」鍵詞確保函式一定被調用，即便函式提早結束。

```go
package main

import (
        "fmt"
        "log"
)
```

```go
func Socialize() error {
        defer fmt.Println("Goodbye!")
        fmt.Println("Hello!")
        return fmt.Errorf("I don't want to talk.")
        fmt.Println("Nice weather, eh?")
        return nil
}

func main() {
        err := Socialize()
        if err != nil {
                log.Fatal(err)
        }
}
```

延遲調用「Goodbye!」。

回傳錯誤。

這段程式碼不會被執行！

延遲的函式調用會在 Socialize 結束之前被執行。

```
Hello!
Goodbye!
2018/04/08 19:24:48 I don't want to talk.
```

延遲函式調用以確保檔案已經關閉

由於 defer 鍵詞可以確保函式「無論發生什麼事情」都一定會被調用，這通常用在程式碼需要被執行在任何情況，即便發生錯誤的情境下。我們所舉的例子是很常見的需要關閉被開啟的檔案。

而這正是我們在 *sum.go* 程式中 GetFloats 函式所需要的。在調用了 OpenFile 函式之後，我們需要它能調用 CloseFile 函式，即便在讀取檔案內容時發生錯誤。

我們可以透過把調用 CloseFile 的部分移動到 OpenFile 的正下方（並且包含著處理錯誤的程式碼），然後把 defer 鍵詞放在前面。

```go
func OpenFile(fileName string) (*os.File, error) {
    fmt.Println("Opening", fileName)
    return os.Open(fileName)
}
func CloseFile(file *os.File) {
    fmt.Println("Closing file")
    file.Close()
}

func GetFloats(fileName string) ([]float64, error) {
    var numbers []float64
    file, err := OpenFile(fileName)
    if err != nil {
        return nil, err
    }
    defer CloseFile(file)
    scanner := bufio.NewScanner(file)
    for scanner.Scan() {
        number, err := strconv.ParseFloat(scanner.Text(), 64)
        if err != nil {
            return nil, err
        }
        numbers = append(numbers, number)
    }
    if scanner.Err() != nil {
        return nil, scanner.Err()
    }
    return numbers, nil
}
```

把它移動到 OpenFile 調用的正下方（以及錯誤處理程式碼）。

這裡添加「*defer*」，讓它會在 GetFloats 結束之前被調用。

現在，即便這裡發生錯誤，*CloseFile* 依然會被調用！

假如回傳發生錯誤，*CloseFile* 會被正常地調用。

而且無庸置疑地，*GetFloats* 正常完成下也會調用 *CloseFile*！

使用 defer 以確保 CloseFile 會在 GetFloats 結束之前被調用，不管它是否正常地結束還是在讀取檔案時發生錯誤。

現在即便 *sum.go* 從檔案讀取了錯誤的資料，它依然會在結束之前關閉檔案！

```
20.25
5.0
10.5
15.0
```
data.txt

執行了延遲調用 *CloseFile*！

```
Shell Edit View Window Help
$ go run sum.go data.txt
Opening data.txt
Closing file
Sum: 50.75
```

檔案有錯誤。

```
20.25
hello
10.5
```
bad-data.txt

執行了延遲調用 *CloseFile*！

```
Shell Edit View Window Help
$ go run sum.go bad-data.txt
Opening data.txt
Closing file
2018/04/09 21:30:42 strconv.ParseFloat:
parsing "hello": invalid syntax
exit status 1
```

程式碼磁貼

這裡的程式碼建立了 Refrigerator 的型別來模擬電冰箱。 Refrigerator 使用一組切片的字串作為它的底層型別；這組字串代表了冰箱中所儲存的食物名稱。該型別擁有名為 Open 的方法來模擬開冰箱門，以及對應的 Close 方法來關上門（我們不想要浪費能源）。名為 FindFood 的方法調用 Open 來打開冰箱的門，並且調用我們寫好的 find 函式來從底層的切片型別搜尋特定食物，並且在回傳之前調用 Close 方法。

然而 FindFood 存在一個問題。它有設計成當我們的食物找不到的時候，會回傳錯誤。然而當它發生的時候，它會在 Close 被調用之前回傳，讓這個虛擬冰箱的門敞開！

（在下一頁繼續…）

```go
func find(item string, slice []string) bool {
        for _, sliceItem := range slice {
                if item == sliceItem {
                        return true          假如該字串在切片中被找到
                }                                則回傳…
        }
        return false      …或者假如找不到時回傳 false。
}
                              Refrigerator 型別是基於一組切片的字串的型別，
type Refrigerator []string    它持有一組冰箱所保存食物的名稱。

func (r Refrigerator) Open() {     模擬開啟冰箱
        fmt.Println("Opening refrigerator")
}
func (r Refrigerator) Close() {     模擬關閉冰箱
        fmt.Println("Closing refrigerator")
}
func (r Refrigerator) FindFood(food string) error {
        r.Open()
        if find(food, r) {     假如冰箱有我們要的食物…
                fmt.Println("Found", food)     …把我們找到的東西印出來。
        } else {
                return fmt.Errorf("%s not found", food)     否則回傳錯誤。
        }
        r.Close()     然而假如我們回傳錯誤，這個就
        return nil        永遠不會被調用！
}

func main() {
        fridge := Refrigerator{"Milk", "Pizza", "Salsa"}
        for _, food := range []string{"Milk", "Bananas"} {
                err := fridge.FindFood(food)
                if err != nil {
                        log.Fatal(err)
                }
        }
}
```

冰箱打開了，但是關不起來！

```
Opening refrigerator
Found Milk
Closing refrigerator
Opening refrigerator
2018/04/09 22:12:37 Bananas not found
```

答案在第 377 頁。

程式碼磁貼（續）

使用以下的磁貼來建立 FindFood 方法的更新版本。它可以延遲 Close 方法的調用，
於是它應該在 FindFood 結束之前被調用（不管是否成功地找到了食物）。

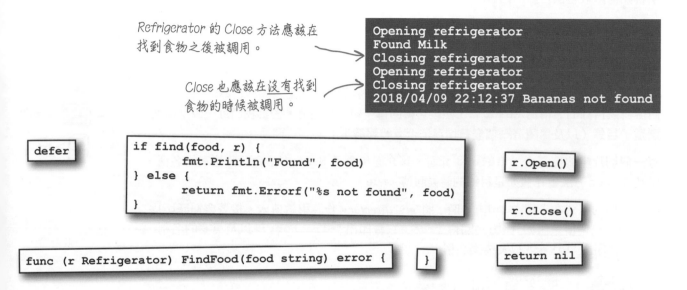

Refrigerator 的 Close 方法應該在
找到食物之後被調用。

Close 也應該在沒有找到
食物的時候被調用。

```
Opening refrigerator
Found Milk
Closing refrigerator
Opening refrigerator
Closing refrigerator
2018/04/09 22:12:37 Bananas not found
```

```
defer
```

```
if find(food, r) {
        fmt.Println("Found", food)
} else {
        return fmt.Errorf("%s not found", food)
}
```

```
r.Open()
```

```
r.Close()
```

```
func (r Refrigerator) FindFood(food string) error {
```

```
}
```

```
return nil
```

問：所以我可以延遲函式與方法的調用…那麼我也可以
延遲其他陳述句嗎？像是 for 迴圈或者變數賦值？

答：不行，只有函式以及方法的調用。你可以編寫函式
或者方法來執行任何你想要延遲的事情，然後直接延遲
這個方法或者函式的調用，然而 defer 鍵詞只能針對
函式或者方法使用。

陳列在目錄中的檔案

繞點路

Go 有額外的功能來幫助你處理錯誤，而我們會透過一組程式碼來展示給你看。不過這個程式使用了一些新的技術，於是在我們深入之前得先跟你介紹這個技術。首先我們得學會如何讀取整個目錄的內容。

先試著建立一個叫做 *my_directory* 的目錄，這個目錄擁有兩個檔案以及一個子目錄，如右方所示。下方的程式會陳列 *my_directory* 的所有內容物，包含它們各自的名稱，以及它們是檔案還是子目錄的資訊。

io/ioutil 套件擁有一個叫做 ReadDir 的函式，我們可以透過它讀取目錄的內容。我們得傳遞目錄的名稱給 ReadDir，然後它會回傳一組切片的值，告訴我們每一個是檔案還是子目錄（以及伴隨著一個變數儲存是否有錯誤發生）。

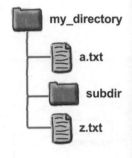
my_directory
a.txt
subdir
z.txt

每一個切片中的值符合 FileInfo 介面，該介面包含了 Name 方法會回傳檔案的名稱，以及 IsDir 方法會在假如是目錄的時候回傳 true。

所以我們的程式在調用 ReadDir 時，將 *my_directory* 作為引數傳入。接著會遍歷切片回傳的每一個值。假如 IsDir 回傳 true，它會印出 "Directory:" 以及檔案的名稱。不然就會印出 "File:" 以及檔案名稱。

files.go

```go
package main

import (
        "fmt"
        "io/ioutil"
        "log"
)
```
取得一組代表「my_directory」內容物的切片值。

```go
func main() {
        files, err := ioutil.ReadDir("my_directory")
        if err != nil {
                log.Fatal(err)
        }
```
針對切片中的每一個檔案…

假如檔案是目錄…
…印出「Directory」以及檔案名稱。

不然就印出「File:」以及檔案名稱。

```go
        for _, file := range files {
                if file.IsDir() {
                        fmt.Println("Directory:", file.Name())
                } else {
                        fmt.Println("File:", file.Name())
                }
        }
}
```

把上方的程式碼儲存為 *file.go*，在與 *my_directory* 一樣的目錄底下。到你的終端機，切換到該母目錄，然後輸入 **go run files.go**。會執行這個程式並且產生一組 *my_directory* 中所持有的檔案以及目錄的清單。

```
Shell  Edit  View  Window  Help
$ cd work
$ go run files.go
File: a.txt
Directory: subdir
File: z.txt
```

陳列在子目錄中的檔案（比較麻煩）

用來讀取單一目錄下內容的程式並不會太複雜。然而我們應該要可以列出更複雜的內容，像是 Go 的工作空間那樣。它可以列出整個巢狀陳列的子目錄甚至更深層的子目錄，而且有些是檔案，有些不是。

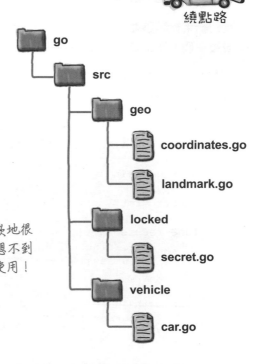

一般來說，這樣的程式會有點複雜。以大綱形式來說會像這樣：

I. 取得目錄內的檔案清單。

    A. 取得下一個檔案。

    B. 該檔案是目錄嗎？

        1. 假如是：取得這個目錄底下的檔案清單。

            a. 取得下一個檔案。

            b. 該檔案是目錄嗎？

                01. 假如是：取得這個目錄底下的檔案清單…

        2. 假如不是：只印出檔案名稱。

> 這個邏輯已經內嵌地很深了，我們已經想不到足夠的大綱可供使用！

很複雜對吧？我們最好不要寫出這樣的程式碼！

不過假如有比較簡單的方法呢？像是以下這樣的邏輯：

I. 取得目錄內的檔案清單。

    A. 取得下一個檔案。

    B. 該檔案是目錄嗎？

        1. 假如是：對這個目錄從步驟 I 開始。

        2. 假如不是：只印出檔案名稱。

對於如何處理「對新的目錄重新開始該邏輯」有點不太了解。為了達成這個目標，我們需要來點新的程式語言觀念…

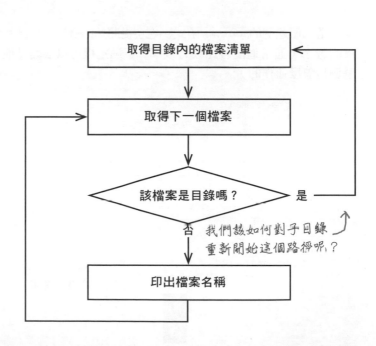

調用遞迴函式

繞點路

在我們結束繞點路並且回到解決錯誤之前，我們來到了第二個（也是最後一個）要帶給你的程式技巧。

Go 是所有支援**遞迴**（**recursion**）功能的程式語言的其中一員，這讓函式可以自己調用自己。

假如你並沒有很小心地使用這個功能，你會很容易因為函式永無止境地調用自己，而陷入以無限迴圈告終。

```go
package main

import "fmt"

func recurses() {
        fmt.Println("Oh, no, I'm stuck!")
        recurses()   ← 「recurses」調用了自己！
}

func main() {   ← 第一次調用
        recurses()   「recurses」。
}
```

```
Oh, no, I'm stuck!
Oh, no, I'm stuck!
Oh, no, I'm stuck!
Oh, no, ^Csignal: interrupt
```

任何程式遇到這個情況就得按下 Ctrl-C 來中止這個無限迴圈！

不過假如你確保遞迴的迴圈終究會結束，遞迴函式事實上是很好用的。

以下是一個遞迴的 count 函式，它會從開始的數字一路計算到結束的數字（通常迴圈會比較有效率，不過這樣可以很輕易地展示遞迴是怎麼運作的）。

```go
package main

import "fmt"

func count(start int, end int) {
        fmt.Println(start)   ← 印出當下的起始數字。
        if start < end {   ← 假如我們還沒達到最終的數字…
                count(start+1, end)   ← …那麼「count」函式就會
        }                              調用自己，並且起始數字會
}                                      比之前多增加 1。

func main() {   ← 第一次調用「count」
        count(1, 3)   函式，指定只能從 1
}                     算到 3。
```

```
1
2
3
```

調用遞迴函式（續）

以下是這個程式所遵循的順序。

1   main 調用了 count，伴隨著參數 start 為 1 以及 end 為 3

2   count 印出參數 start 的值：1

3   start(1) 比 end(3) 還要小，於是 count 以 start 為 2 以及 end 為 3 來調用自己

4   第二次執行 count 時印出新的 start 值：2

5   start(2) 比 end(3) 還要小，於是 count 以 start 為 2 以及 end 為 3 來調用自己

6   第三次執行 count 時印出新的 start 值：3

7   start(3) 不比 end(3) 小，所以 count 不再調用自己了；它會終止並且回傳

8   前兩個 count 的調用也是中止並回傳，於是程式結束

假如我們添加調用 Printf 來在每一次調用 count 以及結束的時候
顯示狀態，這個順序會更為顯而易見。

```go
package main

import "fmt"

func count(start int, end int) {
        fmt.Printf("count(%d, %d) called\n", start, end)
        fmt.Println(start)
        if start < end {
                count(start+1, end)
        }
        fmt.Printf("Returning from count(%d, %d) call\n", start, end)
}

func main() {
        count(1, 3)
}
```

```
count(1, 3) called
1
count(2, 3) called
2
count(3, 3) called
3
Returning from count(3, 3) call
Returning from count(2, 3) call
Returning from count(1, 3) call
```

以上是這個簡單的遞迴函式。讓我們試著把遞迴添加到 *files.go*
程式，並且看看是否能夠幫助我們列出子目錄的內容⋯

遞迴地陳列目錄內容

我們希望 *files.go* 來陳列我們的 Go 工作空間中，所有子目錄的內容。希望透過遞迴的邏輯可以實現這個目標如下：

I. 取得目錄內的檔案清單。

    A. 取得下一個檔案。

    B. 該檔案是目錄嗎？

        1. 假如是：對這個目錄從步驟 **I** 開始。

        2. 假如不是：只印出檔案名稱。

我們已經移除了在 main 函式中用來讀取目錄內容的程式碼；現在 main 函式只需要調用 scanDirectory 函式即可。scanDirectory 函式取用需要被掃描的目錄路徑，於是我們把 "go" 的子目錄路徑傳遞給它。

scanDirectory 首先印出的是當下的路徑，這樣一來我們就知道當下所在的位置。接著會在該位置調用 ioutil.ReadDir 函式以取得目錄的內容。

它會遍歷 ReadDir 所取得的一組 FileInfo 切片值，並對每一個進行處理。首先會調用 filepath.Join 來把當下目錄以及當下的檔案名稱透過斜線組合在一起（於是 "go" 與 "src" 就會被合併為 "go/src"）。

假如目前的檔案並不是目錄，scanDirectory 只會印出它的完整路徑，並且移動到下一個檔案（假如在目前目錄還有其他檔案）。

然而假如當下是目錄，就啟動遞迴機制：scanDirectory 用子目錄的路徑來調用自己。假如該子目錄還有其他的子目錄，scanDirectory 就會繼續以它們的子目錄調用自己，持續這個動作來走遍整棵樹。

```go
package main

import (
    "fmt"
    "io/ioutil"
    "log"
    "path/filepath"
)
```
這個遞迴函式會掃描所取得的路徑。

我們會回傳任何遭遇到的錯誤。

```go
func scanDirectory(path string) error {
    fmt.Println(path)
    files, err := ioutil.ReadDir(path)
    if err != nil {
        return err
    }
```
印出當下的目錄。

取得目錄內容並存成切片。

透過斜線把目錄路徑與檔案合併在一起。

```go
    for _, file := range files {
        filePath := filepath.Join(path, file.Name())
        if file.IsDir() {
            err := scanDirectory(filePath)
            if err != nil {
                return err
            }
        } else {
            fmt.Println(filePath)
        }
    }
    return nil
}
```
假如是子目錄…

…遞迴地調用 *scanDirectory* 這次把子目錄的路徑作為參

假如是一般檔案，直接印出它的路徑。

在最頂層目錄調用 *scanDirectory* 作為開始。

```go
func main() {
    err := scanDirectory("go")
    if err != nil {
        log.Fatal(err)
    }
}
```

遞迴地陳列目錄內容（續）

在存放著你的 Go 工作空間的目錄下，把前面的程式碼儲存成 *files.go*。接著在你的終端機，切換到該目錄後，執行 **go run files.go** 程式。

```
Shell Edit View Window Help
$ cd /Users/jay
$ go run files.go
go
go/src
go/src/geo
go/src/geo/coordinates.go
go/src/geo/landmark.go
go/src/locked
go/src/locked/secret.go
go/src/vehicle
go/src/vehicle/car.go
```

當你看到 scanDirectory 執行時，你將會看到遞迴的迷人之處。針對我們的範例目錄，將會如下執行：

1. main 針對路徑 "go" 調用 scanDirectory

2. scanDirectory 會把經過的路徑印出，"go" 代表著我們正在處理的目錄

3. 針對 "go" 路徑調用 ioutil.ReadDir

4. 回傳的切片只有一項："src"

5. 針對目前的目錄 "go" 以及檔名 "src" 調用 filepath.Join 會得到新的路徑 "go/src"

6. *src* 是子目錄，於是再度調用 scanDirectory，此時路徑是 "go/src" ⟵ 遞迴！

7. scanDirectory 印出新的路徑："go/src"

8. 針對 "go/src" 路徑調用 ioutil.ReadDir

9. 回傳切片的第一項是 "geo"

10. 針對目前的目錄 "go/src" 以及檔名 "geo" 調用 filePath.Join，會得到新的路徑 "go/src/geo"

11. *geo* 是子目錄，於是再度調用 scanDirectory，此時路徑是 "go/src/geo" ⟵ 遞迴！

12. scanDirectory 印出新的路徑："go/src/geo"

13. 針對 "go/src/geo" 路徑調用 ioutil.ReadDir

14. 回傳切片的第一項是 "coordinates.go"

15. *coordinates.go* 不是目錄，於是僅印出名稱

16. 繼續下去…

編寫遞迴函式需要一點技巧，而它們通常會比非遞迴的函式消耗更多的運算資源。不過有時候，對於用其他方法很難解決的問題，遞迴函式更能提供解決方法。

現在我們的 *files.go* 程式已經設置完成，可以結束我們的繞路了。接著回到我們所討論的 Go 處理錯誤的功能。

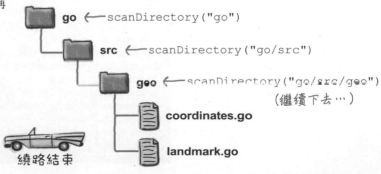

在遞迴函式中處理錯誤

假如 scanDirectory 在掃描任何子目錄時遇到了錯誤（舉例來說，假如使用者沒有閱讀子目錄的權限），就會回傳錯誤。這是預期的行為；程式的控制不能超越檔案系統，並且在錯誤無法避免的發生時正確地回報相當重要。

```
Shell  Edit  View  Window  Help
$ go run files.go
go
go/src
go/src/geo
go/src/geo/coordinates.go
go/src/geo/landmark.go
go/src/locked
2018/04/09 19:09:21 open
go/src/locked: permission denied
exit status 1
```

然而假如我們透過一些 Printf 陳述句來印出需要回傳的錯誤，我們會發現用這個方法來處理錯誤並不太理想：

```go
func scanDirectory(path string) error {
   fmt.Println(path)
   files, err := ioutil.ReadDir(path)
   if err != nil {
      fmt.Printf("Returning error from scanDirectory(\"%s\") call\n", path)
      return err
   }
```

在調用 ReadDir 時印出偵錯的內容。

```go
   for _, file := range files {
      filePath := filepath.Join(path, file.Name())
      if file.IsDir() {
         err := scanDirectory(filePath)
         if err != nil {
            fmt.Printf("Returning error from scanDirectory(\"%s\") call\n", path)
            return err
         }
      } else {
         fmt.Println(filePath)
      }
   }
   return nil
}
```

在遞迴地 scanDirectory 調用發生錯誤時印出偵錯內容。

```go
func main() {
   err := scanDirectory("go")
   if err != nil {
      log.Fatal(err)
   }
}
```

假如在任一 scanDirectory 遞迴階段發生錯誤，錯誤需要從整個調用鏈回傳上去，直到 main 函式為止！

```
Shell  Edit  View  Window  Help
$ go run files.go
go
go/src
go/src/geo
go/src/geo/coordinates.go
go/src/geo/landmark.go
go/src/locked
Returning error from scanDirectory("go/src/locked") call
Returning error from scanDirectory("go/src") call
Returning error from scanDirectory("go") call
2018/06/11 11:01:28 open go/src/locked: permission denied
exit status 1
```

啟動 panic（恐慌）

我們的 scanDirectory 函式難得地適合展示，一個程式是如何
在執行期產生 panic。

我們之前就見過 panic 了。
我們之前在存取陣列以及切
片無效的指標值時已經見識
過 panic：

```
notes := [7]string{"do", "re", "mi", "fa", "so", "la", "ti"}
```

「i」變數能夠觸及
的最高值是 7！

回傳陣列的長度為 7

```
for i := 0; i <= len(notes); i++ {
        fmt.Println(i, notes[i])
}
```

```
0 do
1 re
2 mi
3 fa
4 so
5 la
6 ti
panic: runtime error: index out of range

goroutine 1 [running]:
main.main()
        /tmp/sandbox094804331/main.go:11 +0x140
```

存取指標值
為 7 會造成
panic！

我們也在型別斷言出錯時見
過它們（假如我們沒有使用
額外的 ok 布林值）：

斷言原始的型別為 *TapeRecorder*，然而
實際上是 *TapePlayer*⋯

```
var player Player = gadget.TapePlayer{}
recorder := player.(gadget.TapeRecorder)
```

panic！

```
panic: interface conversion: main.Player
is gadget.TapePlayer, not gadget.TapeRecorder
```

當程式發生 panic 時，當下的函式會停止執行，而程式會印出訊息並且崩
潰。

你可以自己製造 panic，只需要調用內建的 panic 函式即可。

```
package main

func main() {
        panic("oh, no, we're going down")
}
```

```
panic: oh, no, we're going down

goroutine 1 [running]:
main.main()
        /tmp/main.go:4 +0x40
```

panic 函式只需要一個引數來滿足空介面（也就是說它可以是任何型別）。
該引數會被轉換為字串（假如需要的話），並且隨著 panic 的訊息一起被
印出來。

追溯堆疊

所有調用的函式都需要回到調用它的函式。為了實現這個行為，Go 像其他程式語言一樣會保留**調用堆疊**（call stack），它是函式調用的一組清單，在任何時候都是啟用的。

當一個程式遭遇 panic 時，**追溯堆疊**或者說調用堆疊的清單，會被包含在 panic 的輸出結果。這對於判斷程式怎麼會崩潰相當有幫助。

```go
package main

func main() {
    one()
}
func one() {
    two()
}
func two() {
    three()
}
func three() {
    panic("This call stack's too deep for me!")
}
```

函式調用被加到堆疊。

添加另一個調用到堆疊。

添加第三個。

Panic！追溯堆疊會涵蓋以上所有的調用。

追溯堆疊涵蓋了已經產生的函式調用。

```
panic: This call stack's too deep for me!

goroutine 1 [running]:
main.three()
        /tmp/main.go:13 +0x40
main.two()
        /tmp/main.go:10 +0x20
main.one()
        /tmp/main.go:7 +0x20
main.main()
        /tmp/main.go:4 +0x20
```

在崩潰之前完成延遲調用

當一個程式遭遇 panic，所有延遲的函式仍然會照常被調用。假如有不只一組延遲調用，它們會以被延遲的順序反過來調用。

以下程式碼延遲了兩個 Println 的調用接著發生 panic。程式輸出的最開頭顯示在程式崩潰之前，兩個調用都會被完成。

在崩潰之前完成延遲調用。

```go
func main() {
    one()
}
func one() {
    defer fmt.Println("deferred in one()")
    two()
}
func two() {
    defer fmt.Println("deferred in two()")
    panic("Let's see what's been deferred!")
}
```

這個函式先被延遲，所以會最後被調用。

這個函式最後被延遲，所以會先被調用。

```
deferred in two()
deferred in one()
panic: Let's see what's been deferred!

goroutine 1 [running]:
main.two()
    /tmp/main.go:14 +0xa0
main.one()
    /tmp/main.go:10 +0xa0
main.main()
    /tmp/main.go:6 +0x20
```

在 scanDirectory 使用「panic」

在右方的 scanDirectory 函式已經被更新為調用 panic 而不再直接回傳錯誤值。這大大地簡化了處理錯誤的流程。

首先從 scanDirectory 宣告移除 error 回傳值。假如 error 值從 ReadDir 回傳，我們就把它傳遞給 panic。我們可以從遞迴地調用 scanDirectory 移除錯誤處理的程式碼，並且直接一如往常地在 main 調用 scanDirectory。

```go
package main

import (
    "fmt"
    "io/ioutil"
    "path/filepath"
)

func scanDirectory(path string) {
    fmt.Println(path)
    files, err := ioutil.ReadDir(path)
    if err != nil {
        panic(err)
    }

    for _, file := range files {
        filePath := filepath.Join(path, file.Name())
        if file.IsDir() {
            scanDirectory(filePath)
        } else {
            fmt.Println(filePath)
        }
    }
}

func main() {
    scanDirectory("go")
}
```

不再需要錯誤回傳值。

與其回傳錯誤值，直接傳遞給「panic」。

不再需要儲存或者確認錯誤回傳值。

不再需要儲存或者確認錯誤回傳值。

現在當 scanDirectory 在讀取目錄遇到錯誤時，它會直接啟動 panic。所有的 scanDirectory 遞迴調用會直接中止。

```
Shell Edit View Window Help
$ go run files.go
go
go/src
go/src/geo
go/src/geo/coordinates.go
go/src/geo/landmark.go
go/src/locked
panic: open go/src/locked: permission denied

goroutine 1 [running]:
main.scanDirectory(0xc420014220, 0xd)
        /Users/jay/files.go:37 +0x29a
main.scanDirectory(0xc420014130, 0x6)
        /Users/jay/files.go:43 +0x1ed
main.scanDirectory(0x10c4148, 0x2)
        /Users/jay/files.go:43 +0x1ed
main.main()
        /Users/jay/files.go:52 +0x36
exit status 2
```

何時需要 panic？

> 調用 panic 可以簡化程式碼，但它也會讓程式直接崩潰！這看起來不像是個進步…

我們晚點會告訴你如何避免程式直接崩潰的方法。不過事實上調用 panic 不是一個常見的處理錯誤的方法。

像是無法存取的檔案、連線錯誤以及使用者輸入錯誤等等，都應該被視為「正常」以及應該完整地透過 error 值來處理。基本上調用 panic 應該是作為「不可能」的情境：代表明顯的程式錯誤，而不是使用者造成的失誤。

以下的程式透過 panic 來指出程式碼的錯誤。它會在三個虛擬的門後面藏著一面金牌。doorNumber 變數並不是透過使用者的輸入填入，而是透過 rand.Intn 函式所產生的亂數選出。假如 doorNumber 存放 1、2 或者 3 之外的數值，這不是使用者的錯，而是程式的錯誤。

於是在 doorNumber 存放無效的值時調用 panic 就相當地恰當。這永遠都不應該發生，假如發生了，我們會在無法預測的事情發生之前，中止這個程式。

任何其他的數值都<u>不</u>應該被產生，假如發生了就啟動 panic。

```go
package main

import (
        "fmt"
        "math/rand"
        "time"
)

func awardPrize() {
        doorNumber := rand.Intn(3) + 1
        if doorNumber == 1 {
                fmt.Println("You win a cruise!")
        } else if doorNumber == 2 {
                fmt.Println("You win a car!")
        } else if doorNumber == 3 {
                fmt.Println("You win a goat!")
        } else {
                panic("invalid door number")
        }
}

func main() {
        rand.Seed(time.Now().Unix())
        awardPrize()
}
```

產生 1 到 3 之間的隨機整數。

```
You win a cruise!
```

以下是程式碼範例以及它的輸出，不過我們在輸出的部分留下空白。
試看看完成它們。

```
package main

import "fmt"

func snack() {
        defer fmt.Println("Closing refrigerator")
        fmt.Println("Opening refrigerator")
        panic("refrigerator is empty")
}

func main() {
        snack()
}
```

輸出

_____

_____

panic: _____

goroutine 1 [running]:
main._____()
        /tmp/main.go:8 +0xe0
main.main()
        /tmp/main.go:12 +0x20

➤ 答案在第 378 頁。

「recover（恢復）」函式

改變 scanDirectory 以使用 panic 而不回傳錯誤，簡化了錯誤處理的程式碼。但是恐慌操作同時也讓我們的程式以很糟糕的追溯堆疊崩潰了。我們其實只需要顯示錯誤訊息給使用者即可。

Go 提供了內建的 recover 函式來讓程式從 panic 操作中停止。我們會需要這個方法來正常地中止程式。

當你在正常的程式執行過程中調用 recover，它只會回傳 nil 並且什麼事都不做。

```
package main

import "fmt"

func main() {
        fmt.Println(recover())
}
```

假如你在沒有觸發恐慌的程式中調用了「recover」…

```
<nil>
```

…什麼事都不做而且回傳 nil。

假如你在程式已經觸發恐慌時調用了 recover，它會中止 panic。但是假如你在程式中調用了 panic，函式會中止執行。所以在同一個函式內調用了 recover 又調用 panic 並沒有意義，因為 panic 依然會維持發生：

```
func freakOut() {
        panic("oh no")
        recover()
}
func main() {
        freakOut()
        fmt.Println("Exiting normally")
}
```

panic 會中止 freakOut 函式的執行…

…所以這永遠不會被執行到！

程式依然會崩潰。

```
panic: oh no

goroutine 1 [running]:
main.freakOut()
        /tmp/main.go:4 +0x40
main.main()
        /tmp/main.go:8 +0x20
```

不過在程式發生恐慌時，有個方法可以調用 recover…在恐慌觸發時，任何被延遲的函式都會被完成。於是你可以在額外的函式中置放 recover 的調用，並且使用 defer 來在程式觸發恐慌之前調用這個函式。

```
func calmDown() {
        recover()
}
func freakOut() {
        defer calmDown()
        panic("oh no")
}
func main() {
        freakOut()
        fmt.Println("Exiting normally")
}
```

在其他函式調用「recover」。

延遲用來恢復的函式調用。

假如函式的恐慌觸發在延遲函式之後，延遲的函式就會觸發 recover 了！

程式正常地中止。

```
Exiting normally
```

「recover（恢復）」 函式（續）

調用 recover 不會在 panic 發生的當下執行恢復，至少不會精確地在那個時間點。函式發生恐慌時會立即地返回，而且任何函式內在恐慌發生之後的程式碼都不會被執行。然而在發生恐慌的函式返回後，往後的執行將會恢復繼續往下前進。

```go
func calmDown() {
        recover()
}
func freakOut() {
        defer calmDown()
        panic("oh no")
        fmt.Println("I won't be run!")
}
func main() {
        freakOut()
        fmt.Println("Exiting normally")
}
```

當我們執行 recover，freakOut 在這時返回。

在 panic 之後的程式碼將不會被執行！

不過在 freakOut 返回之後的程式碼將會繼續執行。

```
Exiting normally
```

panic 值會從 recover 回傳

我們有提過，假如沒有 panic 發生，調用 recover 會回傳 nil。

假如你在一個沒有恐慌發生的程式中調用「recover」…

```go
func main() {
        fmt.Println(recover())
}
```

```
<nil>
```

…什麼是都沒做，回傳 nil。

然而假如發生了 panic，recover 會回傳從 panic 中得到的值。這會協助我們收集關於恐慌發生的資訊，來協助恢復或者將錯誤回報給使用者。

```go
func calmDown() {
        fmt.Println(recover())
}
func main() {
        defer calmDown()
        panic("oh no")
}
```

調用「recover」並且印出來 panic 的值。

這個值會回傳給「recover」。

```
oh no
```

panic 值會從 recover 回傳（續）

回到我們介紹 panic 值的地方，我們有提到它的引數是 interface{}，也就是空的介面，於是 panic 可以接收任何值。一樣地，recover 的回傳值也是 interface{}。你可以把 recover 的回傳值傳遞給像是 Println（它也接收 interface{} 的值）的 fmt 函式，可是你無法對它直接調用方法。

以下示範了如何傳遞 error 的值給 panic。然而在執行的過程中，error 被轉換成一個 interface{} 的值。一旦延遲的函式稍後調用了 recover，interface{} 的值就是回傳的值。所以縱使底層的 error 值有個 Error 方法，嘗試在 interface{} 調用 Error 將會產生編譯錯誤。

```
func calmDown() {
        p := recover()        回傳 interface{} 值。
        fmt.Println(p.Error())    縱使底層的「error」值擁有 Error
}                                  方法，interface{} 值是沒有的！
func main() {
        defer calmDown()                              編譯錯誤！
        err := fmt.Errorf("there's an error")
        panic(err)        傳遞一個 error 值而非
}                         string 給「panic」。
```

```
p.Error undefined (type interface {}
is interface with no methods)
```

若要對 panic 調用方法或者做其他事情，你需要透過型別斷言把它轉換回底層型別。

以下的程式碼更新了上方的範例，它把從 recover 的回傳值轉換回 error 值。一旦完成之後，我們就可以放心地調用 Error 方法了。

```
func calmDown() {
        p := recover()
        err, ok := p.(error)        斷言 panic 的值是「error」。
        if ok {
                fmt.Println(err.Error())    現在我們取得了「error」值，
        }                                   就可以調用 Error 方法囉。
}
func main() {
        defer calmDown()
        err := fmt.Errorf("there's an error")
        panic(err)
}
```

```
there's an error
```

在 scanDirectory 的 panics 中恢復

在我們上次更新的 *files.go* 程式，在 scanDirectory 中調用 panic 可以幫助我們清空錯誤處理的程式碼，然而這也造成程式直接崩潰。我們現在可以將從 defer、panic 以及 recover 所學的東西應用來印出錯誤訊息，並且正常地退出程式。

為了實現這個目標，我們首先添加了 reportPanic 函式，我們會在 main 函式中透過 defer 調用它。我們會在調用 scanDirectory 這個有可能會恐慌的函式之前，使用這個延遲的函式。

在 reportPanic 裡面，我們會調用 recover 來儲存 panic 所回傳的值。假如程式發生恐慌，這個函式將會中止恐慌的程序。

然而 reportPanic 被調用之後，我們並不知道這個程式是否發生恐慌。不管 scanDirectory 是否會調用 panic，reportPanic 的延遲調用都會執行。於是首先我們得測試從 reportPanic 回傳的 panic 值是否為 nil。假如是則代表沒有恐慌發生，於是我們會什麼事都不做地從 reportPanic 返回。

然而假如 panic 值並不是 nil，意味著程式驅動了 panic，我們得回報出來。

由於 scanDirectory 會把 error 傳遞給 panic，我們會使用型別斷言把 interface{} 的恐慌值轉換成 error 型別的值。假如轉換成功，我們就可以印出 error 值囉。

透過這些修正，不再有噁心的 panic 紀錄以及追溯堆疊，我們的使用者可以輕易地看見錯誤訊息囉！

```
Shell  Edit  View  Window  Help
$ go run files.go
qo
go/src
go/src/geo
go/src/geo/coordinates.go
go/src/geo/landmark.go
go/src/locked
open go/src/locked: permission denied
```

```go
package main

import (
    "fmt"
    "io/ioutil"
    "path/filepath"
)
```
添加這個新的函式。
```go
func reportPanic() {
    p := recover()
    if p == nil {
        return
    }
    err, ok := p.(error)
    if ok {
        fmt.Println(err)
    }
}
```
調用「recover」並且儲存回傳值。
假如「recover」回傳 nil，沒有恐慌發生的程式中⋯
⋯什麼事都不做。
否則，取得底層的「error」值⋯
⋯並且印出來。

```go
func scanDirectory(path string) {
    fmt.Println(path)
    files, err := ioutil.ReadDir(path)
    if err != nil {
        panic(err)
    }

    for _, file := range files {
        filePath := filepath.Join(path, file.Name())
        if file.IsDir() {
            scanDirectory(filePath)
        } else {
            fmt.Println(filePath)
        }
    }
}

func main() {
    defer reportPanic()
    scanDirectory("go")
}
```
在調用會發生恐慌的函式之前，延遲調用我們新的 reportPanic 函式。

恢復恐慌

這裡需要提到另一個 reportPanic 可能會產生的問題。它現在會攔截任何恐慌，甚至不是由 scanDirectory 所造成的也會被攔截。假如該恐慌值無法被轉換成 error 的型別，reportPanic 就不會印出來。

我們可以透過在 main 添加另一個使用 string 引數的 panic 測試看看：

```
func main() {
    defer reportPanic()
    panic("some other issue")
    scanDirectory("go")
}
```

添加一個新的帶有 *string* 值的 *panic*。

```
Shell  Edit  View  Window  Help
$ go run files.go
$
```

← 沒有輸出！

reportPanic 函式從新的 panic 恢復，但由於該 panic 值並不是 error，reportPanic 並不會印出來。我們的使用者就不會知道為什麼程式壞掉了。

要處理這種你沒有打算要恢復的意外 panic，最簡單的做法就是直接重設 panic 的狀態。通常重置恐慌是可被接受的，因為這終究不是我們所預期的狀態。

右方的程式碼更新了 reportPanic 來處理意外的 panic 狀況。假如用來轉換恐慌值為 error 的型別斷言成功，我們只要跟之前一樣印出即可。假如不成功，我們只要用一樣的 panic 值調用一次 panic 即可。

再重新執行一次 *files.go* 證明這樣修正是有效的：reportPanic 會從我們測試的 panic 恢復，但是當 error 的型別斷言失敗時，會再度發生恐慌。現在我們可以放心地從 main 移除 panic，因為任何其他不預期的恐慌都會被回報！

```
func reportPanic() {
  p := recover()
  if p == nil {
    return
  }
  err, ok := p.(error)
  if ok {
    fmt.Println(err)
  } else {
    panic(p)
  }
}
```

假如 *panic* 值不是 *error*，用同樣的值恢復恐慌。

```
func scanDirectory(path string) {
  fmt.Println(path)
  files, err := ioutil.ReadDir(path)
  if err != nil {
    panic(err)
  }
  // Code here omitted
}
```

別忘了在你確定 *reportPanic* 可用之後，移除這邊的測試 *panic* 程式碼哦！

```
func main() {
  defer reportPanic()
  panic("some other issue")
  scanDirectory("go")
}
```

```
Shell  Edit  View  Window  Help
$ go run files.go
panic: some other issue [recovered]
        panic: some other issue

goroutine 1 [running]:
main.reportPanic()
        /Users/jay/files.go:27 +0xd7
panic(0x109ee80, 0x10d1c80)
        /go/.../panic.go:505 +0x229
main.main()
        /Users/jay/files.go:52 +0x55
exit status 2
```

問：我有在其他程式語言看過「exceptions」這種做法。 panic 以及 recover 函式看起來是很類似的運作機制。我可以把它們當作 exceptions 嗎？

答：我們強烈建議不要這麼做，而 Go 的程式語言維護者也是這樣認為的。甚至可以這樣說，這個語言的設計並不鼓勵你使用 panic 以及 recover。在 2012 年的會議主題演講中，Rob Pike（Go 的發明者之一）把 panic 以及 recover 描述為「故意顯得很蠢」。意味著在設計 Go 的時候，並不打算讓 panic 以及 recover 更好使用，於是讓它們不常被用到。

以下是 Go 的設計者在回覆 exceptions 的主要弱點時的說法：它們會讓程式的流程更加複雜。與其這樣，Go 的開發者被鼓勵用與程式中其他部分一樣的態度來處理錯誤：透過 if 以及 return 等等的陳述句，還有 error 值。當然囉，在函式中直接處理錯誤會讓函式的程式碼有點冗長，但是這比完全都不處理錯誤來得要好。（Go 的發起者發現不少開發者使用 exceptions 只是用來在錯誤發生時產生例外（exception），而且不打算做後續處理）。你並不需要前往程式的其他部分看看錯誤處理的程式碼。

所以不需要在 Go 中找尋與 exceptions 雷同的功能。這個功能是故意在 Go 中被放棄的。對於已經習慣使用 exceptions 的開發者可能需要一點時間調整，不過 Go 的維護者相信這終究會創造更好的軟體。

你可以在 https://talks.golang.org/2012/splash.article#TOC_16 查看 Rob Pike 演講的摘要。

第十二章

你的 *Go* 百寶箱

這就是第 12 章的全部了！你已經把延遲（defer）調用函式以及從恐慌（panic）中恢復（recover）加到你的百寶箱囉！

延遲

「defer」鍵詞可以添加到任何函式或者方法調用的前面，用來暫緩該調用直到目前的函式結束為止。

延遲的函式調用通常用作最後執行的清理用程式碼，即便發生錯誤也一定會執行。

恢復

假如延遲函式調用了內建的「recover」函式，程式會從恐慌（panic）的狀態中恢復（假如有）。

「recover」函式回傳任何原本傳遞到「panic」函式的值。

重點提示

- 提早從函式中回傳錯誤值是一種提示錯誤發生的好方法，但是這會避開函式中本來要執行的收尾程式碼。

- 你可以使用 defer 鍵詞在需要收拾程式碼的地方立即調用你的清理函式。這個設置會讓目前函式結束之後馬上執行清理程式碼，不管是否發生了錯誤。

- 你可以調用內建的 panic 函式來讓你的程式產生 panic。

- 除非調用了內建的 recover 函式，發生恐慌的程式會崩潰且伴隨著記錄訊息。

- 你可以將任何值作為引數傳遞給 panic。該值會轉換成字串並且作為記錄訊息的部分印出。

- panic 的記錄訊息包含一組追溯堆疊，也就是一系列被啟動的函式調用可以用來偵錯。

- 當一個程式遭遇 panic，所有的延遲函式都還是會被調用，這程式崩潰之前可以執行清理的程式碼。

- 延遲函式也可以調用內建的 recover 函式，這樣讓程式可以恢復到正常的執行流程。

- 假如在沒有 panic 的情況下調用 recover，會直接回傳 nil。

- 假如在發生 panic 時調用 recover，會把傳遞給 panic 的值回傳。

- 大部分的程式應該在未預期的錯誤情境下進入 panic。你應該考慮到你的程式中有可能遭遇到的錯誤（像是遺失的檔案或者錯誤格式的資料），並且透過使用 error 值來處理。

程式碼磁貼解答

```go
func find(item string, slice []string) bool {
        for _, sliceItem := range slice {
                if item == sliceItem {
                        return true
                }
        }
        return false
}

type Refrigerator []string

func (r Refrigerator) Open() {
        fmt.Println("Opening refrigerator")
}
func (r Refrigerator) Close() {
        fmt.Println("Closing refrigerator")
}

func main() {
        fridge := Refrigerator{"Milk", "Pizza", "Salsa"}
        for _, food := range []string{"Milk", "Bananas"} {
                err := fridge.FindFood(food)
                if err != nil {
                        log.Fatal(err)
                }
        }
}
```

```go
func (r Refrigerator) FindFood(food string) error {
```

```go
r.Open()
```

```go
defer   r.Close()
```

不管是否有錯誤發生，在 FindFood 結束時調用 Close。

```go
if find(food, r) {
        fmt.Println("Found", food)
} else {
        return fmt.Errorf("%s not found", food)
}
```

```go
return nil
```

```go
}
```

當食物被找到時，調用 Refrigerator 的 Close 方法。

食物<u>沒有</u>被找到的時候，依然調用 Close。

```
Opening refrigerator
Found Milk
Closing refrigerator
Opening refrigerator
Closing refrigerator
2018/04/09 22:12:37 Bananas not found
```

習題
解答

以下是程式碼範例以及它的輸出，不過我們在輸出的部分留下空白。
試看看完成它們。

```go
package main

import "fmt"

func snack() {
        defer fmt.Println("Closing refrigerator")
        fmt.Println("Opening refrigerator")
        panic("refrigerator is empty")
}

func main() {
        snack()
}
```

這個調用被延遲了，於是在
「snack」函式結束之前不會
被執行（panic 發生時）。

輸出

Opening refrigerator
Closing refrigerator
panic: refrigerator is empty

goroutine 1 [running]:
main. snack ()
        /tmp/main.go:8 +0xe0
main.main()
        /tmp/main.go:12 +0x20

13 分擔工作

goroutines 與
通道（channels）

一次只做一件事情並不全然是完成工作最有效率的方法。 有
些較人的問題是可以拆分成比較小的任務。**goroutines** 讓你的程式可以同時執
行不同的工作。**goroutines** 可以利用**通道**（**channels**）調配它手上的工作，讓
它們彼此可以傳遞資料並且同步，如此一來某一個 goroutine 並不會跟其他的
進度差距太遠。你完全可以透過 goroutines 獲得多核心處理器的電腦的支援，
如此一來你的程式可以跑得更快！

檢索網頁

這一章將會透過同時完成多件事情的方式，來更快地達成任務。不過首先我們需要一個大型任務讓我們拆解成更小的部分。那麼在我們建立好背景知識之前，先忍耐個我們幾頁吧…

網頁越小，造訪者的瀏覽器就讀取得越快。我們需要一個可以測量網頁大小的工具，以位元組為單位計算。

感謝 Go 的標準函式庫，這件事情應該不會太困難。以下的程式使用了 net/http 的套件來連線到一個網站，並且透過調用一些函式來檢索一個網頁。

我們把所求網站的 URL 傳遞給 http.Get 函式。這會回傳一個 http.Response 的物件，以及任何可能會遇到的錯誤。

http.Response 物件是一個擁有 Body 欄位的結構，這個欄位代表頁面的內容。Body 滿足了 io 套件的 ReadCloser 介面，代表它擁有 Read 的方法（讓我們可以讀取頁面的資料），以及 Close 方法讓我們在完成之後釋出網路的連結。

我們 defer 了 Close 的調用，於是連線會在我們讀取完成之後釋出。接著把回應的網頁內容傳遞給 ioutil 套件的 ReadAll 函式，它會讀取整個網頁的內容，並且回傳一組 byte 值的切片。

我們還沒講過 byte 型別呢；它是一種 Go 的基礎型別（像是 float64 或者 bool），用來儲存原始資料，比如像是你從網路連線取得的檔案。我們無法透過直接印出來的方式，從這個 byte 值的切片看到任何有意義的內容，然而假如你從該 byte 切片型別轉換為 string，你就會取得可讀的文字內容（亦即假設這個資料儲存的是可閱讀的內容）。於是我們以轉換回應的文字到 string 作為結束，並且印出來。

假如我們把程式碼儲存到檔案並且透過 go run 執行，它會檢索 *https://example.com* 的 HTML 內容並且顯示出來。

```go
package main

import (
        "fmt"
        "io/ioutil"
        "log"
        "net/http"
)

func main() {
        response, err := http.Get("https://example.com")
        if err != nil {
                log.Fatal(err)
        }
        defer response.Body.Close()
        body, err := ioutil.ReadAll(response.Body)
        if err != nil {
                log.Fatal(err)
        }
        fmt.Println(string(body))
}
```

對我們想要檢索的網址（URL）調用 http.Get。

一旦「main」函式結束後釋出網路連線。

讀取回應中的資料。

把資料轉成 string 並且印出來。

HTML 頁面內容 →

```
File Edit Window Help
$ go run temp.go
<!doctype html>
<html>
<head>
    <title>Example Domain</title>
    <meta charset="utf-8" />
...
```

檢索網頁（續）

假如你想要知道更多這個程式有用到的函式以及型別的資訊，你可以透過在終端機輸入 go doc 的指令（我們在第 4 章有學過）取得。嘗試在右方輸入你想要知道的指令，就可以帶出相關文件（或者假如你願意的話，也可以透過瀏覽器以及熟悉的搜尋引擎來查詢它們）。

```
File Edit Window Help
go doc http Get
go doc http Response
go doc io ReadCloser
go doc ioutil ReadAll
```

GO 的文件會帶給你更多關於這個程式是怎麼運作的觀點。

從這邊看來，轉換這個程式以印出多個頁面的大小，應該不會太困難。

我們可以先把用來檢索頁面的程式碼移到獨立的 responseSize 函式，它會把所求的網址作為參數取得。我們會把所求的網址印出來，只是用來偵錯需求使用。調用 http.Get 的程式碼會讀取回應，並且釋出通常不會改變的網路連線。最後，與其把位元組的切片轉換成 string，我們直接調用 len 以取得切片的長度。這提供了我們回應以位元組來計算的長度然後印出來。

我們更新 main 函式來對不同的 URL 調用 responseSize。在執行程式的時候，它會印出網址以及頁面的大小。

繞路結束

```go
package main

import (
        "fmt"
        "io/ioutil"
        "log"
        "net/http"
)

func main() {
        responseSize("https://example.com/")
        responseSize("https://golang.org/")
        responseSize("https://golang.org/doc")
}

func responseSize(url string) {
        fmt.Println("Getting", url)
        response, err := http.Get(url)
        if err != nil {
                log.Fatal(err)
        }
        defer response.Body.Close()
        body, err := ioutil.ReadAll(response.Body)
        if err != nil {
                log.Fatal(err)
        }
        fmt.Println(len(body))
}
```

取得一些網頁的大小。

將 URL 當作參數。

把取得網頁的程式碼搬到獨立的函式。
印出我們檢索的網址。

取得所求的網址。

位元組切片的大小就是頁面的大小。

頁面的網址以及頁面大小（以位元組為單位）。

```
Getting https://example.com/
1270
Getting https://golang.org/
8766
Getting https://golang.org/doc
13078
```

多工

現在我們來到本章的重點了：尋找可以透過同時執行多個任務的方式，來加速程式的方法。

我們的程式調用了好幾次 responseSize，同一時間只能調用一次。每個 responseSize 的調用建立了一個到網站的連線，等待網站的回應，接著印出回應的大小最後回傳。每次只能等到 responseSize 的調用結束之後才能進行下一輪。假設我們有一個又臭又長的函式總共需要被調用三次，就會花上很長的時間來進行三次 responseSize 的調用。

*三個按照順序調用這麼長
的 reponseSize…* →

```
                    fmt.Println("Getting", url)
 開始               response, err := http.Get(url)
                    if err != nil {
                            log.Fatal(err)
                    }
                    defer response.Body.Close()
                    body, err := ioutil.ReadAll(
                            response.Body)
                    if err != nil {
                            log.Fatal(err)
                    }
                    fmt.Println(len(body))

                    fmt.Println("Getting", url)
                    response, err := http.Get(url)
                    if err != nil {
                            log.Fatal(err)
                    }
                    defer response.Body.Close()
                    body, err := ioutil.ReadAll(
                            response.Body)
                    if err != nil {
                            log.Fatal(err)
                    }
                    fmt.Println(len(body))

                    fmt.Println("Getting", url)
                    response, err := http.Get(url)
                    if err != nil {
                            log.Fatal(err)
                    }
                    defer response.Body.Close()
                    body, err := ioutil.ReadAll(
                            response.Body)
                    if err != nil {
                            log.Fatal(err)
 結束               }
                    fmt.Println(len(body))
```

假如有一種方法可以一次調用三個 responseSize 呢？
程式就能只花三分之一的時間而已耶！

*假如一次同時調用 responseSize，
程式會更快地完成！*

```
 開始  fmt.Println("Getting", url)        fmt.Println("Getting", url)        fmt.Println("Getting", url)
       response, err := http.Get(url)     response, err := http.Get(url)     response, err := http.Get(url)
       if err != nil {                    if err != nil {                    if err != nil {
               log.Fatal(err)                     log.Fatal(err)                     log.Fatal(err)
       }                                  }                                  }
       defer response.Body.Close()        defer response.Body.Close()        defer response.Body.Close()
       body, err := ioutil.ReadAll(       body, err := ioutil.ReadAll(       body, err := ioutil.ReadAll(
               response.Body)                     response.Body)                     response.Body)
       if err != nil {                    if err != nil {                    if err != nil {
               log.Fatal(err)                     log.Fatal(err)                     log.Fatal(err)
       }                                  }                                  }
 結束  fmt.Println(len(body))             fmt.Println(len(body))             fmt.Println(len(body))
```

使用 goroutines 進行並發（concurrency）

當 responseSize 調用 http.Get 時，你的程式得呆坐在那裡等待遠端的網站回應。在等待的時候做什麼事情都沒有用。

有的程式可能等待的是使用者的輸入。或者有的程式需要等待從檔案讀取資料。不少例子顯示很多程式需要乾等結果的情況。

並發（**concurrency**）讓程式可以暫停某項工作，並且先執行另一項工作。一個正在等待使用者輸入的程式可以先在背景執行其他工作。一個程式可以在讀取檔案的同時，更新進度條。我們的 responseSize 程式或許可以在等待網站回應的同時，進行其他的網路請求。

假如程式編寫為有支援並發的功能，那麼它應該也可支援**並行**（**parallelism**）：同時地執行工作。只有一個處理器的電腦只能在同一時間執行一個工作。不過現在大部分的電腦都已配備多處理器（或者單一處理器擁有多核心）。你的電腦應該可以分配並發的工作給多個處理器，同時地運作（很少會直接管理分配；通常作業系統會幫你完成）。

把巨大的工作劃分為較小且可以並發的工作，代表你的程式有機會可以加速不少。

在 Go 的並發叫做 **goroutines**。其他程式語言中有類似概念的叫做執行緒（*threads*），不過 goroutines 可以比執行緒用更少的記憶體空間，而且也以更短的時間啟動與結束，代表你可以同時執行更多的 goroutines。

它們也比較好上手。你可以透過 go 陳述句啟動另一個 goroutine，也就是一般的函式或者方法，調用之前擺放 go 鍵詞即可。

> *goroutines* 提供並發：暫停一個工作以啟動另一個工作。而且在有些情境下它們允許並行：同時執行不同的工作！

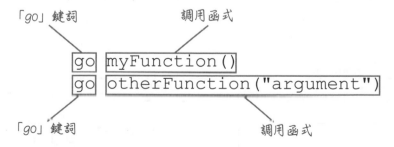

注意到我們說的是另一個 goroutine。每個 Go 程式的 main 函式都是用 goroutine 啟動的，所以每個 Go 程式至少執行一個 goroutine。你早就在使用 goroutine 而渾然不知！

使用 goroutines

以下的程式一次只調用一個函式。"a" 函式使用迴圈來印出 50 次 a，而 "b" 函式也印出 50 次 b 字串。main 函式先調用 a 然後才是 b，最後在結束時印出訊息。

```go
package main

import "fmt"

func a() {
        for i := 0; i < 50; i++ {
                fmt.Print("a")
        }
}

func b() {
        for i := 0; i < 50; i++ {
                fmt.Print("b")
        }
}

func main() {
        a()
        b()
        fmt.Println("end main()")
}
```

```
aaaaaaaaaaaaaaaaaaaaaaaaaaaaaaaaa
aaaaaaaaaaaaaaaaabbbbbbbbbbbbb
bbbbbbbbbbbbbbbbbbbbbbbbbbbbbbb
bbbbend main()
```

這其實跟 main 函式涵蓋了 a 函式的程式碼，接著是 b 函式的程式碼，以及最後是它自己的程式碼，有一樣的效果。

```
開始            main goroutine
     for i := 0; i < 50; i++ {
             fmt.Print("a")
     }
     for i := 0; i < 50; i++ {
             fmt.Print("b")
     }
結束  fmt.Println("end main()")
```

若要針對 a 以及 b 函式啟動新的 goroutines，你只需要在調用函式之前都加上 go 鍵詞即可：

```go
func main() {
        go a()
        go b()
        fmt.Println("end main()")
}
```

這會讓新的 goroutines 與 main 函式一同執行：

```
開始            main goroutine
     go a()                              a goroutine
     go b()                                   for i := 0; i < 50; i++ {
結束  fmt.Println("end main()")                        fmt.Print("a")
                                               }
                                                              b goroutine
                                                                   for i := 0; i < 50; i++ {
                                                                           fmt.Print("b")
                                                                   }
```

使用 goroutines（續）

然而假如我們現在執行程式，我們只會看到在 main 函式結尾所調用的 Println：沒有看到任何 a 或者 b 函式的東西！

```go
func main() {
    go a()
    go b()
    fmt.Println("end main()")
}
```

「a」與「b」函式的輸出
到底去哪裡了？

`end main()`

問題在此：Go 的程式會在 main 的 goroutine（所謂調用 main 函式的 goroutine）結束的時候終止，即便其他的 goroutines 還在執行當中。我們的 main 函式在 a 與 b 函式有機會執行之前就已經結束了。

開始
結束

main **goroutine**
go a()
go b()
fmt.Println("end main()")

a **goroutine**

for i := 0; i < 50; i++ {
     fmt.Print("a")
 }

b **goroutine**

for i := 0; i < 50; i++ {
     fmt.Print("b")
 }

主要的 goroutines 會在其他 goroutines 可以執行之前就結束了！

我們得讓 main 的 goroutines 持續執行到 a 與 b 的函式可以結束為止。我們需要 Go 的另一個叫做通道（channel）的功能來正常地實現這個目的，不過我們在本章的後面才會談到它。就目前來說，我們會先讓 main 函式暫停一會兒來讓其他 goroutines 有充分的時間可以執行。

我們使用 time 套件中叫做 Sleep 的函式，來讓目前的 goroutine 暫停指定的時間。在 main 函式調用 time.Sleep(time.Second) 會讓 main goroutine 暫停 1 秒鐘。

```go
func main() {
    go a()
    go b()
    time.Sleep(time.Second)
    fmt.Println("end main()")
}
```

暫停 main goroutine
1 秒鐘。

這讓其他 goroutines 有足夠的時間執行。

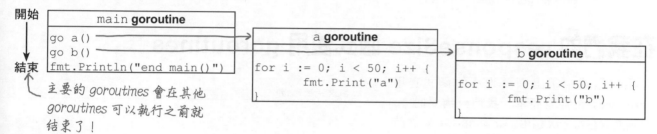

```
aaaaaaaaaaaaaaaaaaaaaaaabbbbbaaa
aaaaaaaabbbbbbbbbbbaaaaaaaaaaaa
abbaaaaabbbbbbbbbbbbbbbbbbbbbbb
bbbbbbbbbbend main()
```

當 time.Sleep 返回時，
main goroutine 執行結束。

假如我們重跑程式，會看到 a 到 b 函式由於有足夠的時間可以執行，它們的輸出又再度出現了。這兩者的輸出會被混和在一起，因為程式會在兩個 goroutines 之間切換（你看到的結果可能會跟我們的有點不同）。當 main 醒來之後，則會調用 fmt.Println 並且結束。

使用 goroutines（續）

在 main goroutine 裡面調用 time.Sleep 提供了足夠的時間讓 a 與 b goroutines 完成。

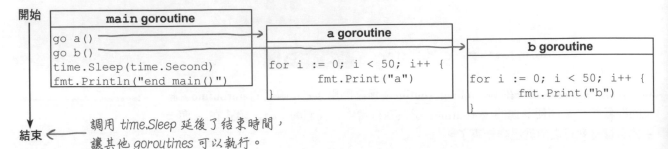

調用 *time.Sleep* 延後了結束時間，
讓其他 *goroutines* 可以執行。

在我們的 responseSize 函式使用 goroutines

把我們程式中印出網頁大小的函式套用 goroutines 相當地簡單。我們只需要把 go 鍵詞擺放在每一次調用 responseSize 之前即可。

為了避免 main goroutine 在 responseSize 完成之前結束，我們還是需要在 main 函式中添加 time.Sleep 的調用。

```go
package main

import (
        "fmt"
        "io/ioutil"
        "log"
        "net/http"
        "time"    ⟵ 添加「time」套件。
)
```

只睡 1 秒鐘應該不足以讓網路請求完成。調用 time.Sleep(5 * time.Second) 可以讓 goroutine 睡個 5 秒鐘（假如你在比較慢的網路或是無回應的網路連線，你可能會需要更長的時間）。

把 *responseSize* 的調用
轉換成 *Go* 的陳述句。

睡個 *5* 秒鐘。⟶

```go
func main() {
        go responseSize("https://example.com/")
        go responseSize("https://golang.org/")
        go responseSize("https://golang.org/doc")
        time.Sleep(5 * time.Second)
}

func responseSize(url string) {
        fmt.Println("Getting", url)
        response, err := http.Get(url)
        if err != nil {
                log.Fatal(err)
        }
        defer response.Body.Close()
        body, err := ioutil.ReadAll(response.Body)
        if err != nil {
                log.Fatal(err)
        }
        fmt.Println(len(body))
}
```

在我們的 responseSize 函式使用 goroutines（續）

假如我們跑看看更新過的程式，可以看到它會一次印出所有取回的網址，以及三個 responseSize 會同時啟動。

三個對 http.Get 的調用會同時啟動；程式不再等待一個請求完成之後才啟動下一個請求。如此一來印出三個網頁的大小將會比以往快更多，也就是依序完成的版本。不過程式依然需要 5 秒鐘才能結束，因為我們得等待 main 調用 time.Sleep 結束之後才算完成。

在 responseSize 的 Println 的
調用一次完成。

回應的大小將會在取得各自
網站的回應後印出。

```
Getting https://example.com/
Getting https://golang.org/doc
Getting https://golang.org/
1270
8766
13078
```

我們並沒有控制對任何執行函式的調用順序，所以假如我們又執行了一次程式，會看到不同順序的請求結果。

對網頁的請求可能會以
不同順序出現。

```
Getting https://golang.org/doc
Getting https://golang.org/
Getting https://example.com/
1270
8766
13078
```

該程式總共花了 5 秒鐘，即便所有網站的回應比這還要快，於是改成使用 goroutines 並沒有獲得太多的速度提升。更糟的是，一旦網站需要更長的時間回應，5 秒鐘恐怕根本不夠用。有時候你需要在所有的回應都取得之前不得結束程式。

time.Sleep 的調用可能會
在所有網站都回應之前就
結束了程式！

```
Getting https://golang.org/doc
Getting https://golang.org/
Getting https://example.com/
1270
```

看來很顯然地調用 time.Sleep 並不是等待其他 goroutine 結束的好方法。我們曾經在幾頁之前看過通道（channel），看來是時候換更好的方法囉。

我們並不直接控制何時執行 goroutines

我們可以發現 `responseSize` goroutines 在每次執行程式的順序都不太一樣：

```
Getting https://example.com/
Getting https://golang.org/doc
Getting https://golang.org/
```

```
Getting https://golang.org/doc
Getting https://golang.org/
Getting https://example.com/
```

在之前的程式中，我們也無從得知何時會切換 a 與 b goroutines 的順序：

```
aaaaaabbbbbbbbbbbbbbb
bbbbbbbaaaaaaaaaaaaaa
aaaaaaaaaaaaaaaaaaaab
bbbbbbbbbbbbbbbbbbbbb
bbbbaaaaaaaaend main()
```

```
bbbbbbbbbbbbbbbbbaaa
aaaabbbbbbbbbbbbbaaaaa
aaaaaaaaaaaaaaaaaaaaa
aaaaaaaaaaaaaaabbbbbb
bbbbbbbbbbbbend main()
```

```
aaaaaaaaaaaaaaaaaaaaaa
aaaaaaaaaaaaaaaaaaaaaa
aaaaaabbbbbbbbbbbbbbb
bbbbbbbbbbbbbbbbbbbbb
bbbbbbbbbbbend main()
```

在一般情況下，Go 無法保證何時會在 goroutines 之間切換，以及會維持多久。Go 會讓 goroutines 以最有效率的方式執行。然而假如執行 goroutines 的順序對你來說比較重要，你需要透過 channel 同步它們（我們很快就會讀到了）。

程式碼磁貼

有個使用 goroutines 的程式在冰箱上被搞得亂七八糟。你是否可以重組程式碼磁貼來製作一個運作的程式以產生跟範例類似的輸出結果嗎？（預測 goroutines 的執行順序是不可能的，所以別擔心，你的程式輸出結果可以不用完全與下方顯示的一模一樣。）

```
(s string)
```

```
repeat
```
```
repeat
```

```
time.Sleep(time.Second)
```
```
()
```
```
("x")
```

```
for i := 0; i < 25; i++ {
        fmt.Print(s)
}
```
```
go
```
```
("y")
```
```
go
```

```
package main

import (
        "fmt"
        "time"
)
```
```
func repeat
```
```
func main
```
```
{
```
```
}
```
```
{
```
```
}
```

答案在第 400 頁。

可能的輸出 ⟶
```
yyyyyyyyyyyyyxxxxxxxxxxxxxyyyyyyyyyxxxxxxxxxxxxxyyyyyyxx
```

Go 陳述句無法使用回傳值

改成使用 goroutines 帶來了另一個我們得解決的問題：我們無法在這個 go 陳述句使用函式回傳值。假設我們打算修改 responseSize 函式以回傳頁面的大小，而不是直接印出來：

```
func main() {
        var size int
        size = go responseSize("https://example.com/")
        fmt.Println(size)
        size = go responseSize("https://golang.org/")
        fmt.Println(size)
        size = go responseSize("https://golang.org/doc")
        fmt.Println(size)
        time.Sleep(5 * time.Second)
}
```

這段程式碼事實上是無效的！

添加回傳值。↓

```
func responseSize(url string) int {
        fmt.Println("Getting", url)
        response, err := http.Get(url)
        if err != nil {
                log.Fatal(err)
        }
        defer response.Body.Close()
        body, err := ioutil.ReadAll(response.Body)
        if err != nil {
                log.Fatal(err)          回傳回應的大小，
        }                               而不只是印出來。
        rcturn lcn(body)
}
```

編譯錯誤

```
./pagesize.go:13:9: syntax error: unexpected go, expecting expression
./pagesize.go:15:9: syntax error: unexpected go, expecting expression
./pagesize.go:17:9: syntax error: unexpected go, expecting expression
```

結果我們得到了編譯錯誤。編譯器阻止你嘗試從透過 go 陳述句調用的函式取得回傳值。

事實上這樣是正確的。當你透過 go 陳述句調用 responseSize 時，你其實正在告訴編譯器：「Go 用不同的 goroutine 執行 responseSize。我希望這個函式中的指令保持運作。」responseSize 函式無法馬上回傳任何值；它得等到網站回應。然而你在 main goroutine 中的程式碼會預期馬上有個回傳值，但是事實上一個都沒有！

你的意思是「馬上執行這個；我沒辦法等你。」

對於每一個 go 陳述句的函式調用都是如此，而不只是像 responseSize 這樣需要長時間運作的函式。你不能指望回傳值會準時抵達，如此一來 Go 編譯器會阻擋任何有這種打算的可能性。

```
size = go responseSize("https://example.com/")
fmt.Println(size)
```

這樣一來回傳值會是什麼？

Go 陳述句無法使用回傳值（續）

Go 不允許你使用透過 go 調用的函式回傳值，因為無法保證回傳值在我們正要使用的時候，已經準備好：

```
func greeting() string {
        return "hi"
}

func main() {
        fmt.Println(go greeting())
}
```

函式作為 *goroutine* 調用。

立即要使用函式的回傳值
（然而可能還沒準備好）。

編譯錯誤

```
syntax error: unexpected go, expecting expression
```

不過 Go 是有方法可以在不同的 goroutine 之間溝通的：**通道（channel）**。通道不只可讓你把值在 goroutine 之間傳遞，更可以確保發送方 goroutine 的值會在接收方 goroutine 使用之前抵達。

使用通道唯一的實作方法是從一個 goroutine 與另一個 goroutine 溝通。所以為了示範通道的功能，我們需要實現以下幾件事情：

- 建立一個通道。

- 編寫一個可以接收通道作為參數的函式。我們會在不同的 goroutine 之間執行這個函式，並且使用它來透過通道傳遞資料。

- 從初始的 goroutine 接收已經傳遞的資料。

任一個通道只攜帶一個特定的型別，於是你可能會有一個 int 的通道，以及另一個屬於結構型別的通道。

「chan」鍵詞　　　該通道會攜帶的型別

```
var myChannel chan float64
```

為了實地建立一個通道，你需要調用內建的 make 函式（跟你用來建立映射表以及切片一樣的函式）。接著把預計建立通道的型別傳遞給 make（要跟你想要指派的變數型別一樣）。

```
var myChannel chan float64
myChannel = make(chan float64)
```

宣告一個存放通道的變數。

實際建立該通道。

除了用分開的方式建立通道變數，我們通常更簡單地使用短變數宣告來實現：

```
myChannel := make(chan float64)
```

同時宣告與建立通道變數。

透過通道傳輸以及接收值

你需要使用 `<-` 運算子（一個小於符號以及一個破折號）來在通道上傳輸值。這看起來就像是從你預計傳遞的值，傳送給接收方的通道。

接收的通道　箭頭運算子　要透過通道傳遞的值

```
myChannel <- 3.14
```

我們也會用 `<-` 運算子來從通道接收值，不過位置並不一樣：你得把箭頭放在通道的*左邊*（看起來就像是你從通道把值拉出來）。

箭頭運算子　取得值的通道。

```
<- myChannel
```

上一頁出現的 greeting 函式被改寫為使用通道的版本。我們為 greeting 添加了 myChannel 參數，這個參數是一個帶有 string 值的通道。greeting 不再回傳字串值，而是透過 myChannel 傳遞字串。

我們在 main 函式透過內建的 make 函式，建立了一個通道用來傳遞給 greeting 函式。接著用一個新的 goroutine 調用 greeting。使用獨立的 goroutine 很重要，因為通道應該只被用來在 goroutines 之間溝通（我們稍後會解釋原因）。最後我們從稍早傳遞給 greeting 的通道取得值，並且直接印出取得的字串。

```go
                              把通道當作參數。
func greeting(myChannel chan string) {
        myChannel <- "hi"      透過通道傳遞值。
}
                      建立新的通道。
func main() {
        myChannel := make(chan string)
        go greeting(myChannel)      傳遞通道給函式，並且在
        fmt.Println(<-myChannel)    新的 goroutine 執行。
}
        從通道接收值。
```

`hi`

我們其實不需要直接傳遞從通道取得的值給 Println。你可以把通道取得的值儲存在任何你需要用到該值的情境（也就是任何你需要用到變數或者函式回傳值的地方）。所以舉例來說，我們可以把通道接收到的值先存放在變數中：

```go
receivedValue := <-myChannel      我們也可以把接收到的值
fmt.Println(receivedValue)        先儲存在變數中。
```

透過通道同步化 goroutines

我們稍早有提到通道也會在接收方準備使用值之前，確保傳遞方的 goroutine 值已經傳遞完成。通道是透過**鎖定（blocking）**的方式，也就是暫停所有在這之後的相關 goroutine。傳遞的操作會鎖定傳遞方的 goroutine 值前往同一個通道上其他的接收方 goroutine，直到執行接收的操作為止。反之亦然：接收方的操作會鎖定接收方的 goroutine 值前往其他傳遞方的 goroutine 在這個通道上執行傳遞的操作。這樣的行為讓 goroutines 可以同步它們彼此之間的動作，也就是協調彼此的時間。

以下的程式建立兩個通道，並且把它們透過兩個 goroutines 傳遞給函式。main goroutine 會從這些通道接收值並且印出來。不像我們之前的程式，透過 goroutines 重複地印出 "a" 或者 "b"，我們可以預測這個程式的輸出結果：它只會在輸出以 "a"、"d"、"b"、"e"、"c" 以及 "f" 的順序印出。

我們之所以可以得知順序，是因為 abc goroutine 每次在傳遞給通道值的時候被鎖定了，直到 main goroutine 從通道接收值為止。def goroutine 也是做一樣的事情。main goroutine 變成了 abc 與 def 的協調者，這導致它們只有在傳遞值的時候才準備好讀取資料。

接收方 goroutine 會等到其他 goroutine 傳遞值。

```go
func abc(channel chan string) {
    channel <- "a"
    channel <- "b"
    channel <- "c"
}

func def(channel chan string) {
    channel <- "d"
    channel <- "e"
    channel <- "f"
}

func main() {
    channel1 := make(chan string)
    channel2 := make(chan string)
    go abc(channel1)
    go def(channel2)
    fmt.Print(<-channel1)
    fmt.Print(<-channel2)
    fmt.Print(<-channel1)
    fmt.Print(<-channel2)
    fmt.Print(<-channel1)
    fmt.Print(<-channel2)
    fmt.Println()
}
```

建立兩個通道。

把各自的通道傳遞給在新的 goroutine 執行的函式。

依序接收從通道的值並且印出。

`adbecf`

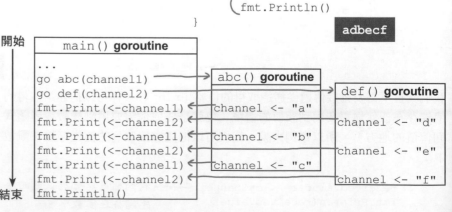

觀察 goroutine 的同步化

abc 與 def 的 goroutines 迅速地透過通道傳遞它們的值，以致於我們根本看不清楚它們做了什麼事情。以下的另一個程式用更慢的步調讓你更清楚地了解鎖定做了什麼事情。

我們先從 reportNap 這個函式開始，它會讓目前的 goroutine 停止並且休眠一定的秒數。在休眠的每一秒鐘，都會印出訊息宣稱該 goroutine 仍在休眠中。

我們添加一個執行在 goroutine 的 send 函式，並且傳遞兩個值給通道。在發送之前，它會先調用 reportNap，這樣一來它的 goroutine 會休眠 2 秒鐘。

當「main」仍然在休眠的時候會鎖定這個傳遞。

我們在 main goroutine 建立一個通道來傳遞給 send。接著我們再次調用 reportNap，於是這個 goroutine 會休眠 5 秒鐘（比 send 再多 3 秒鐘）。最後我們在該通道上執行兩次接收。

在我們執行這個時，兩個 goroutine 都會先休眠 2 秒鐘。接著 send goroutine 會喚醒並且傳遞它的值。但是就不會繼續執行下去了；執行傳遞會鎖定 send goroutine 直到 main goroutine 接收到值為止。

但是這並不會馬上發生，由於 main goroutine 還需要 3 秒的休眠時間。當它醒過來後，會從通道取得值。只有在這個時候 send goroutine 會解除鎖定，於是它才可以傳遞第二個值。

休眠的 goroutine 名稱。　休眠的時間。

```go
func reportNap(name string, delay int) {
    for i := 0; i < delay; i++ {
        fmt.Println(name, "sleeping")
        time.Sleep(1 * time.Second)
    }
    fmt.Println(name, "wakes up!")
}

func send(myChannel chan string) {
    reportNap("sending goroutine", 2)
    fmt.Println("***sending value***")
    myChannel <- "a"
    fmt.Println("***sending value***")
    myChannel <- "b"
}

func main() {
    myChannel := make(chan string)
    go send(myChannel)
    reportNap("receiving goroutine", 5)
    fmt.Println(<-myChannel)
    fmt.Println(<-myChannel)
}
```

傳遞以及接收的 goroutines 都在休眠中。

傳遞 goroutine 醒過來並且傳遞值。

接收 goroutine 還在睡。

接收 goroutine 醒過來並且接收值。

在這之後接收傳遞的 goroutine 才會被解除鎖定，並且可以傳遞第二個值。

```
receiving goroutine sleeping
sending goroutine sleeping
sending goroutine sleeping
receiving goroutine sleeping
receiving goroutine sleeping
sending goroutine wakes up!
***sending value***
receiving goroutine sleeping
receiving goroutine sleeping
receiving goroutine wakes up!
a
***sending value***
b
```

拆解東西真的是很有教育性！

這裡是我們最開始也最簡單的通道示範程式碼：greeting 函式，一個執行在 goroutine 並且傳遞字串值給 main goroutine 的函式。

在以下的程式碼嘗試用下方任一種方法改變內容後並執行看看。然後恢復你做過的改變，接著嘗試下一組。看看會發生什麼事情！

```go
func greeting(myChannel chan string) {
        myChannel <- "hi"
}

func main() {
        myChannel := make(chan string)
        go greeting(myChannel)
        fmt.Println(<-myChannel)
}
```

假如你這麼做…	…它會因為…而終止
在 main 函式傳遞值給通道： `myChannel <- "hi from main"`	你會得到「all goroutines are asleep - deadlock!」的錯誤。這個錯誤來自於 main goroutine 已經被鎖定了，等待通道接收其他 goroutine 的值。然而其他的 goroutine 仍未進行任何接收的運作，所以 main goroutine 維持鎖定。
從調用 greeting 的地方移除 go 鍵詞： ~~go~~ `greeting(myChannel)`	這會讓 greeting 函式在 main 的 goroutine 內執行。這也會造成鎖死的錯誤，跟上面的原因一樣：在 greeting 內的傳遞操作導致 main goroutine 鎖定，但是並沒有任何一個 goroutine 執行接收的操作，所以這會停在鎖定狀態。
移除傳遞值給通道的這一行程式碼： ~~myChannel <- "hi"~~	這也會造成鎖死，但是以不同的原因：main goroutine 嘗試接收值，但是沒有任何傳遞的操作。
移除從通道接收值的程式碼： ~~fmt.Println(<-myChannel)~~	在 greeting 內的傳遞操作導致 goroutine 鎖定。但是由於並沒有接收的操作來讓 main goroutine 也被鎖定，main 會立即終止，並且程式在沒有任何輸出的情況下結束。

填入程式碼的空白處，讓從兩個通道
接收的值可以輸出如下的結果。

```
package main

import "fmt"

func odd(channel chan int) {
        channel __ 1
        channel __ 3
}

func even(channel chan int) {
        channel __ 2
        channel __ 4
}

func main() {
        channelA := _____
        channelB := _____
        __ odd(channelA)
        __ even(channelB)
        fmt.Println(_____)
        fmt.Println(_____)
        fmt.Println(_____)
        fmt.Println(_____)
}
```

輸出

```
1
3
2
4
```

答案在第 400 頁。

透過通道修正我們的網頁大小程式

我們的回報網頁大小程式仍然有兩個尚未解決的問題：

- 我們無法從 go 陳述句的 responseSize 函式中取得回傳值。

- 我們的 main goroutine 在取得回傳的大小之前就已經結束了，於是我們得調用 time.Sleep 5 秒鐘。然而有時候 5 秒鐘太長，有時候又太短。

```
func main() {
        var size int
        size = go responseSize("https://example.com/")
        fmt.Println(size)
        size = go responseSize("https://golang.org/")
        fmt.Println(size)
        size = go responseSize("https://golang.org/doc")
        fmt.Println(size)
        time.Sleep(5 * time.Second)
}
```

從 go 陳述句取得回傳值是無效的！

程式可能會在所有網頁都取回之前就結束了！

我們可透過通道同時解決這兩個問題！

我們從 import 陳述句移除 time 套件；我們不再需要 time.Sleep 了。接著我們更新 responseSize 以接收 int 的值。與其回傳頁面的大小，我們得讓 responseSize 透過通道傳遞。

```
package main

import (
        "fmt"
        "io/ioutil"
        "log"
        "net/http"
)

func responseSize(url string, channel chan int) {
        fmt.Println("Getting", url)
        response, err := http.Get(url)
        if err != nil {
                log.Fatal(err)
        }
        defer response.Body.Close()
        body, err := ioutil.ReadAll(response.Body)
        if err != nil {
                log.Fatal(err)
        }
        channel <- len(body)
}
```

我們不再使用 time.Sleep，所以移除「time」套件。

我們把一個通道傳進 responseSize 中，讓它把頁面大小傳出。

與其回傳頁面大小，我們透過通道傳遞。

透過通道修正我們的網頁大小程式（續）

在 main 函式，我們調用 make 來建立屬於 int 值的通道。接著更新每一個對 responseSize 的調用後面添加一個通道的引數。最後，我們執行三個從通道的接收操作，每一個都是接收從 responseSize 傳送的值。

```go
func main() {
        sizes := make(chan int)          // 建立屬於 int 值的通道。
        go responseSize("https://example.com/", sizes)     // 對每個 responseSize 的
        go responseSize("https://golang.org/", sizes)      // 調用傳遞通道。
        go responseSize("https://golang.org/doc", sizes)
        fmt.Println(<-sizes)      // 通道一共有三個傳遞的操作，
        fmt.Println(<-sizes)      // 於是需要三個對應的接收。
        fmt.Println(<-sizes)
}
```

假如我們執行看看，會發現程式在網站回應後立即完成。這個時間不是固定的，但是在我們的測試中，會看到幾乎是一秒就結束了！

```
Getting https://golang.org/doc
Getting https://example.com/
Getting https://golang.org/
8766
13078
1270
```

另一個我們可以做的改進是把我們想要檢索頁面的網址儲存在切片中，接著透過迴圈來調用 responseSize，接著從通道取回值。這讓我們的程式簡化重複性的東西，而且若我們爾後想要添加更多網址這是相當有用的。

我們完全不需要修改 responseSize，要動到的只有 main 函式。我們建立一組 string 值的切片，內容是想要檢索的網址。接著我們遍歷整個切片，並且對當下的網址以及通道調用 responseSize。最後透過另一個迴圈，來操作切片中的每一個網址，接收從通道取得的值並且印出來（透過不同的迴圈是很重要的，假如我們在同一個迴圈內執行，會啟動這些 responseSize goroutine，這樣一來 main goroutine 則會被鎖定直到接收完畢，這樣我們又回到一次只能請求一個網頁的情境了）。

```go
func main() {
        sizes := make(chan int)
        urls := []string{"https://example.com/",        // 把網址移到切片中。
                "https://golang.org/", "https://golang.org/doc"}
        for _, url := range urls {                       // 對每一個網址調用 responseSize。
                go responseSize(url, sizes)
        }
        for i := 0; i < len(urls); i++ {                 // 一次只從通道接收一個從
                fmt.Println(<-sizes)                     // responseSize 發送的值。
        }
}
```

使用迴圈會更加簡潔，卻依然有一樣的結果！

```
Getting https://golang.org/
Getting https://golang.org/doc
Getting https://example.com/
1270
8766
13078
```

更新通道以乘載結構

responseSize 函式還有一個問題需要解決。我們並不知道網站回應的先後順序。此外由於我們並沒有把網頁位址跟回應的大小綁在一起，這樣就不知道哪個網頁應該對應到哪個頁面大小！

```
Getting https://golang.org/
Getting https://golang.org/doc
Getting https://example.com/
1270
8766
13078
```

哪個回傳的大小對應到哪個網址？

其實解決這個問題並不困難。通道也可以攜帶像是切片、映射表以及結構這樣的複合型別，就像基礎型別一樣簡單。我們只需要先建立可以儲存頁面網址以及大小的結構型別，這樣一來我們就可以把它們一起傳遞給通道了。

首先基於底層為 struct 的型別宣告一個新的 Page 型別。Page 型別會攜帶一個 URL 型別來記錄網頁的位址，以及 Size 型別記錄頁面的大小。

接著更新 responseSize 的通道參數為可以攜帶新的 Page 型別，而不再是 int 型別的頁面大小。我們會讓 responseSize 建立新的 Page 值，用來存放目前的網址以及頁面大小，並且傳遞給通道。

我們也會在 main 透過 make 更新通道所攜帶的型別。當我們從通道接收到值，預期應該會是 Page 的值，於是我們可以印出 URL 以及 Size 的欄位。

```
type Page struct {        ← 宣告結構型別以及所需要的欄位。
        URL  string       我們傳遞給 responseSize 的通道
        Size int          會攜帶 Page 而不是 int。
}

func responseSize(url string, channel chan Page) {
        // Omitting identical code...
        channel <- Page{URL: url, Size: len(body)}
}                         回傳一個 Page 以及所攜帶的
                          目前網址還有網頁大小。
func main() {
        pages := make(chan Page)   ← 更新通道所持有的型別。
        urls := []string{"https://example.com/",
                "https://golang.org/", "https://golang.org/doc"}
        for _, url := range urls {               把通道傳遞給
                go responseSize(url, pages)       responseSize。
        }
        for i := 0; i < len(urls); i++ {
                page := <-pages    ← 接收 Page。
                fmt.Printf("%s: %d\n", page.URL, page.Size)
        }
}              一起把 URL 以及 Size 印出。
```

```
https://example.com/: 1270
https://golang.org/: 8766
https://golang.org/doc: 13078
```

目前的輸出會把頁面大小以及網址一起印出。輸出的結果終於清楚地顯示出哪個網址擁有的網頁大小是多少。

我們之前的程式只能同時請求一個網址。goroutines 讓我們可以在等待網站回應的時候，開始啟動下一個請求。程式所花的時間至少是原本的三分之一呢！

你的 *Go* 百寶箱

這就是第 13 章的全部了！你已經把 goroutines 以及通道（channels）加到你的百寶箱囉！

goroutines

goroutines 是可以同時執行的函式。

新的 goroutines 透過 go 陳述句啟動；一個一般的函式透過「go」鍵詞操作。

通道 (channels)

通道是用來在 goroutines 之間傳遞資料的資料結構。

基本上，把資料傳遞到通道時，會鎖定（暫停）目前的 goroutine 直到資料已經被接收。嘗試接收值也會鎖定當下的 goroutine 直到有值傳遞給通道。

第十三章

重點提示

- 所有的 go 程式都至少有一個 goroutine：用來在程式啟動時調用 main 函式。

- Go 程式會在 main **goroutine** 完成後結束，即便其他的 **goroutines** 還沒完成它們的工作。

- `time.Sleep` 函式會以指定的時間間隔暫停目前的 **goroutine**。

- Go 無法保證何時會切換 **goroutines**，也無法保證單一的 **goroutine** 會維持執行多久。這會讓 **goroutines** 更有效率地運作，然而這意味著你不能靠 **goroutines** 來以特定的順序運作。

- 函式的回傳值也不能在 go 陳述句中運作，原因是回傳值不一定能在調用函式打算使用時取得。

- 假如你需要從 **goroutine** 取得值，你得傳遞一個通道給 **goroutine**，讓它可以透過通道傳回資料。

- 通道可以透過內建的 `make` 函式建立。

- 每一個通道只能攜帶一種型別；你得在建立通道的時候指定型別。
  ```
  myChannel := make(chan MyType)
  ```

- 你可以透過 <- 運算子傳輸資料。
  ```
  myChannel <- "a value"
  ```

- <- 也可以用來從通道接收資料。
  ```
  value := <-myChannel
  ```

程式碼磁貼解答

```
package main

import (
        "fmt"
        "time"
)
```

```
func repeat     (s string)     {
        for i := 0; i < 25; i++ {
                fmt.Print(s)
        }
}
```

```
func main     ()     {
        go    repeat    ("x")
        go    repeat    ("y")
        time.Sleep(time.Second)
}
```

在兩個不同的 *goroutines* 執行一樣的函式。

↑ 避免 *main goroutine* 在其他的 *goroutine* 完成之前結束。

一種可能的輸出結果。

```
yyyyyyyyyyyyyyxxxxxxxxxxxxy
yyyyyyxxxxxxxxxxxxxxyyyyyxx
```

習題
解答

```
package main

import "fmt"

func odd(channel chan int) {
        channel <- 1
        channel <- 3
}

func even(channel chan int) {
        channel <- 2
        channel <- 4
}

func main() {
        channelA :=    make(chan int)
        channelB :=    make(chan int)
        go  odd(channelA)
        go  even(channelB)
        fmt.Println(    <-channelA )
        fmt.Println(    <-channelA )        1
        fmt.Println(    <-channelB )        3
        fmt.Println(    <-channelB )        2
}                                           4
```

一個通道攜帶從「odd」函式接收的值；另一個攜帶從「even」取得的值。

14 確保程式品質

自動化測試

每次上班之前我都會測試所有的設備。這樣一來假如發生問題，我們就可以在送出有瑕疵的產品之前修好它。

你確定你的軟體現在運作一切順利？你保證？ 在把新的版本遞交給你的使用者之前，你盡可能地測試新功能以確保它們運作一切順暢。然而你是否也測試過舊的功能有沒有因此被破壞呢？全部舊的功能都測過了嗎？假如這個問題困擾著你，你的程式要的是**自動化測試**。自動化測試可確保你的程式碼元件會正確地運作，縱使你改過了程式碼。Go 的 `testing` 套件以及 `go test` 工具讓編寫自動化測試變得更簡單，快運用你剛學到的技巧吧！

自動化測試比任何人都先找出你的程式碼錯誤

開發者 A 與開發者 B 在一間他們都很常去的餐廳巧遇…

開發者 A：

新工作還好嗎？

噢。那這個錯誤是怎麼在你的帳單伺服器上發生的？

哇，這麼久…那你們的測試沒有抓到這個錯誤嗎？

你們的自動化測試。錯誤造成的時候測試沒有失敗嗎？

你說什麼？！

開發者 B：

不太妙。我晚餐後得回去公司一趟。我們發現了一個會讓一些客戶被收取兩倍帳單的錯誤。

我們猜測可能幾個月前就已經發生了。有個開發者在那時候對帳單的程式碼逕行了些修正。

測試？

唔，我們沒有這種東西。

你的客戶仰賴你的程式碼。當它出包了絕對是個悲劇。你的公司的聲譽就這樣毀了。而且你得花上不少時間去解決這個錯誤。

這就是自動化測試的由來。**自動化測試**（**automated test**）是獨立開來的程式，用來執行你的主程式的每一個元件，並且驗證它們的行為是否符合預期。

每次添加新功能我就會試著跑看看程式有沒有問題。這樣還不夠嗎？

除非每個舊的功能你會測試過一遍，以確保你並沒有因此破壞掉任何舊功能。自動化測試省下了人工測試的不少時間，而且也更為徹底。

我們應該對其自動化測試的函式

讓我們來看看一個可以被自動化測試抓到的錯誤。我們有一個簡單的套件並且它有一個函式，這個函式會多個字串組合成單一適合使用在英語句子中的字串。假如有兩個項目，它們就會在之間被安插單字 *and*（就像是「apple and orange」）。假如有兩個以上的項目，逗號會以恰當的方式被安置（就像是「apple, orange and pear」）。

> 這是最後一個從《深入淺出 Ruby》借來的經典例子（它也有一章專門在探討測試的呢）！

你的 工作空間 > src > github.com > headfirstgo > prose > join.go

我們需要這個用來使用 *strings.Join* 函式。

接收一個字串的切片來合併。

回傳已經合併的字串。

把除了最後一個以外的單字以逗點合併。

```go
package prose

import "strings"

func JoinWithCommas(phrases []string) string {
        result := strings.Join(phrases[:len(phrases)-1], ", ")
        result += " and "
        result += phrases[len(phrases)-1]
        return result
}
```

在最後一個單字之前插入「*and*」。

添加最後一個單字。

這段程式碼使用了 strings.Join 函式，這個函式會把一個字串的切片，以及另一個字串組合在一起。Join 只會回傳一個字串，該字串涵蓋了切片中的所有項目，並使用連接字符衛接每個項目。

要被連接的字串切片。

用來連接彼此的字串。

```go
fmt.Println(strings.Join([]string{"05", "14", "2018"}, "/"))
fmt.Println(strings.Join([]string{"state", "of", "the", "art"}, "-"))
```

```
05/14/2018
state-of-the-art
```

在 JoinWithCommas，我們使用了切片運算子來集合切片中除了最後一個之外的所有的單字，接著把它們傳遞給 strings.Join 好讓它們連接在一起，成為單一的字串，並且在之間以一個逗點還有一格空白作為區隔。接著我們添加了 *and* 這個字（以空格包圍），以及用最後的單字作為結尾。

```go
[]string{"apple", "orange", "pear", "banana"}
```

```
apple, orange, pear and banana
```

除了最後一個之外的所有單字以逗點連接。

最後的單字在「*and*」之後被加入。

我們<u>應該</u>對其自動化測試的函式（續）

以下的簡易程式是用來測試我們的新函式。我們匯入了 prose 套件並且傳遞兩組切片給 JoinWithCommas。

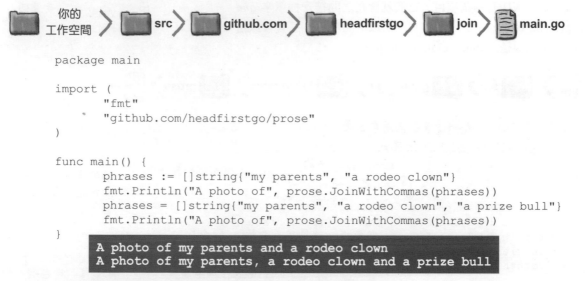

```
package main

import (
        "fmt"
        "github.com/headfirstgo/prose"
)

func main() {
        phrases := []string{"my parents", "a rodeo clown"}
        fmt.Println("A photo of", prose.JoinWithCommas(phrases))
        phrases = []string{"my parents", "a rodeo clown", "a prize bull"}
        fmt.Println("A photo of", prose.JoinWithCommas(phrases))
}
```

```
A photo of my parents and a rodeo clown
A photo of my parents, a rodeo clown and a prize bull
```

看起來有用，但是結果有點問題。也許是我們笑點太低，但是我們還是看得出來這造成了父母就是趕牛小丑跟冠軍牛（the parents *are* a rodeo clown and a prize bull）的這番笑話。更何況以這種方式格式化清單會造成更多其他的誤解。

為了要解決各種誤解，更新我們的套件來在 *and* 之前置放額外的逗號（比如說「apple, orange, and pear」）：

```
func JoinWithCommas(phrases []string) string {
        result := strings.Join(phrases[:len(phrases)-1], ", ")
        result += ", and " ←——— 在「and」之前添加逗號。
        result += phrases[len(phrases)-1]
        return result
}
```

假如我們重新跑一次程式，我們會看到兩個產生的字串中，*and* 之前出現了逗號。現在應該很明確地是在照片中有 parents 與小丑和牛囉。

```
A photo of my parents, and a rodeo clown
A photo of my parents, a rodeo clown, and a prize bull
```

出現新的逗號了！

我們剛剛造成了一個錯誤！

> 等等！新的程式碼在項目清單有**三個**的時候運作正常，但是**兩個**就會有問題。你已經造成了一個錯誤！

噢，你說得對！這個函式原本是從兩個項目的清單回傳 "my parents and a rodeo clown"，但是額外的逗點這個時候也會被加入！我們原本太專注在修正因為兩個項目的清單造成三個項目的清單的錯誤…

不屬於這裡的
逗號！

```
A photo of my parents, and a rodeo clown
```

假如我們有針對這個函式的自動化測試，就可以避免這樣的錯誤。

自動化測試會用有特定的輸入的額外程式碼來執行，並且尋找是否有產生特定的結果。一旦你的程式碼結果符合預期的值，測試的結果為「通過」。

不過假如你意外地在程式碼內造成了一個錯誤（像是我們的額外逗號）。你的程式碼輸出就不會跟預期的一樣，測試結果為「失敗」。你就會馬上發現錯誤。

通過。

✓ 針對 []string{"apple", "orange", "pear"}，
JoinWithCommas 應該要回傳 "apple, orange, and pear"。

失敗！

☒ 針對 []string{"apple", "orange"}，
JoinWithCommas 應該要回傳 "apple and orange"。

擁有自動化測試就像是讓你的程式在每次變動後，都可以自動地偵測到錯誤。

編寫測試

Go 擁有 `testing` 套件，你可以用來為自己的程式碼編寫自動化測試，而且你可以透過 `go test` 的指令來執行這些測試。

我們先從編寫簡單的測試開始。我們一開始不會測試太實際的東西，會先從示範測試的執行流程開始。接著會實際地使用測試來協助修正我們的 JoinWithCommas 函式。

在你的 *prose* 套件目錄，跟 *join.go* 同樣的位置添加一個新的 *join_test.go* 檔案。檔案名稱中的 *join* 不是重點，重點是 *_test.go* 這個部分；go test 工具會尋找這類型後綴的檔案。

添加到套件目錄，並且跟 *join.go* 放在一起。

 你的工作空間 **src** **github.com**  **headfirstgo** **prose** join_test.go

測試程式碼會與我們正在測試的程式碼，屬於同一個套件。

```
package prose
```

匯入標準函式庫的「testing」套件。

```
import "testing"
```

函式名稱必須以「Test」作為開頭。　在「Test」後面的部分可以隨意命名。

```
func TestTwoElements(t *testing.T) {
    t.Error("no test written yet")
}
```

調用在 *testing.T* 的方法來讓測試出錯。

函式會傳入一個指向 *testing.T* 值的指標。

函式名稱必須以「Test」前綴。　在「Test」後面的部分可以隨意命名。

```
func TestThreeElements(t *testing.T) {
    t.Error("no test here either")
}
```

調用在 *testing.T* 的方法來讓測試出錯。

函式會傳入一個指向 *testing.T* 值的指標。

在測試檔案中的程式碼由一般的 Go 函式所組成，但是它需要遵守 go test 工具運作時的特定慣例：

* 測試的程式並不需要與你打算要測試的程式碼標的放在同一個套件內，不過假如你打算存取套件內的未匯出函式或型別，你就得放在一起。

* 測試需要使用 `testing` 套件的型別，於是你得在每一個測試程式碼文件的開頭匯入這個套件。

* 測試函式的名稱必須以 `Test` 作為開頭（剩下的名稱除了開頭字母需要大寫之外，不受任何限制）。

* 函式得接收一個參數：指向 `testing.T` 值的指標。

* 你可以透過調用 `testing.T` 值的方法（像是 `Error`）來回報程式在測試中出錯的部分。大部分的方法可以接收訊息中描述測試會出錯的原因。

透過「go test」指令執行測試

若要執行測試，你得使用 go test 這個指令。該指令會取得一個或多個匯入的套件路徑，就像是 go install 或是 go doc。它會找到這個目錄底下所有以 _test.go 結尾的檔案，並且執行這些檔案中擁有名稱以 Test 開頭的函式。

讓我們跑跑看剛剛才添加到 prose 套件的測試。在終端機執行如下的指令：

```
go test github.com/headfirstgo/prose
```

測試函式就會被執行並且印出結果。

由於兩個測試函式都調用了 testing.T 值提供的 Error 方法，兩個測試都失敗。每一個失敗的測試函式名稱都會被印出來，還有每個調用 Error 方法的行數，以及提供的失敗訊息。

最後的輸出內容是整個 prose 套件的狀態。假如這個套件內只要有一個測試失敗（我們就是這樣），整個套件的狀態「FAIL」就會被印出來。

假如我們移除了這些測試中的 Error 方法…

```
func TestTwoElements(t *testing.T) {
}          移除調用 t.Error。
```

```
func TestThreeElements(t *testing.T) {
}          移除調用 t.Error。
```

…接著再執行一樣的 go test 指令後，測試就會通過了。由於每一個測試都通過了，go test 就會只印出整個套件 prose 的狀態為「ok」。

所有「prose」套件的
測試都通過了。

```
File Edit Window Help
$ go test github.com/headfirstgo/prose
ok      github.com/headfirstgo/prose        0.007s
```

測試我們的真實回傳值

我們可以讓測試直接通過，也可以不讓它們通過。現在讓我們來寫些實際上能幫助我們的 JoinWithCommas 函式除錯的測試吧。

我們首先會更新 TestTwoElements，來顯示我們預期會對兩個項目的切片調用 JoinWithCommas 函式時，該回傳的值。我們同樣也會對 TestThreeElements 用三個項目的切片做一樣的事情。我們會執行測試，並且確保 TestTwoElements 現階段是會失敗，而 TestThreeElements 則會通過。

一旦測試設定為我們想要的方式，我們會修改 JoinWithCommas 函式，目的是讓所有的測試都通過。在那個時候，我們就會知道錯誤已經修正了！

在 TestTwoElements 中，我們會傳遞兩個項目的切片，[]string {"apple", "orange"} 到 JoinWithCommas。假如結果跟 "apple and orange" 並不相同，代表沒通過測試。同樣地，我們會在 TestThreeElements 傳遞帶有三個項目的切片，[]string{"apple", "orange", "pear"}。假如結果與 "apple, orange, and pear" 並不相同，我們一樣沒通過測試。

```go
func TestTwoElements(t *testing.T) {
        list := []string{"apple", "orange"}
        if JoinWithCommas(list) != "apple and orange" {
                t.Error("didn't match expected value")
        }
}
```

傳遞有兩個項目的切片。
假如 JoinWithCommas 沒有回傳預期的字串⋯
⋯測試未通過。

```go
func TestThreeElements(t *testing.T) {
        list := []string{"apple", "orange", "pear"}
        if JoinWithCommas(list) != "apple, orange, and pear" {
                t.Error("didn't match expected value")
        }
}
```

傳遞有三個項目的切片。
假如 JoinWithCommas 沒有回傳預期的字串⋯
⋯測試未通過。

假如我們重跑測試，TestThreeElements 會通過，但是 TestTwoElements 的測試卻出錯了。

只有 TestTwoElements 測試失敗。

```
File Edit Window Help
$ go test github.com/headfirstgo/prose
--- FAIL: TestTwoElements (0.00s)
        lists_test.go:13: didn't match expected value
FAIL
FAIL    github.com/headfirstgo/prose      0.006s
```

測試我們的真實回傳值（續）

其實這是好事；基於我們的 join 程式的輸出，這其實符合我們預期會看到的結果。代表著我們能夠指望測試可以作為 JoinWithCommas 是否正常運作的指標！

通過。 ✅ 針對 []string{"apple", "orange", "pear"}，JoinWithCommas 應該要回傳 "apple, orange, and pear"。

失敗！ ❎ 針對 []string{"apple", "orange"}，JoinWithCommas 應該要回傳 "apple and orange"。

不正確 ⟶
正確 ⟶

```
A photo of my parents, and a rodeo clown
A photo of my parents, a rodeo clown, and a prize bull
```

習題

填入以下測試程式碼中的空白處。

你的工作空間 ＞ src ＞ arithmetic ＞ math.go

```go
package arithmetic

func Add(a float64, b float64) float64 {
    return a + b
}
func Subtract(a float64, b float64) float64 {
    return a - b
}
```

你的工作空間 ＞ src ＞ arithmetic ＞ math_test.go

```go
package _____

import _____

func _____Add(t _____) {
    if _____(1, 2) != 3 {
        _____("1 + 2 did not equal 3")
    }
}

func _____Subtract(t _____) {
    if _____(8, 4) != 4 {
        _____("8 - 4 did not equal 4")
    }
}
```

答案在第 423 頁。

經由「Errorf」方法得到更多測試失敗訊息的細節

我們的測試失敗訊息，目前對於診斷出問題在哪裡還不夠有效。我們知道應該有些預期的值，也知道由 JoinWithCommas 回傳的值是不同的，但是我們並不知道這些值應該是什麼。

```
--- FAIL: TestTwoElements (0.00s)
        lists_test.go:13: didn't match expected value
FAIL
FAIL    github.com/headfirstgo/prose        0.006s
```

← 預期的值是什麼？
我們會產生什麼？

測試函式的 testing.T 參數也有個叫做 Errorf 的方法可供你調用。跟 Error 不同的是，Errorf 可取用一組擁有格式化動詞的字串，就像是 fmt.Printf 以及 fmt.Sprintf 函式一樣。你可以透過 Errorf 函式在你的測試失敗訊息引用額外的資訊，像是你傳遞給函式的引數、得到的回傳值以及你預期的值。

以下的程式更新了我們的測試功能，它使用 Errorf 來產生更詳細的失敗訊息。以致於我們不需要在每次的測試重複字串，我們會添加 want 變數（也就是「我們要的值」）來存放我們預期 JoinWithCommas 回傳的值。以及 got 變數（也就是「我們事實上得到的值」）來存放事實上的回傳值。假如 got 與 want 不一樣，我們調用 Errorf 並且讓它產生錯誤訊息，內容包含我們傳遞給 JoinWithCommas（我們使用格式化動詞 %#v，這樣一來切片會以出現在 Go 程式碼中一樣的方式呈現），我得到的回傳值，以及我們預期的回傳值。

```
func TestTwoElements(t *testing.T) {
    list := []string{"apple", "orange"}
    want := "apple and orange"
    got := JoinWithCommas(list)
    if got != want {
        t.Errorf("JoinWithCommas(%#v) = \"%s\", want \"%s\"", list, got, want)
    }
}
```

預期的回傳值 →
事實上得到的回傳值

以偵錯的格式顯示切片傳遞 JoinWithCommas。
包含從這個切片取得的回傳值。
包含針對這個切片預期的值。

```
func TestThreeElements(t *testing.T) {
    list := []string{"apple", "orange", "pear"}
    want := "apple, orange, and pear"
    got := JoinWithCommas(list)
    if got != want {
        t.Errorf("JoinWithCommas(%#v) = \"%s\", want \"%s\"", list, got, want)
    }
}
```

預期的回傳值 →
事實上得到的回傳值

以偵錯的格式顯示切片傳遞 JoinWithCommas。
包含從這個切片取得的回傳值。
包含針對這個切片預期的值。

假如我們重新跑一次測試，可以更仔細地看到錯誤發生在哪裡。

```
--- FAIL: TestTwoElements (0.00s)
    lists_test.go:15: JoinWithCommas([]string{"apple", "orange"}) =
                      "apple, and orange", want "apple and orange"
FAIL
FAIL    github.com/headfirstgo/prose        0.006s
```

測試「helper」函式

測試函式不受限於只能在 _test.go 的檔案中。你可以把測試中重複的程式碼移到在同一個檔案的其他「helper」函式。go test 指令只會使用名稱以 Test 作為開頭的函式，於是只要你把函式在這規則之外就不用擔心。

對 t.Errorf 的調用有一點棘手，因為它在 TestTwoElements 與 TestThreeElements 重複使用了（當我們添加更多測試之後，這些重複會越來越多）。其中一種解法是把字串的產生移到獨立的 errorString 函式讓測試可以調用。

我們讓 errorString 接收傳遞給 JoinWithCommas 的切片、got 的值還有 want 的值。接著不再從 testing.T 調用 Errorf，我們讓 errorString 調用 fmt.Sprintf 來產生一組（一樣的）錯誤字串供回傳。測試自己可透過 Error 以及回傳的字串來揭露測試失敗。這樣的程式碼稍微簡略，卻能提供我們一樣的輸出結果。

```go
import (
    "fmt"        // 需要「fmt」於是我們可以
    "testing"    // 調用 fmt.Sprintf。
)

func TestTwoElements(t *testing.T) {
    list := []string{"apple", "orange"}
    want := "apple and orange"
    got := JoinWithCommas(list)
    if got != want {
        t.Error(errorString(list, got, want))    // 與其調用 t.Errorf，調用看看
    }                                             // 我們剛寫好的輔助函式。
}

func TestThreeElements(t *testing.T) {
    list := []string{"apple", "orange", "pear"}
    want := "apple, orange, and pear"
    got := JoinWithCommas(list)
    if got != want {
        t.Error(errorString(list, got, want))    // 與其調用 t.Errorf，調用看看
    }                                             // 我們剛寫好的輔助函式。
}
// 這函式的開頭不是「Test」，
// 所以這並不會被視為測試。
func errorString(list []string, got string, want string) string {
    return fmt.Sprintf("JoinWithCommas(%#v) = \"%s\", want \"%s\"", list, got, want)
}
```

```
--- FAIL: TestTwoElements (0.00s)
        lists_test.go:18: JoinWithCommas([]string{"apple", "orange"}) =
                          "apple, and orange", want "apple and orange"
FAIL
FAIL    github.com/headfirstgo/prose        0.006s
```

一樣的輸出

讓測試都能通過

現在測試都已經設置了有效的失敗訊息，是時候靠它們來修正我們的主要程式碼囉。

我們有兩個用來測試 JoinWithCommas 的函式。傳遞三個項目的切片會通過該測試，但是傳遞兩個項目的切片則會失敗。

原因是 JoinWithCommas 目前就算清單只有兩個項目，還是會塞進逗號。

通過。☑ 針對 []string{"apple", "orange", "pear"}，JoinWithCommas 應該要回傳 "apple, orange, and pear"。

失敗！☒ 針對 []string{"apple", "orange"}，JoinWithCommas 應該要回傳 "apple and orange"。

這個逗號並不屬於這裡！

A photo of my parents, and a rodeo clown

讓我們來修正 JoinWithCommas 這個錯誤。假如字串切片內只有兩個項目，我們只會把兩個項目以 " and " 連接起來，接著就回傳結果。否則遵照原本已經有的邏輯。

假如切片只有兩個項目，只好把它們用「and」銜接在一起。

```go
func JoinWithCommas(phrases []string) string {
        if len(phrases) == 2 {
                return phrases[0] + " and " + phrases[1]
        } else {                          否則使用我們原本的邏輯。
                result := strings.Join(phrases[:len(phrases)-1], ", ")
                result += ", and "
                result += phrases[len(phrases)-1]
                return result
        }
}
```

程式更新完成，有正常運作嗎？我們的測試可以馬上就告訴我們答案！假如重新跑過我們的測試，TestTwoElements 現在會通過了，代表著所有的測試都通過了。

全部測試通過！ →

```
File Edit Window Help
$ go test github.com/headfirstgo/prose
ok      github.com/headfirstgo/prose     0.006s
```

通過。☑ 針對 []string{"apple", "orange", "pear"} JoinWithCommas 應該要回傳 "apple, orange, and pear"。

現在通過！☑ 針對 []string{"apple", "orange"}，JoinWithCommas 應該要回傳 "apple and orange"。

讓測試都能通過（續）

我們可以篤定地說，`JoinWithCommas` 現在可以在兩個項目的字串切片上運作正常了，因為已經通過相關的單元測試。而我們不再需要擔心三個項目的切片是否也順利；我們也有相對應的單元測試來為我們確保。

我們的 `join` 程式輸出也呼應這個結果。假如現在再執行看看，我們會發現兩者的輸出格式現在都正確了！

```
func main() {
        phrases := []string{"my parents", "a rodeo clown"}
        fmt.Println("A photo of", prose.JoinWithCommas(phrases))
        phrases = []string{"my parents", "a rodeo clown", "a prize bull"}
        fmt.Println("A photo of", prose.JoinWithCommas(phrases))
}
```

現在兩個項目也沒有額外的逗號了。

三個項目依然正常運作。 ⟶
```
A photo of my parents and a rodeo clown
A photo of my parents, a rodeo clown, and a prize bull
```

測試導向開發

一旦你對單元測試有了點經驗，你可能會陷入一個叫做測試導向開發（*test-driven development*）的循環：

1. **編寫測試**：為想要的功能編寫測試，縱使它還沒出現。然後執行測試確保是否會失敗。

2. **讓它通過**：接著在你的主要程式碼中實作功能。先別擔心你的程式碼是否鬆散還是沒效率；你的唯一目標是讓它可以運作。接著執行測試程式碼確保它會通過。

3. **重構你的程式碼**：現在你可以放手重構程式碼了，修改並且進化它。你有看過測試失敗，所以你知道當你的功能程式碼有問題時，測試還是會失敗的。你也看過測試通過的時候，所以你也知道只要功能正確，測試就會通過。

✗ **編寫測試！**

✓ **讓它過關！**

✓ **重構你的程式碼！**

讓你能夠自由地修改程式碼，而个用擔心是合會破壞功能丨是你需要單元測試的核心原因。任何時候你打算讓程式碼更加精簡或是更易於閱讀的時候，不用再有所顧慮。當完成的時候，你只需要直接地再跑看看測試程式，當一切都運作正常時你會更有信心。

另一個要修正的錯誤

JoinWithCommas 也有可能被只有一個單字的切片調用。然而在
這個情境執行得並不是頂好，會把單一項目當作清單的最後一個
項目來操作：

```
phrases = []string{"my parents"}
fmt.Println("A photo of", prose.JoinWithCommas(phrases))
```

我們的函式把單一
項目當作是清單的
最後一個項目運作！

`A photo of , and my parents`

在這個情境下 JoinWithCommas 該怎麼操作呢？假如我們有個只
有一個項目的項目，我們並不需要逗號、*and* 字樣或者其他類似
的東西。要回傳的只有這一個項目的字串即可。

`A photo of my parents`

只有一個項目的清單
應該像是這樣。

讓把這個當作 *join_test.go* 的另一個測試來實現。我們會添加一個
叫做 TestOneElement 的測試函式，跟 TestTwoElements 與
TestThreeElements 擺在一起。新的測試與其他兩個很類似，只
差在會傳遞只有一個字串的切片給 JoinWithCommas，然後預期它
會回傳只有那個字串的值。

```
func TestOneElement(t *testing.T) {
    list := []string{"apple"}          傳遞只有一個字串的切片。
    want := "apple"          預期回傳值由該單一字串組成。
    got := JoinWithCommas(list)
    if got != want {
        t.Error(errorString(list, got, want))
    }
}
```

```
--- FAIL: TestOneElement (0.00s)
        lists_test.go:13: JoinWithCommas([]string{"apple"}) =
                          ", and apple", want "apple"
FAIL
FAIL    github.com/headfirstgo/prose    0.006s
```

如你預期的一樣，我們的程式會在這情境出錯，也就是測試失
敗，顯示出 JoinWithCommas 會回傳 ", and apple" 而不是
apple。

另一個要修正的錯誤（續）

更新 JoinWithCommas 以修正我們的錯誤相當地簡單。我們得測
試得到的字串切片是否只擁有一個字串，假如是，就直接回傳該字
串。

```go
func JoinWithCommas(phrases []string) string {
        if len(phrases) == 1 {
                return phrases[0]
        } else if len(phrases) == 2 {
                return phrases[0] + " and " + phrases[1]
        } else {
                result := strings.Join(phrases[:len(phrases)-1], ", ")
                result += ", and "
                result += phrases[len(phrases)-1]
                return result
        }
}
```

在修正後，假如再次跑一次測試，可看到測試都通過了。

通過所有測試！ ⟶

```
File Edit Window Help
$ go test github.com/headfirstgo/prose
ok        github.com/headfirstgo/prose        0.006s
```

然後當我們在自己的程式碼測試 JoinWithCommas 時，它會如預期地
運作。

```go
phrases = []string{"my parents"}
fmt.Println("A photo of", prose.JoinWithCommas(phrases))
```

現在正常了！

```
A photo of my parents
```

沒有蠢問題

問：這些測試是否會讓我的程式又肥又慢呢？

答：別擔心！就像是 go test 指令是設置來只運作在以 _test.go
結尾的檔案。go 工具的其他各種指令（像是 go build 以及 go
install）已經設定好忽略檔名以 _test.go 作為結尾的檔案。go
工具可以編譯你的程式碼到執行檔，不過這會忽略你的測試程式碼，
即便是放在同樣的套件目錄底下。

程式碼磁貼

噢，不好了！我們已經建立了一個 compare 套件以及它的 Larger 函式，用來判定兩個傳入的整數誰比較大，並且回傳。但是我們在比較時遇到了問題，Larger 函式反而回傳了比較小的整數！

我們已經開始編寫測試來協助診斷問題。你可以幫忙重整程式碼磁貼來建立可用的測試以產生以下的輸出嗎？你得建立一個輔助函式會回傳字串以及測試失敗訊息，然後對兩個測試函式各調用一次這個輔助函式。

你的工作空間 〉 src 〉 compare 〉 larger.go

```go
package compare

func Larger(a int, b int) int {
        if a < b {          ← 噢！這個比較
                return a     反過來了！
        } else {
                return b
        }
}
```

你的工作空間 〉 src 〉 compare 〉 larger_test.go

```go
package compare

import (
        "fmt"
        "testing"
)

func TestFirstLarger(t *testing.T) {
        want := 2
        got := Larger(2, 1)
        if got != want {
                t.Error(                    在這裡調用你的
                )                           輔助函式。
        }
}

func TestSecondLarger(t *testing.T) {
        want := 8
        got := Larger(4, 8)
        if got != want {
                t.Error(                    在這裡調用你的
                )                           輔助函式。
        }
}
```

在這裡定義你的輔助函式。

磁貼：

```
"Larger(%d, %d) = %d, want %d",
```
```
(4, 8, got, want)
```   ```func```
```
(2, 1, got, want)
```   ```string```
```fmt.Sprintf(``` ```)``` ```return```
```(``` ```)``` ```{``` ```}``` ```want int```
```errorString``` ```a int,```
```errorString``` ```b int,```
```errorString``` ```got int,```
```a, b, got, want```

```
File Edit Window Help
$ go test compare
--- FAIL: TestFirstLarger (0.00s)
        larger_test.go:12:
        Larger(2, 1) = 1, want 2
--- FAIL: TestSecondLarger (0.00s)
        larger_test.go:20:
        Larger(4, 8) = 4, want 8
FAIL
FAIL    compare 0.007s
```

⟶ 答案在第 424 頁。

執行特定測試組合

有時候你只需要執行一組特定的測試，而無須全面的測試。go test 指令提供了一些命令列的旗標來幫你達成這目的。**旗標（flag）**是一種引數，通常會是破折號（-）後帶有一至多個字母，讓你可以在命令列程式中改變程式的行為。

go test 第一個你應該記得的旗標是 -v 旗標，意思是「verbose（冗長的）」。假如你在任何 go test 的指令後面加上這個旗標，它就會在執行時印出每一個測試函式的名稱以及狀態。通常通過的測試會讓輸出省略為「quiet（安靜）」，然而在 verbose 模式時，go test 依然會列出每一個通過的測試。

> 在指令後面添加「-v」旗標。

```
File Edit Window Help
$ go test github.com/headfirstgo/prose -v
=== RUN    TestOneElement
--- PASS: TestOneElement (0.00s)
=== RUN    TestTwoElements
--- PASS: TestTwoElements (0.00s)
=== RUN    TestThreeElements
--- PASS: TestThreeElements (0.00s)
PASS
ok      github.com/headfirstgo/prose        0.007s
```

> 每一個測試的名稱以及狀態都會被陳列出來。

一旦你有了每個測試的名稱（不管是透過 go test -v 的輸出取得，還是從你的測試程式碼中找到），你可以添加 -run 的選項來限制測試的組合。在 -run 之後，你可以指定部分或者全部的測試函式名稱，只有符合你指定名稱的測試函式才會被執行。

假如我們添加 -run Two 到 go test 指令，只要名稱有 Two 的測試函式才會符合。在這個例子中，代表著只有 TestTwoElements 才會被執行（你可以同時下 -run 以及 -v 旗標，不過我們發現 -v 旗標可以幫我們釐清現在正在的測試是什麼）。

```
File Edit Window Help
$ go test github.com/headfirstgo/prose -v -run Two
=== RUN    TestTwoElements
--- PASS: TestTwoElements (0.00s)
PASS
ok      github.com/headfirstgo/prose        0.007s
```

> 執行名稱有「Two」的測試。

假如我們改成添加 -run Elements，那麼 TestTwoElements 以及 TestThreeElements 都會被執行（但是沒有 TestOneElement，因為它的名稱結尾並沒有 s 字母）。

```
File Edit Window Help
$ go test github.com/headfirstgo/prose -v -run Elements
=== RUN    TestTwoElements
--- PASS: TestTwoElements (0.00s)
=== RUN    TestThreeElements
--- PASS: TestThreeElements (0.00s)
PASS
ok      github.com/headfirstgo/prose        0.007s
```

> 執行名稱有「Elements」的測試。

表格驅動測試

在我們的三個測試函式之間，重複的程式碼有點多。不開玩笑，在這些測試之中唯一的不同是我們傳遞給 JoinWithCommas 的切片，以及預期要回傳的字串。

```go
func TestOneElement(t *testing.T) {
        list := []string{"apple"}
        want := "apple"
        got := JoinWithCommas(list)
        if got != want {
                t.Error(errorString(list, got, want))
        }
}

func TestTwoElements(t *testing.T) {
        list := []string{"apple", "orange"}
        want := "apple and orange"
        got := JoinWithCommas(list)
        if got != want {
                t.Error(errorString(list, got, want))
        }
}

func TestThreeElements(t *testing.T) {
        list := []string{"apple", "orange", "pear"}
        want := "apple, orange, and pear"
        got := JoinWithCommas(list)
        if got != want {
                t.Error(errorString(list, got, want))
        }
}

func errorString(list []string, got string, want string) string {
        return fmt.Sprintf("JoinWithCommas(%#v) = \"%s\", want \"%s\"", list, got, want)
}
```

重複的程式碼（對應左側三個測試函式的中間區塊）

與其維護分散的測試函式，我們可以建立一個「表格」來存放輸入資料，以及對應的預期輸出結果，接著使用一個測試函式來檢查表格內的每個項目。

這個表格並沒有標準的格式，不過常見的做法是建立一個新的專屬於用在你的測試上的型別，並且存放針對每個測試的輸入以及預期的輸出結果。我們可以用成 testData 型別，該型別有個 list 的欄位用來存放傳遞給 JoinWithCommas 的字串，以及 want 欄位來存放對應的預期回傳的字串。

```go
type testData struct {
        list []string
        want string
}
```

打算傳遞給 JoinWithCommas 的切片。

我們預期 JoinWithCommas 針對上面的切片所回傳的字串。

表格驅動測試（續）

我們可以直接在會被用到的 *lists_test.go* 檔案定義 testData 型別。

我們的三個測試函式可以合併成一個 TestJoinWithCommas 函式。一開頭我們設置 tests 這個切片，接著從舊的 TestOneElement、TestTwoElements 以及 TestThreeElements 移動 list 以及 want 變數的值到 testData 的值之中，存放在 tests 切片。

我們接下來遍歷切片中的每一個 testData 的值。list 切片會傳遞給 JoinWithCommas，並且於 got 變數的回傳值中儲存。假如 got 的值並不符合 testData，我們會調用 Errorf 來顯示並且格式化測試的失敗訊息，就像是我們在 errorString 輔助函式做的一樣（而且由於這樣使得 errorString 函式有點多餘，我們可以移除它了）。

```go
import "testing"

type testData struct {
    list []string
    want string
}

func TestJoinWithCommas(t *testing.T) {
    tests := []testData{
        testData{list: []string{"apple"}, want: "apple"},
        testData{list: []string{"apple", "orange"}, want: "apple and orange"},
        testData{list: []string{"apple", "orange", "pear"}, want: "apple, orange, and pear"},
    }
    for _, test := range tests {
        got := JoinWithCommas(test.list)
        if got != test.want {
            t.Errorf("JoinWithCommas(%#v) = \"%s\", want \"%s\"", test.list, got, test.want)
        }
    }
}
```

我們可以直接在測試檔案中定義 testData 型別。

這個唯一的函式會取代原本三個函式。

從 TestOneElement 來的資料。

從 TestTwoElements 來的資料。

從 TestThreeElements 來的資料。

建立 testData 值的切片。

處理切片中每個 testData。

傳遞切片到 JoinWithCommas。

假如我們得到的回傳值並不等於我們所期待的值…

格式化錯誤訊息，並且該測試失敗了。

更新的程式碼更加地簡潔而且更少重複的內容，不過在表格內的測試就像是跟原本在獨立的測試函式一樣地通過。

```
File Edit Window Help
$ go test github.com/headfirstgo/prose
ok      github.com/headfirstgo/prose      0.006s
```

透過測試修正恐慌程式碼（panicking code）

表格驅動測試最大的優點是易於在需要的時候添加新的測試。假設我們並不確定傳遞空的切片給 JoinWithCommas 會發生什麼事情。我們可以簡單地添加新的 testData 到 tests 切片來做確認。並且指定假如空的切片傳遞給 JoinWithCommas 時應該要回傳空的字串：

```go
func TestJoinWithCommas(t *testing.T) {
    tests := []testData{
        testData{list: []string{}, want: ""},
        testData{list: []string{"apple"}, want: "apple"},
        testData{list: []string{"apple", "orange"}, want: "apple and orange"},
        testData{list: []string{"apple", "orange", "pear"}, want: "apple, orange, and pear"},
    }
    // Additional code omitted...
}
```

添加新的 testData 值，這個值會傳遞
空的切片給 JoinWithCommas。

看起來我們的憂慮是正確的。假如執行了這個測試，會驅動恐慌以及追溯堆疊：

```
--- FAIL: TestJoinWithCommas (0.00s)
panic: runtime error: slice bounds out of range [recovered]
        panic: runtime error: slice bounds out of range

goroutine 5 [running]:
testing.tRunner.func1(0xc4200a20f0)
        /usr/go/1.10/libexec/src/testing/testing.go:742 +0x29d
panic(0x110a480, 0x11d6fd0)
        /usr/go/1.10/libexec/src/runtime/panic.go:505 +0x229
github.com/headfirstgo/prose.JoinWithCommas(0x11fa400, 0x0, 0x0, 0x10afead, 0x11ae270)
        /Users/jay/go/src/github.com/headfirstgo/prose/lists.go:11 +0x1bf
github.com/headfirstgo/prose.TestJoinWithCommas(0xc4200a20f0)
        /Users/jay/go/src/github.com/headfirstgo/prose/lists_test.go:20 +0x250
...
FAIL    github.com/headfirstgo/prose    0.009s
```

看起來有些程式碼嘗試存取切片範圍之外的指標（也就是嘗試存取不存在的項目）。

```
panic: runtime error: slice bounds out of range
```

仔細檢查追溯堆疊，我們發現恐慌發生在 *lists.go* 檔案的第 11 行，也就是在 JoinWithCommas 函式內：

錯誤發生在 JoinWithCommas 函式。

```
github.com/headfirstgo/prose.JoinWithCommas(0x11fa400, 0x0, 0x0, 0x10afead, 0x11ae270)
        /Users/jay/go/src/github.com/headfirstgo/prose/lists.go:11 +0x1bf
```

錯誤發生在 *lists.go* 檔案的第 11 行。

透過測試修正恐慌程式碼（panicking code）（續）

所以 panic 發生在 *lists.go* 的第 11 行⋯我們在這裡嘗試存取切片中除了最後一個之外的項目，並且用逗號把它們組合在一起。可是我們傳遞的 phrases 切片是空的，也就是沒有項目可以存取。

```go
func JoinWithCommas(phrases []string) string {
        if len(phrases) == 1 {
                return phrases[0]
        } else if len(phrases) == 2 {
                return phrases[0] + " and " + phrases[1]
        } else {
                result := strings.Join(phrases[:len(phrases)-1], ", ")
                result += ", and "
                result += phrases[len(phrases)-1]
                return result
        }
}
```

當我們嘗試從空的切片存取項目時，*panic* 在這裡發生。

假如 phrases 是空的，我們不應該嘗試從這裡存取任何項目。沒有任何東西需要組合，所以唯一要做的就是直接回傳空字串。我們可以添加一個額外的 if 陳述句以及子句，當 len(phrases) 值為 0 的時候回傳空字串。

```go
func JoinWithCommas(phrases []string) string {
        if len(phrases) == 0 {
                return ""
        } else if len(phrases) == 1 {
                return phrases[0]
        } else if len(phrases) == 2 {
                return phrases[0] + " and " + phrases[1]
        } else {
                result := strings.Join(phrases[:len(phrases)-1], ", ")
                result += ", and "
                result += phrases[len(phrases)-1]
                return result
        }
}
```

假如切片是空的，回傳空的字串。

再次執行測試，全部都通過了，連用空字串調用 JoinWithCommas 也通過了！

```
File  Edit  Window  Help
$ go test github.com/headfirstgo/prose
ok        github.com/headfirstgo/prose        0.006s
```

你可以期待有更多針對 JoinWithCommas 的功能以及修正。放手去做吧！再也不用顧慮會造成任何破壞。只要有在添加修正之後執行測試，就能確保一切運作正常，而且這也是理所當然的（假如沒有，你也會得到清楚的指示該如何去修正錯誤！）。

你的 Go 百寶箱

這就是第 14 章的全部了！你已經把測試加到你的百寶箱囉！

測試

自動化測試是一個獨立的程式，用來執行你的主程式中的每一個元件，並且驗證它們的行為是否符合預期。

你可以用 Go 的「testing」套件來編寫程式的自動化測試，以及「go test」指令可用來執行這些測試。

習題
解答

 math.go

```go
package arithmetic

func Add(a float64, b float64) float64 {
        return a + b
}

func Subtract(a float64, b float64) float64 {
        return a - b
}
```

math_test.go

匯入與測試程式碼
一樣的套件。

```go
package    arithmetic
```
為了 testing.T 必須匯入
的套件。
```go
import    "testing"
```
測試函式得接收 *testing.T 參數。
```go
func    TestAdd(t    *testing.T    ) {
        if    Add    (1, 2) != 3 {
                t.Error("1 + 2 did not equal 3")
        }
}
```
調用被測試的程式碼。假如回傳
的值不如預期，測試失敗。

測試函式得接收 *testing.T 參數。
```go
func    TestSubtract(t    *testing.T    ) {
        if    Subtract    (8, 4) != 4 {
                t.Error("8 - 4 did not equal 4")
        }
}
```
調用被測試的程式碼。假如回傳
的值不如預期，測試失敗。

程式碼磁貼解答

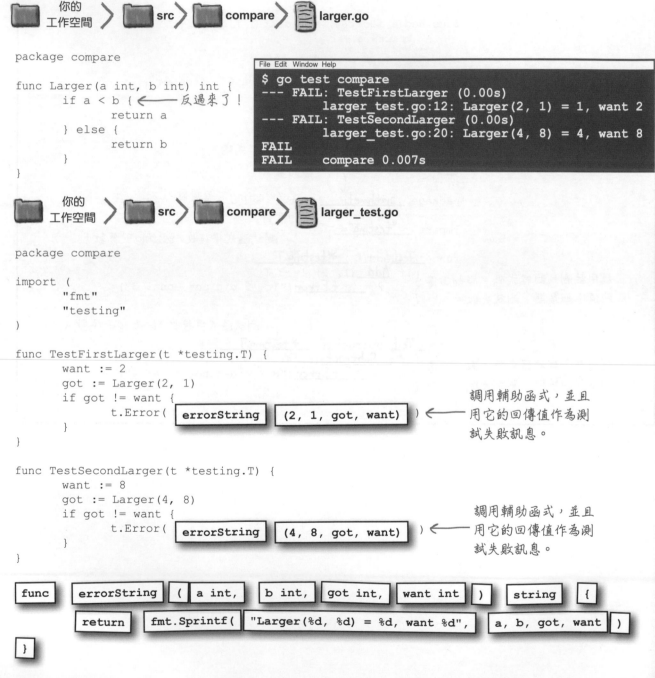

你的工作空間 > src > compare > larger.go

```go
package compare

func Larger(a int, b int) int {
        if a < b {        ← 反過來了！
                return a
        } else {
                return b
        }
}
```

```
File Edit Window Help
$ go test compare
--- FAIL: TestFirstLarger (0.00s)
        larger_test.go:12: Larger(2, 1) = 1, want 2
--- FAIL: TestSecondLarger (0.00s)
        larger_test.go:20: Larger(4, 8) = 4, want 8
FAIL
FAIL        compare 0.007s
```

你的工作空間 > src > compare > larger_test.go

```go
package compare

import (
        "fmt"
        "testing"
)

func TestFirstLarger(t *testing.T) {
        want := 2
        got := Larger(2, 1)
        if got != want {
                t.Error( errorString (2, 1, got, want) )
        }
}
```

調用輔助函式，並且用它的回傳值作為測試失敗訊息。

```go
func TestSecondLarger(t *testing.T) {
        want := 8
        got := Larger(4, 8)
        if got != want {
                t.Error( errorString (4, 8, got, want) )
        }
}
```

調用輔助函式，並且用它的回傳值作為測試失敗訊息。

```go
func errorString ( a int, b int, got int, want int ) string {
        return fmt.Sprintf( "Larger(%d, %d) = %d, want %d", a, b, got, want )
}
```

15 回應請求

網際網路應用程式
（web apps）

現在是 21 世紀了。使用者要的是網路應用程式。Go 已經幫你搞定啦。Go 的標準函式庫涵蓋了能夠協助你架設自己的網際網路應用程式的套件，並且所有網頁伺服器資源都可以支援。於是我們會透過本書的最後兩章來告訴你如何建立網路應用程式。

你的 web app 最基本的技能，是能夠在一個網頁瀏覽器傳送它的請求（request）時，給予回應（respond）。在這一章，我們將學會運用 net/http 套件來實現。

用 Go 編寫網路應用程式

在終端機執行的程式很棒——如果是只有自己用的話。但是一般使用者早就被網際網路寵壞了。他們才不會想要先學會怎麼使用終端機,才能用你的程式。他們甚至連安裝你的程式都嫌麻煩。對他們來說,最好是只要從瀏覽器點下連結就可以直接使用。

不過別擔心! Go 也會幫你編寫網路使用的應用程式喔。

是時候讓你的應用程式跟
終端機說再見囉…

… 然後跟瀏覽器說聲嗨!

我們不會一步步教你怎麼做——編寫一個網路應用程式不是件輕鬆事。這需要你到目前為止學過的所有技能,再學一些新的就可上手。不過 Go 有一些很棒的套件可以讓這一切更簡單!

這當然也包括了 net/http 套件。HTTP 的意思是「超文字傳輸協定(**HyperText Transfer Protocol**)」,而這用來在網頁瀏覽器與網路伺服器之間溝通使用。透過 net/http,你可以用 Go 建立自己的第一個網路應用程式!

瀏覽器、請求、伺服器與回應

當你在瀏覽器輸入網址時,事實上你正從網頁發送一個請求(*request*)。該請求會前往伺服器(*server*)。伺服器的工作就是取得恰當的頁面並且透過回應(*response*)回傳給瀏覽器。

網際網路的發展初期,伺服器通常會在伺服器的硬碟上讀取整個 HTML 的內容,並且把 HTML 回傳給瀏覽器。

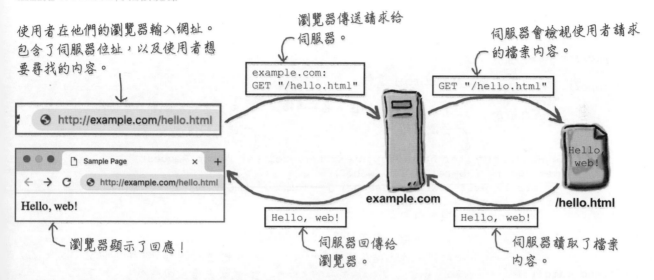

使用者在他們的瀏覽器輸入網址。包含了伺服器位址,以及使用者想要尋找的內容。

瀏覽器傳送請求給伺服器。

伺服器會檢視使用者請求的檔案內容。

瀏覽器顯示了回應!

伺服器回傳給瀏覽器。

伺服器讀取了檔案內容。

然而現在來說,與其讀取檔案,透過另一個程式來與伺服器溝通以滿足請求是比較常見的做法。這個程式可以用各種不同的語言寫成,當然也包含 Go 囉!

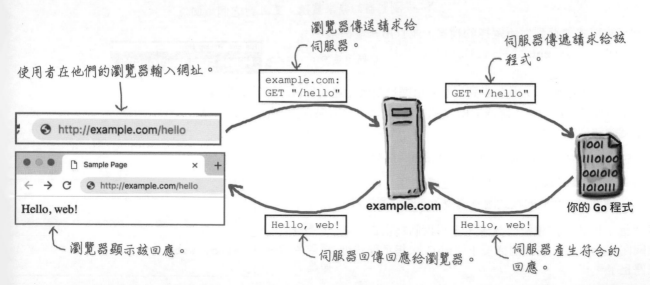

使用者在他們的瀏覽器輸入網址。

瀏覽器傳送請求給伺服器。

伺服器傳遞請求給該程式。

你的 Go 程式

瀏覽器顯示該回應。

伺服器回傳回應給瀏覽器。

伺服器產生符合的回應。

簡單的網路應用程式

處理從瀏覽器取得的請求有很多工作要做。幸運地我們並不需要全部都自己來。回到第 13 章，我們曾使用 net/http 來對伺服器建立請求。net/http 套件也擁有一個小型的網路伺服器，所以它也可以對請求作回應（*response*）。我們所要做的只是編寫程式來用資料滿足回應。

以下的程式會使用 net/http 建立簡單回應給瀏覽器的伺服器。雖然這個程式很小，裡面運作了很多甚至是新的功能。我們先來跑看看這個程式，然後再回頭一一解釋。

```go
package main

import (
        "log"
        "net/http"
)

func viewHandler(writer http.ResponseWriter, request *http.Request) {
        message := []byte("Hello, web!")
        _, err := writer.Write(message)
        if err != nil {
                log.Fatal(err)
        }
}

func main() {
        http.HandleFunc("/hello", viewHandler)
        err := http.ListenAndServe("localhost:8080", nil)
        log.Fatal(err)
}
```

匯入「*net/http*」套件。

用來更新回應的值，它會回傳給瀏覽器。

用來展示從瀏覽器取得的請求的值。

添加「*Hello, web!*」到回應。

假如我們從網址以「/hello」作為結尾的請求⋯

⋯那麼就調用 *viewHandler* 函式來產生回應。

從瀏覽器的請求監聽，並且對它們做回應。

把上面的程式碼存到你所選擇的檔案，並且用終端機來執行這個指令 **go run**：

啟動伺服器。

```
File Edit Window Help
$ go run hello.go
```

我們的伺服器啟動了！現在我們只需要用網頁瀏覽器連結到它試試看。開啟你的瀏覽器然後在網址列輸入這個 URL（假如 URL 看起來有點奇怪，別擔心；我們等一下就會解釋它）：

```
http://localhost:8080/hello
```

瀏覽器會傳送請求到應用程式，它就會用「Hello, web!」做回應。我們的程式剛剛傳遞了回應給瀏覽器！

這個應用程式會持續監聽請求，直到我們終止它。當你關閉頁面之後，在終端機按下 Ctrl-C 來指示程式可以停止了。

這是程式傳回來的回應！

localhost:8080/hello ✕

← → C http://localhost:8080/hello

Hello, web!

你的電腦在自言自語

當我們啟動小小網路應用程式，它就在你的電腦裡面啟動了屬於自己的網路伺服器。

瀏覽器傳送一個請求到你的伺服器。

```
localhost:8080
GET "/hello"
```

🌐 http://localhost:8080/hello

localhost:8080

由於這個應用程式執行在你的電腦上（而不是在網際網路上的任何一個地方），我們使用特殊的主機名稱 localhost 作為網址。這會告訴你的瀏覽器，它需要建立一個從你的電腦到同一台電腦的連線。

```
http://localhost:8080/hello
```
　　　　　主機　　連接埠

我們也需要指定屬於網址的連接埠（連接埠（*port*）是一組網路溝通用的通道號碼，一個應用程式可以從這個通道監聽訊息）。在我們的程式碼指定這個伺服器應該監聽的連接埠為 8080，因此我們需要在網址列中包含這組連接埠，並放在主機名稱後面。

這裡是連接埠號碼。

```
http.ListenAndServe("localhost:8080", nil)
```

問：產生了瀏覽器無法連結的錯誤！

答：你的伺服器恐怕並沒有真的啟動。看看你的終端機是否有錯誤訊息。並且也確認瀏覽器中的主機名稱以及連接埠號碼，有時候你可能是打錯字了。

問：為什麼我得在網址列指定連接埠號碼？其他網站我都不需要這樣做！

答：大部分的網站會透過連接埠 80 監聽 HTTP 的請求，由於這是網頁瀏覽器預設的 HTTP 請求連接埠。但是在不少作業系統，你需要取得特定的權限來啟動在連接埠為 80 的伺服器，這是基於安全因素。這也正是為什麼我們特地指定伺服器用 8080 作為監聽的連接埠。

問：我的瀏覽器只顯示了「404 網頁找不到（404 page not found）」的訊息。

答：這是來自伺服器得到的回應，這是好的開始，只是它代表著你請求的資源並不存在。確認你的網址列結尾是否為 */hello*，並且確認在你的伺服器程式碼中是否有打錯字。

問：當我嘗試著執行網路應用程式，卻得到了「listen tcp 127.0.0.1:8080: bind: address already in use」的錯誤！

答：你的程式嘗試監聽其他應用程式也在使用的連接埠（你的作業系統並不允許這樣）。你是否執行了超過一次這個程式呢？假如是的話，你是否有在終端機中按下 **Ctrl-C** 的指令來終止之前的程序呢？在執行新的之前，要確保舊的已經終止囉。

詳解我們的簡單網路應用程式

現在讓我們來好好了解我們的小小網路應用程式的每個細節。

在 main 函式中,我們以參數為字串 "/hello" 調用了 http. HandleFunc,以及 viewHandler 函式(Go 支援 一級函式 (*first class functions*),它讓你可以傳遞函式到其他的函式中。 我們很快就會談到它)。這讓應用程式可以在網址以 /hello 作為 結尾的時候調用 viewHandler。

接著我們調用了 http.ListenAndServe,它會啟動網路伺服器。我們把字串 "localhost:8080" 傳遞給它,這會讓它只能從你自己的電腦連接埠為 8080 的位址接收請求(當你準備好開啟應用程式,並且從其他電腦接收請求時,你可以改成使用 "0.0.0.0:8080"。假如你想要,也可以把連接埠 8080 改成其他的數字)。第二個引數的 nil 只是代表著會使用透過 HandleFunc 設置的功能來處理請求。

(爾後假如你想要學些不同的方法來處理請求,你可以查閱在 「http」套件中「ListenAndServe」函式、「Handler」的介面以及 「ServeMux」的型別的相關文件。)

在 HandleFunc 之 後 我 們 調 用 了 ListenAndServe,因 為 ListenAndServe 會一直運作直到發生錯誤為止。假如錯誤發生了,會回傳該錯誤,我們會在程式結束之前記錄下來。假如沒有錯誤發生,程式就會一直執行,直到我們透過在終端機按下 Ctrl-C 來中斷。

假如我們接收一個網址以
「/hello」作為結尾的請求…   *…那麼就調用 viewHandler*
函式來產生回應。

```
func main() {
    http.HandleFunc("/hello", viewHandler)
    err := http.ListenAndServe("localhost:8080", nil)
    log.Fatal(err)
}
```

從瀏覽器請求監聽,並且回應它們。

與 main 相比,viewHandler 函式並沒有什麼特別之處。伺服器會傳遞 http.ResponseWriter 給 viewHandler 函式,這是用來把資料寫入給瀏覽器的回應,以及一個指向 http.Request 值的指標,這代表著瀏覽器的請求(我們在這個程式裡並不使用 Request 的值,因為 handler 函式還得接收一個)。

用來更新回應的值會傳遞給
瀏覽器。   *代表著從瀏覽器請求的值。*

```
func viewHandler(writer http.ResponseWriter, request *http.Request) {
    ...
}
```

詳解我們的簡單網路應用程式（續）

在 viewHandler 之中，我們透過調用 ResponseWriter 中的 Write 方法來把資料添加到回應中。Write 方法並不會接收字串，但是它會接收一組位元組的切片值，於是我們可以把 "Hello, web!" 字串轉換為 []byte，接著傳遞給 Write。

```
message := []byte("Hello, web!")  ◀——— 把「Hello, web!」轉換成位元組切片。
_, err := writer.Write(message)  ◀——
                                      把「Hello, web!」添加到回應。
```

你也許還記得在第 13 章的 byte 值。在調用透過 http.Get 函式取得的回應時，ioutil.Readall 函式回傳一組 byte 值的切片。

我們還沒談到 byte 型別呢；它是一種 Go 的基礎型別（像是 float64 或者 bool），它用來儲存原始資料，比如像是你從網路連線取得的檔案。我們無法透過直接印出來的方式，從這個 byte 值的切片看到任何有意義的內容，但是假如你從該 byte 切片型別轉換為 string，你就可以取得可讀的文字內容（亦即假設這個資料儲存的是可閱讀的內容）。因此我們以轉換回應的文字到 string 作為結束，並且印出來。

```go
func main() {
	response, err := http.Get("https://example.com")
	if err != nil {
		log.Fatal(err)
	}
	defer response.Body.Close()
	body, err := ioutil.ReadAll(response.Body)
	if err != nil {
		log.Fatal(err)
	}
	fmt.Println(string(body))
}
```

一旦「main」函式結束後釋出網路連線。

讀取回應中的資料。

把資料轉成 string 並且印出來。

正如我們在第 13 章看到的，[]byte 可以被轉換成 string：

```
fmt.Println(string([]byte{72, 101, 108, 108, 111}))
```
`Hello`

而且也如同你在本章的簡單網路應用程式看到的，string 也可以被轉換成 []byte。

```
fmt.Println([]byte("Hello"))
```
`[72 101 108 108 111]`

ResponseWriter 的 Write 方法回傳了成功寫入的位元組數，以及任何發生的錯誤。對於成功寫入的位元組數我們沒什麼可以做的，所以先忽略它。但是假如有發生錯誤，我們會記錄下來並且關閉程式。

```go
_, err := writer.Write(message)
if err != nil {
	log.Fatal(err)
}
```

資源路徑

當我們在瀏覽器輸入了網址來存取我們的網路應用程式時,我們得確保結尾是 */hello*。但是為什麼得這麼做?

```
http://localhost:8080/hello
```

伺服器通常可以傳遞給瀏覽器各式各樣不同的資源,包含 HTML 網頁、圖片甚至更多。

網址中在主機位址以及連接埠的後面就是資源路徑。它會在伺服器眾多的資源當中,找出你要取用的是哪一個。net/http 會從網址的最尾端拉出該路徑,並且直接用來處理請求。

$$\text{http://localhost:8080/hello}$$
路徑

當我們在網路應用程式調用 http.HandleFunc 時,我們會傳給它字串 "/hello",以及 viewHandler 函式。字串是請求資源路徑所要的。從那時起,只要接收到 /hello 的路徑請求,應用程式就會調用 viewHandler 函式。viewHandler 函式接著會負責產生對該接收的請求適合的回應。

```
http.HandleFunc("/hello", viewHandler)
```

在這個例子中,這代表著以文字「Hello, web!」作為回應。

你的應用程式不應該對每一個接收到的請求都回應「Hello, Web!」。大部分的應用程式會需要針對不同的請求路徑,有不同的回應方式。

其中一種做法是每一次你打算處理路徑時,就調用 HandleFunc 來處理。你的應用程式就能夠對這些路徑的請求做出回應了。

對不同的資源路徑做出不同的回應

我們的應用程式做了以下的更新，讓它可以提供三種不同語言的歡迎詞。我們分別調用了三次 HandleFunc。來自 "/hello" 路徑的請求調用 englishHandler 函式，來自 "/salut" 路徑的請求透過 frenchHandler 函式處理，而來自 "/nameste" 路徑的請求則透過 hindiHandler 處理。三個處理函式各自傳遞它們的 ResponseWriter，以及一組送到新的 writer 函式的字串，它會把字串寫入回應中。

```go
package main

import (
        "log"
        "net/http"          來自 handler 函式的
)                           ResponseWriter。                添加到回應的訊息。

func write(writer http.ResponseWriter, message string) {
        _, err := writer.Write([]byte(message))  ←── 一如往常把字串轉換成一組位元組
        if err != nil {                               的清單，並且把它寫進回應。
                log.Fatal(err)
        }
}

func englishHandler(writer http.ResponseWriter, request *http.Request) {
        write(writer, "Hello, web!")  ←── 把這組字串寫進回應。
}
func frenchHandler(writer http.ResponseWriter, request *http.Request) {
        write(writer, "Salut web!")  ←── 把這組字串寫進回應。
}
func hindiHandler(writer http.ResponseWriter, request *http.Request) {
        write(writer, "Namaste, web!")  ←── 把這組字串寫進回應。
}
                        對於路徑為「/hello」的請求，
                        調用 englishHandler。          對於路徑為「/salut」的請求，
func main() {                                         調用 frenchHandler。
        http.HandleFunc("/hello", englishHandler)
        http.HandleFunc("/salut", frenchHandler) ←──  對於路徑為「/namaste」的
        http.HandleFunc("/namaste", hindiHandler) ←── 請求，調用 hindiHandler。
        err := http.ListenAndServe("localhost:8080", nil)
        log.Fatal(err)
}
```

← → C 🌐 http://localhost:8080/hello

Hello, web!

← → C 🌐 http://localhost:8080/namaste

Namaste, web!

← → C 🌐 http://localhost:8080/salut

Salut web!

以下的程式碼是一個簡單的網路應用程式，以及一系列可能的回應。
在每個回應之後，寫下你需要在瀏覽器輸入的網址以產生該回應。

```go
package main

import (
        "log"
        "net/http"
)

func write(writer http.ResponseWriter, message string) {
        _, err := writer.Write([]byte(message))
        if err != nil {
                log.Fatal(err)
        }
}

func d(writer http.ResponseWriter, request *http.Request) {
        write(writer, "z")
}
func e(writer http.ResponseWriter, request *http.Request) {
        write(writer, "x")
}
func f(writer http.ResponseWriter, request *http.Request) {
        write(writer, "y")
}

func main() {
        http.HandleFunc("/a", f)
        http.HandleFunc("/b", d)
        http.HandleFunc("/c", e)
        err := http.ListenAndServe("localhost:4567", nil)
        log.Fatal(err)
}
```

回應　　　產生回應的網址

x　　　..

y　　　..

z　　　..

━━━━▶ 答案在第 442 頁。

一級函式

當我們使用 handler 函式調用 http.HandleFunc 時，我們並不是調用該 handler 函式，並且傳遞它的結果到 HandleFunc。而是傳遞函式本身到 HandleFunc。該函式會被保存，並且在接收到符合的請求路徑時才會被調用。

傳遞 *englishHandler* 函式到 *HandleFunc*。

傳遞 *frenchHandler* 函式到 *HandleFunc*。

傳遞 *hindiHandler* 函式到 *HandleFunc*。

```
func main() {
        http.HandleFunc("/hello", englishHandler)
        http.HandleFunc("/salut", frenchHandler)
        http.HandleFunc("/namaste", hindiHandler)
        err := http.ListenAndServe("localhost:8080", nil)
        log.Fatal(err)
}
```

Go 程式語言支援**一級函式**（**first-class functions**）；也就是說在 Go 的領域函式被視為「高級市民」。

在擁有一級函式的程式語言，函式可以指派給一個變數，然後直接從該變數調用函式。

以下的程式碼首先調用 sayHi 函式。在我們的 main 函式，我們宣告一個 func() 型別的 myFunction 變數，意味著該變數可以存放函式。

接著指派 sayHi 函式自己到函式 myFunction。注意到我們沒有使用括號，也沒有寫下 sayHi()——這樣一來就不會調用 sayHi 了。我們只輸入函式名稱如下：

```
myFunction = sayHi
```

這讓 sayHi 函式自己被指派到了 myFunction 的變數。

不過在下一行，我們就會把小括號放回 myFunction 變數名稱的後方如下：

```
myFunction()
```

這會導致存放在 myFunction 變數的函式被調用了。

照常宣告函式。

```
func sayHi() {
        fmt.Println("Hi")
}
```

宣告型別為「*func()*」的變數。
這個變數可以存放函式。

```
func main() {
        var myFunction func()
        myFunction = sayHi
        myFunction()
}
```

把 *sayHi* 函式指派到該變數。

調用存放在變數的函式。

```
Hi
```

傳遞函式到其他函式

擁有一級函式的程式語言也允許你把函式當作引數傳遞給其他函式。以下的程式碼定義了簡單的 sayHi 與 sayBye 函式。這裡也定義了一個 twice 函式來取用其他的函式作為 theFunction 使用。twice 函式接著會調用兩次任何存在 theFunction 的函式。

我們在 main 調用 twice 並且把 sayHi 作為引數傳遞給它,這樣會讓 sayHi 被調用兩次。接著我們再度用 sayBye 調用 twice,這也會讓 sayBye 被執行兩次。

```go
func sayHi() {
        fmt.Println("Hi")
}
func sayBye() {
        fmt.Println("Bye")
}

func twice(theFunction func()) {
        theFunction()
        theFunction()
}

func main() {
        twice(sayHi)
        twice(sayBye)
}
```

「twice」函式可把其他函式當作參數使用。

← 調用傳進去的函式。

← 調用傳進去的函式(再一次)。

傳遞「sayHi」函式給「twice」函式。

傳遞「sayBye」函式給「twice」函式。

```
Hi
Hi
Bye
Bye
```

函式作為型別

我們不能只是在調用其他函式的時候,隨便把任何函式當作引數使用。假如我們試著把 sayHi 作為 http.HandleFunc 的引數使用,會遇到編譯錯誤。

```go
func sayHi() {
        fmt.Println("Hi")
}

func main() {
        http.HandleFunc("/hello", sayHi)
        err := http.ListenAndServe("localhost:8080", nil)
        log.Fatal(err)
}
```

嘗試把 sayHi 設為 HTTP 請求的 handler 函式。

編譯錯誤

```
cannot use sayHi (type func()) as type func(http.ResponseWriter, *http.Request)
in argument to http.HandleFunc
```

函式作為型別（續）

函式的參數以及回傳值都是它的型別的一部分。存放函式的變數需要指明該函式的參數以及回傳值。變數只能存放變數還有回傳值的數量與型別一致的函式。

以下的程式碼用 func() 定義了 greeterFunction 變數：它存放了一個沒有參數以及回傳值的函式。接著我們又用 func(int, int) float64 定義了一個 mathFunction 的變數：它存放了一個擁有兩個整數的參數，以及回傳值為 float64 的函式。

以下的程式碼也定義了 sayHi 和 divide 函式。假如我們指派了 sayHi 給 greeterFunction，以及指派了 divide 給 mathFunction 變數，編譯以及執行都正常運作。

```go
func sayHi() {
        fmt.Println("Hi")
}
func divide(a int, b int) float64 {
        return float64(a) / float64(b)
}

func main() {
        var greeterFunction func()
        var mathFunction func(int, int) float64
        greeterFunction = sayHi
        mathFunction = divide
        greeterFunction()
        fmt.Println(mathFunction(5, 2))
}
```

這個變數會存放沒有參數也沒有回傳值的函式。

這個變數會存放有兩個整數參數，以及一個 float64 回傳值的函式。

指派「sayHi」函式到 greetingFunction 變數。

指派「divide」函式到 mathFunction 變數。

```
Hi
2.5
```

但是假如我們嘗試把兩個反過來，編譯就會出錯了：

```go
        greeterFunction = divide
        mathFunction = sayHi
```

編譯錯誤

```
cannot use divide (type func(int, int) float64) as type func() in assignment
cannot use sayHi (type func()) as type func(int, int) float64 in assignment
```

divide 函式接收兩個 int 參數以及回傳 float64 值，於是它並不能存放在 greeterFunction 變數（這預期的是沒有參數也沒有回傳值的函式）。而且 sayHi 函式沒有接收參數也沒有回傳值，所以它也不可能存放在 mathFunction 變數（這裡預期有兩個 int 的參數以及 float64 的回傳值）。

函式作為型別（續）

可以接收函式作為參數的函式，也需要指定該傳入函式的參數以及回傳值的型別。

這裡有個參數為 `passedFunction` 的 doMath 函式。傳入的函式需要接收兩個 int 的參數並且回傳一個 `float64` 值。

我們也定義了 `divide` 與 `multiply` 函式，兩者都會接收兩個 int 參數並且回傳一個 `float64`。不管是 `divide` 還是 `multiply` 都可以成功地傳遞到 doMath。

```go
func doMath(passedFunction func(int, int) float64) {
    result := passedFunction(10, 2)
    fmt.Println(result)
}
func divide(a int, b int) float64 {
    return float64(a) / float64(b)
}
func multiply(a int, b int) float64 {
    return float64(a * b)
}

func main() {
    doMath(divide)
    doMath(multiply)
}
```

doMath 函式接收另一個函式作為參數。傳進來的函式必須能夠接收兩個整數以及回傳 *float64* 的值。

印出傳進來函式的回傳值。

調用傳進來的函式。

可以用來傳進 *doMath* 的函式。

另一個可以用來傳進 *doMath* 的函式。

把「*divide*」函式傳進 doMath。

把「*multiply*」函式傳進 doMath。

```
5
20
```

沒有符合指定型別的函式是無法傳遞給 doMath 的。

```go
func main() {
    doMath(sayHi)
}
```

sayHi 函式沒有任何參數或者回傳值。

編譯錯誤

```
cannot use sayHi (type func()) as type func(int, int) float64 in argument to doMath
```

這正是為什麼假如我們打算傳遞錯誤的函式給 `http.HandleFunc`，就會編譯錯誤了。HandleFunc 預期傳進來的函式會有 ResponseWriter 以及 Request 的參數。傳遞其他的東西就會編譯錯誤。

這其實是件好事。無法解析請求或者寫入回應的函式看來是沒辦法處理瀏覽器的請求。假如你依然嘗試傳遞錯誤型別的函式，程式都還沒有編譯之前 Go 就會提示你這個問題。

```go
http.HandleFunc("/hello", sayHi)
```

編譯錯誤

```
cannot use sayHi (type func()) as type func(http.ResponseWriter, *http.Request)
in argument to http.HandleFunc
```

池畔風光

你的**工作**是把游泳池內的程式碼片段，放到右方程式碼中空白的地方。同一個程式碼片段**不能**使用超過一次，而且也不需要把游泳池內所有的片段都用完。你的**目標**是讓這整段程式碼可以正常運作，並且產生所列出的輸出結果。

輸出

```
function called
function called
function called
function called
This sentence is false
function called
Returning from function
```

注意：游泳池內的每一個片段只能使用一次！

```go
func callFunction(passedFunction _____) {
    passedFunction()
}
func callTwice(passedFunction _____) {
    passedFunction()
    passedFunction()
}
func callWithArguments(passedFunction _____) {
    passedFunction("This sentence is", false)
}
func printReturnValue(passedFunction func() string) {
    fmt.Println(_____)
}

func functionA() {
    fmt.Println("function called")
}
func functionB() _____ {
    fmt.Println("function called")
    return "Returning from function"
}
func functionC(a string, b bool) {
    fmt.Println("function called")
    fmt.Println(a, b)
}

func main() {
    callFunction(_____)
    callTwice(_____)
    callWithArguments(functionC)
    printReturnValue(functionB)
}
```

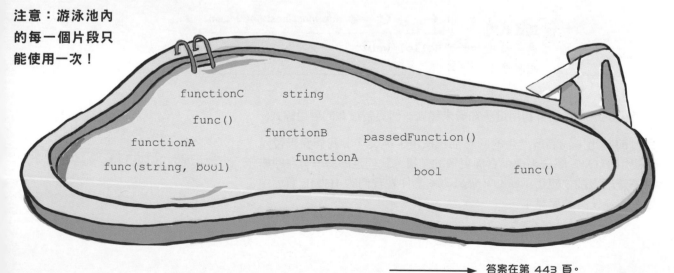

functionC   string
func()
functionB   passedFunction()
functionA
functionA
func(string, bool)   bool   func()

答案在第 443 頁。

接下來呢？

現在你知道如何從瀏覽器取得請求並且送出回應。最困難的部分
完成了！

```go
package main

import (
        "log"
        "net/http"
)

func viewHandler(writer http.ResponseWriter, request *http.Request) {
        message := []byte("Hello, web!")
        _, err := writer.Write(message)
        if err != nil {
                log.Fatal(err)
        }
}

func main() {
        http.HandleFunc("/hello", viewHandler)
        err := http.ListenAndServe("localhost:8080", nil)
        log.Fatal(err)
}
```

更新回應的值會被傳遞到
瀏覽器。

代表從瀏覽器取得的
請求。

把「*Hello, web!*」添加到回應。

假如我們取得從網址以
「*/hello*」結尾的請求…

…那麼就調用 *viewHandler*
函式來產生回應。

監聽瀏覽器的請求，並且做出回應。

這是我們
應用程式 ──→ Hello, web!
的回應！

在最後一章，我們會利用這些知識來建立一個更為複雜的應用程式。

到目前為止，我們所產生的回應都只使用了純文字。我們要學習如
何使用 HTML 語法來提供頁面更多的結構。我們也即將學會在回傳
給瀏覽器之前，使用 html/template 套件在我們的 HTML 頁面中
輸入資料。待會兒見！

你的 Go 百寶箱

這就是第 15 章的全部了！你已經把 HTTP handler 函式以及一級函式加到你的百寶箱囉！

HTTP handler 函式

net/http handler 函式是一種用來處理瀏覽器特定路徑的請求。

handler 函式會接收 http.ResponseWriter 值的參數。

handler 函式需要透過 ResponseWriter 編寫給瀏覽器的回應。

一級函式

在支援一級函式的程式語言，函式可以指派給變數，並且可使用該變數來調用函式。

函式也可以被當作引數傳遞給其他函式調用。

- net/http 套件的 ListenAndServe 函式會在你指定的連接埠執行網路伺服器。

- localhost 主機名稱可處理連回自己電腦的連線。

- 每一個 HTTP 請求都包含著一個資源路徑，它會指明在伺服器上眾多的資源中，瀏覽器正在請求的資源。

- HandleFunc 函式以路徑字串，還有用來處理該路徑的函式作為參數。

- 你可以重複地調用 HandleFunc 來針對不同的路徑設定不同的 handler 函式。

- Handler 函式需要把一個 http.ResponseWriter 的值，以及一個指向 http.Resquest 的指標值作為參數。

- 假如你以一組切片的位元組作為參數，調用在 http.ResponseWriter 的 Write 方法，該資料會被添加到回傳給瀏覽器的回應中。

- 可以用來存放函式的變數的型別為函式型別。

- 函式型別包含該函式所接收參數的型別以及數目（或者根本沒有），以及該函式回傳值的數目以及型別（或者根本沒有）。

- 假如 myVar 被指派了一個函式，你可以在該變數的後方，添加小括號（內含該函式可能會有的引數）來調用這個函式。

以下的程式碼是一個簡單的網路應用程式,以及一系列可能的回應。

在每個回應之後,寫下你需要在瀏覽器輸入的網址以產生該回應。

```go
package main

import (
        "log"
        "net/http"
)

func write(writer http.ResponseWriter, message string) {
        _, err := writer.Write([]byte(message))
        if err != nil {
                log.Fatal(err)
        }
}

func d(writer http.ResponseWriter, request *http.Request) {
        write(writer, "z")
}
func e(writer http.ResponseWriter, request *http.Request) {
        write(writer, "x")
}
func f(writer http.ResponseWriter, request *http.Request) {
        write(writer, "y")
}

func main() {
        http.HandleFunc("/a", f)
        http.HandleFunc("/b", d)
        http.HandleFunc("/c", e)
        err := http.ListenAndServe("localhost:4567", nil)
        log.Fatal(err)
}
```

發現我們指定了不同的連接埠!怎麼都不講一聲!

回應	用來產生回應的網址
x	http://localhost:4567/c
y	http://localhost:4567/a
z	http://localhost:4567/b

池畔風光解答

```go
func callFunction(passedFunction    func()  ) {
    passedFunction()
}
func callTwice(passedFunction    func()  ) {
    passedFunction()
    passedFunction()
}
func callWithArguments(passedFunction    func(string, bool)  ) {
    passedFunction("This sentence is", false)
}
func printReturnValue(passedFunction func() string) {
    fmt.Println(    passedFunction()    )
}

func functionA() {
    fmt.Println("function called")
}
func functionB()    string  {
    fmt.Println("function called")
    return "Returning from function"
}
func functionC(a string, b bool) {
    fmt.Println("function called")
    fmt.Println(a, b)
}

func main() {
    callFunction(  functionA  )
    callTwice(  functionA  )
    callWithArguments(functionC)
    printReturnValue(functionB)
}
```

從 *callFunction* 本體我們可以發現這個被傳遞的函式沒有任何參數。

從 *callTwice* 本體我們可以發現這個被傳遞的函式沒有任何參數。

從 *callWithArguments* 本體我們可以發現這個被傳遞的函式必須接收這些型別的參數。

調用傳進來的函式，並且印出它的回傳值。

假如這個要被傳遞給 *printReturnValue*，*functionB* 需要回傳一個字串。

只有 *functionA* 擁有適合的參數組（以及適合的輸出）。

```
function called
function called
function called
function called
This sentence is false
function called
Returning from function
```

16 追隨模板

HTML 模板

我所打造的這些模板讓我們更輕易地保留紀錄！只要在一些空白處填入資料，然後就大功告成。

你的網路應用程式得用 HTML 語法回應而不是純文字。 純文字很適合電子郵件以及社群網路的貼文。但是你的頁面是有既定格式的。這些頁面需要有標題以及段落。這些頁面需要表單讓你的使用者可以遞交資料到你的應用程式。為了達到以上任一功能，你需要 HTML 程式碼。

此外，你終究得把資料輸入到這些 HTML 碼。這也正是為什麼 Go 提供ㄌ html/template 套件，它是一種用來把資料存到你的應用程式 HTML 回應的好方法。模板讓你建立更大更好的網路應用程式，而在這一章我們會告訴你如何善用它！

簽到簿應用程式

讓我們來把第 15 章所學到的一切都拿來用吧！我們要打造一個簡單的簽到簿網站。你的訪客可以在一個表單填入訊息，它會被存進一份文件內。他們也可以看到過去簽到的列表。

在這個應用程式可以運作之前，我們還得了解不少東西，不過別擔心：我們會把這整個過程拆解成一個個的小步驟。讓我們來看看有什麼東西…

我們得先建立一個應用程式，用來回應主要的簽到簿頁面的請求。這個部分不會太困難；我們已經在前一章學過相關的知識囉。

接著需要在回應中包含 HTML。我們會建立一個簡單的網頁，簡單到只有一些 HTML 標籤，這些都會存進文字檔中。接著從該檔案中讀取 HTML 程式碼，並且把它用在網站的回應中。

訪客輸入的簽名需要被整合進 HTML 中。我們會教你怎麼做，你可以直接使用 `html/template` 套件。

接著需要建立一個獨立的頁面，在這個頁面中有個表單用來添加簽名。這部分可以簡單地透過 HTML 達成。

最後，當使用者送出表單時，表單的內容需要儲存為新的簽到。這個新的簽到也會存進與其他送出的簽名放在一起的文字檔案，這樣一來就可以稍後供讀取使用。

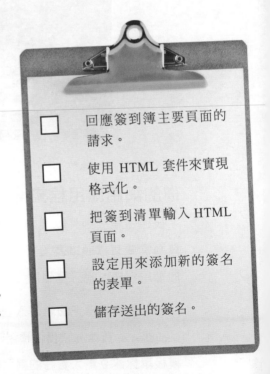

- ☐ 回應簽到簿主要頁面的請求。
- ☐ 使用 HTML 套件來實現格式化。
- ☐ 把簽到清單輸入 HTML 頁面。
- ☐ 設定用來添加新的簽名的表單。
- ☐ 儲存送出的簽名。

處理請求以及確認錯誤的函式

我們的第一個工作是顯示簽到簿的主頁。在我們已經有編寫示範的網頁應用程式經驗後,這應該難不倒你。在 main 函式,我們會調用 http.HandleFunc 並且設置應用程式,調用叫做 viewHandler 的函式,用來處理任何從路徑 "/guestbook" 來的請求。接著調用 http.ListenAndServe 來啟動這個伺服器。

就目前而言,viewHandler 函式長得跟我們之前範例的 handler 函式很像。它會接收 http.ResponseWriter 以及一個指向 http.Request 的指標,就跟之前的 handler 一樣。把傳遞給回應的字串轉換成 []byte,並且利用在 ResponseWriter 的 Write 方法來把它添加進回應。

check 函式是這段程式碼唯一跟之前不一樣的地方。在這個網路應用程式,將會回傳很多潛在的 error 值,而我們並不想在每個遇到的地方,用重複的程式碼來回報。於是只要把每個錯誤傳遞給新的 check 函式。假如 error 為 nil,check 就什麼事都不做,否則就記錄錯誤並且關閉程式。

```go
package main

import (
        "log"
        "net/http"
)
```

把我們用來回報錯誤的程式碼移到這個函式。

guestbook.go

```go
func check(err error) {
        if err != nil {
                log.Fatal(err)
        }
}
```

一如往常地我們會傳遞一個 ResponseWriter 給 handler… …以及還有一個指向 Request 值的指標。

```go
func viewHandler(writer http.ResponseWriter, request *http.Request) {
        placeholder := []byte("signature list goes here")
        _, err := writer.Write(placeholder)
        check(err)
}
```

我們把字串轉換成一組位元組的切片… …並且透過 Write 方法把它添加到回應。

調用「check」來回報錯誤(假如有的話)。

```go
func main() {
        http.HandleFunc("/guestbook", viewHandler)
        err := http.ListenAndServe("localhost:8080", nil)
        log.Fatal(err)
}
```

viewHandler 設置用來在任何從路徑「/guestbook」的請求時可被調用。

伺服器一樣設定在 8080 連接埠監聽。

這個錯誤永遠不會是 nil,所以我們不需要在此調用「check」。

調用在 ResponseWriter 的 Write 不一定會回傳錯誤,所以我們把 error 的回傳值交給 check。注意到我們不會從 http.ListenAndServe 傳遞 error 回傳值給 check。因為 ListenAndServe 永遠會回傳錯誤(假如沒有錯誤,ListenAndServe 不會回傳)。由於我們知道這個錯誤永遠不會是 nil,我們直接對此調用 log.Fatal。

建立一個專案目錄並且測試這個應用程式

我們將會針對這個專案建立一些檔案，所以你會需要花點時間建立一個全新的目錄來存放這些檔案（並不需要放在你的 Go 工作空間目錄）。先把之前完成的程式碼儲存為 *guestbook.go* 並且放進這個目錄內。

建立一個用來存放專案的目錄，然後把程式碼存為 *guestbook.go* 並且放進這個目錄。

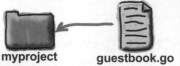

myproject　　**guestbook.go**

試著啟動看看。先在終端機切換到存放 *guestbook.go* 的位置並且執行 **go run**。

切換到存放 *guestbook.go* 的目錄。

執行應用程式。

```
File Edit Window Help
$ cd myproject
$ go run guestbook.go
```

接著在瀏覽器造訪這個網址：

　　　http://localhost:8080/guestbook

這跟之前的應用程式網址一樣，除了最後結尾的路徑 */guestbook*。瀏覽器會對應用程式發送請求，然後會回應事先擺放的文字。

應用程式現在回應了請求。第一項工作達成！

我們已經建立了純文字的回應。接著要來使用 HTML 格式化回應。

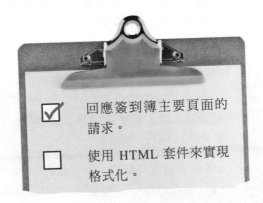

☑　回應簽到簿主要頁面的請求。

☐　使用 HTML 套件來實現格式化。

用 HTML 建立一組簽到清單

到目前為止文字片段已經可以傳到瀏覽器上。我們更需要的是完整的 HTML，如此一來才能格式化頁面。HTML 透過標籤（tag）來格式化文字。

假如你之前完全沒有寫過 HTML，別擔心，以下將會介紹簡單的功能！

在 *guestbook.go* 存放位置相同處把以下的 HTML 程式碼存進一個名為 *view.html* 的文件中。

以下是這個檔案中有用到的 HTML 元素：

- `<h1>`：一級標題。通常會以較大並且粗體的字體顯示。

- `<div>`：一個用來區隔的元素。自己不會直接地被看到效果，不過會用來劃分頁面為不同的區塊。

- `<p>`：文字段落。我們會把每個簽到都視為獨立的段落。

- `<a>`：「anchor」的縮寫，可以用來建立連結。

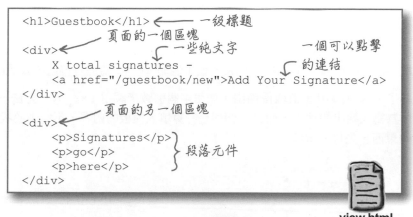

```
<h1>Guestbook</h1>          ← 一級標題
                      頁面的一個區塊
<div>←                        一些純文字            一個可以點擊
    X total signatures -                            的連結
    <a href="/guestbook/new">Add Your Signature</a>
</div>
                   頁面的另一個區塊
<div>←
    <p>Signatures</p>
    <p>go</p>              段落元件
    <p>here</p>
</div>
```

view.html

確認 view.html 是存放在跟 guestbook.go 一樣的目錄中！

view.html
myproject
guestbook.go

現在讓我們來嘗試用瀏覽器閱讀這個 HTML 文件。開啟你慣用的瀏覽器，從選單選擇「開啟檔案…」，並且開啟你剛剛儲存的 HTML 檔案。

注意到在頁面上的元素對照 HTML 程式碼。每一個元素都有起始標籤（`<h1>`、`<div>` 以及 `<p>` 等等），還有個對應的終止標籤（`</h1>`、`</div>` 以及 `</p>` 等等）。任何在起始以及終止標籤之間的文字會套用該元素的效果。元素中還包含其他的元素也是可行的（像是頁面中的 `<div>` 元素就是如此）。

你可以點下頁面中的連結，但是它現在只會產生「找不到頁面」的錯誤。在我們可以修正它之前，我們得先了解要如何透過網路應用程式來產生 HTML 頁面…

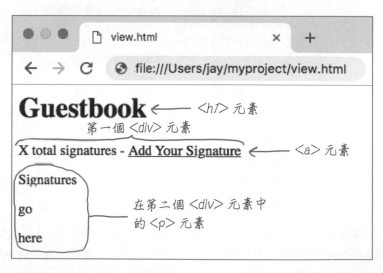

讓我們的應用程式以 HTML 回應

HTML 會在從瀏覽器直接讀取 *view.html* 檔案時運作，然而我們得進一步透過應用程式來啟動這個服務。讓我們來更新 *guestbook.go* 的程式碼來產生 HTML 的回應。

Go 提供了一個套件，可以從檔案讀取 HTML 後並且為我們塞入簽到的資訊：也就是 `html/template` 套件。到目前為止，我們只是如實地讀取 *view.html* 的內容；下一步才是塞入簽名清單。

我們得更新匯入的陳述句，並且添加 `html/template` 套件。只有 `viewHandler` 函式需要做額外的改變。首先調用 `template.ParseFiles` 函式並且把要讀取的檔案名稱「`"view.html"`」作為參數傳遞進去。這會利用 *view.html* 的內容來產生 `Template` 的值。`ParseFiles` 會回傳一個指向 `Template` 的指標，以及一個可能的 `error` 值並且傳遞給我們的 `check` 函式。

為了從 `Template` 值取得輸出，使用兩個引數來調用 `Execute` 方法… `ResponseWriter` 的值作為寫入輸出的地方。而第二個值是打算填入模板的內容，不過由於我們目前還沒有任何要寫入的東西，先代入 `nil`。

```go
// Code omitted...
import (
        "html/template"  ←——— 匯入「html/template」套件。
        "log"
        "net/http"
)

func check(err error) {
        // Code omitted...
}

func viewHandler(writer http.ResponseWriter, request *http.Request) {
        html, err := template.ParseFiles("view.html")  ←— 使用 view.html 的內容來
        check(err)  ←——— 回報任何可能的錯誤。                      建立一個新的 Template。
        err = html.Execute(writer, nil)  ←——
        check(err)  ←——                       把模板的內容寫入
}                        回報任何可能的錯誤。      ResponseWriter。
// Code omitted...
```

我們很快就會學到 `html/template` 更多的內容，就目前而言我們只是看看是否可以運作。在你的終端機執行 *guestbook.go*（執行時先確認你正在專案目錄下，不然 `ParseFiles` 函式會讀不到 *view.html*）。

從你的瀏覽器回到這個網址：

http://localhost:8080/guestbook

出現的不再是「signature list goes here」，取而代之的是 *view.html* 來的 HTML。

發送對 /guestbook 路徑的請求…

Guestbook

X total signatures - Add Your Signature

應用程式會讀取 view.html 的內容，然後以 view.html 回應。

「text/template」套件

我們的應用程式經由 HTML 程式碼回應。兩個任務達成！

不過現在來說，我們只是顯示一組事先寫死的簽到清單。下一個任務是使用 html/template 套件來把一組簽到清單寫入 HTML，只要清單更新了，IITML 的內容也會更新。

html/template 套件其實是從 text/template 套件衍生而來的。使用兩個套件的的方法幾乎是一模一樣的，不過 html/template 有更多針對 HTML 所需要的額外的安全性功能。讓我們先學會如何使用 text/template 套件，然後我們可以把所學套用到 html/template 套件。

下方的程式使用了 text/template 來讀取以及印出模板字串。它會把輸出印到終端機，所以你不需要透過網頁瀏覽器才能看到結果。

在 main 調用 text/template 套件的 New 函式，它會回傳一個指向新的 Template 值的指標。接著調用 Template 上的 Parse 方法，並且把字串 "Here's my template!\n" 傳進去。Parse 會把字串引數作為模板的文字，與 ParseFiles 不同的是，它是從檔案讀取模板。Parse 回傳模板以及 error 值。我們把模板存放在 tmpl 變數，然後把 error 傳遞給 check 函式（與在 *guestbook.go* 裡面的一樣）來回報任何非 nil 的錯誤。

接著調用在 tmpl 變數上的 Template 值的 Execute 方法，就像是我們在 *guestbook.go* 做過的一樣。差別是不傳遞 http.ResponseWriter，而是傳遞 os.Stdout 作為輸出處。這會導致 "Here's my template!\n" 這個模板字串在程式運作時，直接顯示在輸出。

☑ 回應簽到簿主要頁面的請求。

☑ 使用 HTML 套件來實現格式化。

☐ 把簽到清單輸入 HTML 頁面。

```go
package main

import (
	"log"
	"os"
	"text/template"
)

func check(err error) {
	if err != nil {
		log.Fatal(err)
	}
}

func main() {
	text := "Here's my template!\n"
	tmpl, err := template.New("test").Parse(text)
	check(err)
	err = tmpl.Execute(os.Stdout, nil)
	check(err)
}
```

我們需要這個套件來存取 os.Stdout。

匯入 text/template 而不是 html/template 套件。

跟我們之前的「check」函式一樣。

模板文字

基於該文字段落建立一個新的 template 值。

寫出模板文字段落。

不使用 HTTP 回應，而是把模板寫到終端機。

```
Here's my template!
```

透過模板的 Execute 方法使用 io.Writer 介面

所以說到底 os.Stdout 的值是什麼？以及 http.ResponseWriter 與 os.Stdout 的值為何都能夠有效地傳遞給 Template 的 Execute 方法呢？

```
func viewHandler(writer http.ResponseWriter, request *http.Request) {
    html, err := template.ParseFiles("view.html")
    check(err)
    err = html.Execute(writer, nil)   ← 把模板內容寫到
    // ...                               ResponseWriter。
```

```
text := "Here's my template!\n"
tmpl, err := template.New("test").Parse(text)
check(err)
err = tmpl.Execute(os.Stdout, nil)   ← 把模板內容寫到
check(err)                              terminal。
```

os.Stdout 的值是 os 套件的一部分。Stdout 的意思是「標準輸出（standard output）」。它就像是個文件，不過任何寫到它的的內容就會直接輸出到終端機，而不是存進硬碟內（像是 fmt.Println、fmt.Printf 之類的函式就是在背景把資料寫到 os.Stdout）。

那麼 http.ResponseWriter 以及 os.Stdout 為何能夠都是 Template.Execute 合法的引數呢？讓我們來看看文件怎麼說…

```
File  Edit  Window  Help
$ go doc text/template Template.Execute
func (t *Template) Execute(wr io.Writer, data interface{}) error
    Execute applies a parsed template to the specified data object, and writes
    the output to wr. If an error occurs executing the template or writing its
    ...
```

嗯，看來 Execute 的第一個引數應該是 io.Writer。這是什麼？來看看 io 套件的文件吧：

```
File  Edit  Window  Help
$ go doc io Writer
type Writer interface {
        Write(p []byte) (n int, err error)
}
    Writer is the interface that wraps the basic Write method.
    ...
```

看起來 io.Writer 是一個介面！任何型別只要擁有可接收一組 byte 切片的 Write，並且會回傳一個 int 的值代表寫入的位元組數，以及一個 error 值的方法，都滿足這個介面。

ResponseWriters 以及 os.Stdout 都滿足 io.Writer

我們已經知道 http.ResponseWriter 擁有 Write 方法。之前
已經在不少範例中使用過 Write 方法：

```go
func viewHandler(writer http.ResponseWriter, request *http.Request) {
    placeholder := []byte("signature list goes here")
    _, err := writer.Write(placeholder)
    check(err)
}
```

轉換字串為一組位元組的切片…

…以及透過 Write 方法添加到回應。

看起來 os.Stdout 的值也有 Write 方法呢！假如你把一組
byte 的切片值傳給它，資料會被寫到終端機：

把資料寫到終端機。

```go
func main() {
    _, err := os.Stdout.Write([]byte("hello"))
    check(err)
}
```

`hello`

這意味著 http.ResponseWriter 值以及 os.Stdout 都滿足
io.Writer 介面，且可以傳遞給 Template 的 Execute 方法。
Execute 會透過 Write 方法把模板寫到任何傳遞給它的值。

假如你傳進一組 http.ResponseWriter，代表著模板會被寫進
HTTP 回應。假如你傳進 io.Stdout，代表著模板會被傳到終端
機的輸出。

```go
func main() {
    tmpl, err := template.New("test").Parse("Here's my template!\n")
    check(err)
    err = tmpl.Execute(os.Stdout, nil)
    check(err)
}
```

把模板文字輸出。   *把模板寫到終端機。*

`Here's my template!`

使用動作把資料插入模板

Template 值的 Execute 方法的第二個參數讓你可以把資料插入到模板。
由於它的型別是空介面,代表著你可以傳進任何想要型別的值。

```
File Edit Window Help
$ go doc text/template Template.Execute
func (t *Template) Execute(wr io.Writer, data interface{}) error
    Execute applies a parsed template to the specified data object, and writes
    the output to wr. If an error occurs executing the template or writing its
    ...
```

到目前為止:我們的模板還沒提供任何地方來插入資料,所以我們先傳入
nil 作為資料的值:

> 這個模板並沒有提供任何
> 地方來插入資料。

```
func main() {
    tmpl, err := template.New("test").Parse("Here's my template!\n")
    check(err)
    err = tmpl.Execute(os.Stdout, nil)
    check(err)
}
```

> 先傳遞「nil」作為
> 插入的資料。

```
Here's my template!
```

為了在模板插入資料,添加**動作(actions)** 到模板文字。動作用雙大引
號來表示 {{}}。在雙大引號中,你需要指明想要塞進去的值,或者你希
望模板執行的操作。只要模板遇到一個動作,它就會求得這個動作的值,
並且把結果輸入到模板文字中該動作的位置。

透過動作,你可以在稱為「點(dot)」的短區段中,參照我們之前傳遞
給 Execute 方法的資料。

以下的程式碼設置了只有一個動作的模板。它接下來會對模板以不同的資
料調用好幾次 Execute。Execute 會在把結果傳遞給 os.Stdout 的方
法之前,將動作置換為資料。

> 一個用來插入資料值的動作。

```
func main() {
    templateText := "Template start\nAction: {{.}}\nTemplate end\n"
    tmpl, err := template.New("test").Parse(templateText)
    check(err)
    err = tmpl.Execute(os.Stdout, "ABC")
    check(err)
    err = tmpl.Execute(os.Stdout, 42)
    check(err)
    err = tmpl.Execute(os.Stdout, true)
    check(err)
}
```

> 以不同的資料
> 值執行一樣的
> 模板。

> 值可以被塞進模板
> 中動作的位置。

```
Template start
Action: ABC
Template end
Template start
Action: 42
Template end
Template start
Action: true
Template end
```

使用動作把資料插入模板（續）

你還可以透過模板的動作做不少事。首先建立一個 executeTemplate 函式來做點簡單的實驗。我們會用一個樣本字串傳遞給 Parse 來建立一個新的模板，以及對模板傳遞給 Execute 一組資料的值。跟之前一樣的是，每一組模板都會寫到 os.Stdout。

基於這個字串建立
一個模板。

把這組資料轉發給模板上的
Execute 方法。

```go
func executeTemplate(text string, data interface{}) {
    tmpl, err := template.New("test").Parse(text)
    check(err)
    err = tmpl.Execute(os.Stdout, data)
    check(err)
}
```

讀取給定的文字來
建立模板。

在模板的動作使用
給定的資料。

正如我們有提過的，你可以在一段單一區塊中參照到「點」，也就是模板正在使用的資料的當下值。雖然該值的點可以在模板中改變成不同的內容，它會參照的是一開始傳遞給 Execute 的值。

```go
func main() {
    executeTemplate("Dot is: {{.}}!\n", "ABC")
    executeTemplate("Dot is: {{.}}!\n", 123.5)
}
```

```
Dot is: ABC!
Dot is: 123.5!
```

透過「if」動作讓模板的某些部分變成非必要

模板中介於 {{if}} 動作與 {{end}} 動作之間的部分只有在條件為真的情境下才會被加入。以下我們執行了同樣的模板兩次，一次的點代表 true，另一次代表 false。多虧有了 {{if}} 動作，「Dot is true!」文字會只有在 dot 為 true 的時候引入。

模板的這段只有在 dot 的值為
true 的時候才會顯示。

```go
executeTemplate("start {{if .}}Dot is true!{{end}} finish\n", true)
executeTemplate("start {{if .}}Dot is true!{{end}} finish\n", false)
```

```
start Dot is true! finish
start  finish
```

透過「range」動作重複模板的某些部分

在模板中介於 {{range}} 動作與 {{end}} 標記之間的區段，會針對陣列、切片、映射表或者通道中的每個值重複。任何在這區塊中的動作也會被重複。

在重複的區塊中，點的值會被指派為該集合中當下的值，這讓你可以在輸出顯示每個元素，或者進行其他的操作。

以下的模板中使用了 {{range}} 動作會輸出切片中的每一個元素。在迴圈之前以及之後該點的值會是切片自身。然而一旦進入了迴圈，點將會參照切片目前指向的元素。你會在輸出看到這個現象。

模板的這個部分會重複切片的每一個元素。

```
templateText := "Before loop: {{.}}\n{{range .}}In loop: {{.}}\n{{end}}After loop: {{.}}\n"
```

在迴圈之前，點涵蓋了　　　在迴圈中，點所代表的是　　　在迴圈結束之後，點又
整個切片。　　　　　　　　切片中目前的值。　　　　　　再度回到代表整個切片。

```
executeTemplate(templateText, []string{"do", "re", "mi"})
```

把切片當作資料
傳遞。

```
Before loop: [do re mi]
In loop: do
In loop: re
In loop: mi
After loop: [do re mi]
```

以下的模板使用一個 float64 的切片，它會顯示整個價錢的清單。

模板的這個區塊會重複切片中的每個元素。

```
templateText = "Prices:\n{{range .}}${{.}}\n{{end}}"
executeTemplate(templateText, []float64{1.25, 0.99, 27})
```

```
Prices:
$1.25
$0.99
$27
```

假如印到 {{range}} 動作的值是空的或者 nil，就不會執行迴圈了。

```
templateText = "Prices:\n{{range .}}${{.}}\n{{end}}"
executeTemplate(templateText, []float64{})    傳進一個空切片。
executeTemplate(templateText, nil)    傳進 nil。
```

```
Prices:
Prices:
```

迴圈區塊不會被包含在內。
迴圈區塊不會被包含在內。

透過動作把結構的欄位輸入至模板

簡單的型別通常沒辦法存放需要放進模板的更多元的資訊。其實更常見的是在執行模板時使用結構型別。

假如在點的值為結構，那麼這個動作中的點後面的欄位名稱將會把該欄位的值放進模板中。這裡我們建立了 Part 的結構型別，接著設置一個模板可以輸出 Part 值的 Name 以及 Count 欄位：

```go
type Part struct {
        Name    string
        Count   int
}
templateText := "Name: {{.Name}}\nCount: {{.Count}}\n"
executeTemplate(templateText, Part{Name: "Fuses", Count: 5})
executeTemplate(templateText, Part{Name: "Cables", Count: 2})
```

把 Part 的 Name 欄位值插入。

把 Part 的 Count 欄位值插入。

```
Name: Fuses
Count: 5
Name: Cables
Count: 2
```

我們在下方最後宣告了一個 Subscriber 結構型別，以及用一個模板來把它印出來。模板無論如何都會輸出 Name 欄位，但是使用一個 {{if}} 控制只有在 Active 的欄位值為 true 時才輸出 Rate 欄位的值。

```go
type Subscriber struct {
        Name    string
        Rate    float64
        Active  bool
}
templateText = "Name: {{.Name}}\n{{if .Active}}Rate: ${{.Rate}}\n{{end}}"
subscriber := Subscriber{Name: "Aman Singh", Rate: 4.99, Active: true}
executeTemplate(templateText, subscriber)
subscriber = Subscriber{Name: "Joy Carr", Rate: 5.99, Active: false}
executeTemplate(templateText, subscriber)
```

模板的這個區塊只有在 Subscriber 的 Active 欄位值為 true 的時候才會輸出。

Rate 區塊在非啟用的 Subscriber 時會被略過。

```
Name: Aman Singh
Rate: $4.99
Name: Joy Carr
```

你可以用模板做很多事情，而我們沒有足夠的空間來一一解釋。想要知道更多有關模板的內容，你可以參考看看 text/template 套件的文件。

```
File Edit Window Help
$ go doc text/template
package template // import "text/template"

Package template implements data-driven templates for generating textual
output.

To generate HTML output, see package html/template, which has the same
interface as this package but automatically secures HTML output against
certain attacks.
...
```

從檔案讀取簽名的切片

現在我們知道如何把資料插入模板，我們幾乎準備好要把簽名插入簽到簿囉。但是首先我們得先得到可以插入的簽名。

在你的專案目錄中，把數行文字先存進一個叫做 *signatures.txt* 的純文字檔案中。我們接下來會把它作為「簽到」用途。

現在得想辦法從檔案把這些簽名讀進應用程式。在 *guestbook.go* 添加新的 getStrings 函式。該函式會很像我們在第 7 章所寫的 datafile.GetStrings 函式，讀取檔案並且把每一行添加到一組串切片然後回傳。

但還是有點不一樣的地方。首先新的 getStrings 函式會仰賴 check 函式來回報錯誤，而不是直接回傳。

再來假如這個檔案並不存在，getStrings 會直接在字串切片處回傳 nil，而不是報出錯誤。作法是任何從 os.Open 取得的 error 值傳遞給 os.IsNotExist 函式，假如有檔案並不存在的錯誤則會回傳 true。

把這些原本預留的「簽名」存到你的專案目錄底下的檔案中。

```
First signature
Second signature
Third signature
```

signatures.txt

```
import (
        "bufio"          ← 被 getStrings 所使用。
        "fmt"            ← 我們晚點會在 viewHandler 使用到它。
        "html/template"
        "log"
        "net/http"
        "os"             ← 被 getStrings 所使用。
)

// Code omitted...

func getStrings(fileName string) []string {
        var lines []string
        file, err := os.Open(fileName)       ← 開啟檔案。
        if os.IsNotExist(err) {              ← 假如回傳的錯誤顯示檔案並
                return nil                       不存在…
        }                                    …回傳 nil 而不是一組字串切片。
        check(err)                           對於任何類型的錯誤，回報並且關閉。
        defer file.Close()                   ← 函式結束之後，確保檔案有關閉。
        scanner := bufio.NewScanner(file)
        for scanner.Scan() {
                lines = append(lines, scanner.Text())
        }
        check(scanner.Err())                 回報任何掃到的錯誤並且關閉。
        return lines
}

// Code omitted...
```

從檔案讀取簽名的切片（續）

我們稍微改變一下 viewHandler 函式，添加調用 getStrings 以及暫時調
用 fmt.Printf 來顯示我們從檔案讀到了什麼。

```go
func viewHandler(writer http.ResponseWriter, request *http.Request) {
    signatures := getStrings("signatures.txt")  ←———添加對 getStrings 的調用。
    fmt.Printf("%#v\n", signatures)  ←———顯示讀到的簽名。
    html, err := template.ParseFiles("view.html")
    check(err)
    err = html.Execute(writer, nil)
    check(err)
}
```

來測試 getStrings 函式吧。在終端機切換到專案目錄後，執行 *guestbook.go*。
在瀏覽器造訪 *http://localhost:8080/guestbook*，這樣就會調用 viewHandler 函式。
它會接著調用 getStrings，用來讀取並且把 *signatures.txt* 的內容回傳。

讀取頁面會讓簽
名的切片被顯示
出來。

```
File  Edit  Window  Help
$ cd myproject
$ go run guestbook.go
[]string{"First signature", "Second signature", "Third signature"}
```

問：假如 *signatures.txt* 不存在，而且 **getStrings** 回傳 nil 會發生什
麼事情？這會不會對產生模板造成問題呢？

答：別擔心。正如我們之前在 append 函式看過的，其他在 Go 的函式通
常是會把 nil 切片與映射表當作空的內容來處理。舉例來說 len 函式會
在切片值為 nil 的時候直接回傳 0。

由於沒有指派切片，*mySlice* 的值為 *nil*。

```go
var mySlice []string  ←
fmt.Printf("%#v, %d\n", mySlice, len(mySlice))
```
`[]string(nil), 0`

不過「*len*」回傳 *0*，猶如我們傳進了一個空的切片！

模板動作同樣地也會把 nil 的切片或者映射表當作空的來處理。正如我們
之前有學過的，舉例來說 {{range}} 動作在得到 nil 值的時候直接跳過
輸出的部分。所以讓 getStrings 回傳一個 nil 的切片是沒問題的；假
如檔案中沒有簽名可以讀取，模板會直接跳過而不輸出任何簽名。

一個用來記錄簽到清單以及簽到總數的結構

現在只需要傳遞這組簽名的切片到 HTML 模板的 Execute 方法即可，並且讓簽名插入模板。但我們也希望主要的簽到簿頁面顯示收到的簽名數量，以及簽名的內容。

我們只需要傳遞一個值給模板的 Execute 方法。於是得建立一組結構型別來存放簽名的總數以及一組切片存放簽名。

簽名數量。

原本的簽名清單…

在 *guestbook.go* 接近最上面的地方，添加一組對於 GuestBook 結構型別全新的宣告。它會有兩個欄位，SignatureCount 欄位用來存放簽名的總數，以及 Signatures 欄位用來存放簽名的切片。

```
type Guestbook struct {          在 guestbook.go 接近頂部地方
        SignatureCount int       定義新的型別。
        Signatures     []string
}
```

現在 viewHandler 需要進行更新，以建立一個新的 Guestbook 結構並且傳遞給模板。首先不再需要調用 fmt.Printf 來顯示 signatures 切片的內容，所以移除它吧（在 import 區塊的 "fmt" 也可移除了）。接著建立一個新的 Guestbook 的值。指派它的 SignatureCount 欄位為 signatures 切片的長度，以及指派 Signatures 欄位為 signatures 的值。最後需要實際地傳遞這些資料給模板，所以把原本傳遞給 Execute 方法的第二個引數，從 nil 改成我們新的 Guestbook 值。

```
func viewHandler(writer http.ResponseWriter, request *http.Request) {
    signatures := getStrings("signatures.txt")
    html, err := template.ParseFiles("view.html")
    check(err)                              建立新的 Guestbook 結構。
    guestbook := Guestbook{
            SignatureCount: len(signatures),      把 SignatureCount 欄位的值設
            Signatures:     signatures,           為 signatures 切片的長度。
    }
    err = html.Execute(writer, guestbook)         把 signatures 切片的值指派
    check(err)                                    給 Signatures 欄位。
}
                                          把這個結構傳遞給模板的
                                          Execute 方法。
```

更新模板來加入簽名

現在讓我們來更新在 *view.html* 中的樣板文字,讓它可以顯示簽名的清單。

我們先傳遞 `Guestbook` 結構到模板的 `Execute` 方法,於是在這個模板中,點代表著 `Guestbook` 的結構。在第一個 `div` 元素中,把 X total signatures 中的 X 預設文字,改成用來插入 `Guestbook` 的 `SignatureCount` 欄位的動作:

第二個 `div` 元素存放一系列的 `p`(段落)元素,一個段落一組簽名。使用 `range` 動作來遍歷在 `Signatures` 切片中的每一個簽名:`{{range .Signatures}}`(別忘了在 `div` 元素結束之前要放對應的 `{{end}}` 標記)。在 `range` 動作內,添加一個 HTML 元素以及裡面插入一個用來輸出點的動作:`<p>{{.}}</p>`。別忘了點會依次被切片中的元素所指派,其內容被設置為該簽名的文字。

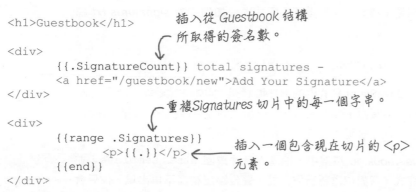

```
<h1>Guestbook</h1>

<div>
        {{.SignatureCount}} total signatures -
        <a href="/guestbook/new">Add Your Signature</a>
</div>

<div>
        {{range .Signatures}}
                <p>{{.}}</p>
        {{end}}
</div>
```

插入從 *Guestbook* 結構所取得的簽名數。

重複 *Signatures* 切片中的每一個字串。

插入一個包含現在切片的 `<p>` 元素。

我們終於可以測試插入資料的模板囉!重啟 *guestbook.go* 應用程式,然後用瀏覽器再次造訪 *http://localhost:8080/guestbook*。回應應該會顯示你的模板。簽名的總數會在最上面,以及每一個簽名應該會出現在各自的 `<p>` 元素中!

在 *SignatureCount* 欄位的數值。

從 *Signatures* 切片得來的 *signatures* 值。

問：你說過 **html/template** 套件有一些「安全性的功能」。到底是什麼？

答：text/template 套件把值原封不動地插入了模板，不管它的內容是什麼。不過這代表著訪客可以添加 HTML 的程式碼作為「簽名」，而且這也會被當作這個 HTML 頁面的一部分。

你可以動手自己試試看。在 *guestbook.go* 中，把 html/template 的匯入改成 text/template（程式碼的部分不用改變，因為這兩個套件的所有函式名稱都是一樣的）。把以下的程式碼添加到你的 *signatures.txt* 檔案中：

```
<script>alert("hi!");</script>
```

這是一段包含 JavaScript 程式碼的 HTML 標籤。假如你試著執行應用程式，並且重新讀取簽名頁面，你會看到一個很煩人的警告跳出來，因為 text/template 套件把這段程式碼原封不動的帶進來了。

現在回到 *guestbook.go* 檔案中，把匯入套件改回 html/template，並且重啟應用程式。假如你重新讀取頁面，警告跳出視窗不再出現，你只會看到上面的程式碼原封不動地出現在頁面。

這是因為 html/template 套件會自動地「跳過」HTML 元素，把原本會被視為 HTML 程式碼的字串改成直接可以顯示在頁面上的文字（這會比較沒有危險）。以下是事實上插進去的回應：

```
&lt;script&gt;alert(&#34;hi!&#34;);&lt;/script&gt;
```

這樣的腳本插入手法，只不過是不肖使用者可以把惡意程式碼插進你的網頁中的眾多手段之一。html/template 套件讓你更輕易地保護像這樣或者其他更多類型的攻擊！

以下的程式碼從一個檔案讀取了 HTML 模板，並且輸出到終端機。

填入在 *bill.html* 的空白處讓程式可正常運作並且輸出下列的結果。

```go
type Invoice struct {
    Name    string
    Paid    bool
    Charges []float64
    Total   float64
}

func main() {
    html, err := template.ParseFiles("bill.html")
    check(err)
    bill := Invoice{
        Name:    "Mary Gibbs",
        Paid:    true,
        Charges: []float64{23.19, 1.13, 42.79},
        Total:   67.11,
    }
    err = html.Execute(os.Stdout, bill)
    check(err)
}
```

bill.go

輸出

```
<h1>Invoice</h1>

<p>Name: _____</p>

{{if _____}}
<p>Paid - Thank you!</p>
_____

<h1>Fees</h1>

{{range .Charges}}
<p>$_____</p>
{{end}}

<p>Total: $_____</p>
```

bill.html

```
<h1>Invoice</h1>

<p>Name: Mary Gibbs</p>


<p>Paid - Thank you!</p>


<h1>Fees</h1>

<p>$23.19</p>

<p>$1.13</p>

<p>$42.79</p>


<p>Total: $67.11</p>
```

答案在第 478 頁。

讓使用者經由 HTML 表單添加資料

又有新的任務囉。我們已經離完成越來越近了：只剩兩個任務而已囉！

接下來得讓使用者可以自己添加簽名。我們需要建立 HTML 表單（*form*）讓他們可以輸入簽名。表單通常用來提供一至多個欄位讓使用者可以輸入資料，以及一個送出的按鈕讓使用者可以把資料傳送給伺服器。

在你的專案目錄下，建立一個叫做 *new.html* 的檔案以及把以下的 HTML 程式碼輸入。這裡有一些你之前沒有見過的標籤：

- **<form>**：這個元素包含了所有其他的表單元件。

- **<input> 與 "text" 的 type 屬性**：使用者可以輸入字串的文字欄位。它的 name 屬性會在資料傳送到伺服器時作為欄位值的標籤（有點像是映射表的鍵）。

- **<input> 與 "submit" 的 type 屬性**：建立一個使用者可以點下之後送出表單資料的按鈕。

☑ 把簽到清單輸入 HTML 頁面。

☐ 設定用來添加新的簽名的表單。

☐ 儲存送出的簽名。

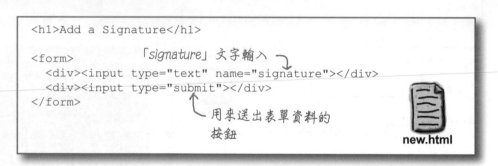

```
<h1>Add a Signature</h1>

<form>
  <div><input type="text" name="signature"></div>    「signature」文字輸入
  <div><input type="submit"></div>
</form>
```
用來送出表單資料的按鈕

new.html

假如嘗試重新讀取瀏覽器中的 HTML，結果會像這樣：

file:///Users/jay/myproject/new.html

Add a Signature

文字輸入

Submit ← 送出按鈕

用 HTML 表單回應

我們現在已經在 *view.html* 擺放「Add Your Signature」連結，來指向 */guestbook/new* 的路徑。點下這個連結會把你帶到同一個伺服器上新的路徑，就像是直接輸入這個網址一樣：

http://localhost:8080/guestbook/new

然而現在造訪這個路徑只會獲得回應錯誤為「404 page not found」。我們得讓應用程式可以在使用者點下連結時，在 *new.html* 以表單作為回應。

在 *guestbook.go* 添加 newHandler 的函式。這函式看起來有點像我們的 viewHandler 的初期版本。與 viewHandler 雷同，newHandler 需要把 http.ResponseWriter 與指向 http.Request 的指標作為參數。它需要在 *new.html* 上調用 template.ParseFiles。接著它需要在產生的模板上調用 Execute，這樣一來 *new.html* 的內容會寫到 HTTP 回應中。我們不需要插入任何資料到這個模板，所以在調用 Execute 時傳遞 nil 作資料值。

接著我們需要確保在「Add Your Signature」連結被點擊時，會調用 newHandler 函式。在 main 函式添加另一個對 http.HandleFunc 的調用，以及設置 newHandler 為它的 handler 函式，作為從 */guestbook/new* 路徑的請求。

```go
// Code omitted...
```
添加另一個 handler 函式，參數跟 viewHandler 一樣。
```go
func newHandler(writer http.ResponseWriter, request *http.Request) {
    html, err := template.ParseFiles("new.html")  // 讀取 new.html 的內容作為模板的文字。
    check(err)
    err = html.Execute(writer, nil)  // 把模板寫進回應 (不需要插入任何資料)。
    check(err)
}

// Code omitted...

func main() {
    http.HandleFunc("/guestbook", viewHandler)
    http.HandleFunc("/guestbook/new", newHandler)  // 設置 newHandler 函式來處理路徑為「/guestbook/new」的請求。
    err := http.ListenAndServe("localhost:8080", nil)
    log.Fatal(err)
}
```

假如我們儲存了上方的程式碼並且重啟 *guestbook.go*，接著點下「Add Your Signature」連結，我們會被帶到 */guestbook/new* 的路徑，它會讀取從 *new.html* 來的 HTML 表單，並且也被放在回應內。

遞交表單的請求

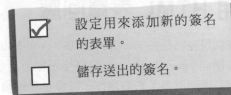

又完成一項任務了。還有最後一個！

一旦有人造訪 *guestbook/new* 路徑，不管是直接輸入網址，還是點下連結，我們的要求輸入簽名的表單出現了。但是假如你填入這個表單並且按下送出（Submit），什麼事都沒發生。

瀏覽器會建立另一個對 *guestbook/new* 路徑的請求。`"signature"` 表單欄位會以很醜的參數樣式被加到連結的後端。而且由於我們的 `newHandler` 函式不知道要如何更好地處理表單資料，它會直接被刪掉。

我們的應用程式可以對顯示表單的請求做出回應，但是沒辦法讓表單可以送出資料給應用程式。在可以儲存訪客的簽名之前，這個問題需要被修正。

PATH 以及 HTTP 的方法用來遞交表單

送出表單事實上需要兩個對伺服器的請求才能完成：一個是取得表單，另一個是傳送使用者的實體給伺服器。讓我們更新表單的 HTML 以指明第二個請求應該要在哪裡以及如何送出。

編輯 *new.html* 並且為 `form` 元件添加兩個新的 HTML 屬性。第一個屬性是 `action`，它會指定送出請求的路徑。與其讓路徑預設回到 */guestbook/new*，我們會指定一個新的叫做 *guestbook/create* 的路徑。

同樣我們也需要第二個屬性，叫做 `method`，這個屬性的值為 `"POST"`。

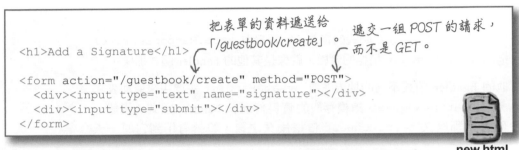

把表單的資料遞送給「*/guestbook/create*」。

遞交一組 POST 的請求，而不是 GET。

```
<h1>Add a Signature</h1>

<form action="/guestbook/create" method="POST">
  <div><input type="text" name="signature"></div>
  <div><input type="submit"></div>
</form>
```

new.html

`method` 屬性需要解釋多一點…HTTP 定義了不同的*方法*（*methods*）給請求使用。這些方法跟 Go 的值擁有的方法不同，不過意義上相似。GET 與 POST 是比較常見的方法：

- **GET**：當你的瀏覽器需要從伺服器取得東西的時候會用到，通常是在你輸入了網址或者是點擊一個連結。它有可能是一個 HTML 的頁面、一張照片或者其他資源。

- **POST**：當你的瀏覽器需要添加一些資料到伺服器時會用到，通常是因為你遞交了一個有新的資料的表單。

我們打算添加新的資料到伺服器：簽到簿上新的簽名。所以看來我們需要透過 POST 請求來遞交資料。

表單通常預設是使用 GET 請求來遞送。這正是為什麼我們需要添加 `method` 為 `"POST"` 的屬性給 `form` 元素。

現在假如我們重新存取 */guestbook/new* 頁面，並且重新發送這個表單，這個請求反而會使用 */guestbook/create* 頁面。我們會得到「404 page not found」的錯誤，然而這是因為我們還沒設定好針對 */guestbook/create* 路徑的 handler。

重新讀取並且重新送出這個表單…

同時也會看到表單的資料不再被擺放到網址的最後面。由於表單已經透過 POST 請求送出了。

這個路徑還沒有對應的 *handler*，但別擔心，一切都會順利解決的。

不再有醜醜的參數在網址的結尾。

透過請求從表單欄位中取得值

現在我們使用 POST 的請求遞交表單，請求本體內嵌入的表單，而不是把資料附加在請求路徑的後面作為參數。

讓我們來看看當表單資料遞交給 */guestbook/create* 路徑時遇到的「404 page not found」錯誤。同時我們也會探討如何存取從 POST 請求取得的表單資料。

跟之前一樣添加一個新的請求 handler 函式。在 *guestbook.go* 的 main 函式，調用 http.HandleFunc，然後指派從 "/guestbook/create" 的請求給新的 createHandler 函式。

接著加上 createHandler 函式的定義。它得接收 http.ResponseWriter 以及指向 http.Request 指標的參數，就像是其他的 handler 函式那樣。

與其他的 handler 函式不同的地方在於 createHandler 主要用來處理表單資料。透過 http.Request 指標存取的資料傳遞給 handler 函式（沒錯，在我們忽略那麼久 http.Request 值這麼久之後，終於有用到它的一天了！）。

就目前而言，讓我們來看看請求所包含的資料。調用 http.Request 的 FormValue 方法，然後把 "signature" 字串傳遞給它。這樣會回傳表單 "signature" 欄位的字串值。把這個值存進變數 signature。

把這個欄位值寫進回應中，這樣就可以直接在瀏覽器看到它了。調用 http.ResponseWriter 的 write 方法，然後傳遞 signature 給它（別忘了先轉換成位元組切片）。Write 會一如往常地回傳寫入的位元組數，以及一個 error 值。指派位元組的數量給 _ 來忽略它，並且對 error 調用 check。

用一樣的參數組合定義另一個請求 handler 函式。

```go
func createHandler(writer http.ResponseWriter, request *http.Request) {
    signature := request.FormValue("signature")
    _, err := writer.Write([]byte(signature))
    check(err)
}

func main() {
    http.HandleFunc("/guestbook", viewHandler)
    http.HandleFunc("/guestbook/new", newHandler)
    http.HandleFunc("/guestbook/create", createHandler)
    err := http.ListenAndServe("localhost:8080", nil)
    log.Fatal(err)
}
```

從欄位取得「*signature*」的值。

把欄位的值寫進回應。

針對「*/guestbook/create* 路徑的請求調用 *createHandler*。

透過請求從表單欄位中取得值（續）

來看看假如我們的表單透過 createHandler 函式送交會發生什麼事。重新啟動 *guestbook.go*，造訪 */guestbook/new* 頁面，並且再度送出表單。

重新載入並且重新送出表單…

你會被帶到 */guestbook/create* 路徑而不再是「404 page not found」的錯誤，應用程式會用你在 "signature" 欄位輸入的值來回應你！

「*signature*」欄位的值被寫進回應了！

可以點下瀏覽器的上一頁回到 */guestbook/new* 的頁面，然後試試不同的遞交。不管你輸入什麼都會回應在瀏覽器中。

設置 HTML 表單送出的 handler 是一個巨大的工程。我們越來越接近終點了！

儲存表單資料

我們的 createHandler 函式從請求取得了表單資料，而且可以從中取得簽到簿的簽名。現在的任務是把它添加到 *signatures.txt* 檔案中。我們會直接在 createHandler 函式中完成這個步驟。

首先要移除 ResponseWriter 的 Write 方法；我們只需要它來確認可以從表單取得資料。

現在讓我們添加以下的程式碼。用比較不一般的方式調用 os.OpenFile 函式，不過細節跟網路應用程式不太有直接關係，所以我們就不在此特別贅述（假如你想要了解更多請參閱附錄 A）。就目前而言，我們只需要知道這段程式碼會做三件事情：

1 它會開啟 *signatures.txt* 檔案，若不存在則會建立新的檔案。

2 它會在檔案的最後添加新的一行。

3 它會關閉檔案。

```
import (
    // ...
    "fmt"  ◄——— 重新匯入「fmt」套件。
    // ...
)

// Code omitted...

func createHandler(writer http.ResponseWriter, request *http.Request) {
    signature := request.FormValue("signature")
    options := os.O_WRONLY | os.O_APPEND | os.O_CREATE ◄——— 開啟檔案的選項。
    file, err := os.OpenFile("signatures.txt", options, os.FileMode(0600))
    check(err)    ◄——— 開啟檔案。
    _, err = fmt.Fprintln(file, signature) ◄——— 把簽名寫進檔案的新一行。
    check(err)
    err = file.Close() ◄——— 關閉檔案。
    check(err)
}
```

（針對 *os.OpenFile* 的解釋詳見附錄 A。）

fmt.Fprintln 函式會在檔案中添加一行文字。它需要被寫入的檔案，以及打算寫入的文字（再也不需要轉換成 []byte）作為引數。就像是我們在本章稍早看過的 Write 函式，Fprintln 回傳了成功寫入檔案的位元組數（我們會忽略），以及任何遇到的錯誤（我們會傳遞給 check 函式）。

最後我們對檔案調用了 Close 方法。你可能會發現我們並沒有使用 defer 鍵詞。原因是我們是把內容寫進檔案，而不是從中讀取。對正在寫入的檔案調用 Close 會導致我們需要解決的錯誤，假若使用 defer 這問題就會變得很棘手。於是我們直接遵守標準程式流程調用 Close，然後把這些回傳值傳遞給 check。

儲存表單資料（續）

儲存先前的程式碼並且重啟 *guestbook.go*。
在 */guestbook/new* 頁面填入表單並且送出。

瀏覽器會讀取 */guestbook/create* 頁面，
現在卻顯示全白的畫面了（由於
createHandler 不再需要填寫任何東西到
http.ResponseWriter 了）。

← 回應是空白的⋯

然而假如你仔細看看 *signatures.txt* 檔案的
內容，你會發現新的簽名儲存在文件底部！

⋯但是簽名確實
存在檔案中！

```
First signature
Second signature
Third signature
Can I sign now?
```

signatures.txt

甚至假如你有造訪在 */guestbook/* 的簽名清
單，你會發現簽名的總數多增加了 1，而且
新的簽名出現在文章結尾！

簽名總數有更新了！ →

(說到這，當你建立一份 *signatures.txt* 的檔
案，假如你沒有在最後一行按下 Enter，新
的簽名將會在被擠壓到之前簽名的最後面。
不是什麼大問題！你可以編輯 *signatures.txt*
來修改它，而且所有未來的簽名都會被存放
在獨立的每一行。)

在清單中出現了簽名。 →

http://localhost:8080/guestbook

Guestbook

4 total signatures - <u>Add Your Signature</u>

First signature

Second signature

Third signature

Can I sign now?

HTTP 重新導向

我們的 createHandler 可以儲存新的簽名了。只需要額外注意一件事情。當使用者送出表單,他們的瀏覽器讀取 /guestbook/create 路徑,這是指向一個空白的頁面。

← 這個回應是空白的⋯

然而,沒什麼重要的事情需要被顯示在 /guestbook/create 路徑;這個路徑只是用來接收添加新的簽名的請求。反之,我們讓瀏覽器改成前往 /guestbook 的路徑,這樣一來使用者就可以直接在簽到簿的頁面上看見簽名了。

在 createHandler 的結尾處,添加調用 http.Redirect 的程式碼,它會傳送給瀏覽器一個回應,讓它重新導向另一個資源,而不是原本所請求的資源。Redirect 需要一個 http.ResponseWriter 以及一個 *http.Request 當作它的引數,如此一來我們會把 createHandler 的 writer 以及 request 的值給它作為參數。Redirect 需要一個字串來描述打算指引瀏覽器前往的路徑;這裡我們重新導向 "/guestbook"。

Redirect 的最後一個參數得為給予瀏覽器的狀態碼。每一個 HTTP 的回應都需要有一個狀態碼。我們的回應到目前為止讓它們自動為我們設置:成功的回應狀態碼為 200(「OK」),而不存在的頁面狀態碼為 404(「找不到」)。我們得指名 Redirect 的狀態碼,所以使用了常數 http.StatusFound,這會讓重新導向的頁面狀態碼為 302(「找到」)。

```go
func createHandler(writer http.ResponseWriter, request *http.Request) {
    signature := request.FormValue("signature")
    options := os.O_WRONLY | os.O_APPEND | os.O_CREATE
    file, err := os.OpenFile("signatures.txt", options, os.FileMode(0600))
    check(err)
    _, err = fmt.Fprintln(file, signature)
    check(err)
    err = file.Close()              重新導向的位址。            代表請求成功的回應碼。
    check(err)
    http.Redirect(writer, request, "/guestbook", http.StatusFound)
}
    我們需要傳遞 Redirect                        ⋯也需要原始的
    給 ResponseWriter⋯                            請求。
```

現在我們已經添加了這個 Redirect 的調用,送出簽名表單應該會如下這樣運作:

1 瀏覽器送出 HTTP POST 的請求給 /guestbook/create 頁面。

2 應用程式要有 /guestbook 的一鍵轉址功能。

3 瀏覽器對 /guestbook 送出 GET 請求。

試試看吧！

來看看轉址是否成功！重啟 *guestbook.go*，並且
造訪 */guestbook/new* 路徑。填入表單並且送出。

應用程式會把表單內容存放到 *signatures.txt*，接
著立刻重新導向在 */guestbook* 的路徑。當瀏覽器
對 */guestbook* 發送請求，應用程式可以讀取更新
後的 *signatures.txt*，而使用者會看到更新後的簽
名單。

使用這個表單來送出
新的簽到。

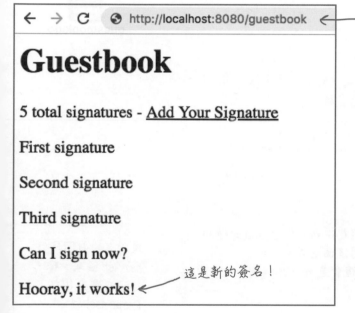

瀏覽器會重新導到
「*/guestbook*」。

這是新的簽名！

我們的應用程式儲存從表單遞交的簽名，並且與其他簽名一起顯
示出來。所有的功能都完成囉。

需要完成這麼多元件才能讓這一切順利運作，不過你終於有個堪
用的網路應用程式囉！

- ☑ 回應簽到簿主要頁面的請求。
- ☑ 使用 HTML 套件來實現格式化。
- ☑ 把簽到清單輸入 HTML 頁面。
- ☑ 設定用來添加新的簽名的表單。
- ☑ 儲存送出的簽名。

完成的應用程式碼

我們的應用程式碼相當地長，到目前為止也只有分別地檢視它。讓我們多花一點時間，逐一仔細地看看程式碼的全貌。

guestbook.go 檔案的程式碼構成這個應用程式最主要的部分（我們會傾向把一個打算更廣泛使用的應用程式的程式碼，拆分成多個套件以及原始碼，並且放在 Go 的工作空間目錄下，有興趣的話你也可以自己嘗試看看）。以下的部分我們會帶過全部的內容，並且添加說明的註解，包含 Guestbook 型別以及每一個函式。

```go
package main

import (
    "bufio"
    "fmt"
    "html/template"
    "log"
    "net/http"
    "os"
)
```

Template 的 Render 方法只能傳遞一個值，所以用結構來存放所有我們需要的資料。

guestbook.go

```go
// Guestbook is a struct used in rendering view.html.
type Guestbook struct {
    SignatureCount int
    Signatures     []string
}
```

這裡放的是 signatures 的總數。

這裡放的是 signatures 的本體。

```go
// check calls log.Fatal on any non-nil error.
func check(err error) {
    if err != nil {
        log.Fatal(err)
    }
}
```

在我們需要確認從函式或者方法回傳的錯誤時，調用這個函式。

大多數的時候這個值會是 nil，不過假如不是的話…

…輸出錯誤並且終止這個程式。

跟所有的 HTTP handler 函式一樣，這函式需要 http.ResponseWriter 以及 *http.Request。

```go
// viewHandler reads guestbook signatures and displays them together
// with a count of all signatures.
func viewHandler(writer http.ResponseWriter, request *http.Request) {
    signatures := getStrings("signatures.txt")
    html, err := template.ParseFiles("view.html")
    check(err)
    guestbook := Guestbook{
        SignatureCount: len(signatures),
        Signatures:     signatures,
    }
    err = html.Execute(writer, guestbook)
    check(err)
}
```

從檔案讀取 signatures。

基於 view.html 的內容建立模板。

儲存 signatures 的數量。

儲存 signatures 自己。

把 Guestbook 結構的資料儲存到模板，並且把結果寫到 ResponseWriter。

```go
// newHandler displays a form to enter a signature.
func newHandler(writer http.ResponseWriter, request *http.Request) {
    html, err := template.ParseFiles("new.html")
    check(err)
    err = html.Execute(writer, nil)
    check(err)
}
```

從模板讀取 *HTML* 表單。

把模板寫到 *ResponseWriter*（沒有資料需要插入）。

guestbook.go（續）

```go
// createHandler takes a POST request with a signature to add, and
// appends it to the signatures file.
func createHandler(writer http.ResponseWriter, request *http.Request) {
    signature := request.FormValue("signature")
    options := os.O_WRONLY | os.O_APPEND | os.O_CREATE
    file, err := os.OpenFile("signatures.txt", options, os.FileMode(0600))
    check(err)
    _, err = fmt.Fprintln(file, signature)
    check(err)
    err = file.Close()
    check(err)
    http.Redirect(writer, request, "/guestbook", http.StatusFound)
}
```

從欄位取得「*signature*」的值。

開啟用來寫入的檔案。假如檔案原本就存在就直接附加上去，不在的話就建立新的檔案。

把表單欄位的內容添加到檔案。

關閉檔案。

重新導向瀏覽器到主要的簽到簿頁面。

```go
// getStrings returns a slice of strings read from fileName, one
// string per line.
func getStrings(fileName string) []string {
    var lines []string
    file, err := os.Open(fileName)
    if os.IsNotExist(err) {
        return nil
    }
    check(err)
    defer file.Close()
    scanner := bufio.NewScanner(file)
    for scanner.Scan() {
        lines = append(lines, scanner.Text())
    }
    check(scanner.Err())
    return lines
}
```

檔案的每一行都會作為字串附加到切片中。

開啟檔案。

假如遇到一個告知檔案未存在的錯誤…

…回傳 *nil* 而不是切片。

剩下的其他錯誤一般來說都需要被檢核並且回報。

建立一個針對檔案內容的掃描器。

針對檔案的每一行…

…把該行的文字附加到切片。

回報在掃描時遇到的任何可能錯誤。

回傳字串切片。

```go
func main() {
    http.HandleFunc("/guestbook", viewHandler)
    http.HandleFunc("/guestbook/new", newHandler)
    http.HandleFunc("/guestbook/create", createHandler)
    err := http.ListenAndServe("localhost:8080", nil)
    log.Fatal(err)
}
```

用來檢視簽名清單的請求會被 *viewHandler* 函式處理。

用來取得 *HTML* 表單的請求會被 *newHandler* 函式處理。

用來遞交表單的請求會被 *createHandler* 處理。

保持執行，傳遞 HTTP 請求給適合處理的函式。

view.html 檔案提供了簽名清單給 HTML 模板。模板的動作提供位
置讓簽到的總數，以及整個簽到清單可以插入模板。

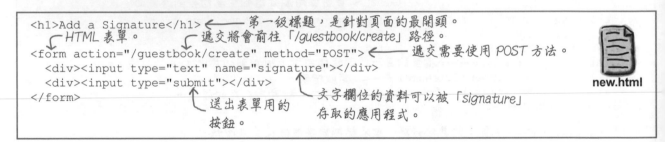

```
<h1>Guestbook</h1>          ← 頁面頂端的第一層標題。

<div>              「dot」值也就是 Guestbook 的結構。把 SignatureCount 欄位的值塞到這裡。
   {{.SignatureCount}} total signatures -
   <a href="/guestbook/new">Add Your Signature</a>   ← 前往顯示 HTML 表單的
</div>                                                      頁面連結。
          從 Guestbook 結構的簽名欄位取得簽名的切片，
          對它所擁有的每個字串重複。
<div>                          這裡對每個切片的元素持續重複。「點 (Dot)」
   {{range .Signatures}}       可以指派為目前的簽名字串。插入包含著簽名的段
      <p>{{.}}</p>   ←          落元件。
   {{end}}
</div>
```
view.html

new.html 檔案基本上存放 HTML 欄位新的簽名。沒有任何資料會
被插入，所以不需要顯示模板的動作是什麼。

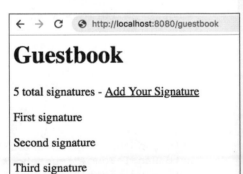

```
<h1>Add a Signature</h1>   ← 第一級標題，是針對頁面的最開頭。
   HTML 表單。          遞交將會前往「/guestbook/create」路徑。
<form action="/guestbook/create" method="POST">   ← 遞交需要使用 POST 方法。
   <div><input type="text" name="signature"></div>
   <div><input type="submit"></div>
</form>                                文字欄位的資料可以被「signature」
              送出表單用的              存取的應用程式。
              按鈕。
```
new.html

這就是所有的內容了：完整的網路應用程式可以儲存使用者遞
交的簽名，並且再次從中取回！

編寫網路應用程式其實可以很複雜，然而 net/http 以及
html/template 套件在 Go 的協助之下讓整個流程更加簡單！

```
← → C    ⬤ http://localhost:8080/guestbook
```

Guestbook

5 total signatures - <u>Add Your Signature</u>

First signature

Second signature

Third signature

Can I sign now?

Hooray, it works!

你的 *Go* 百寶箱

這就是第 16 章的全部了！你已經把
模板加到你的百寶箱囉！

模板

text/template 套件使用一個模板的
字串參數（或者從檔案讀取的模板）
然後把資料插到裡面。

html/template 套件運作方式與
text/template 幾乎一樣，除了它還
為了 HTML 需要所提供安全性的保
護措施。

重點提示

- 模板字串包含著會被逐字輸出的文字。
  你可以針對這段文字塞入不同的**動作**
  （**actions**），動作所涵蓋的基本的語法
  可以被實現。

- `Template` 值的 `Execute` 方法需要一個
  滿足 `io.Writer` 介面的值，以及一個可
  以在模板內的動作被存取的值。

- 模板動作可以參照經由 `{{.}}` 傳遞給
  `Execute` 的值，稱之為「點」。點的值在
  模板中可以被不同的內容取代。

- 在 `{{if}}` 動作與對應的 `{{end}}` 標記
  之間的模板區塊只有在條件為真的時候才
  會放進模板內。

- 在 `{{range}}` 動作與對應的 `{{end}}` 標
  記之間的模板區塊會遍歷一整個陣列、切
  片映射表或者通道內所有的值。任何在這
  個區塊內的動作也都會被重複。

- 在 `{{range}}` 區塊內，點的值會被更新
  為所處理的集合中，當下元素的值。

- 假如點參照某個結構的值，結構中欄位的
  值可以透過 `{{.FieldName}}` 插入。

- 當瀏覽器需要從伺服器取得資料的時候，
  通常會使用 HTTP GET 請求。

- 當瀏覽器需要遞交新的資料給伺服器時，
  通常會使用 HTTP POST 請求。

- 從請求取得的表單資料可以經由 `http.`
  `Request` 值的 `FormValue` 方法存取。

- `http.Redirect` 函式可以用來引導瀏覽
  器對一個不同的路徑進行請求。

以下的程式碼從一個檔案讀取了 HTML 模板,並且輸出到終端機。

填入在 *bill.html* 的空白處讓程式可正常運作並且輸出下列的結果。

```go
type Invoice struct {
    Name    string
    Paid    bool
    Charges []float64
    Total   float64
}

func main() {
    html, err := template.ParseFiles("bill.html")
    check(err)
    bill := Invoice{
        Name:    "Mary Gibbs",
        Paid:    true,
        Charges: []float64{23.19, 1.13, 42.79},
        Total:   67.11,
    }
    err = html.Execute(os.Stdout, bill)
    check(err)
}
```

bill.go

輸出

```
<h1>Invoice</h1>

<p>Name: __{{.Name}}__ </p>

{{if __.Paid__ }}        ← Invoice 的 Paid 欄位
<p>Paid - Thank you!</p>      被指派為 true 嗎?
__{{end}}__  ← 「if」區塊的结尾。

<h1>Fees</h1>

{{range .Charges}}        → 對 Charges 切片中的每一個
<p>$ __{{.}}__ </p>  ←      項目輸出 <p> 元素。
{{end}}

<p>Total: $ __{{.Total}}__ </p>
```

bill.html

```
<h1>Invoice</h1>

<p>Name: Mary Gibbs</p>

<p>Paid - Thank you!</p>

<h1>Fees</h1>

<p>$23.19</p>

<p>$1.13</p>

<p>$42.79</p>

<p>Total: $67.11</p>
```

假如這就是本書的最後一頁那真是太美好了。不再有重點整理、解謎或者一系列的程式碼之類的…不過重點是我應該是在做夢…

恭喜你！
你終於抵達終點了！

當然啦…其實還有兩章附錄。

還有索引。

除此之外還有網站…

你逃不掉的，真的。

了解 *os.OpenFile*

附錄 A：開啓檔案

噢，天吶，我們已經有這個學生的檔案了。我就直接把這些紀錄放到最後面吧！

有些程式需要把資料寫進檔案，而不只是讀取資料。 綜觀整本書，當我們需要處理檔案時，你得在文字編輯器中建立它們供你的程式閱讀。不過有些程式可以產生資料，甚至在產生之後程式需要能夠把資料寫進檔案。

在本書稍早的部分，我們使用 os.OpenFile 函式開啟檔案來寫入資料。但是那時我們並沒有足夠的空間，詳細解釋這是如何運作的。為了讓你能更有效地使用 os.OpenFile，你可以在本章中學到所有必要的知識喔！

了解 os.OpenFile

在第 16 章,我們曾經使用過 os.OpenFile 函式來開啟檔案編寫,
那時候這個程式用了一些不常見的程式碼:

```
options := os.O_WRONLY | os.O_APPEND | os.O_CREATE
file, err := os.OpenFile("signatures.txt", options, os.FileMode(0600))
```

開啟檔案的選項

開啟檔案

回到那個時候,我們專注在編寫一個程式網路應用程式,於是我們並不想
要花太多精神詳細解釋 os.OpenFile。然而你一定會有機會在你的 Go 程
式開發生涯中再次用上這個函式,所以我們添加這個附錄來更仔細了解它。

在你想要一探究竟這個函式怎麼運作時,閱讀文件是個好的開始。在你的
終端機執行 **go doc os OpenFile**(或者用你的瀏覽器搜尋 "os" 套件的
文件)。

```
File Edit Window Help
$ go doc os OpenFile
func OpenFile(name string, flag int, perm FileMode) (*File, error)
    OpenFile is the generalized open call; most users will use Open or Create
    instead. It opens the named file with specified flag (O_RDONLY etc.) and
    ...
```

它的引數包含一個 string 型別的「filename」、int 型別的「flag」
還有一個 os.FileMode 型別的「perm」。顯然地 filename 就是我們
打算開啟的檔案名稱。我們先來看看「flag」代表什麼,接著再回到
os.FileMode。

為了讓我們在這個附錄使用的程式碼保持簡短,假設我們所有的程式碼都
包含一個 check 函式,就像在第 16 章看到的一樣。它接收一個 error 的
值,確認是否該值為 nil,假如不是的話,回報這個錯誤並且終止程式。

```
func check(err error) {
    if err != nil {
        log.Fatal(err)
    }
}
```

假設所有我們打算給你看的程式都
包含這個「check」函式。

傳遞指標常數給 os.OpenFile

描述也提到該指標其中一種可能的值為 os.O_RDONLY。來看看它
代表的意思⋯

```
File Edit Window Help
$ go doc os O_RDONLY
const (
        // Exactly one of O_RDONLY, O_WRONLY, or O_RDWR must be specified.
        O_RDONLY int = syscall.O_RDONLY // open the file read-only.
        O_WRONLY int = syscall.O_WRONLY // open the file write-only.
        O_RDWR   int = syscall.O_RDWR   // open the file read-write.
        /7 The remaining values may be or'ed in to control behavior.
        O_APPEND int = syscall.O_APPEND // append data to the file when writing.
        O_CREATE int = syscall.O_CREAT  // create a new file if none exists.
        ...
)
        Flags to OpenFile wrapping those of the underlying system. Not all flags may
        be implemented on a given system.
```

從文件可以知道，看來 os.O_RDONLY 其實是一系列 int 用來傳遞給
os.OpenFile 函式的常數，用來改變函式的行為。

讓我們試著用這些常數來調用 os.OpenFile，並且看看會發生什麼事情。

首先我們需要一個用來操作的檔案。建立一個內有一行字的純文字檔。把它命
名為 *aardvark.txt* 並存在任何你喜歡的目錄中。

接著在同樣的目錄中，新建一個 Go 的程式並且包含上一頁提到的 check 函式，
以及以下的 main 函式。我們在 main 調用 os.OpenFile，並且把 os.O_
RDONLY 放在第二個引數（現在先忽略第三個引數；晚點會提到它）。接著我
們建立一個 bufio.Scanner 並且用它來印出檔案的內文。

用編輯器新建
這個檔案。

Aardvarks are...

aardvark.txt

```go
func main() {
        file, err := os.OpenFile("aardvark.txt", os.O_RDONLY, os.FileMode(0600))
        check(err)
        defer file.Close()
        scanner := bufio.NewScanner(file)
        for scanner.Scan() {
                fmt.Println(scanner.Text())
        }
        check(scanner.Err())
}
```

開啟純閱讀用的檔案。

印出檔案中的每一行。

在終端機切換到儲存 *aardvark.txt* 以及程式的目錄，然後透過
go run 執行該程式。它會開啟 *aardvark.txt* 檔案並且印出內文。

```
File Edit Window Help
$ cd work
$ go run openfile.go
Aardvarks are...
```

傳遞指標常數給 os.OpenFile（續）

現在來試試改成寫入檔案。把你的 main 函式更新如下（也別忘了從 import 陳述移除沒用到的套件）。這次我們會傳遞 os.O_WRONLY 常數給 os.OpenFile，這樣就可以把文件開啟編輯使用。接著我們對檔案調用 Write 方法，把一組位元組的切片寫入檔案。

```go
func main() {
        file, err := os.OpenFile("aardvark.txt", os.O_WRONLY, os.FileMode(0600))
        check(err)
        _, err = file.Write([]byte("amazing!\n"))
        check(err)
        err = file.Close()
        check(err)
}
```

開啟檔案來編輯。

把資料寫入檔案。

假如我們執行程式，它不會產生任何輸出，但是會更新 *aardvark.txt* 檔案。然而假如我們開啟 *aardvark.txt* 檔案，會看到程式覆寫了檔案，而不是直接把文字附加到最後面！

程式並沒有添加新的文字到檔案的最開頭，而是把裡面的資料直接覆蓋了！

→ amazing!
   are...

aardvark.txt

這不是我們對程式預期的效果。該怎麼辦呢？

事實上，os 套件其他的常數可能會有幫助。像是 os.O_APPEND 旗標會讓程式可以把資料附加到檔案最後面，而不是直接覆寫掉。

```
File Edit  Window Help
$ go doc os O_RDONLY
...
        // The remaining values may be or'ed in to control behavior.
        O_APPEND int = syscall.O_APPEND // append data to the file when writing.
        O_CREATE int = syscall.O_CREAT  // create a new file if none exists.
        ...
```

但是你不能直接就這樣把 os.O_APPEND 傳遞給 os.OpenFile；假如這麼做你會遇到如下的錯誤。

嘗試附加到現有的檔案。

```go
file, err := os.OpenFile("aardvark.txt", os.O_APPEND, os.FileMode(0600))
```

執行期錯誤！

```
write aardvark.txt:
bad file descriptor
```

文件對於 os.O_APPEND 以及 os.O_CREATE 有提到「may be or'ed in」。這裡需要參考二進位的 *OR* 運算子。我們需要更多篇幅來解釋這是怎麼運作的⋯

二進制記法

在電腦的最底層，需要透過簡單的開關（不是開就是關）來表示資訊。假如某一個開關本來是用來表示數字，你只能用它來代表 0（開關為「關」）或者 1（開關為「開」）。電腦科學家稱之為位元（*bit*）。

假如你把多個位元組合在一起，就可以代表更大的數值。這就是在二進位（*binary*）表示法背後的概念。在日常生活中，我們大多對十進位，也就是從 0 到 9 的數值比較熟悉。然而二進位表示法只會使用 0 以及 1 用來表示數值。

（假如你想要知道更多，只需要在常用的搜尋引擎輸入「二進位（*binary*）」即可。）

你可以透過 fmt.Printf 的 %b 格式化動詞來看看不同數值（該數值由什麼樣的二進位數值組成）的二進位表示法。

印出數值的十進位
表示法。

印出數值的二進位
表示法。

```
fmt.Printf("%3d: %08b\n", 0, 0)
fmt.Printf("%3d: %08b\n", 1, 1)
fmt.Printf("%3d: %08b\n", 2, 2)
fmt.Printf("%3d: %08b\n", 3, 3)
fmt.Printf("%3d: %08b\n", 4, 4)
fmt.Printf("%3d: %08b\n", 5, 5)
fmt.Printf("%3d: %08b\n", 6, 6)
fmt.Printf("%3d: %08b\n", 7, 7)
fmt.Printf("%3d: %08b\n", 8, 8)
fmt.Printf("%3d: %08b\n", 16, 16)
fmt.Printf("%3d: %08b\n", 32, 32)
fmt.Printf("%3d: %08b\n", 64, 64)
fmt.Printf("%3d: %08b\n", 128, 128)
```

```
  0: 00000000
  1: 00000001
  2: 00000010
  3: 00000011
  4: 00000100
  5: 00000101
  6: 00000110
  7: 00000111
  8: 00001000
 16: 00010000
 32: 00100000
 64: 01000000
128: 10000000
```

位元運算子

我們已經看過像是 +、 -、 * 以及 / 這些運算子，讓你可對數值進行數學運算。但是 Go 還有**位元運算子**（**bitwise operator**），讓你可以操作組成數值的各個位元。兩個最常見的位元運算子是 & 位元 AND 運算子，以及 | 位元 OR 運算子。

運算子	名稱
&	Bitwise AND
|	Bitwise OR

AND 位元運算子

我們有看過 `&&` 運算子。這是個布林運算子，只有在運算子的左
邊與右邊的值都為 true 的時候才會得到 true 的值：

```
fmt.Printf("false && false == %t\n", false && false)
fmt.Printf("true  && false == %t\n", true  && false)
fmt.Printf("true  && true  == %t\n", true  && true)
```

```
false && false == false
true  && false == false
true  && true  == true
```

`&` 運算子（只有一個連字號），事實上是一個位元運算子。只有在該運算子左邊的位元
值以及右邊的位元值都是 1 的時候，才會指派得到的結果為 1。針對值為 0 與 1 的數值，
由於呈現它們只需要一個位元，看起來會相當地直覺。

```
fmt.Printf("%b & %b == %b\n", 0, 0, 0&0)
fmt.Printf("%b & %b == %b\n", 0, 1, 0&1)
fmt.Printf("%b & %b == %b\n", 1, 1, 1&1)
```

```
0 & 0 == 0      ← 位元都不是 1。
0 & 1 == 0      ← 只有一個位元是 1。
1 & 1 == 1      ← 兩個位元都是 1。
```

針對比較大的數值，這樣看起來反而很詭異！

```
fmt.Println(170 & 15)
fmt.Println( 10 &  7)
fmt.Println(100 & 45)
```

```
10
2     ←── 這結果到底代表什麼？
36
```

只有在分別觀察每一個位元的值時，位元運算才顯得有意義。`&` 運算子只有在
運算子左邊與右邊的值，在同一個位置的位元都為 1 的時候，才會把該位置的
位元值設為 1。

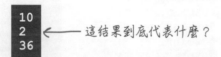

```
fmt.Printf("%02b\n", 1)
fmt.Printf("%02b\n", 3)
fmt.Printf("%02b\n", 1&3)
```

第二個位元為 0。 → 01 ← 第一個位元是 1。
第二個位元是 1。 → 11 ← 第一個位元是 1。
結果的第二個位元為 0。 → 01 ← 結果的第一個位元是 1。

```
fmt.Printf("%02b\n", 2)
fmt.Printf("%02b\n", 3)
fmt.Printf("%02b\n", 2&3)
```

第二個位元是 1。 → 10 ← 第一個位元是 0。
第二個位元是 1。 → 11 ← 第一個位元是 1。
結果的第二個位元為 1。 → 10 ← 結果的第一個位元為 0。

任何大小的數值都通用這個規則。`&` 運算子使用兩個值的位元值來判斷結果
中相同位置的位元值該是多少。

```
fmt.Printf("%08b\n", 170)
fmt.Printf("%08b\n", 15)
fmt.Printf("%08b\n", 170&15)
```

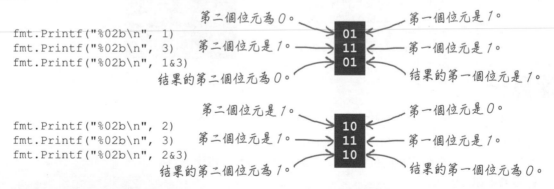

```
10101010  ← 假如在第一個數值中的指定
             位置的位元值為 1…
00001111  ← …而且在第二個值中同一個
             位置的位元值也為 1…
00001010  ← …那麼在結果值中同一個位置
             的位元值也會是 1。
```

OR 位元運算子

我們也看過 || 運算子。這是一種布林運算子，會在它的左邊值
或者右邊值其中有一個值為 true 的時候得到 true 的值。

```
fmt.Printf("false || false == %t\n", false || false)
fmt.Printf("true  || false == %t\n", true  || false)
fmt.Printf("true  || true  == %t\n", true  || true)
```

```
false || false == false
true  || false == true
true  || true  == true
```

| 運算子會在假如運算子左邊同一個位元的值，或者右邊的值同一
個位元的值為 1 的時候，讓結果值在同一個位置的位元值為 1。

```
fmt.Printf("%b | %b == %b\n", 0, 0, 0|0)
fmt.Printf("%b | %b == %b\n", 0, 1, 0|1)
fmt.Printf("%b | %b == %b\n", 1, 1, 1|1)
```

```
0 | 0 == 0    ← 兩個位元值都不是 1。
0 | 1 == 1    ← 只有一個位元是 1。
1 | 1 == 1    ← 兩個位元都是 1。
```

與 AND 位元運算類似，OR 位元運算子會檢查兩個數值的給定位
置的位元值，來決定結果值的同一個位置位元值的結果。

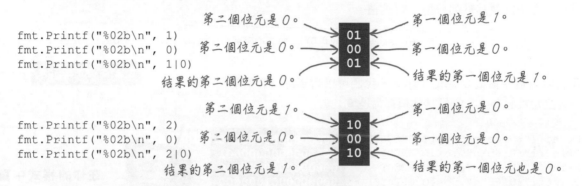

```
fmt.Printf("%02b\n", 1)
fmt.Printf("%02b\n", 0)
fmt.Printf("%02b\n", 1|0)
```

第二個位元是 0。 → 01 ← 第一個位元是 1。
第二個位元是 0。 → 00 ← 第一個位元是 0。
結果的第二個位元是 0。 → 01 ← 結果的第一個位元是 1。

```
fmt.Printf("%02b\n", 2)
fmt.Printf("%02b\n", 0)
fmt.Printf("%02b\n", 2|0)
```

第二個位元是 1。 → 10 ← 第一個位元是 0。
第二個位元是 0。 → 00 ← 第一個位元是 0。
結果的第二個位元是 1。 → 10 ← 結果的第一個位元也是 0。

對各種大小的數值都是如此。| 運算子使用兩個值的位元值來判
斷結果中相同位置的位元值該是多少。

```
fmt.Printf("%08b\n", 170)
fmt.Printf("%08b\n", 15)
fmt.Printf("%08b\n", 170|15)
```

```
10101010    ← 假如在第一個數值中的指定
             位置的位元值為 1…
00001111    ← …或者在第二個值中同一個
             位置的位元值也為 1…
10101111    ← …那麼在結果值中同一個位置
             的位元值也會是 1。
```

在「os」套件常數使用位元 OR

好吧,這看起來真的很…宅。我看不出來這對我使用 os.O_APPEND 以及 os.O_CREATE 常數有任何幫助!

我們展現這給你看的原因是,你會使用 OR 位元運算子來把這些常數值綁在一起!

當文件說 os.O_APPEND 以及 os.O_CREATE 的值可與 os.O_RDONLY、os.O_WRONLY 或是 os.O_RDWR 的值「may be or'ed in」時,就代表著你需要使用 OR 位元運算子。

在這背後,這些常數其實都只是 int 的值:

```
fmt.Println(os.O_RDONLY, os.O_WRONLY, os.O_RDWR, os.O_CREATE, os.O_APPEND)
```

```
0 1 2 64 1024
```

假如我們看看這些值的二進位表示式,我們可以看到每一個值都只有一個位元被設為 1,而且其他值都會是 0:

```
fmt.Printf("%016b\n", os.O_RDONLY)
fmt.Printf("%016b\n", os.O_WRONLY)
fmt.Printf("%016b\n", os.O_RDWR)
fmt.Printf("%016b\n", os.O_CREATE)
fmt.Printf("%016b\n", os.O_APPEND)
```

```
0000000000000000
0000000000000001
0000000000000010
0000000001000000
0000010000000000
```

這代表我們可以透過 OR 位元運算子來組合這些值,而且這些位元之間不會互相干擾:

```
fmt.Printf("%016b\n", os.O_WRONLY|os.O_CREATE)
fmt.Printf("%016b\n", os.O_WRONLY|os.O_CREATE|os.O_APPEND)
```

```
0000000001000001
0000010001000001
```

os.OpenFile 函式可以檢核第一個位元是否為 1,代表著文件只能編寫。假如第七個位元是 1,OpenFile 會知道假如檔案原本不存在的話,要建立新的檔案。且假如第十一個位元為 1,OpenFile 會附加到這個檔案。

照過來!

在你的程式中直接使用常數名稱,不要用它們的 int 值!

假如你在程式碼中常數的區塊使用像是 1 以及 1024 的數值,短時間來說是可行的,但是假如 Go 維護者決定變動常數的值,你的程式可能就無法運作了。確保使用像是 os.O_WRONLY 以及 os.O_APPEND 這樣的常數名稱,這樣你就不會有問題。

使用位元 OR 來修正我們的 os.OpenFile 選項

之前當我們只傳遞 os.O_WRONLY 選項給 os.OpenFile，它會直接把原本還在檔案內的內容覆寫過去。來看看假如我們使用複合的選項，讓它可以附加新的資料到文件的最後面。

從編輯 *aardvark.txt* 開始，讓它再次只有一行的內容。

> 編輯這個文字檔案，讓它再次看起來像這樣。

這個程式在文件的最開頭插入新的文字，蓋掉了原本還在那邊的資料！

```
amazing!
   are...
```

aardvark.txt

```
Aardvarks are...
```

aardvark.txt

接著更新我們的程式，讓它可以使用位元 OR 運算子，來整合 os.O_WRONLY 以及 os.O_APPEND 常數值，成為單一的值。最後傳遞結果給 os.OpenFile。

> 使用位元 OR 來合併兩個值。

> 把結果傳遞到 os.OpenFile。

```go
func main() {
    options := os.O_WRONLY | os.O_APPEND
    file, err := os.OpenFile("aardvark.txt", options, os.FileMode(0600))
    check(err)
    _, err = file.Write([]byte("amazing!\n"))
    check(err)
    err = file.Close()
    check(err)
}
```

再次執行程式然後看看檔案的內容。你應該會看到在檔案的最後面出現了新的一行文字。

> 這次新的文字附加到檔案了。

```
Aardvarks are...
amazing!
```

aardvark.txt

來試著使用 os.O_CREATE 選項，它會讓 os.OpenFile 建立指定的檔案，前提是該檔案並不存在。先把 *aardvark.txt* 刪除掉。

現在把程式改成添加 os.O_CREATE 到傳遞給 os.OpenFile 的選項。

> 刪除檔案。

aardvark.txt

> 使用位元 OR 來添加 os.O_CREATE 的值。

```go
options := os.O_WRONLY | os.O_APPEND | os.O_CREATE
file, err := os.OpenFile("aardvark.txt", options, os.FileMode(0600))
// ...
```

當我們執行程式時，它會建立新的 *aardvark.txt* 檔案並且寫進資料。

> 建立了新的檔案，並且我們的文字寫進去了。

```
amazing!
```

aardvark.txt

Unix 風格的檔案權限

我們已經把重心放在 os.OpenFile 的第二個引數，該引數控制了讀取、編寫、建立以及附加至檔案。到目前為止我們仍然忽略了第三個引數，它控制了檔案的權限（*permissions*）：代表著檔案建立之後，使用者是否被授權讀寫檔案。

這個引數控制了新的檔案的「權限」。

```
file, err := os.OpenFile("aardvark.txt", options, os.FileMode(0600))
```

```
File Edit Window Help
$ go doc os OpenFile
func OpenFile(name string, flag int, perm FileMode) (*File, error)
    OpenFile is the generalized open call; most users will use Open or Create
    instead. It opens the named file with specified flag (O_RDONLY etc.) and
    ...
```

當開發者談到檔案權限時，它們所說的權限通常是實作在類 Unix 的作業系統，像是 macOS 以及 Linux。在 Unix 環境中，有三個主要的權限使用者可以對檔案進行處理：

縮寫	權限
r	使用者可以**讀取**（**r**）檔案的內容。
w	使用者可以**編輯**（**w**）檔案的內容。
x	使用者可以**執行**（**x**）檔案的內容（這個只適用於檔案包含程式碼）。

假如使用者對檔案沒有讀取權限，舉例來說，任何他們所執行的程式若嘗試存取檔案的內容，會得到從作業系統來的錯誤訊息：

```
File Edit Window Help
$ cat locked.txt
cat: locked.txt: Permission denied
```

假如使用者沒有執行檔案的權限，他們就無法執行檔案中涵蓋的任何程式碼（檔案不包含執行程式碼就不應該被標記為執行檔，因為嘗試執行會造成無法預期的結果）。

```
File Edit Window Help
$ ./hello
-bash: ./hello: Permission denied
```

Windows 會忽略權限引數。

照過來！ Windows 處理檔案權限的方式跟類 Unix 作業系統不同，所以不管你做了什麼，檔案會被 Windows 以預設權限建立。然而這同樣的程式執行在類 Unix 的機器時並不會忽略這個權限的引數。了解權限怎麼運作是相當重要的，如果有空的話，你得在不同的作業系統測試你想要執行的程式。

透過 os.FileMode 型別呈現檔案權限

Go 的 os 套件使用 FileMode 來代表檔案的權限。假如檔案並不存在，你所傳遞給 os.OpenFile 的 FileMode 會決定這個檔案將會擁有什麼樣的權限，以及不同類型的使用者將會擁有什麼方式可以存取。

FileMode 的值擁有個 String 型別的方法，所以假如你把 FileMode 傳遞給 fmt 的函式像是 fmt.Println，你會得到一個特殊的字串來代表權限。該字串會顯示 FileMode 所提供的權限，這個格式跟你在 Unix 的 ls 功能所看到的很類似。

```
fmt.Println(os.FileMode(0700))
```

使用者可以
讀取檔案。

使用者可以
編輯檔案。

使用者可以
執行檔案。

`-rwx------`

每一個檔案都會有三組權限，影響到三種類型的使用者。第一組權限只對擁有這個檔案的使用者有效（預設來說，你的使用者帳號就是你所建立檔案的擁有者）。第二個權限對使用者所屬的全組有效。而最後一個權限對系統中排除掉檔案擁有者，或者檔案所被指派的群組後剩下的使用者有效。

（假如你想要了解更多，可以在搜尋引擎輸入「*Unix file permissions*」找更多內容。）

```
fmt.Println(os.FileMode(0700))
fmt.Println(os.FileMode(0070))
fmt.Println(os.FileMode(0007))
```

```
-rwx------
----rwx---
-------rwx
```

檔案擁有者有完整權限。

在檔案群組內的使用者擁有完整權限。

所有剩下的使用者都擁有完整權限。

FileMode 擁有一個 uint32 的底層型別，代表著「32 位元正整數」，這是我們之前有提過的標準型別之一。由於這是正整數，所以不能有任何負數存在，不過優點是可以比原本的整數在記憶體空間存放更大的數值。

由於 FileMode 是基於 uint32 的型別，你可以用型別轉換來轉換（幾乎）任何非負數的整數到 FileMode 的值。不過結果會有點難理解就是了：

```
fmt.Println(os.FileMode(17))
fmt.Println(os.FileMode(249))
fmt.Println(os.FileMode(1000))
```

```
-----w---x
--wxrwx--x
-rwxr-x---
```

這個權限不合理的是在一些地方提供了太多的權限，而有些地方反而權限不足。

八進位記法

除此之外，用**八進位記法**來指定轉換給 FileMode 值的整數會更加簡單。
我們知道的有十進位，使用了從 0 到 9 的十個數字。也看過二進位，只使
用 0 與 1 的兩個數字。八進位使用了從 0 到 7 的八個數字。

你可以使用 fmt.Printf 的 %o 格式化動詞來看看不同數值的八進位是如
何呈現的：

```
for i := 0; i <= 19; i++ {
        fmt.Printf("%3d: %04o\n", i, i)
}
```

用十進位印出數值。　　　　　　用八進位印出
　　　　　　　　　　　　　　　數值。

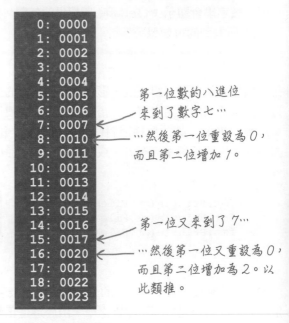

```
 0: 0000
 1: 0001
 2: 0002
 3: 0003
 4: 0004
 5: 0005
 6: 0006
 7: 0007
 8: 0010
 9: 0011
10: 0012
11: 0013
12: 0014
13: 0015
14: 0016
15: 0017
16: 0020
17: 0021
18: 0022
19: 0023
```

第一位數的八進位
來到了數字七⋯

⋯然後第一位重設為 0，
而且第二位增加 1。

第一位又來到了 7⋯

⋯然後第一位又重設為 0，
而且第二位增加為 2。以
此類推。

跟二進位不同的是，Go 讓你可以在程式語言中使用八進位寫入數值。任何數值
以 0 作為開頭會被視為八進位數字。

如果你沒有心理準備的話，可能會感到有點困惑。十進位的 10 與八進位的 010 是
完全不一樣的數值，同樣地，十進位的 100 與八進位的 0100 也是完全不同的！

```
fmt.Printf("Decimal   1: %3d Octal   01: %2d\n",   1,   01)
fmt.Printf("Decimal  10: %3d Octal  010: %2d\n",  10,  010)
fmt.Printf("Decimal 100: %3d Octal 0100: %2d\n", 100, 0100)
```

```
Decimal   1:   1 Octal   01:  1
Decimal  10:  10 Octal  010:  8
Decimal 100: 100 Octal 0100: 64
```

八進位中只有 0 到 7 是可以使用的數字。假如你添加了 8 或者 9，編譯就會出
錯了。

```
fmt.Println(089)
```
`illegal octal number`　　←──　編譯錯誤

轉換八進位值到 FileMode 值

所以說為何要在檔案權限使用這個（說來真的很怪）
的八進位表示法？因為八進位的每個位數都可以用來
表示使用三個位元的記憶體空間：

```
            3 3 3
            位 位 位
            元 元 元
fmt.Printf("%09b\n", 0007)    000000111
fmt.Printf("%09b\n", 0070)    000111000
fmt.Printf("%09b\n", 0700)    111000000
```

三位元也正好與用來儲存一種使用者類型（「使用者」、「群組」
以及「其他人」）的權限的資料量相同。只要一個八進位數值就可
以代表任何你需要針對使用者類型的權限組合了！

```
            「群組」數值
「使用者」數值 ┌┴┐ 「其他人」數值
         ┌┴┐ │ │ ┌┴┐
os.FileMode(0777)
```

注意以下用二進位表示法代表八位元的數值，以及用 FileMode
對相同的數值進行轉換，兩者之間的相似性。假如在二進位中任一
個位元表示為 1，代表擁有相對應的權限。

把八進位用二進位表現
結果印出。

把一樣的數值用 FileMode
轉換後的字串印出。

假如位元數為 1，
即為對應的權限是
啟動的。

```
fmt.Printf("%09b %s\n", 0000, os.FileMode(0000))    000000000  ----------
fmt.Printf("%09b %s\n", 0111, os.FileMode(0111))    001001001  ---x--x--x
fmt.Printf("%09b %s\n", 0222, os.FileMode(0222))    010010010  --w--w--w-
fmt.Printf("%09b %s\n", 0333, os.FileMode(0333))    011011011  --wx-wx-wx
fmt.Printf("%09b %s\n", 0444, os.FileMode(0444))    100100100  -r--r--r--
fmt.Printf("%09b %s\n", 0555, os.FileMode(0555))    101101101  -r-xr-xr-x
fmt.Printf("%09b %s\n", 0666, os.FileMode(0666))    110110110  -rw-rw-rw-
fmt.Printf("%09b %s\n", 0777, os.FileMode(0777))    111111111  -rwxrwxrwx
```

由於這個緣故，Unix 的 chmod 指令（「改變模式（change
mode）」的縮寫）長久以來已經使用八進位數來設定檔案的權限。

```
File Edit  Window  Help
$ chmod 0000 allow_nothing.txt
$ chmod 0100 execute_only.sh
$ chmod 0200 write_only.txt
$ chmod 0300 execute_write.sh
$ chmod 0400 read_only.txt
$ chmod 0500 read_execute.sh
$ chmod 0600 read_write.txt
$ chmod 0700 read_write_execute.sh
$ chmod 0124 user_execute_group_write_other_read.sh
$ chmod 0777 all_read_write_execute.sh
```

八進位數	權限
0	全部沒有權限
1	執行
2	編寫
3	編寫 + 執行
4	閱讀
5	閱讀 + 執行
6	閱讀 + 編寫
7	編寫、撰寫並且執行

Go 對八進位的支援，讓你在程式碼中可符合一樣的慣例！

詳解如何調用 os.OpenFile

現在我們已經了解位元運算子以及八進位記法，我們終於可以了解調用 os.OpenFile 時會做什麼事了！

舉例來說，以下的程式碼中把新的資料附加到現有的記錄檔案。擁有該檔案的使用者還可以讀取以及編輯這個檔案。剩下的其他使用者就只能讀取該檔案。

開啟用來編輯的檔案，把新的資料附加到原本檔案的最下面。

```go
options := os.O_WRONLY | os.O_APPEND
file, err := os.OpenFile("log.txt", options, os.FileMode(0644))
```

檔案擁有者可以讀取以及編輯檔案，剩下的其他人只能讀取而已。

而這段程式碼會在檔案不存在時建立一個新的檔案，接著把資料附加進去。產生的檔案可以被擁有者讀取以及編輯，但是其他人就沒有任何權限可以存取它了。

假如檔案並不存在，建立一個新的。開啟檔案作為編輯使用，並且把新的資料附加到最後面。

```go
options := os.O_WRONLY | os.O_APPEND | os.O_CREATE
file, err := os.OpenFile("log.txt", options, os.FileMode(0600))
```

擁有者可以閱讀以及編輯這個檔案。但是剩下其他人沒有任何權限。

假如 os.Open 或者 os.Create 函式可以做到你想要的，那就用它們吧。

照過來！

os.Open 函式可以開啟檔案只供讀取使用。假如你所需要功能就這麼多，你會發現這比 os.OpenFile 還要簡單。同樣地，os.Create 函式只會建立能夠讓任何使用者都可讀取以及寫入的檔案。假如你也只需要這些功能，你應該考慮直接用它而不再使用 os.OpenFile。有時候功能比較單純的函式會增加可閱讀性。

問：八進位記法以及位元運算子真是困難！為何需要這樣做呢？

答：為了節省電腦的記憶體空間！這些用來處理檔案轉換的功能在 Unix 有其緣由，當時是在 RAM 以及硬碟空間還很小又很貴的時候開發出來的。不過就算是現在，當硬碟可以乘載數百萬個檔案時，把檔案權限壓縮到位元大小，而不是更多的位元組大小，可以省下很多硬碟空間（甚至讓你的電腦跑得更快）。相信我們，這些付出是值得的！

問：在 **FileMode** 字串前面的額外破折號代表什麼意思？

答：在最開頭位置中出現的破折號代表它只是個一般檔案，不過它可以用來顯示其他的值。舉例來說，假如 FileMode 要顯示一個目錄這個位置就會顯示 d。

取得檔案或者目錄的狀態。你可以查看這文件怎麼使用。

```go
fileInfo, err := os.Stat("my_directory")
if err != nil {
    log.Fatal(err)
}
fmt.Println(fileInfo.Mode())
```

印出目錄的 FileMode 資訊。

```
drwxr-xr-x
```

附錄 B：還有呢

到目前為止真的很有趣。在我們離開之前，還有一些事情我們覺得你應該要知道！

本書已經涵蓋了 Go 的很多面向，而你也快要讀完這本書了。

我們會想念你的，但是在你離開之前，如果沒有再給你多一點點準備就這樣放生你，我們會過意不去的。在這一章附錄中，我們為你準備了六件相當重要的主題。

#1「if」的初始化陳述句

現在我們有個會回傳單一的 error 值（或者如果沒有錯誤的話回傳 nil）的 saveString 函式。在我們的 main 函式，我們可能會在處理錯誤之前，把回傳值儲存在 err 變數中：

```go
func saveString(fileName string, str string) error {
        err := ioutil.WriteFile(fileName, []byte(str), 0600)
        return err
}
```

（你可以透過「go doc io/ioutil WriteFile」得到更多有關於 WriteFile 的資訊。）

調用 saveString 並且儲存回傳值。

回報任何可能的錯誤。

```go
func main() {
        err := saveString("hindi.txt", "Namaste")
        if err != nil {
                log.Fatal(err)
        }
}
```

現在假設我們在 main 函式添加另一個對 saveString 的調用，而且也使用了一個叫做 err 的變數。我們得記得原本第一個 err 變數使用短變數宣告，要改變成賦值的用法。否則我們會因為嘗試重新定義變數而得到編譯錯誤。

這裡的程式碼也使用了一個叫做「err」的變數。

假如我們忘了把原始的程式碼從短變數宣告改成賦值…

```go
func main() {
        err := saveString("english.txt", "Hello")
        if err != nil {
                log.Fatal(err)
        }
        err := saveString("hindi.txt", "Namaste")
        if err != nil {
                log.Fatal(err)
        }
}
```

編譯錯誤！

`no new variables on left side of :=`

不過事實上，我們只有在 if 的陳述句以及它的區塊內才用到這個 err 變數。假如有個方法可以限定變數的範圍，這樣一來就可以把每次這種情境都視為獨立的變數了。

還記得我們一開始提到的 for 迴圈，也就是在第 2 章嗎？我們有提過可以建立一個初始化的陳述句，就可以對此初始化變數。這些變數的範圍僅限於 for 迴圈的區塊內。

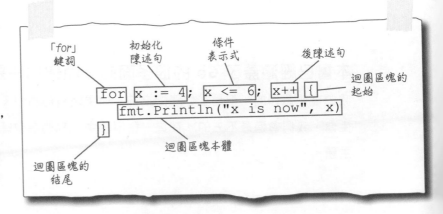

#1「if」的初始化陳述句（續）

跟 for 迴圈類似的是，Go 也讓你可以在 if 陳述句的條件式開始之前
建立初始化陳述句。初始化陳述句通常會建立一至多個會在 if 區塊內
使用的變數。

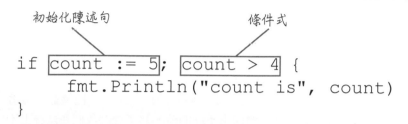

在初始化陳述句內宣告的變數範圍限制在該 if 陳述句的條件表示式以
及所屬的程式碼區塊內。假如我們用 if 初始化陳述句重寫之前的範例，
每個 err 變數的範圍就會被限制在 if 陳述句的條件式以及程式碼區塊
內，代表著我們可以擁有兩個完全區隔的 err 變數。我們不再擔心誰
需要被先定義了。

```
if err := saveString("english.txt", "Hello"); err != nil {
    log.Fatal(err)
}
```
← 第一個「err」變數的範圍。

```
if err := saveString("hindi.txt", "Namaste"); err != nil {
    log.Fatal(err)
}
```
← 第二個「err」變數的範圍。

範圍的限制是雙向的。假如有個函式擁有多個回傳值，而你需要其中一
個在 if 陳述句之內而另一個在外面，你可能不會在 if 的初始化陳述
句內調用它。如果你嘗試這麼做，你會發現在 if 的區塊外面使用的話
會超出範圍。

```
if number, err := strconv.ParseFloat("3.14", 64); err != nil {
    log.Fatal(err)
}
fmt.Println(number * 2)
```
← 變數的範圍。

↳ 超出範圍！

`undefined: number` ← 編譯錯誤！

反之，你得按照一般的做法，在 if 陳述句之前調用這個函式，這樣一來
它的回傳值才會在 if 陳述句之內以及之外都沒有超出範圍：

```
number, err := strconv.ParseFloat("3.14", 64)
if err != nil {
        log.Fatal(err)
}
fmt.Println(number * 2)
```
← 在「if」陳述句之前宣告變數。

仍在範圍內。

↳ 仍在範圍內。

6.28

#2 switch 陳述句

假如你需要基於一個表示式的值，在多個行動中做出決定，這會導致一連串的 if 陳述句以及 else 子句。switch 陳述句可以更有效地呈現這些選擇。

首先寫下 switch 鍵詞，接著是條件表示式。然後你得添加一些 case 表示式，每一個都擁有一個條件表示式可能會達到的值。最先符合條件的 case 值會被選上，並且執行它所包含的程式碼區塊。其他 case 表示式則會被忽略。你也可以提供一個 default 陳述句，在沒有任何一個 case 符合的情境時執行。

以下是我們在第 12 章時所寫的 if 與 else 陳述句的重新實作。這次的版本的程式碼必須更加精簡。針對我們的 switch 條件，我們選擇了從 1 到 3 的隨機數。接著對每一個值使用 case 條件式，任一個都會印出不同的值。為了提醒我們在理論上不可能出現的情境有可能會發生，也就是說沒有一個 case 符合時，我們也為了這種窘境提供了 default 陳述句。

```
import (
        "fmt"
        "math/rand"
        "time"
)
                            條件表示式
func awardPrize() {
        switch rand.Intn(3) + 1 {
        case 1:         假如結果是 1…
                fmt.Println("You win a cruise!")        …印出訊息。
        case 2:         假如結果是 2…
                fmt.Println("You win a car!")        …印出訊息。
        case 3:         假如結果是 3…
                fmt.Println("You win a goat!")        …印出訊息。
        default:         假如結果不是以上幾種…
                panic("invalid door number")
        }
}                    …發生恐慌，因為這代表著在
                     我們的程式碼內發生問題了。
func main() {
        rand.Seed(time.Now().Unix())
        awardPrize()
}
```

`You win a goat!`

問：我有看過其他程式語言中，你得在每一個 **case** 的底部提供「break」陳述句，否則它就會執行下一組 **case** 程式碼，Go 不需要這陳述句嗎？

答：開發者在其他程式語言中，擁有一系列忘記「break」陳述句的例子，並且會造成錯誤。為了避免這種情境發生，Go 會自動地在 case 程式碼的底部關閉 switch。

你可以在 **case** 之中使用 **fallthrough** 鍵詞，假如你想要讓下一個 case 的程式碼也會被執行的話。

#3 更多基礎型別

Go 還有其他額外的基礎型別，不過因為空間有限，我們還沒機會跟你介紹。你可能沒有什麼太大的機會可以在自己的專案中使用它們，但是你終究會在一些套件中遇到的，所以還是知道它們的存在會比較好。

型別	描述
int8 int16 int32 int64	這些型別就像 int 一樣存放整數，但是它們特別指明了在記憶體中的存放大小（在型別中的數字代表使用的位元數量）。比較少的位元數使用了較少的 RAM 或者其他的儲存空間；比較多的位元數代表比較大的儲存空間。通常你應該使用 int 除非你有特別的因素需要使用這些的其中一種型別；這樣會比較有效率。
uint	這也跟 int 很像，差別在於它只儲存沒有負號的整數；也就是說不存放負數。意味著你可以存放更大的整數在同樣大小的記憶體空間內，只要你確定不會用到負數即可。
uint8 uint16 uint32 uint64	這些也是存放無號整數，不過就像是 int 的變化，它們會使用指定大小的記憶體空間。
float32	float64 型別存放浮點數而且使用了 64 位元的記憶體空間。這是它的 32 位元表兄弟（並不存在 8 位元或者 16 位元的版本的浮點數）。

#4 更多關於符文的資訊

我們在第 1 章非常簡略地介紹了符文，然後就再也沒有提到它了。不過我們並不打算在還沒進行更深入探討之前就結束這本書…

在還沒有當代作業系統之前的時代，大部分的電腦都是使用沒有重音的英文字母，一共 26 個字母（含大小寫）。其實數量並不多，一個字元只需要一個位元組就可以呈現（還有一點空間）。一種叫做 ASCII 的標準是用來確保同樣的位元組值，在不同的作業系統只會轉換成一模一樣的字母。

想當然爾，英文字母並不是這個世界上唯一的書寫系統；還有很多其他種甚至超過幾千個字的系統。萬國碼（Unicode）標準存在的目的就是建立一組四個位元組的值，可以代表不同書寫系統中的每一個字元，

Go 使用 rune 型別來代表萬國碼的值。通常來說，一個符文代表一個字元（還是有例外的，不過這就超出本書的範圍了）。

#4 更多關於符文的資訊（續）

Go 使用 UTF-8，一種用來代表萬國碼的字元的標準表示法，每個字元使用一至四個位元組。從舊有的 ASCII 組合的字元依然可以透過單一位元組呈現；而其他的字元就會需要透過 2 到 4 個位元組來呈現。

這裡有兩個字串，一個是使用英文字母，而另一個使用俄羅斯字母。

> 這些字元全部來自 ASCII 字元組，所以它們每一個字只需要用到 1 個位元組。

> 這些都是萬國碼字元，所以每個字至少需要兩個以上的位元組。

```
asciiString := "ABCDE"
utf8String := "БГДЖИ"
```

一般來說，你不需要顧慮到字元是怎麼被儲存的。直到你需要從字串轉換到位元組或者轉換回來。舉例來說，假設我們嘗試對兩個字串調用 len 函式，我們會得到截然不同的結果。

```
fmt.Println(len(asciiString))
fmt.Println(len(utf8String))
```

```
5
10
```

> 這個字串使用了 5 個位元組。

> 這個字串使用了 10 個位元組。

當你傳遞字串給 len 函式後，它會回傳位元組而不是符文的長度。英文字母字串會只用到 5 個位元組，由於這可以從舊有的 ASCII 字元組得來，所以每個符文只需要用到 1 個位元組。然而俄羅斯字母使用了 10 個位元組：每一個符文都需要用到兩個位元組來儲存。

假如你希望得到字串的長度是以字元計算，你應該改用 unicode/utf8 套件的 RuneCountInString 函式。這個函式會回傳正確的字元長度，忽略了每個字使用的位元組數量。

```
fmt.Println(utf8.RuneCountInString(asciiString))
fmt.Println(utf8.RuneCountInString(utf8String))
```

```
5
5
```

> 這個字串有五個符文長。

> 這個字串也有五個符文長。

安全地使用部分字串，意味著把字串轉換成符文而不是位元組。

#4 更多關於符文的資訊（續）

在本書稍早的部分，我們曾經將字串轉換成位元組的切片，這樣就可以把它們寫到 HTTP 回應中或者傳到終端機。這裡運作正常，只要你確保有把所有的位元組寫進產生的切片。然而假如你嘗試只使用部分的位元組，你可能會遇到麻煩。

以下的程式碼嘗試擷取之前字串的前三個字元。我們把每一個字串先轉換成位元組的切片，接著使用切片運算子來從切片取得從第四個字元到最後一個字元。接著把部分的位元組切片轉換回字串並且印出來。

```
asciiBytes := []byte(asciiString)        把字串轉換成位元組的切片。
utf8Bytes := []byte(utf8String)
asciiBytesPartial := asciiBytes[3:]      忽略每個切片的前三個字元。
utf8BytesPartial := utf8Bytes[3:]
fmt.Println(string(asciiBytesPartial))
fmt.Println(string(utf8BytesPartial))
```

移除了前三個位元組後，代表著前三個字元也被移除了。

移除了前三個位元組後，它會移除第一個符文，以及第二個符文的第一個位元組。

對於英文字母組成的字串來說是沒問題的，因為英文字母只會使用一個字元。但是每個俄羅斯字母使用兩個位元組。從字串切掉了前三個位元組，只會避開第一個字元，以及「一半」第二個字，產生了無法印出來的字元。

Go 支援從字串轉換成一組 rune 的切片，也支援從符文的切片轉換回串。若要使用部分字串，你得先把它們轉換成 rune 的切片值，而不是 byte 的切片值。這樣一來你會意外地取得符文部分的位元組了。

以下是之前的程式碼更新，新的版本把字串轉換成符文的切片，而不是位元組的切片。我們的切片運算子現在可以排除每個切片的前三個符文，而不是前三個位元組。當我們把部分切片轉換回字串並且印出來時，就會得到每組字串最後兩個（完整的）字元。

```
asciiRunes := []rune(asciiString)        把字串轉換成符文的切片。
utf8Runes := []rune(utf8String)
asciiRunesPartial := asciiRunes[3:]      從每個切片跳過前三個符文。
utf8RunesPartial := utf8Runes[3:]
fmt.Println(string(asciiRunesPartial))
fmt.Println(string(utf8RunesPartial))
```

前二個符文被移除了。

前三個符文被移除了。

把符文的切片轉換回字串。

#4 更多關於符文的資訊（續）

假如你試著使用位元組的切片來對字串的每一個字元處理，你會遇到類似的問題。一次處理一個位元組沒有問題，只要你的字串中每一個字元都是從 ASCII 來的。但是只要其中有一個字元需要兩個以上的位元組，你就會發現又使用了符文的部分位元組了。

以下的程式碼使用了 for...range 迴圈來印出字元組的英文字母，每一個字元一個位元組。然後嘗試對俄羅斯字母的字元做一樣的事情，每一個字元一個位元組：由於每個字元都需要兩個位元組，就出問題了。

針對 ASCII 字元產生可印出來的字元…

對切片中的每一個位元組進行處理。
把位元組轉換成字串接著印出。
對切片中的每一個位元組進行處理。

```
for index, currentByte := range asciiBytes {
        fmt.Printf("%d: %s\n", index, string(currentByte))
}
for index, currentByte := range utf8Bytes {
        fmt.Printf("%d: %s\n", index, string(currentByte))
}
```

把位元組轉換成字串然後印出。

```
0: A
1: B
2: C
3: D
0: Ð
1: □
2: Ð
3: □
4: Ð
5: □
6: Ð
7: □
8: Ð
9: □
```

Go 讓你可以對字串使用 for...range 的迴圈，它可以一次處理一個符文，而不是一次處理一個位元組。這個做法會更為簡單。你所提供的第一個變數會被指派字串中當下的位元組指標（而不是符文的指標）。第二個變數會被指派到當下的符文。

…然而針對萬國碼字元就無法印出來了！

以下的程式碼修正了上方的程式碼，它使用了 for...range 的迴圈來處理字串本身，而不是代表它們的位元組。你可以從輸出的指數發現針對英文字元，一次會處理一個位元組，而針對俄羅斯字元一次會處理 2 個位元組。

所有的字元都印得出來。

處理字串中的每一個符文。
把符文轉換為字串並且印出來。

```
for position, currentRune := range asciiString {
        fmt.Printf("%d: %s\n", position, string(currentRune))
}
for position, currentRune := range utf8String {
        fmt.Printf("%d: %s\n", position, string(currentRune))
}
```

對字串中的每一個符文進行處理。

```
0: A
1: B
2: C
3: D
4: E
0: Б
2: Г
4: Д
6: Ж
8: И
```

把符文轉換成字串並且印出來。

Go 的符文讓處理部分字串的工作更加簡單，而且不需要擔心這些字串是否帶有萬國碼。只要記得每一次你打算處理部分的字串時，把它先轉換成符文，而不是位元組！

#5 緩衝通道

Go 的通道有兩種：無緩衝的，以及有緩衝的。

到目前為止所有展示給你看過的通道都是無緩衝的。當一個 goroutine 傳遞一個值給無緩衝的通道，它會馬上被鎖定，直到另一個 goroutine 正要接收該值。另一方面，緩衝通道在觸發傳遞 goroutine 被鎖定之前，可以持有特定數量的值。在恰當的情況下，將會提升程式的效能。

建立通道時，你可以把該通道應該存放在緩衝區的總量，作為第二個引數傳遞給 make。

```
channel := make(chan string, 3)
```

這個引數指明了通道緩衝區的大小。

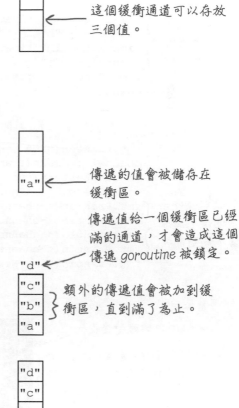

這個緩衝通道可以存放三個值。

當一個 goroutine 透過通道傳遞一個值時，該值會添加到緩衝區。與其鎖定它，傳遞 goroutine 會繼續運作。

```
channel <- "a"
```

傳遞的值會被儲存在緩衝區。

傳遞 goroutine 可以持續傳遞值到通道，直到緩衝區滿了為止；在此時，若有另外的傳遞動作才會造成 goroutine 被鎖定。

```
channel <- "b"
channel <- "c"
channel <- "d"
```

傳遞值給一個緩衝區已經滿的通道，才會造成這個傳遞 goroutine 被鎖定。

額外的傳遞值會被加到緩衝區，直到滿了為止。

當另一個 goroutine 從通道接收值的時候，它會把最早添加進去的值從緩衝區拉出來。

```
fmt.Println(<-channel)
```
`"a"`

下一個接收的運作會持續清空緩衝區，而下一個傳遞則會再度遞補緩衝區。

```
fmt.Println(<-channel)
```
`"b"`

#5 緩衝通道（續）

讓我們先來試試看用無緩衝的通道執行程式，接著再改成用緩衝通道來讓你感受之間的差異。以下我們定義了一個 sendLetters 函式來作為 goroutine 執行。它會傳遞四個值給通道，在每個值傳遞之前都會休息 1 秒鐘。我們在 main 建立了一個無緩衝的通道，並且把它傳遞給 sendLetters。接著我們讓 main 的 goroutine 休息 5 秒鐘。

```go
func sendLetters(channel chan string) {          ← 接收通道為參數。
    time.Sleep(1 * time.Second)
    channel <- "a"
    time.Sleep(1 * time.Second)      傳遞四個值，
    channel <- "b"                   在每個值傳遞
    time.Sleep(1 * time.Second)      之前休息一秒。
    channel <- "c"
    time.Sleep(1 * time.Second)
    channel <- "d"
}

func main() {                        印出程式開始的
    fmt.Println(time.Now())          時間。
    channel := make(chan string)              建立一個無緩衝的通道，
    go sendLetters(channel)      ←─── 在一個新的 goroutine 中啟動 sendLetters。  就像一直以來那樣。
    time.Sleep(5 * time.Second)  ←─── 讓 main goroutine 休息 5 秒鐘。
    fmt.Println(<-channel, time.Now())
    fmt.Println(<-channel, time.Now())       接收以及印出
    fmt.Println(<-channel, time.Now())       四個值，還有
    fmt.Println(<-channel, time.Now())       當下的時間。
    fmt.Println(time.Now())  ←─── 印出程式結束的時間。
}
```

第一個值已經等著在 main goroutine 喚醒時接收。

然而 sendLetters 處理 goroutine 的方式就是鎖定直到第一個值有被接收為止，於是我們還是得等到最後一個值被送出時。

這是程式啟動的時間。

```
2018-07-21 11:36:20.676155577 -0700 MST m=+0.000255509
a 2018-07-21 11:36:25.677846276 -0700 MST m=+5.001810208
b 2018-07-21 11:36:26.677931968 -0700 MST m=+5.001895900
c 2018-07-21 11:36:27.679233609 -0700 MST m=+6.003129541
d 2018-07-21 11:36:28.680125059 -0700 MST m=+7.004020991
2018-07-21 11:36:28.680236070 -0700 MST m=+7.004132001
```

該程式等待了至少 8 秒鐘來完成。

當 main 的 goroutine 喚醒時，它會接收四個從通道來的值。然而 sendLetters goroutine 被鎖定了，等待 main 來接收第一個值。所以 main goroutine 必須在每一個剩下的值之間各等待 1 秒鐘，在這個階段 sendLetters 才恢復正常。

#5 緩衝通道（續）

我們可以透過添加單一值的緩衝通道，簡單地加速我們的程式。

我們所要做的，就是在調用 make 時添加第二個引數。與通道互動的方式跟原本一樣，所以我們並不需要對程式碼做任何修正。

這時候當 sendLetters 傳遞第一個值到通道的時候，不會造成在 main goroutine 接收之前被鎖定的情境。傳遞的資料直接前往通道的緩衝區。只有當第二個值也被傳遞時（而且也還沒有被接收的時候），通道的緩衝區已經塞滿了，sendLetters goroutine 才會被鎖定。為通道添加一格的緩衝區省掉了一秒鐘的程式執行時間。

```go
func main() {
    channel := make(chan string, 1)   ←── 建立一個在鎖定之前有一格緩衝的通道。
    // Remaining code unchanged
}
```

第一個傳遞的項目前往緩衝通道的佇列。

當佇列已經滿額的時候，下一個傳遞會造成 sendLetters goroutine 被鎖定。

```
2018-07-21 15:29:10.709656836 -0700 MST m=+0.000318261
a 2018-07-21 15:29:15.710058943 -0700 MST m=+5.000584368
b 2018-07-21 15:29:15.710105511 -0700 MST m=+5.000630936
c 2018-07-21 15:29:16.712044927 -0700 MST m=+6.002502352
d 2018-07-21 15:29:17.716495 -0700 MST m=+7.006883143
2018-07-21 15:29:17.716615312 -0700 MST m=+7.007004737
```

這個程式只花了 7 秒鐘完成。

把通道的緩衝區增加到三格會讓 sendLetters goroutine 可以傳遞三個值還不會被鎖定。於是在最後一個傳遞的時候才會被鎖定，不過這是在所有 1 秒鐘的 Sleep 被調用之後才發生的。所以當 main goroutine 在五秒之後醒來時，它會馬上接收在緩衝區等待的三個值，這樣也會造成 sendLetters 被鎖定。

```go
channel := make(chan string, 3)   ←── 建立在被鎖定之前可以存放三個值的緩衝通道。
```

這三個值會在通道緩衝區等待。

這個值造成 sendLetters goroutine 被鎖定，不過只會在結束 sleep 之後發生。

```
2018-07-21 17:02:20.062202682 -0700 MST m=+0.000341112
a 2018-07-21 17:02:25.066350665 -0700 MST m=+5.004353095
b 2018-07-21 17:02:25.066574585 -0700 MST m=+5.004577015
c 2018-07-21 17:02:25.066583453 -0700 MST m=+5.004585883
d 2018-07-21 17:02:25.066588589 -0700 MST m=+5.004591019
2018-07-21 17:02:25.066593481 -0700 MST m=+5.004595911
```

這個程式只花了 5 秒鐘完成。

這讓程式只需要五秒鐘就可以完成了！

#6 延伸閱讀

我們終於來到了本書的尾聲。不過這對你成為 Go 開發者來說只是旅程的開始。我們想要提供你一些可用的資源，讓你在開發的路上能協助你前進。

《深入淺出 Go》官方網站（*https://headfirstgo.com/*）

這是本書的官方網站。你可以在這裡下載所有的程式碼範例、補充的習題練習以及吸收新的主題，寫作方法還是一貫地易於上手，又不可思議地不失風趣！

Go 之旅（*https://tour.golang.org*）

這是一份針對 Go 基本功能的互動教學。它與本書的內容大致上相似，不過還涵蓋一些額外的細節。在這個旅途中的範例可以直接在你的瀏覽器上修改並且執行（就像是 Go 遊樂場）。

Effective Go（*https://golang.org/doc/effective_go.html*）

由 Go 團隊所維護的指南，教導你如何寫出慣用的 Go 程式碼（也就是說，符合社群慣例的程式碼）。

Go 部落格（*https://blog.golang.org*）

官方的 Go 部落格。提供 Go 使用上很有用的文章以及 Go 新版本以及功能的公告。

套件文件庫（*https://golang/pkg*）

所有標準函式庫的文件庫。這裡的文件與 go doc 指令所出現的文件是一樣的，但是所有的函式庫都會以方便的清單陳列供你閱讀。encoding/json、image 以及 io/ioutil 套件對你來說會是個值得開始閱讀的地方。

Go 程式語言（*https://www.gopl.io/*）

這本書是本頁中唯一不是免費的資源，但是它值得我們付出。這本書相當有名並且廣泛地被使用。

整體來說有兩種技術用工具書：教程用書（像是你手上拿著的這本）以及參考用書（像是《*The Go Programming Language*》）。而且這本書是相當好的參考內容：它涵蓋了所有我們這本書沒有談到的內容。假如你接下來打算繼續使用 Go，這本書絕對是你必讀之一。

索引

D

E

H

N

P

S

T

還不到說再見的時候

帶著你的大腦前往
headfirstgo.com

深入淺出 Go

作　　者：Jay McGavren
譯　　者：潘國成
企劃編輯：蔡彤孟
文字編輯：江雅鈴
設計裝幀：陶相騰
發 行 人：廖文良

發 行 所：碁峰資訊股份有限公司
地　　址：台北市南港區三重路 66 號 7 樓之 6
電　　話：(02)2788-2408
傳　　真：(02)8192-4433
網　　站：www.gotop.com.tw
書　　號：A563
版　　次：2020 年 10 月初版
建議售價：NT$880

國家圖書館出版品預行編目資料

深入淺出 Go / Jay McGavren 原著；潘國成譯. -- 初版. -- 臺北市
　：碁峰資訊, 2020.10
　　面；　公分
　譯自：Head First Go
　ISBN 978-986-502-625-7(平裝)
　1.Go(電腦程式語言)
312.32G6　　　　　　　　　　　　　　　109014317

讀者服務

- 感謝您購買碁峰圖書，如果您對
本書的內容或表達上有不清楚的
地方或其他建議，請至碁峰網站：
「聯絡我們」\「圖書問題」留下
您所購買之書籍及問題。(請註明
購買書籍之書號及書名，以及問
題頁數，以便能儘快為您處理)
http://www.gotop.com.tw

- 售後服務僅限書籍本身內容，若
是軟、硬體問題，請您直接與軟、
硬體廠商聯絡。

- 若於購買書籍後發現有破損、缺
頁、裝訂錯誤之問題，請直接將
書寄回更換，並註明您的姓名、
連絡電話及地址，將有專人與您
連絡補寄商品。